机电

高等职业教育"十三五"规划教材

可编程控制系统设计与实训

主　编　吴元修
副主编　侯明冬

北京师范大学出版集团
BEIJING NORMAL UNIVERSITY PUBLISHING GROUP
北京师范大学出版社

图书在版编目（CIP）数据

可编程控制系统设计与实训 / 吴元修主编. -- 北京:北京师范大学出版社，2018.5
高等职业教育“十三五”规划教材. 机电电气专业系列
ISBN 978-7-303-23684-8

Ⅰ. ①可… Ⅱ. ①吴… Ⅲ. ①可编程序控制器－系统设计－高等职业教育－教材 Ⅳ. ①TM571.6

中国版本图书馆 CIP 数据核字(2018)第 090474 号

营销中心电话　010-62978190　62979006
北师大出版社科技与经管分社　www.jswsbook.com
电子信箱　jswsbook@163.com

出版发行：北京师范大学出版社 www.bnup.com
北京市海淀区新街口外大街 19 号
邮政编码：100875
印　　刷：三河市东兴印刷有限公司
经　　销：全国新华书店
开　　本：787 mm×1092 mm　1/16
印　　张：19.5
字　　数：419 千字
版　　次：2018 年 5 月第 1 版
印　　次：2018 年 5 月第 1 次印刷
定　　价：43.00 元

策划编辑：庞海龙　苑文环　　责任编辑：庞海龙　苑文环
美术编辑：高　霞　　装帧设计：弓禾碧工作室
责任校对：李　菡　　责任印制：孙文凯　赵非非

前言

本书以三菱公司的 FX_{2N} 系列可编程控制器(PLC)为例，以基于工作过程的项目为载体，在相应具体工作任务中介绍了 PLC 的硬件结构和工作原理；PLC 的内部编程软件和指令系统；编程软件的使用和梯形图的设计方法。书中从应用角度出发，基于典型逻辑控制系统、顺序控制系统、位置控制系统(步进电动机的控制)、模拟量闭环控制系统(拌胶机的控制)、变频器控制系统(纺纱卷绕电动机的控制)的设计与安装等工程实例，旨在培养读者 PLC 技术在生产一线的应用能力，使读者学会 PLC 控制系统的设计方法，熟悉 PLC 控制系统施工与质量验收规范，了解国内外 PLC 技术发展动向，具有 PLC 控制系统的安装、接线、调试、维护与维修能力，具有利用 PLC 完成中等复杂程度机电设备控制系统的改造设计能力。

本书可作为高职高专院校电气自动化技术、机电一体化技术、应用电子技术和数控技术等专业的教材使用，也可供企业工程技术人员自学和作为培训教材使用。建议授课时数为 72 学时。

本书由莱芜职业技术学院吴元修任主编，山东劳动职业技术学院侯明冬任副主编。本书编写过程中得到了莱芜职业技术学院宋健、狄敬国和秦贞龙老师的大力支持和热心帮助，编者对他们表示感谢。本书由编者与山东泰山钢铁集团相关分厂和科室合作完成，他们对项目载体的选择和教学任务的设计提出了宝贵意见，编者表示衷心感谢！

本书编写过程中，借鉴和参考了国内外大量资料，在此致以诚挚谢意！

由于编者水平有限，书中难免存在错误与不足之处，希望读者批评指正。

编　者

目录

典型逻辑控制系统的设计与安装

工业生产中的大多数机械设备都是通过电动机进行拖动的，要使电动机按照生产工艺正常的运转，就要组成具备相应控制功能的电路，这种控制电路大都是基本逻辑控制。传统的电动机控制电路是利用继电器-接触器实现的，而现代电动机控制系统大都是利用可编程控制器实现的。

任务1 认识可编程控制器

可编程控制器是在电气控制技术和计算机技术的基础上开发出来，并逐渐发展成为以微处理器为核心，将自动化技术、计算机技术、通信技术融为一体的新型工业控制装置。目前已成为现代工业生产自动化的三大支柱(PLC、机器人、计算机辅助设计和制造)之一，因此，从事机电类相关专业的技术人员必须熟练掌握PLC应用技术。

任务描述

可编程控制器是一种新型的通用自动控制装置，它将传统的继电器控制技术、计算机技术和通信技术融为一体，专门为工业控制而设计。具有功能强、可靠性高、环境适应性好、编程简单、使用方便以及体积小、重量轻、功耗低等一系列优点，因此在工业上应用越来越广泛。

通过本任务的实施，了解可编程控制器的特点及在工业控制中的应用，了解可编程控制器三大流派的代表产品，了解可编程控制器基本结构，掌握可编程控制器各硬件部件的作用、性能及可编程控制器的工作原理；了解可编程控制器一般模块类型，掌握可编程控制器电源接线、输入/输出模块的接线、类型等；了解编程软件的一般使用方法，掌握用户程序的编辑、修改、保存、传送等功能，掌握编程电缆与可编程控制器的通信设置。

任务分析

通过机型 FX_{2N}的介绍，掌握可编程控制器的基本知识和基本技能，逐步培养解决生产现场实际问题的应用能力；培养思维能力和科学精神，培养学习新技术的能力；提高综合素质，培养创新意识。

序号	类别	目标
1	知识	1. 掌握可编程控制器的基本原理和工作过程 2. 了解可编程控制器特点 3. 熟悉可编程控制器组成，硬件配置 4. 了解可编程控制器分类，应用场合和发展趋势 5. 熟悉 FX_{2N} 的内部编程器件
2	技能	1. 具备 PLC 厂家识别、元器件购置能力 2. 能正确安装可编程控制器，正确完成外部接线 3. 掌握编程软件的安装与使用方法 4. 会查阅产品说明书和相关手册
3	职业素养	1. 相互沟通能力及团队协作精神 2. 良好的职业道德 3. 质量、成本、安全、环保意识 4. 相关知识获取能力

相关知识

一、可编程控制器概述

在可编程控制器出现以前，继电器控制在工业控制领域占主导地位，由此构成的控制系统都是按预先设定好的时间或条件顺序地工作，若要改变控制的顺序就必须改变控制系统的硬件接线，因此，其通用性和灵活性较差。

20 世纪 60 年代，计算机技术开始应用于工业控制领域，由于价格高、输入输出电路不匹配、编程难度大以及难以适应恶劣工业环境等原因，未能在工业控制领域获得推广。

1. 可编程控制器的产生

1968 年，美国最大的汽车制造商——通用汽车公司(GM)为了适应生产工艺不断更新的需要，要求寻找一种比继电器更可靠，功能更齐全，响应速度更快的新型工业控制器，并从用户角度提出了新一代控制器应具备的十大条件，立即引起了开发热潮。其主要内容如下所述。

1)编程方便，可现场修改程序。

2)维修方便，采用插件式结构。

3)可靠性高于继电器控制装置。

4)体积小于继电器控制盘。

5)数据可直接送入管理计算机。

6)成本可与继电器控制系统竞争。

7)输入可为 220 V AC 电源。

8)输出可为 220 V AC 电源，容量要求在 2 A 以上，可直接驱动接触器等。

9)扩展时原系统改变最少。

10)用户存储器容量大于 4 KB。

这些条件实际上提出将继电器控制的简单易懂、使用方便、价格低的优点与计算机的功能完善、灵活性、通用性好的优点结合起来，将继电接触器控制的硬接线逻辑转变为计算机的软件逻辑编程的设想。1969 年，美国数字设备公司(DEC)研制出了第一台可编程控制器 PDP-14，在美国通用汽车公司的生产线上试用成功，并取得了满意的效果，可编程控制器自此诞生。

可编程控制器自问世以来，发展极为迅速。1971 年，日本开始生产可编程控制器。1973 年，欧洲开始生产可编程控制器。到现在，世界各国的一些著名的电气工厂几乎都在生产可编程控制器装置。可编程控制器已作为一个独立的工业设备被列入生产中，成为当代电控装置的主导。

可编程控制器从产生经发展到现在，功能不断变化，其名称演变经历了如下过程：早期产品名称为“Programmable Logic Controller”(可编程逻辑控制器)，简称 PLC，主要替代传统的继电器-接触器控制系统。随着微处理器技术的发展，可编程控制器的功能也不断地增加，因而可编程逻辑控制器(PLC)不能描述其多功能的特点。1980 年，美国电气制造商协会(NEMA)给它一个新的名称“Programmable Controller”，简称 PC。1982 年，国际电工委员会(IEC)专门为可编程控制器下了严格定义。然而，PC 这一简写名称在国内早已成为个人计算机(Personal Computer)的代名词，为了避免造成名词术语混乱，因此国内仍沿用早期的简写名称 PLC 表示可编程控制器，但此 PLC 并不意味只具有逻辑功能。

2. PLC 的定义

PLC 一直在发展中，因此直到目前为止，还未能对其下最后的定义。

美国电气制造商协会 NEMA(National Electrical Manufacturers Association)在 1980 年给 PLC 作了如下的定义：PLC 是一个数字式的电子装置，它使用了可编程序的记忆以存储指令，用来执行诸如逻辑、顺序、计时、计数和演算等功能，并通过数字或模拟的输入和输出，以控制各种机械或生产过程。一部数字电子计算机若是用来执行 PLC 之功能者，亦被视同为 PLC，但不包括鼓式或机械式顺序控制器。

国际电工委员会(IEC)曾于 1982 年 11 月颁发了 PLC 标准草案第一稿，1985 年 1 月又颁发了第二稿，1987 年 2 月颁发了第三稿。草案中对 PLC 的定义是：PLC 是一种数字运算操作的电子系统，专为在工业环境下应用而设计。它采用了可编程序的存储器，用来在其内部存储执行逻辑运算、顺序控制、定时、计数和算术运算等面向用户的操作指令，并通过数字式或模拟式的输入/输出，控制各种类型的机器设备或生产过程。PLC 及其有关外围设备，都按易于工业系统联成一个整体，易于扩充其功能的原则设计。

此定义强调了 PLC 是“数字运算操作的电子系统”，即它也是一种计算机。它是“专为在工业环境下应用而设计”的计算机。这种工业计算机采用“面向用户的指令”，因此编程方便。它能完成逻辑运算、顺序控制、定时、计数和算术操作，它还具有“数字量或模拟量的输入/输出控制"的能力，并且非常容易与"工业控制系统联成一体"，易于"扩充"。

定义还强调了PLC直接应用于工业环境，它须具有很强的抗干扰能力，广泛的适应能力和应用范围。这也是区别于一般微机控制系统的一个重要特征。应该强调的是，PLC与以往所讲的鼓式、机械式的顺序控制器在"可编程"方面有质的区别。PLC引入了微处理机及半导体存储器等新一代电子器件，并用规定的指令进行编程，能灵活地修改，即用软件方式来实现"可编程"的目的。

PLC对用户来说，是一种无触点的智能控制器，也就是说，PLC是一台工业控制计算机，改变程序即可改变生产工艺，因此可在初步设计阶段选用PLC；另外，从PLC的制造商角度看，PLC是通用控制器，适合批量生产。

3. PLC的分类

PLC按照输入(Input)和输出(Output)（简称I/O)的点数多少，可分为表1.1.1所示的五种类型。

表1.1.1 PLC分类

类型	I/O点数	存储器容量/KB
微型机	64以下	1～2
小型机	64～128	2～8
中型机	128～512	8～16
大型机	512～1 024	16～64
巨型机	大于1 024	64～256

PLC按结构形式分类又可分为厢体式和模块式两种。厢体式又称为单元式或整体式。厢体式PLC是将电源、CPU、I/O部件都集中装在一个机箱内，结构紧凑，体积小，价格低。一般小型PLC采用这种结构，它由不同I/O点数的基本单元和扩展单元组成。基本单元内有CPU、I/O和电源，扩展单元内没有CPU。基本单元和扩展单元之间一般用扁平电缆连接。模块式结构的PLC将各部分分成若干个单独的模块，如电源模块、CPU模块、I/O模块和各种功能模块。一般大中型PLC都采用模块式结构，有的小型PLC也采用这种结构，因为模块式结构的PLC配置灵活，装配方便，更便于扩展和维修。

4. PLC系统的特点

现代工业生产是复杂多样的，它们对控制的要求也各不相同。PLC由于具有以下特点而深受工厂工程技术人员和工人的欢迎。

(1)可靠性高，抗干扰能力强

这往往是用户选择控制装置的首要条件。PLC生产厂家在硬件方面和软件方面上采取了一系列抗干扰措施，使它可以直接安装于工业现场而稳定可靠地工作。

1)PLC所有的输入输出接口电路均采用光电隔离，使工业现场的外部电路与PLC内部电路之间电气上隔离。

2)PLC 各输入端均采用 *RC* 滤波器，其滤波时间常数一般为 10～20 ms。

3)PLC 各模块均采用屏蔽措施，以防止辐射干扰。

4)PLC 采用了性能优良的开关电源。

5)PLC 所采用的器件都进行严格的筛选和防老化。

6)PLC 有良好的自诊断功能，一旦电源或其他软、硬件发生异常情况，CPU 立即采取有效措施，以防止故障扩大。

7)大型 PLC 还可以采用由双 CPU 构成的冗余系统或由 3 个 CPU 构成的表决系统，使系统的可靠性进一步提高。

目前各生产厂家生产的 PLC，其平均无故障时间都大大超过了 IEC 规定的 10 万小时(折合为 4 166 天，约 11 年)。而且，为了适应特殊场合的需要，有的 PLC 生产商还采用了冗余设计和差异设计(如德国 Pilz 公司的 PLC)，进一步提高了其可靠性。

(2)适应性强，应用灵活

由于 PLC 产品均成系列化生产，品种齐全，多数采用模块式的硬件结构，组合和扩展方便，用户可根据自己需要灵活选用，以满足系统大小不同及功能繁简各异的控制系统要求。

PLC 有丰富的输入/输出接口模块，相应的输入/输出模块与工业现场的多种器件或设备相连接。与输入模块相连的器件有按钮、行程开关、接近开关、光电开关、压力开关等；与输出模块相连的设备有电磁阀、接触器、小电动机、指示灯等。为了提高 PLC 的功能，它还有多种人机对话的接口模块；为了组成工业局部网络，PLC 还有多种通信联网的通信模块。

(3)编程方便，易于使用

PLC 的编程大多数采用类似于继电器控制线路的梯形图格式，形象直观，易学易懂。电气工程师和具有一定知识的电工、工艺人员都可以在短期内学会，使用起来得心应手。计算机技术和传统的继电器控制技术之间的隔阂在 PLC 上完全不存在。近年来又发展了面向对象的顺控流程图语言(Sequential Function Chart，SFC)，也称功能图，使编程更简单方便。

(4)控制系统设计、安装、调试方便

PLC 中含有大量的相当于中间继电器，时间继电器，计数器等的“软元件”，用程序(软接线)代替硬接线，安装接线工作量少。设计人员只要有 PLC 就可以进行控制系统设计并可在实验室进行模拟调试。

PLC 可在各种工业环境下直接运行，不需要专门的机房。使用时只需将现场的各种设备和器件与 PLC 的输出输入接口相连接，即可组成系统并能运行。

(5)维修方便，维修工作量小

PLC 有完善的自诊断，履历情报存储及监视功能。PLC 对于其内部工作状态，通信状态，异常状态和 I/O 点的状态均有显示，便于用户了解运行情况和查找故障。由于 PLC 采用模块化结构，一旦某模块发生故障，用户可以通过更换模块的方法，使系统迅速恢复运行。

(6)功能完善

除基本的逻辑控制、定时、计数、算术运算等功能外，配合特殊功能模块还可以实现点位控制，PID运算，过程控制，数字控制等功能，为方便工厂管理又可与上位机通信，通过远程模块还可以控制远方设备。

由于具有上述特点，使得PLC的应用范围极为广泛，可以说只要有工厂，有控制要求，就会有PLC的应用。

5. PLC的应用范围

随着PLC功能的不断完善，性能价格比的不断提高，PLC的应用面也越来越广。目前，PLC在国内外已广泛应用于钢铁、采矿、水泥、石油、化工、电子、机械制造、汽车、船舶、装卸、造纸、纺织、环保、娱乐等各行各业。PLC的应用范围通常可分为如下五种类型。

(1)顺序控制

这是今日PLC最广泛应用的领域，它取代传统的继电器顺序控制。PLC应用于单机控制、多机群控制、生产自动线控制。例如，注塑机、印刷机械、订书机械、切纸机械、组合机床、磨床、装配生产线、包装生产线、电镀流水线及电梯控制等。

(2)运动控制

PLC制造商目前已提供了拖动步进电动机或伺服电动机的单轴或多轴位置控制模块。在多数情况下，PLC把描述目标位置的数据送给模块，模块移动一轴或数轴到目标位置，当每个轴移动时，位置控制模块保持适当的速度和加速度，确保运动平滑。

运动的编程可用PLC的编程语言完成，通过编程器输入。操作员用手动方式把轴移动到某个目标位置，模块就得知了位置和运动参数，之后可用编辑程序来改变速度和加速度等运动参数，使运动平滑。

相对来说，位置控制模块比CNC装置体积更小，价格更低，速度更快，操作更方便。

(3)过程控制

PLC能控制大量的物理参数，例如，温度、压力、速度和流量等。PID(Proportional Integral Derivative)模块的提供使PLC具有闭环控制功能，即一个具有PID控制能力的PLC可用于过程控制。当控制过程中某个变量出现偏差时，PID控制算法会计算出正确的输出，把变量保持在设定值上。PID算法一旦适应了工艺，就不管工艺混乱而保持设定值。

(4)数据处理

在机械加工中，出现了把支持顺序控制的PLC和计算机数值控制(CNC)设备紧密结合的趋向。日本FANUC公司推出的System10、11、12系列，已将CNC控制功能作为PLC的一部分。为了实现PLC和CNC设备之间内部数据自由传递，该公司采用了窗口软件。通过窗口软件，用户可以独自编程，由PLC送至CNC设备使用。同样，美国GE

公司的CNC设备新机种也使用了具有数据处理的PLC。东芝的TOSNUC 600也将CNC和PLC组合在一起，预计今后几年CNC系统将变成以PLC为主体的控制和管理系统。

(5)通信和联网

为了适应国外近几年来兴起的工厂自动化(FA)系统、柔性制造系统(FMS)及集散系统等发展的需要，首先，必须发展PLC之间、PLC和上级计算机之间的通信功能。作为实时控制系统，不仅PLC数据通信速率要求高，而且要考虑出现停电、故障时的对策等。日本富士电动机公司开发的MICREXF系列就是一例，其中处理器多达16台，输入/输出点数达3 200个之多。PLC之间、PLC和上级计算机之间都采用光纤通信，多级传递。I/O模块按功能各自放置在生产现场分散控制，然后采用网络联结构成集中管理信息的分布式网络系统。

6. PLC的发展趋势

21世纪PLC的技术发展有如下4个特点。

(1)适应市场需要，加强PLC通信联网的信息处理能力

在信息时代的今天，几乎所有PLC制造商都注意到了这一点：小型PLC都有通信接口，大中型PLC都有专门的通信模块。随着计算机网络技术的飞速发展，PLC的通信联网功能使其与PC和其他智能控制设备很方便地交换信息，实现分散控制和集中管理。也就是说，用户需要PLC与PC更好地融合，通过PLC在软技术上协助改善被控过程的生产性能，在PLC这一级就可以加强信息处理能力。

小型PLC之间通信“傻瓜化”。为了尽量减少PLC用户在通信编程方面的工作量，PLC制造商做了大量工作，使设备之间的通信自动地周期性地进行，而不需要用户为通信编程，用户的工作只是在组成系统时作一些硬件或软件上初始化设置。

(2)PLC向开放性发展

早期的PLC缺点之一是它的软、硬件体系结构是封闭而不是开放的，如专用总线、通信网络及协议、I/O模块更互不通用，甚至连机架、电源模板亦各不相同。编程语言之一的梯形图名称虽一致，但组态、寻址、语言结构均不一致。因此，几乎各公司的PLC均互不兼容。

目前，PLC在开放性方面已有实质性突破。前十多年PLC被攻击的一个重要方面就是它的专有性，现在有了极大改观。不少大型PLC厂商在PLC系统结构上采用了各种工业标准，如IEC61131、IEEE802.3以太网、TCP/IP、UDP/IP等，实现高度分散控制，开放度高。

为了使PLC更具开放性和执行多任务，在一个PLC系统中同时装几个CPU模块，每个CPU模块都执行某一种任务。这些CPU模块可以进行专门的逻辑控制、顺序控制、运动控制和过程控制。

(3)软PLC出现

所谓软PLC，实际就是在PC机的平台上，在Windows操作环境下，用软件来实现PLC的功能，也就是说，软PLC是一种基于PC机开发结构的控制系统，它具有硬PLC

的功能、可靠性、速度、故障查找等方面的特点，利用软件技术可以将标准的工业 PC 转换成全功能的 PLC 过程控制器。软 PLC 综合了计算机和 PLC 的开关量控制、模拟量控制、数学运算、数值处理、网络通信、PLO 等功能，通过一个多任务控制内核，提供强大的指令集、快速而准确的扫描周期，可靠的操作和可连接各种 I/O 系统及网络的开放式结构。

软 PLC 具有硬 PLC 的功能，同时又提供了 PC 机环境的各种优点。

(4)PLC 编程语言趋于标准化

IEC61131 是可编程控制器的国际标准，共有 8 个部分，从 1992 年开始陆续颁布施行。IEC61131-3 是 PLC 编程语言的标准，1993 年颁布实施，IEC61131-8 与 IEC61131-3 称 PLC 语言实现导则，2001 年颁布实施。IEC61131-3 PLC 编程语言国际标准是将现代软件概念和现代软件工程的机制与传统的 PLC 编程语言成功地结合，使它在工业控制领域的影响远远超出 PLC 的界限，已成为 DCSPC 控制、运动控制以及 SCADA 的编程系统事实上的标准。IEC61131-3 规定了两大类编程语言：文本化编程语言和图形化编程语言。前者包括指令语句表语言(Instruction List，IL)和结构化文本语言(Structured Text，ST)；后者包括梯形图语言(Ladder Diagram，LD)和功能块图语言(Function Block Diagram，FBD)。而顺序功能图(Sequential Function Chart，SFC)可以在梯形图语言中使用，也可以在指令语句表语言中使用。

IEC61131-3 允许在同一个 PLC 中使用多种编程语言，也允许程序开发人员对一个特定的任务选择最合适的编程语言。还允许在同一个控制程序中其不同的软件模块用不同的编程语言编制，这一规定既解决了 PLC 发展历史形成编程语言多样化的现状，又为 PLC 的软件技术进一步发展提供了足够的空间。

二、PLC 硬件系统

PLC 实质上是一种工业计算机，只不过它比一般的计算机具有更强的与工业过程相连接的接口和更直接的适应于控制要求的编程语言，故 PLC 与计算机的组成十分相似。

1. PLC 基本结构

从硬件结构看，它由中央处理单元(CPU)、存储器(ROM/RAM)、输入/输出接口(I/O 接口)、编程器、电源等主要部件组成，如图 1.1.1 所示。

(1)中央处理器 (CPU)

与一般计算机一样，CPU 是 PLC 的核心，它按系统程序赋予的功能指挥 PLC 有条不紊地进行工作，其主要任务包括如下几个方面。

1) 接收、存储由编程工具输入的用户程序和数据，并通过显示器显示出程序的内容和存储地址。

2) 检查、校验用户程序。对正在输入的用户程序进行检查，发现语法错误立即报警，并停止输入；在程序运行过程中若发现错误，则立即报警或停止程序的执行。

3)接收、调用现场信息。将接收到现场输入的数据保存起来，在需要改数据的时候

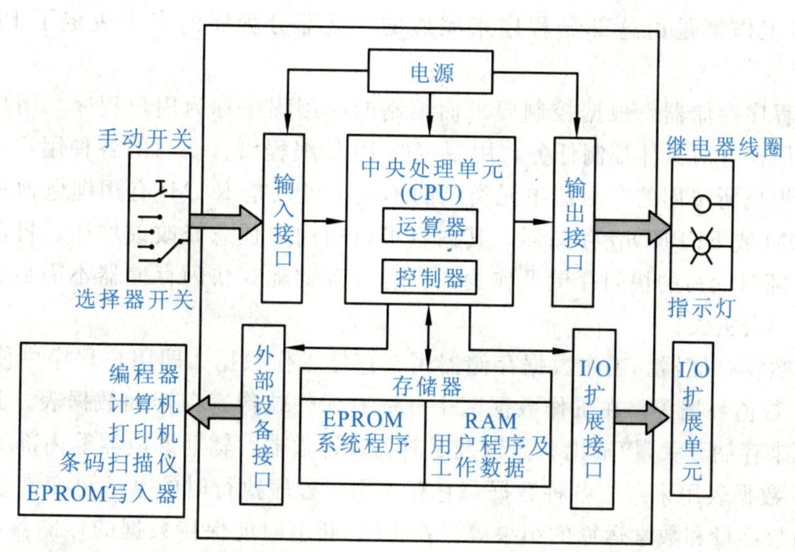

图 1.1.1　PLC 结构示意图

将其调出、并送到需要该数据的地方。

4)执行用户程序。当 PLC 进入运行状态，CPU 根据用户程序存放的先后顺序，逐条读取、解释和执行程序，完成用户程序中规定的各种操作，并将程序执行的结果送至输出端口，以驱动 PLC 的外部负载。

5)故障诊断。诊断电源、PLC 内部电路的故障，根据故障或错误的类型，通过显示器显示出相应的信息，以提示用户及时排除故障或纠正错误。

不同型号 PLC 的 CPU 芯片是不同的，有的采用通用 CPU 芯片，如 8031、8051、8086、80826 等，也有采用厂家自行设计的专用 CPU 芯片(如西门子公司的 S7-200 系列 PLC 均采用其自行研制的专用芯片)，CPU 芯片的性能关系到 PLC 处理控制信号的能力与速度，CPU 位数越高，系统处理的信息量越大，运算速度也越快。随着 CPU 芯片技术的不断发展，PLC 所用的 CPU 芯片也越来越高档。

为了进一步提高 PLC 的可靠性，近年来对大型 PLC 还采用了双 CPU 构成冗余系统或采用三 CPU 的表决式系统。例如，GE-FANUC 公司的 HBR30 和 HSR70 热备 CPU 冗余系统，即使某个 CPU 出现故障，整个系统仍能正常运行。

(2)存储器

PLC 的存储器可以分为系统程序存储器、用户程序存储器及工作数据存储器三种。

1)系统程序存储器。系统程序存储器用来存放由 PLC 生产厂家编写的系统程序，并固化在 ROM 内，用户不能直接更改。它使 PLC 具有基本的智能。能够完成 PLC 设计者规定的各项工作。系统程序质量的好坏，很大程度上决定了 PLC 性能，其内容主要包括三部分：第一部分为系统管理程序，它主要控制 PLC 的运行，使整个 PLC 按部就班地工作；第二部分为用户指令解释程序，通过用户指令解释程序，将 PLC 的编程语言变为机器语言指令，再由 CPU 执行这些指令；第三部分为标准程序模块与系统调用程序，它包括许多不同功能的子程序及其调用管理程序，如完成输入、输出及特殊运算等的子程序，

PLC的具体工作都是由这部分程序来完成的，这部分程序的多少决定了PLC性能的强弱。

2)用户程序存储器。根据控制要求而编制的应用程序称为用户程序。用户程序存储器用来存放用户针对具体控制任务，用规定的PLC编程语言编写的各种用户程序。用户程序存储器根据所选用的存储器单元类型的不同，可以是RAM(有用锂电池进行掉电保护)，EPROM或EEPROM存储器，其内容可以由用户任意修改或增删。目前较先进的PLC采用可随时读写的快闪存储器作为用户程序存储器。快闪存储器不需后备电池，断电时数据也不会丢失。

3)工作数据存储器。工作数据存储器用来存储工作数据，即用户程序中使用的ON/OFF状态、数值数据等。在工作数据区中开辟有元件映像寄存器和数据表。其中元件映像寄存器用来存储开关量/输出状态以及定时器、计数器、辅助继电器等内部器件的ON/OFF状态。数据表用来存放各种数据，它存储用户程序执行时的某些可变参数值及A/D转换得到的数字量和数学运算的结果等。在PLC断电时能保持数据的存储器区称数据保持区。

用户程序存储器和用户存储器容量的大小，关系到用户程序容量的大小和内部器件的多少，是反映PLC性能的重要指标之一。

(3)输入/输出接口

输入/输出接口是PLC与外界连接的接口。

输入接口用来接收和采集两种类型的输入信号，一类是由按钮、选择开关、行程开关、继电器触点、接近开关、光电开关、数字拨码开关等的开关量输入信号。另一类是由电位器、测速发电动机和各种变送器等来的模拟量输入信号。

输出接口用来连接被控对象中各种执行元件，如接触器、电磁阀、指示灯、调节阀(模拟量)、调速装置(模拟量)等。

(4)电源

小型整体式PLC内部有一个开关式稳压电源。电源一方面可为CPU板，I/O板及扩展单元提供工作电源(5VDC)；另一方面可为外部输入元件提供24VDC(200mA)。

(5)扩展接口

扩展接口用于将扩展单元与基本单元相连，使PLC的配置更加灵活。

(6)通信接口

为了实现“人一机”或“机一机”之间的对话，PLC配有多种通信接口。PLC通过这些通信接口可以与监视器、打印机，其他的PLC或计算机相连。

当PLC与打印机相连时，可将过程信息，系统参数等输出打印；当与监视器(CRT)相连时，可将过程图像显示出来；当与其他PLC相连时，可以组成多机系统或连成网络，实现更大规模的控制；当与计算机相连时，可以组成多级控制系统，实现控制与管理相结合的综合系统。

(7)智能I/O接口

为了满足更加复杂的控制功能的需要，PLC配有多种智能I/O接口。例如，满足位置调节需要的位置闭环控制模板，对高速脉冲进行计数和处理的高速计数模板等。这类智能模板都有其自身的处理器系统。

(8)编程器

它的作用是供用户进行程序的编制、编辑、调试和监视。

编程器有简易型和智能型两类。简易型的编程器只能联机编程，且往往需要将梯形图转化为机器语言助记符(指令表)后，才能输入。它一般由简易键盘和发光二极管或其他显示器件组成。智能型的编程器又称图形编程器。它可以联机，也可以脱机编程，具有 LCD 或 CRT 图形显示功能，可以直接输入梯形图和通过屏幕对话，也可以利用微机作为编程器，这时微机应配有相应的编程软件包，若要直接与 PLC 通信，还要配有相应的通信电缆。

(9)其他部件

PLC 还可配有盒式磁带机、EPROM 写入器、存储器卡等其他外部设备。

2. PLC 输入/输出接口

输入/输出接口是 PLC 和工业控制现场各类信号连接的部分。输入接口用来接收生产过程的各种参数。输出接口用来送出 PLC 运算后得出的控制信息，并通过机外的执行机构完成工业现场各类控制。由于 PLC 在工业生产现场工作，对输入/输出接口有两个主要的要求，一是接口有良好的抗干扰能力，二是接口能满足工业现场各类信号的匹配要求。

1)输入接口。PLC 为不同的接口需求设计了不同的接口单元。主要有以下几种。

①数字量输入接口。它的作用是把现场的数字(开关)量信号变成 PLC 内部处理的标准信号。通常有三种输入类型，电路大都相同。第一种是直流(12～24 V)输入；第二种是交流(100～120 V、200～240 V)输入；第三种是交直流输入。外部输入器件是通过 PLC 输入接口与 PLC 相连的。

PLC 输入电路中有光电隔离、*RC* 滤波器，用以消除输入抖动和外部噪声干扰。当输入器件被激励时，一次电路中流过电流，输入指示灯亮，光耦合器接通，晶体管从截止状态变为饱和导通状态，这是一个数据输入的过程。图 1.1.2 是一个直流输入端内部接线示意图，交流输入在内部再加一个整流电路就可以了。

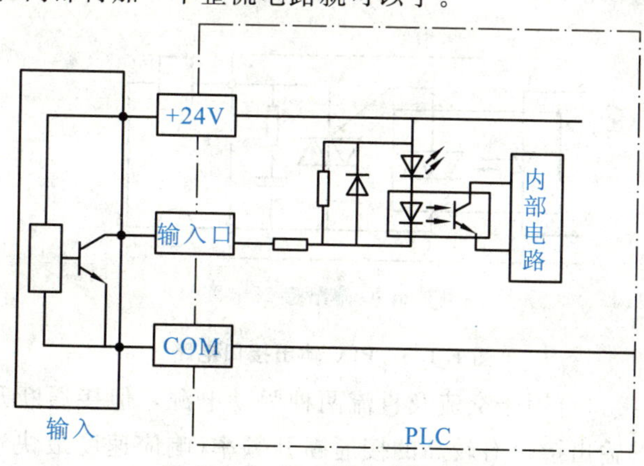

图 1.1.2　PLC 输入接口电路

数字量(开关)输入接口单元中都有滤波电路及耦合隔离电路。滤波有抗干扰的作用，耦合有抗干扰及产生标准信号的作用。图中数字量(开关)输入接口单元的电源部分画在了输入口外(虚线框外)，这是分体式数字量(开关)输入接口单元的画法，在一般单元式PLC中输入接口单元都使用可编程本机的直流电源供电，不再需要外接电源。

②模拟量输入接口。它的作用是把现场连续变化的模拟量标准信号转换成适合可编程控制器内部处理的由若干位二进制数字表示的信号。模拟量输入接口接受标准模拟信号，无论是电压信号还是电流信号均可。这里标准信号是指符合国际标准的通用交互用电压电流信号值，如4～20 mA的直流电流信号，1～10 V的直流电压信号等。工业现场中模拟量信号的变化范围一般是不标准的，在送入模拟量接口时一般都需经变送处理才能使用。

模拟量信号输入后，一般先经运算放大器放大，再进行A/D转换，最后经光电耦合，为PLC提供一定位数的数字量信号。

2)输出接口。输出接口包括以下几种。

①数字(开关)量输出接口。它的作用是把可编程内部的标准信号转换成现场执行机构所需的数字(开关)量信号。数字(开关)量输出接口按PLC机内使用的器件可分为继电器型、晶体管型及可控硅型，内部参考电路分别如图1.1.3所示。

各类输出接口中也都具有隔离耦合电路。这里特别要指出的是，输出接口本身都不带电源，而且在考虑外驱动电源时，还需考虑到输出设备器件的类型。对电阻负载而言，继电器输出的PLC每点负载电流为2A，极个别型号的PLC每点负载电流可高达8～10 A；晶闸管和晶体管输出型的PLC负载电流一般在0.3～0.5 A之间。

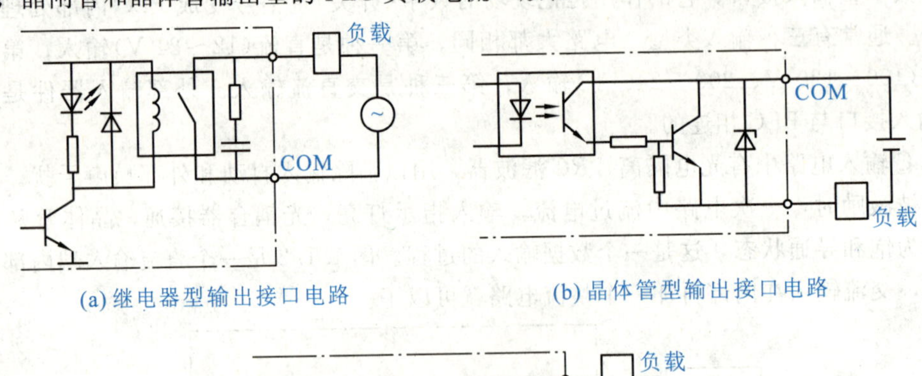

(a) 继电器型输出接口电路　　(b) 晶体管型输出接口电路

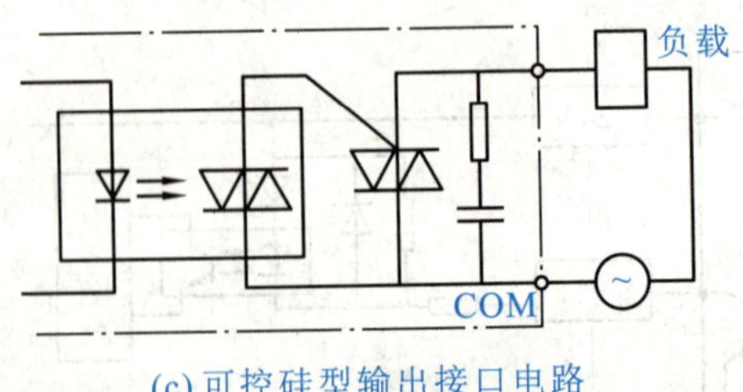

(c) 可控硅型输出接口电路

图1.1.3　PLC输出接口电路

继电器式的输出接口可用于交流及直流两种驱动电源，但接通断开的频率低(响应速度最慢)，晶体管式的输出接口有较高的接通断开频率(响应速度最快)，但只适用于直流驱动的场合，可控硅型的输出接口仅适用于交流驱动场合。

②模拟量输出接口。它的作用是将PLC运算处理后的若干位数字量信号转换为响应的模拟量信号输出，以满足生产过程现场连续控制信号的需求。模拟量输出接口一般由光电隔离、D/A转换和信号驱动等环节组成。

模拟量输入/输出接口一般安装在专用的模拟量工作单元上。

3)智能输入/输出接口。为了适应较复杂的控制工作的需要，PLC还有一些智能控制单元，如PID工作单元、高速计数器工作单元、温度控制单元等。这类单元大多是独立的工作单元。它们和普通输入/输出接口的区别在于其一般带有单独的CPU，有专门的处理能力。在具体的工作中，每个扫描周期智能单元和主机的CPU交换一次信息，共同完成控制任务。从近期的发展来看，不少新型的PLC本身也带有PID功能及高速计数器接口，但它们的功能一般比专用智能输入/输出单元的功能稍弱。

3. PLC外围硬件

学习PLC技术首先是应用，其次开展简单的研发。PLC技术应用的关键是掌握PLC的指令系统，根据生产设备的控制要求编制应用程序，而后在生产现场进行安装及调试，其中外围器件对于PLC系统的正常运行起着重要作用，在此对PLC常用的外围器件作简单介绍。对于外围设备和输入输出模块而言，可根据实际情况进行选购。

(1)输入设备类

按钮和开关是自动控制系统中常用的元器件，由于按钮、开关常用于发送控制指令，故将按钮、开关称为主令电器。用于数字量(开关量)控制的PLC控制系统的信号输入部分，就是由按钮、行程开关、光电开关等主令电器所构成。

1)控制按钮。控制按钮一般用作短时间的接通或断开小电流电路的开关。它由按钮帽、复位弹簧、桥式触点和外壳等组成。

按钮种类大致有如下几种：指示灯式按钮(指示)，紧急故障处理的蘑菇状按钮(引人注意)，钥匙状旋式按钮(安全)，旋钮式按钮(自锁)等。

按钮的颜色一般有红、绿、黑、黄、白、蓝等种，习惯上红色按钮作为停止按钮，绿色按钮作为起动按钮。

按钮的工作电压也是多样的，有交流的，也有直流的。

控制按钮的形式较多，但是它们的基本功能是一样的，那就是为PLC提供用于数字量(开关量)控制的开关信号，用户可根据不同的情况进行选购。

控制按钮的图形符号及文字符号如图1.1.4所示。

常见按钮如图1.1.5所示。

2)限位开关(行程开关)。限位开关可以根据运动部件的位置来切换电路。工作时由挡块和限位开关的轮子或触杆相撞使限位开关的触点接通或断开，常用于控制运动部件的方向、行程长短、位置。

按照限位开关工作原理一般分为机械式和电子式两种。常用型号为LX19、JLXK1，它们具备一个常开、一个常闭两对触点，并有单轮式自复位和双轮式非自复位两种类型。

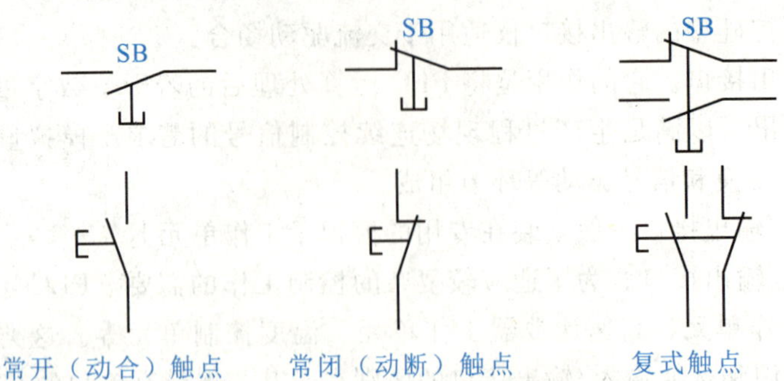

图 1.1.4　按钮的图形符号与文字符号

图 1.1.5　常见按钮

微动开关 LXW-11 及 JLXW1-11 具有体积小、动作灵敏的特点。

限位开关的图形符号及文字符号如图 1.1.6 所示。

常见限位开关如图 1.1.7 所示。

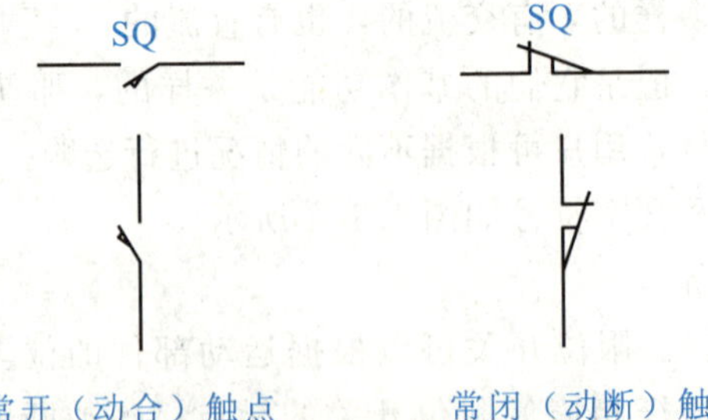

图 1.1.6　限位开关的图形符号与文字符号

3)接近开关。接近开关是无触点开关。按照接近开关的工作原理，可以分为电容型、霍尔效应型、感应电桥型、高频振荡型、磁铁型等多种。

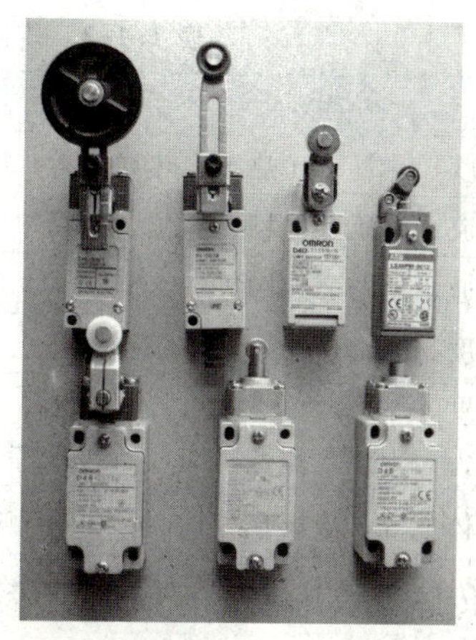

图 1.1.7 常见限位开关

高频振荡型接近开关是较为常用的一种接近开关，其工作原理是，当装在运动部件上的金属体接近高频振荡器的感应头(及振荡线圈)时，由于金属体内部产生涡流损耗，使振荡回路的等效电阻变大，能量损耗增加，从而使振荡变弱，直至停止，于是开关输出控制信号。接近开关工作稳定可靠、寿命长、重复定位精度高、动作迅速、操作频率高，故在 PLC 控制系统中使用较多。

4)光电开关。随着生产自动化程度的提高，光电开关的功能在不断完善，现已成为与 PLC 相配套的系列产品，广泛用于自动包装、打胶、灌装、封装机以及自动装配流水线等。

光电开关分为两类：透射型和反射型。

透射型：发射器(光源)与接收器相对放置，发射器发射的红外线直接照射到接收器上，当生产线上有物体通过时，将红外线光源切断遮挡住了，接收器收不到红外光于是就发出一个信号。

反射型：根据光反射方式的不同，又分为镜反射和被测物体反射两种。镜反射的接收部分和发射部分合做在一起，发射部分发射的红外光，由反射镜反射回来，被接收部分接收，当生产线上的物体通过时，接收部分接收不到红外光，于是就发出一个信号。被测物体反射是依靠被测物体对光的反射，接收器接收到物体反射的红外线，从而给出信号。

5)传感器。传感器种类繁多，而且不断地涌现大量新型的传感器。一般有两种分类的方法：一种以被测参量来划分，另一种以传感器的工作原理来划分。以被测参量分类，常见传感器如表 1.1.2 所示。

传感器的性能指标主要有两种。静态性能指标：测量范围、线性度、滞后、不重复性、灵敏度、分辨率等。动态性能指标：响应时间、精确度、零点时间漂移、零点温度漂移、灵敏度漂移、工作环境条件、相应速度等。

PLC 系统的检测质量优劣关键在于传感器的选择。选择传感器的一般原则：借助于传感器分类表按被测量的性质，从典型应用中可以初步确定几种可供选用的传感器类别；借助于几种常用的传感器比较表，按被检测量的检测范围、精度要求、环境要求等确定传

表 1.1.2 传感器分类

被测量类别	被测参量
温度	温度、热量、比热容、热导率等
电	电流、电压、电场、电位、电功率、电荷、电阻、电容、电感、电磁波、阻抗等
磁	磁通、磁场、导磁等
光	照度、亮度、色、紫外线、可见光、红外线、X 射线、γ 射线等
机械	长度、厚度、位置、位移、变形、斜位、角度、速度、加速度、精度、质量、力、压力、力矩、流速、流量、振动等
化学	气体成分、液压成分、pH 值、气味、黏度、密度等

感器的结构形式和传感器最后类别；借助于传感器的产品目录选择样本查出传感器的规格型号和性能、尺寸。

(2)执行装置

PLC 控制对象各种各样，有电动的、气动的和液压的，负载的大小和种类也各不相同，但是对于 PLC 本身而言，它的输出接口基本上有三种：继电器型、双向晶闸管型和晶体管型，并且承受负载的能力也是有限的，PLC 如要带动这些庞大的机械电气设备，这就需要在 PLC 与被控对象之间有一个环节，即执行装置。一般 PLC 系统中执行装置有以下三种：接触器或继电器，执行器，气动与液动执行装置用电磁阀。

1)接触器。接触器选用及使用时，主要注意接触器的类型、电压等级、电流等级等，这里不做详细介绍。

2)执行器。执行器由执行机构和调节阀(又称调节机构)两部分组成。它在控制系统中的作用是根据调节器的命令，直接带动调节阀，控制进出控制装置的物料或能量，改变调节参数，达到调节温度、压力、流量、液位等目的。

根据使用的能源的不同，执行器可分为气动、电动和液动三种。目前工业生产中使用最多的是气动执行器和电动执行器两种。

关于执行器的详细内容，建议参阅有关的书籍，这里不再深入介绍。

3)气动与液动执行装置用电磁阀。电磁阀驱动汽缸工作原理如图 1.1.8 所示。

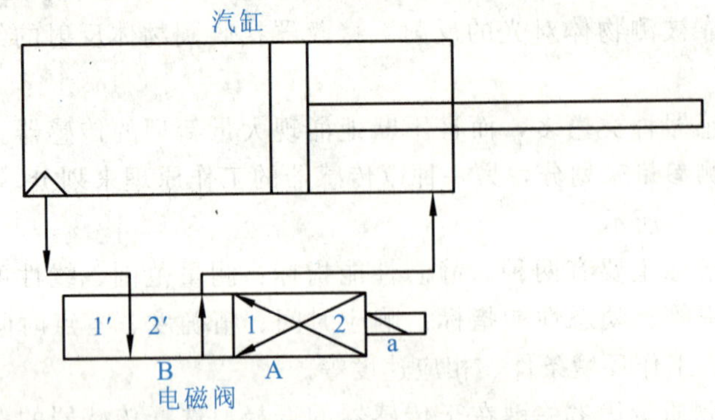

图 1.1.8 汽缸工作原理示意图

线圈 a 通电时阀门吸向 A 边，汽口 1、2 变成 1′、2′，汽缸向左推动，当线圈 a 断电，靠弹簧力将阀门返回 B 边，汽口为 1、2，汽缸推向右边。这样对电磁阀的控制就变成了对线圈 a 的通电和断电，而这点正是 PLC 的长处。

4. PLC 工作原理

PLC 是一种工业控制计算机，故它的工作原理是建立在计算机工作原理基础上的，是通过执行反映控制要求的用户程序来实现的。但是 CPU 是以分时操作方式来处理各项任务的，计算机在每一瞬间只能做一件事，所以程序的执行按程序顺序依次完成相应各电器的动作，成为时间上的串行。由于运算速度极高，各电器的动作似乎是同时完成的，但实际输入/输出的响应是有滞后的。

(1)PLC 工作方式

概括而言，PLC 的工作方式是一种不断循环的顺序扫描工作方式。每一次扫描所用的时间称为扫描周期或工作周期。CPU 从第一条指令开始，按顺序逐条地执行用户程序直到用户程序结束，然后返回第一条指令开始新的一轮扫描。PLC 就是这样周而复始地重复上述循环扫描的。

执行用户程序时，需要各种现场信息，这些现场信息已接到 PLC 的输入端口。PLC 采集现场信息即采集输入信号有两种方式：第一种是集中输入方式。一般在扫描周期的开始或结束将所有输入信号(输入元件的通/断状态)采集并存放到输入映像寄存器(PII)中。执行用户程序所需输入状态均在输入映像寄存器中取用，而不直接到输入端或输入模块中去取用。第二种是立即输入方式。随着程序的执行需要哪一个输入信号就直接从输入端或输入模块取用对应输入状态，如“立即输入指令”就是这样，此时输入映像寄存器的内容不变，到下一次集中采样输入时才变化。

同样，PLC 对外部的输出控制也有集中输出和立即输出两种方式。

在执行用户程序时，集中输出方式不是得到一个输出结果就向外输出一个，而是把执行用户程序所得的所有输出结果，先后全部存放在输出映像寄存器(PIQ)中，执行完用户程序后，所有输出结果一次性向输出端口或输出模块输出，使输出设备部件动作。在执行用户程序时，立即输出方式将该输出结果立即向输出端口或输出模块输出，如“立即输出指令”就是这样，此时输出映像寄存器的内容也更新。

PLC 对输入/输出信号的传送还有其他方式。如有的 PLC 采用输入、输出刷新指令。在需要的地方设置这类指令，可对此电源 ON 的全部或部分输入点信号读入上电一次，以刷新输入映像寄存器内容；或将此时的输出结果立即向输出端口或输出模块输出。又如有的 PLC 上有输入、输出的禁止功能，实际上是关闭了输入、输出传送服务，这意味着此时的输入信号不读入、输出信号也不输出。

PLC 工作的整个运行过程可用图 1.1.9 所示的运行框图来表示。

(2)PLC 的工作过程

PLC 整个运行过程可分为三部分。

第一部分是上电处理。PLC 上电后对 PLC 系统进行一次初始化工作，包括硬件初始化，I/O 模块配置运行方式检查，停电保持范围设定及其他初始化处理等。

第二部分是扫描过程。PLC上电处理完成以后进入扫描工作过程。首先完成输入处理，然后完成与其他外设的通信处理，最后进行时钟、特殊寄存器更新。当CPU处于STOP方式时，转入执行自诊断检查。当CPU处于RUN方式时，还要完成用户程序的执行和输出处理，再转入执行自诊断检查。

第三部分是出错处理。PLC每扫描一次，执行一次自诊断检查，确定PLC自身的动作是否正常，如CPU、电池电压、程序存储器、I/O、通信等是否异常或出错，如检查出异常时，CPU面板上的LED及异常继电器会接通，在特殊寄存器中会存入出错代码。当出现致命错误时，CPU被强制为STOP方式，所有的扫描停止。

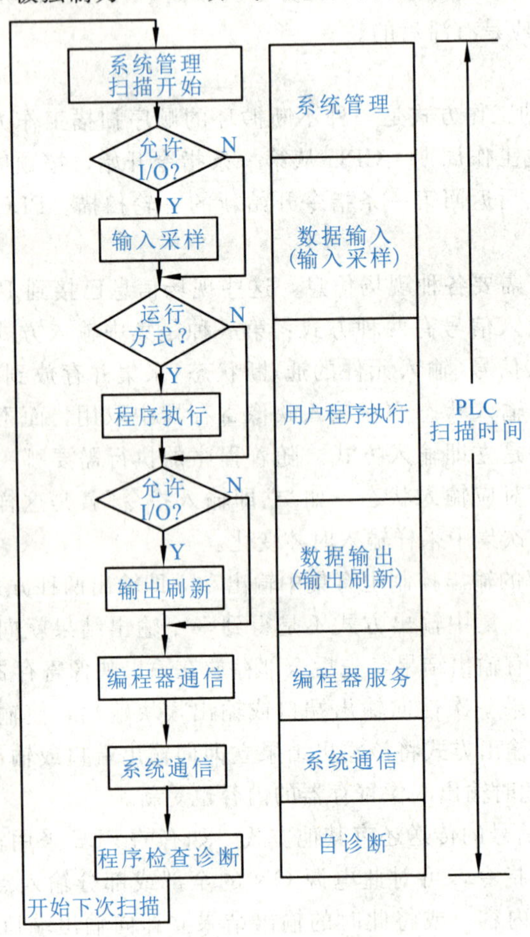

图1.1.9 PLC运行过程流程图

PLC运行正常时，扫描周期的长短与CPU的运算速度有关，与I/O点的情况有关，与用户应用程序的长短及编程情况等均有关。通常用PLC执行1 KB指令所需时间来说明其扫描速度(一般1～10 ms/KB)。值得注意的是，不同指令其执行时间是不同的，从零点几微秒到上百微秒不等，故选用不同指令所用的扫描时间将会不同。若用于高速系统，要缩短扫描周期时，可从软、硬件上同时考虑。

当PLC处于正常运行状态时，它将不断重复图1.1.9中的扫描过程，不断循环扫描地工作下去。分析上述扫描过程，如果我们对远程 I/O 特殊模块和其他通信服务暂不考虑，这样扫描过程就只剩下“输入采样”，“程序执行”，“输出刷新”三个阶段了。下面对这三个阶段进行详细分析，如图 1.1.10 所示(此处 I/O 采用集中输入，集中输出方式)。

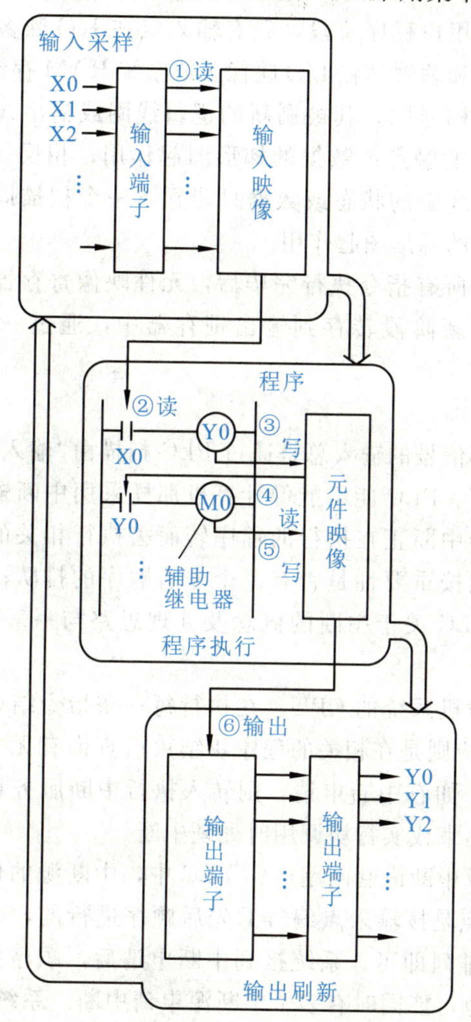

图 1.1.10 PLC 扫描工作过程

1)输入采样阶段。输入采样阶段，PLC 首先扫描所有输入端子，并将各输入状态存入内存中各对应的输入映像寄存器中。此时，输入映像寄存器被刷新。接着，进入程序执行阶段，在程序执行阶段和输出刷新阶段，输入映像寄存器与外界隔离，无论输入信号如何变化，其内容保持不变，直到下一个扫描周期的输入采样阶段，才重新写入新内容。因此，如果输入是脉冲信号，则该脉冲信号的宽度必须大于一个扫描周期，才能保证该输入信号不被丢失。

2)程序执行阶段。根据 PLC 梯形图程序扫描原则，PLC 按先左后右，先上后下的步序语句逐句扫描。如遇到程序跳转指令，则根据跳转条件是否满足来决定程序的跳转地址。当指令中涉及输入、输出状态时，PLC 就从输入映像寄存器“读入”上一阶段采入的对应输入端子状态，从元件映像寄存器“读入”对应元件（“软继电器”）的当前状态。然后，进行相应的运算，运算结果再存入元件映像寄存器中。对元件映像寄存器来说，每一个元件（“软继电器”）的状态会随着程序执行过程而变化。

要指出的是，在执行用户程序阶段，只有输入点在I/O映像区内的状态和数据不会发生变化，而其他输出点和软器件在I/O映像区或系统RAM存储区内的状态和数据都可能发生变化。排在上面的梯形图，其被刷新的逻辑线圈或输出线圈的状态或数据对排在下面的凡是用到这些线圈的触点或数据的梯形图起作用；相反，排在下面的梯形图，其被刷新的逻辑线圈或输出线圈的状态或数据只能到下一个扫描周期才能对排在其上面用到这些线圈的触点或数据的梯形图起作用。

3)输出刷新阶段。在所有指令执行完毕后，元件映像寄存器中所有输出继电器的状态(接通/断开)在输出刷新阶段转存到输出锁存器中，通过一定方式输出，驱动外部负载。

(3)PLC的中断处理

根据以上所述，外部信号的输入总是通过PLC扫描由“输入传送”来完成，这就不可避免地带来了“逻辑滞后”。PLC能不能像计算机那样采用中断输入的方法，即当有中断申请信号输入后，系统会中断正在执行的程序转而去执行相关的中断子程序；系统若有多个中断源时，它们之间按重要性是否有一个先后顺序的排队；系统能否由程序设定允许中断或禁止中断等。PLC关于中断的概念及处理思路与一般微机系统基本是一样的，但也有特殊之处。

1)响应问题。一般微机系统的CPU，在执行每一条指令结束时，去查询有无中断申请。而PLC对中断的响应则是在相关的程序块结束后查询有无中断申请和在执行用户程序时查询有无中断申请，如有中断申请，则转入执行中断服务程序。如果用户程序以块式结构组成，则在每块结束或实行块调用时处理中断。

2)中断源先后顺序及中断嵌套问题。在PLC中，中断源的信息是通过输入点而进入系统的，PLC扫描输入点是按输入点编号的先后顺序进行的，因此中断源的先后顺序只要按输入点编号的顺序排列即可。系统接到中断申请后，顺序扫描中断源，它可能只有一个中断源申请中断，也可能同时有多个中断源申请中断。系统在扫描中断源的过程中，就在存储器的一个特定区建立起“中断处理表”，按顺序存放中断信息，中断源被扫描过后，中断处理表亦已建立完毕，系统就按该表顺序先后转至相应的中断子程序入口地址去工作。

必须说明的是，多中断源可以有优先顺序，但无嵌套关系。即中断程序执行中，若有新的中断放生，不论新中断的优先顺序如何，都要等执行中的中断处理结束后，再进行新的中断处理。在PLC系统工作中，当转入下一个中断服务子程序时，并不自动关闭中断，也没有必要去开启中断。

3)中断服务程序执行结果信息输出问题。PLC按巡回扫描方式工作，正常的输入/输出在扫描周期的一定阶段进行，这给外部设备希望及时响应带来了困难。采用中断输入，解决了对输入信号的高速响应问题。当中断申请被响应，在执行中断子程序后有关信息应当尽早送到相关外部设备，而不是等到扫描周期的输出传送阶段，就是说对部分信息的输入或输出要与系统 CPU 的周期扫描脱离，可利用专门的硬件模块(如快速响应 I/O 模块)或通过软件利用专门指令使某些 I/O 立即执行来解决。

(4)PLC 的 I/O 响应时间

I/O 响应时间又称为滞后时间，是指 PLC 外部输入信号发生变化的时刻起至系统有关输出端信号发生变化的时刻止所间隔的时间。它由输入电路的滤波时间、输出电路的滞后时间和因扫描工作方式产生的滞后时间三部分组成。

为了增加 PLC 的抗干扰能力，PLC 的每个开关量输入端都采用光耦合隔离技术和 *RC* 滤波器措施。而其中 *RC* 滤波器的时间常数一般为 10～20 ms。输出电路的滞后时间与电路开关器件的类型有关：继电器型输出电路的滞后时间一般在 10 ms 左右；双向晶闸管型输出电路的滞后时间在负载被接通时的滞后时间约 1 ms，负载由导通到断开的最大滞后时间为 10 ms；晶体管型输出电路的滞后时间一般在 1 ms。

PLC 的循环扫描工作方式也能加大 PLC 控制系统的滞后时间。图 1.1.11 是 PLC I/O 响应时间的延迟说明。

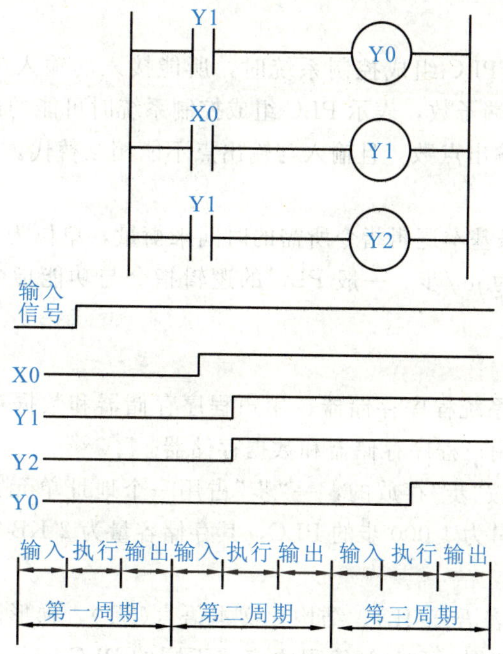

图 1.1.11　PLC 的输入/输出延迟

X0 是输入器件，接收外部输入信号。X0、Y0、Y1 和 Y2 的波形表示对应的输入/输出映像寄存器的状态，高电平表示“1”状态，低电平表示“0”状态。

波形图中最上一行输入信号波形是对 X0 滤波后的波形，在第一个扫描周期的输入采样阶段之后才出现，所以在第一个扫描周期内各映像寄存器均为“0”状态。在第二个扫描周期的输入采样阶段，输入 X0 的映像寄存器变为“1”状态。在程序执行阶段，Y1、Y2 依次接通，它们的映像寄存器都变为“1”状态。在第三个扫描周期的程序执行阶段，由于 Y1

的接通使 Y0 接通。Y0 的映像寄存器变为“1”状态。在输出刷新阶段，Y0 对应的外部负载被接通。由分析可见，外部输入信号接通到 Y0 驱动的负载动作，响应时间最长可达两个多扫描周期。

若交换梯形图中第一行和第二行的位置，Y0 的延迟时间将减少一个扫描周期。但由于输入电路中 *RC* 滤波器的滤波时间常数存在，PLC 总的响应延迟时间为数十毫秒，所以在一些要求响应速度快的实时工业控制系统中就很难采用 PLC 了。为了改变这一情况，扩大 PLC 的应用范围，近年来生产的 PLC，除了选取高性能的 CPU 以加快扫描速度外，还在 PLC 的软、硬件上采取了一些措施，大大提高 I/O 的响应速度。I/O 立即刷新指令和修改数字滤波时间常数指令的开发，直接刷新方式的出现，都是减少响应时间的重要措施。

5. PLC 主要性能指标

PLC 的性能指标较多，不同厂家的 PLC 产品技术性能各不相同，各有特色。通常可以用以下几种性能指标进行描述。

(1)输入/输出点数

输入/输出点数是指 PLC 组成控制系统时，所能接入的输入/输出信号的最大数量，即 PLC 外部输入、输出端子数，表示 PLC 组成控制系统时可能的最大规模。通常，在总点数中，输入点数大于输出点数，且输入与输出点不能相互替代。

(2)扫描速度

一般以执行 1 000 条基本逻辑指令所需的时间来衡量，单位为 ms/千步。也有以执行一步指令时间计，单位为 μs/步。一般 PLC 的逻辑指令与功能指令的平均执行时间有较大差别。

(3)存储器容量

PLC 的存储器包括系统程序存储器、用户程序存储器和数据存储器三部分。PLC 产品中可供用户使用的是用户程序存储器和数据存储器。

PLC 中程序指令是按“步”存放的，一“步”占用一个地址单元，一个地址单元一般占用两个字节。如存储容量为 1 000 步的 PLC，其存储容量为 2 KB 字节。

(4)编程语言

PLC 采用指令语句表语言(IL)、结构化文本语言(ST)、梯形图语言(LAD)、功能块图语言(FBD)和顺序功能图(SFC)等编程语言。不同的 PLC 产品可能拥有其中一种、两种或全部的编程方式。常用三种编程语言是：梯形图(LAD)，指令语句表(IL)，顺序功能图(SFC)。

(5)指令功能

PLC 的指令种类越多，则其软件的功能就越强，使用这些指令完成一定的控制目标的就越容易。

此外，PLC 的可扩展性、使用条件、可靠性、易操作性及经济性等性能指标也是用户在选择 PLC 时须注意的指标。

6. PLC 控制系统与其他控制系统的比较

(1)PLC 控制系统与继电器控制系统的区别

在 PLC 的编程语言中，梯形图是最为广泛使用的语言。通过 PLC 的指令系统将梯形图变成 PLC 能接收的程序。由编程器将程序输入到 PLC 的用户存储区中去。

PLC 的梯形图与继电器控制电路图十分相似，主要原因是 PLC 梯形图的发明大致上沿用了继电器控制的电路元件符号，仅个别地方有些不同。同时，信号的输入/输出形式及控制功能也是相同的，但 PLC 的控制与继电器的控制还是有不同之处，主要表现在以下几方面。

1)控制逻辑。继电器控制逻辑采用硬接线逻辑，利用继电器机械触点的串联或并联及延时继电器的滞后动作等组合成控制逻辑，其接线多而复杂，体积大，功耗大，一旦系统构成后想再改变或增加功能都很困难。另外，继电器触点数目有限，每只有 4～8 对触点，因此灵活性和扩展性很差。而 PLC 采用存储器逻辑，其控制逻辑以程序方式存储在内存中，要改变控制逻辑，只需改变程序，故称为“软接线”，其接线少，体积小，而且，PLC 中每只软继电器的触点数在理论上无限制，因此灵活性和扩展性很好。PLC 由中大规模集成电路组成，功耗小。

2)工作方式。当电源接通时，继电器控制线路中各继电器都处于受约束状态，即该吸合的都应吸合，不该吸合的都因受某种条件限制不能吸合。而 PLC 的控制逻辑中，各继电器都处于周期性循环扫描接通之中，从宏观上看，每个继电器受制约接通的时间是短暂的。

3)控制速度。继电器控制逻辑依靠触点的机械动作实现控制，工作频率低。触点的开闭动作一般在几十毫秒数量级。另外，机械触点还会出现抖动问题。而 PLC 是由程序指令控制半导体电路来实现控制，速度极快，一般一条用户指令执行时间在微秒数量级。PLC 内部还有严格的同步，不会出现抖动问题。

4)限时控制。继电器控制逻辑利用时间继电器的滞后动作进行限时控制。时间继电器一般分为空气阻尼式、电磁式、半导体式等，其定时精度不高，且有定时时间易受环境湿度和温度变化的影响，调整时间困难等问题。有些特殊的时间继电器结构复杂，不便维护。PLC 使用半导体集成电路作定时器，时基脉冲由晶体振荡器产生，精度相当高，且定时时间不受环境影响，定时范围一般从 0.001 s 到若干分钟甚至更长。用户可根据需要在程序中设定定时值，然后由软件和硬件计数器来控制定时时间。

5)计数限制。PLC 能实现计数功能，而继电器控制逻辑一般不具备计数。

6)设计和施工。使用继电器控制逻辑完成一项控制工程，其设计、施工、调试必须依次进行，周期长，而且维修困难。工程越大，这一点就越突出。而用 PLC 完成一项控制工程，在系统设计完成以后，现场施工和控制逻辑的设计（包括梯形图设计）可以同时进行，周期短，且调试和维修都很方便。

7)可靠性和可维护性。继电器控制逻辑使用了大量的机械触点，连线也多。触点开闭时会受到电弧的损坏，并有机械磨损，寿命短，因此可靠性和可维护性差。而 PLC 采用微电子技术，大量的开关动作由无触点的半导体电路来完成，它体积小，寿命长，可靠性高。PLC 还配有自检和监督功能，能检查出自身的故障，并随时显示给操作人员，还能动态地监视控制程序的执行情况，为现场调试和维护提供了方便。

8)价格。继电器控制逻辑使用机械开关，继电器和接触器，价格比较低。而 PLC 使用中大规模集成电路，价格比较高。

从以上几个方面的比较可知，PLC 在性能上比继电器控制逻辑优异，特别是可靠性高，设计施工周期短，调试修改方便，而且体积小，功耗低，使用维护方便，但价格高于继电器控制系统。从系统的性能价格比而言，PLC 具有很大的优势。

(2)PLC 控制系统与微型计算机系统的区别

从应用范围来说，微型计算机是通用机，而 PLC 是专用机。微型计算机是在以往计算机与大规模集成电路的基础上发展起来的，其最大特征是运算快，功能强，应用范围广。例如，近代科学计算，科学管理和工业控制等都离不开它。所以说，微型计算机是通用计算机。而 PLC 是一种为适应工业控制环境而设计的专用计算机。选配对应的模块便可适用于各种工业控制系统。而用户只需改变用户程序即可满足工业控制系统的具体控制要求。如果采用微型计算机作为某一设备的控制器，就必须根据实际需要考虑抗干扰问题和硬件软件设计，以适应设备控制的专门需要。这样，势必把通用的微型计算机转化为具有特殊功能的控制器而成为一台专用机。

PLC 与微型计算机的主要差异及各自的特点主要表现为以下几个方面：

1)应用范围。微型计算机除了控制领域外，还大量用于科学计算，数据处理，计算机通信等方面。而 PLC 主要用于工业控制。

2)使用环境。微型计算机对环境要求较高，一般要在干扰小，具有一定的温度和湿度要求的机房内使用。PLC 则是适用于工业现场环境。

3)输入/输出。微型计算机系统的 I/O 设备与主机之间采用微电联系，一般不需要电气隔离。而 PLC 一般控制强电设备，需要电气隔离，输入/输出均用光电耦合，输出还采用继电器，可控硅或大功率晶体管进行功率放大。

4)程序设计。微型计算机具有丰富的程序设计语言，如汇编语言，FORTRAN 语言，COBOL 语言，PASCAL 语言，C 语言等，其语句多，语法关系复杂，要求使用者必须具有一定水平的计算机硬件知识和软件知识。而 PLC 提供给用户的编程语句数量少，逻辑简单，易于学习和掌握。

5)系统功能。微型计算机系统一般配有较强的系统软件。例如，操作系统，能进行设备管理，文件管理，存储器管理等。它还配有许多应用软件，以方便用户。而 PLC 一般只有简单的监控程序，能完成故障检查，用户程序的输入和修改，用户程序的执行与监视。

6)运算速度和存储容量。微型计算机运算速度快，一般为微秒级，因有大量的系统软件和应用软件，故存储容量大。而 PLC 因接口的响应速度慢而影响数据处理速度。一般 PLC 接口响应速度为 2 ms，巡回检测速度为 8 ms/KB。PLC 的软件少，所编程序也简短，故内存容量小。

7)价格。微型计算机是通用机，功能完善，故价格较高，而PLC是专用机，功能较少，其价格是微型计算机的十分之一左右。

从以上几个方面的比较可知，PLC是一种用于工业自动化控制的专用微型计算机系统，结构简单，抗干扰能力强，价格也比一般的微型计算机系统低。

三、PLC软件系统

随着PLC的发展，其编程软件呈现多样化和高级化发展趋势。由于PLC类型较多，各个不同机型对应编程软件也是有一定的差别，特别是各个生产厂家的PLC之间，它们的编程软件不能通用，但是同一生产厂家生产的PLC一般都可以使用。

1. 编程软件

PLC是微型计算机技术在工业控制领域的重要应用，而计算机是离不开软件的。PLC的软件也分为系统软件和应用软件。

(1)系统软件

所谓PLC的系统软件就是PLC的系统监控程序，也有人称之为PLC的操作系统。它是每台PLC都必须包括的部分，是由PLC的制造厂家编制的，用于控制PLC本身的运行，一般来说，系统软件对用户是不透明的。

系统监控程序主要包括系统管理程序、用户指令解释程序和标准程序模块和系统调用程序。

整个系统监控程序是一个整体，它的质量好坏很大程度上决定了PLC的性能。如果能够改进系统的监控程序，就可以在不增加任何硬件设备的条件下，大大改善PLC的性能。

(2)应用软件

PLC的应用软件是指用户根据自己的控制要求编写的用户程序。由于PLC的应用场合是工业现场，它的主要用户是电气技术人员，PLC与通用的计算机相比，其编程语言具有明显的特点，它既不同于高级语言，又不同于汇编语言，它要满足易于编写和易于调试的要求，还要考虑现场电气技术人员的接受水平和应用习惯。因此，PLC通常使用梯形图语言，又叫继电器语言，也有人称之为电工语言。另外，为满足各种不同形式的编程需要，根据不同的编程器和支持软件，还可以采用指令语句表、逻辑功能图、顺序功能图、流程图以及高级语言进行编程。

需要注意的是，不同厂家不同系列的PLC，编写应用程序所需的支持软件以及软件所需的系统配置是不同的。例如，SWOPC-FXGP/WIN-C是三菱FX系列PLC的一款编程软件，其特点和系统配置如下。

主要功能：①在SWOPC-FXGP/WIN-C中，可通过线路符号，列表语言及SFC符号来创建顺控指令程序，建立注释数据及设置寄存器数据。②创建顺控指令程序以及将其存储为文件，用打印机打印。③该程序可在串行系统中与PLC进行通信，文件传送，操作监控以及各种测试功能。

系统配置：①计算机要求机型：IBMPC/AT(兼容)；CPU：486 以上；内存：8MB 或更高(推荐 16MB 以上)；显示器：分辨率为 800 点×600 点，16 色或更高。②编程和通信软件采用应用于 FX 系列 PLC 的编程软件 SWOPC-FXGP/WIN-C。③接口单元采用 FX-232AWC 型 RS-232C/RS-422 转换器(便携式)或 FX-232AW 型 RS-232C/RS-422 转换器(内置式)，以及其他指定的转换器。④通信线缆采用 FX-422CAB 型 RS-422 缆线(用于 FX_2，FX_{2C}/FX_2 型 PLC，0.3 m)或 FX422CAB-150 型 RS-422 缆线(用于 FX、FX_{2C}、FX_{2N}型 PLC，1.5 m)，以及其他指定的缆线。

操作环境：可运行于 Windows 9x/Windows 3.1 或更高的操作系统。

2. 编程语言

PLC 与一般的计算机相类似，在软件方面有系统软件和应用软件之分，只是 PLC 的系统软件由 PLC 生产厂家固化在 ROM 中，一般的用户只能在应用软件上进行操作，即通过编程软件来编制用户程序。编程语言是由 PLC 生产厂家提供的，至今为止还没有一种能适合各种 PLC 的通用的编程语言，但是各个 PLC 发展过程有类似之处，PLC 的编程语言大体差不多。

为了用户的利益和 PLC 制造商的需要，国际电工委员会(IEC)对当代种类繁多的概念和语言进行了标准化(IEC61131-3)，制定了工业控制器(包括 PLC)的标准，对 PLC 定义了 5 种编程语言。

(1) 梯形图(Ladder Diagram)

梯形图是一种以图形符号及图形符号在图中的相互关系表示控制关系的编程语言，它是从继电器控制电路图演变过来的。梯形图将继电器控制电路图进行简化，同时加进了许多功能强大、使用灵活的指令，将微型计算机的特点结合进去，使编程更加容易，而实现的功能却大大超过传统继电器控制电路图，电气技术人员容易接受，是目前最普通的一种 PLC 编程语言。

继电器逻辑控制电路图和 PLC 梯形图示如图 1.1.12 所示。由图 1.1.12 可见，两种控制电路逻辑含义是一样的，但具体表达方式上却有本质的区别。PLC 的梯形图使用的是内部继电器、定时器、计数器等，都是由软件实现的软器件，使用方便，修改灵活，是继电器-接触器电器控制线路硬接线无法比拟的。在 PLC 控制系统中，由按钮、开关等

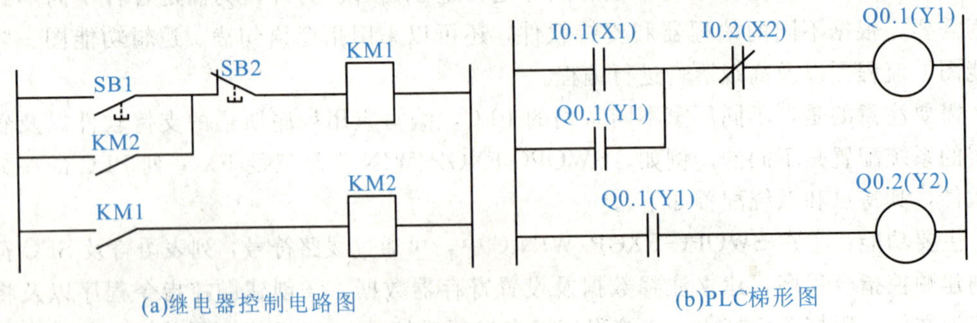

图 1.1.12　两种控制电路图

输入元件提供的输入信号，PLC 提供给电磁阀、指示灯等负载的输出信号都只有通与断两种完全相反的工作状态，它们分别和逻辑代数中的“1”和“0”相对应。

用梯形图语言编制的 PLC 程序叫梯形图。梯形图网络由多个梯级组成，每个输出软器件可构成一个梯级，每个梯级可由多个支路构成。一般每个支路可容纳的编程软器件个数和每个网络最多允许的分支路数都有一定的限制。图中竖线类似继电器控制线路的电源线，称作母线，左边的叫左母线，右边的叫右母线。支路最右边的软器件必须是输出软器件。在用梯形图编程时，只有一个梯级编制完整后才能继续后面的程序编制。PLC 的梯形图从上至下按行绘制，每一行从左至右，左侧总是安排输入触点，并且把并联触点多的支路靠近最左端。输入触点不论是外部的按钮，各种开关，还是继电器触点，在图形符号上只能用常开“─┤├─”(“─] [─”)和常闭“─┤/├─”(“─]/[─”)表示，而不计及其物理属性，输出的逻辑线圈用圆形、椭圆或括号表示。表 1.1.3 给出了继电器接触器控制电路图中部分符号和部分 PLC 厂商梯形图符号对应关系。

表 1.1.3　继电器与 PLC 符号对照表

符号名称	继电器接触器符号	三菱 PLC 梯形图符号	西门子与 GE PLC 梯形图符号
常开触点	── ╱──	─┤├─	─] [─
常闭触点	──┤╲──	─┤/├─	─]/[─
线圈	─□─	─○─ 或 ─( )─	─[ ]─ 或 ─< >─

PLC 梯形图有如下特点。

1)梯形图格式中的继电器不是物理继电器，而是软继电器。软继电器各触点均为存储器中的一位，相应位为“1”状态，表示软继电器线圈通电，它的常开触点闭合或常闭触点断开；相应位为“0”状态，表示软继电器线圈失电，它的常开触点断开或常闭触点闭合。

2)PLC 梯形图左右两端的母线是不接任何电源的。通常所指梯形图中流过的电流不是指物理电流，而仅仅是指“概念”电流，也称假想电流、虚电流。“概念”电流是指在执行用户梯形图程序时，满足输出执行条件的形象表示方式，“概念”电流只能从左向右流动。

3)梯形图中软器件的触点可在用户编制程序时无限次引用，既可用常开，也可用常闭。

4)梯形图中用户程序逻辑运算结果，立即可以为后面用户程序的运算所利用。

5)梯形图中输入软器件触点和输出逻辑线圈不是物理触点和物理线圈，用户程序的运算是根据 PLC I/O 映像区对应位的状态，而不是现场开关的实际状态。

6)梯形图中输出逻辑线圈中对应输出映像区的相应位，不能用该编程软器件直接驱动现场执行机构。

梯形图及符号的画法应按一定规则，各厂家的符号和规则虽不尽相同，但基本上大同小异，如图 1.1.13 所示。对于梯形图的规则，总结有几点共性，如表 1.1.4 所示。

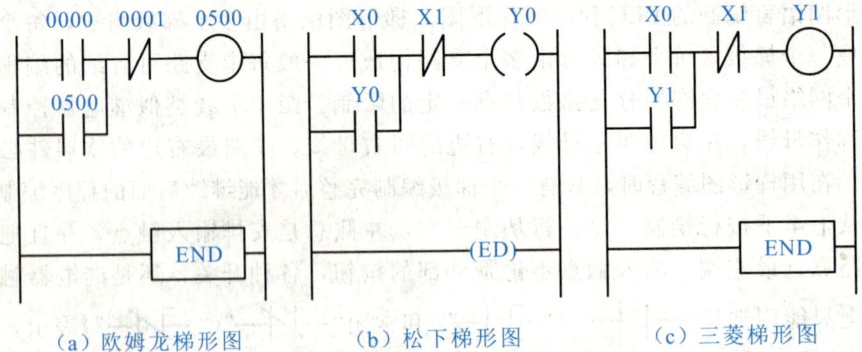

（a）欧姆龙梯形图　　（b）松下梯形图　　（c）三菱梯形图

图 1.1.13　三种不同的梯形图

表 1.1.4　PLC 部分符号意义

品牌	输入动合触点	输入动断触点	输出继电器	输出继电器动合触点
欧姆龙	0000	0001	0500	0500
松下	X0	X0	Y0	Y0
三菱	X0	X0	Y1	Y0
注释	欧姆龙：00□□表示输入触点 松　下：X□表示输入触点 三　菱：X□表示输入触点		欧姆龙：05□□表示输出触点(或线圈) 松　下：Y□表示输出触点(或线圈) 三　菱：Y□表示输出触点(或线圈)	

编写梯形图应注意以下问题。

1)梯形图中只有动合和动断两种触点。各种机型中动合触点和动断触点的图形符号基本相同，但它们的元件编号不相同，随不同机种、不同位置(输入或输出)而不同。统一标记的触点可以反复使用，次数不限，这点与继电器控制电路中同一触点只能使用一次不同。因为在 PLC 中每一触点的状态均存入 PLC 内部的存储单元中，可以反复读写，故可以反复使用。

2)梯形图中输出继电器(输出变量)表示方法也不同，有圆圈、括弧和椭圆表示，而且它们的编程元件编号也不同，不论哪种产品，输出继电器在程序中只能使用一次。

3)梯形图最左边是起始母线，每一逻辑行必须从起始母线开始画。梯形图最左边还有结束母线，一般可以将其省略。

4)梯形图必须按照从左到右、从上到下顺序书写，PLC 是按照这个顺序执行程序。

5)梯形图中触点可以任意的串联或并联，而输出继电器线圈可以并联但不可以串联。

6)程序结束后应有结束符。

(2)指令表(Instruction List)

梯形图编程语言优点是直观、简便，但要求用带 CRT 屏幕显示的图形编程器才能输入图形符号。小型的编程器一般无法满足，而是采用经济便携的编程器(指令编程器)将程序输入到 PLC 中，这种编程方法使用指令语句(助记符语言)，它类似于微机中的汇编语言。

语句是指令语句表编程语言的基本单元，每个控制功能有一个或多个语句组成的程序来执行。每条语句规定 PLC 中 CPU 如何动作的指令，它是由操作码和操作数组成的。

操作码用助记符表示要执行的功能，操作数(参数)表明操作的地址或一个预先设定的值。欧姆龙、松下、三菱 PLC 指令语句程序见表 1.1.5。

表 1.1.5　几种不同 PLC 的指令语句表

机型	步序	操作码(助记符)	操作数参数	说　明
欧姆龙	1	LD	0000	逻辑行开始，动合触点 0000 从母线开始并联
	2	OR	0500	输出继电器的动合触点 0500
	3	ANDNOT	0001	串联输入动断触点 0001
	4	OUT	0500	输出继电器 0500 输出，逻辑行结束
	5	END	—	程序结束
松下	1	ST	X0	逻辑行开始，动合触点 X0 从母线开始并联
	2	OR	Y1	输出继电器的动合触点 Y1
	3	ANI	X1	串联输入动断触点 X1
	4	OT	Y0	输出继电器 Y0 输出，逻辑行结束
	5	ED	—	程序结束
三菱	1	LD	X0	逻辑行开始，动合触点 X0 从母线开始并联
	2	OR	Y1	输出继电器的动合触点 Y1
	3	ANI	X1	串联输入动断触点 X1
	4	OUT	Y0	输出继电器 Y0 输出，逻辑行结束
	5	END	—	程序结束

(3)顺序功能图(Sequential Function Chart)

顺序功能图常用来编制顺序控制类程序。它包含步、动作、转换三个要素。顺序功能编程法可将一个复杂的控制过程分解为一些小的顺序控制要求连接组合成整体的控制程序。顺序功能图法体现了一种编程思想，在程序的编制中具有很重要的意义。在介绍步进梯形指令时将详细介绍顺序功能图编程法。图 1.1.14 所示为顺序功能图。

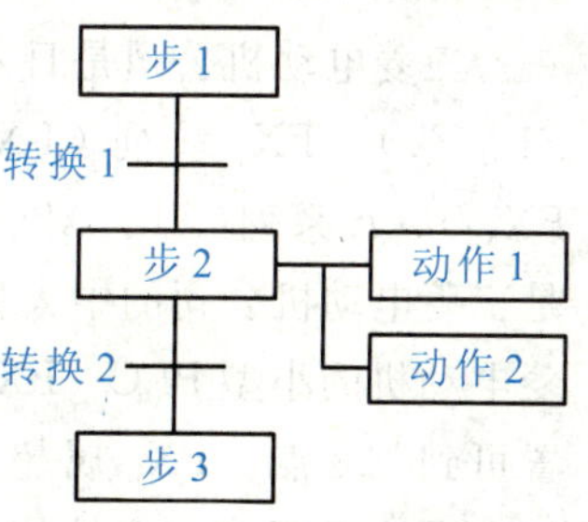

图 1.1.14　顺序功能图

(4)功能块图(Function Block Diagram)

功能块图编程语言实际上是用逻辑功能符号组成的功能块来表达命令的图形语言，与数字电路中逻辑图一样，它极易表现条件与结果之间的逻辑功能。图 1.1.15 所示为先“或”后“与”再输出操作的功能块图。

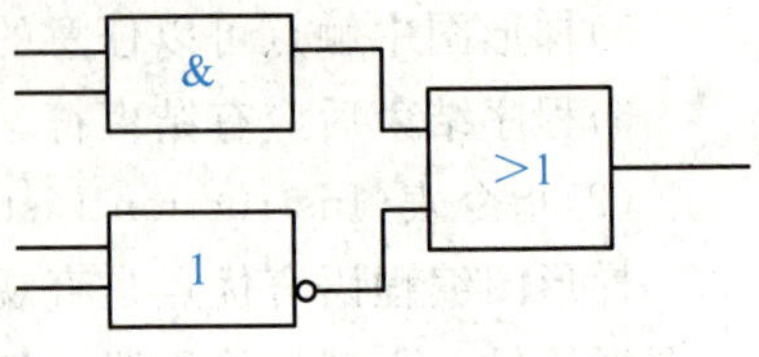

图 1.1.15　功能块图编程语言图

由图 1.1.15 可见，这种编程方法是根据信息流将各种功能块加以组合，是一种逐步发展起来的新式的编程语言，正在受到各种 PLC 厂家的重视。

(5)结构文本(Structured Text)

随着 PLC 的飞速发展，如果许多高级功能还是用梯形图来表示，会很不方便。为了增强 PLC 的数字运算、数据处理、图表显示、报表打印等功能，方便用户的使用，许多大中型 PLC 都配备了 PASCAL、BASIC、C 等高级编程语言。这种编程方式叫做结构文本。与梯形图相比，结构文本有两个优点，其一，是能实现复杂的数学运算；其二，是非常简洁和紧凑。用结构文本编制极其复杂的数学运算程序只占一页纸。结构文本用来编制逻辑运算程序也很容易。

以上编程语言的五种表达式是由国际电工委员会(IEC)1994 年 5 月在 PLC 标准中推荐的。对于一款具体的 PLC，生产厂家可在这五种表达方式提供其中的几种编程语言供用户选择。也就是说，并不是所有的 PLC 都支持全部的五种编程语言。

PLC 的编程语言是 PLC 应用软件的工具。它以 PLC 输入接口、输出接口、机内元件之间的逻辑及数量关系表达系统的控制要求，并存储在机内的存储器中，即所谓的“存储逻辑”。

任务实施

一、三菱小型 PLC 简介

目前，市场上的 PLC 按地域分为三大流派。

1)欧洲的 PLC：如西门子(Siemens)公司产品，施耐德(Schneider)公司的产品。

2)日本的 PLC：如三菱(Mitsubishi)公司的产品，欧姆龙(OMRON)公司的产品。

3)美国的 PLC：如罗克韦尔(Rockwell)公司(包括 AB 公司)产品，通用电气(GE)产品。

常见 PLC 如图 1.1.16 所示，本教材重点介绍日本三菱公司的 FX_{2N} 系列 PLC。

三菱电动机公司是日本 PLC 的主要生产厂家之一，其 PLC 产品主要有 F 系列(F、F1、F2)、FX 系列(FX_0、FX_{0N}、FX_2、FX_{2C}、FX_{1S}、FX_{1N}、FX_{1NC}、FX_{2N}、FX_{2NC}、FX_{3U})、A 系列(A1、A2、A3)和 Q 系列(Q4AR、QnAS、QnA)。A 系列和 Q 系列 PLC 是三菱电动机公司的中大型机。而 F 系列是小型 PLC 已停止生产。FX 系列 PLC 也是三菱电动机的小型 PLC。FX_{1N} 型 PLC 主机单元有 14 点、24 点、40 点和 60 点 4 种，最大配置可到 128 点。FX_{1S} 属超小型 PLC，主机控制点数有 10 点、14 点、20 点、30 点 4 种。FX_{2N} 是三菱具有代表性的小型 PLC，FX_{2N} 的体积只有 FX_2 的 50%，而运行速度比 FX_2 快

西门子S7-200系列PLC

西门子S7-300系列PLC

西门子S7-400系列PLC

三菱FX_{1S}系列PLC

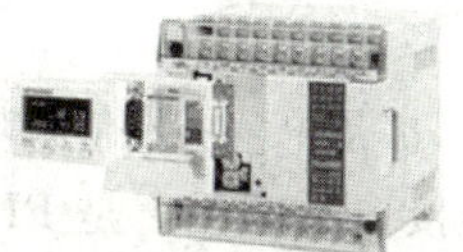
三菱FX_{1N}系列PLC

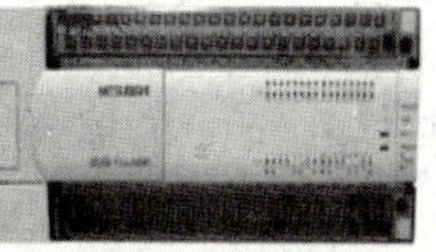
三菱FX_{2N}系列PLC

三菱Q系列PLC

欧姆龙C200H系列PLC

欧姆龙CPM1A系列PLC

图 1.1.16　常见 PLC

6 倍，达 0.08 μs/步。2005 年，三菱电动机公司推出的小型机 FX_{3u} 是 FX 系列第三代产品，基本指令的运行速度为 0.065 μs/步，内存容量为 64KB。本书以 FX_{2N} 为蓝本进行重点介绍。

三菱 FX 系列小型 PLC，将 CPU 和输入/输出一体化，使用更为方便。为了进一步迎合不同客户的要求，FX 系列有多种不同的型号供选择。另外更有多种不同的特殊功能模块提供给不同客户。

1. FX 系列 PLC 的命名

FX 系列 PLC 型号命名的基本格式为

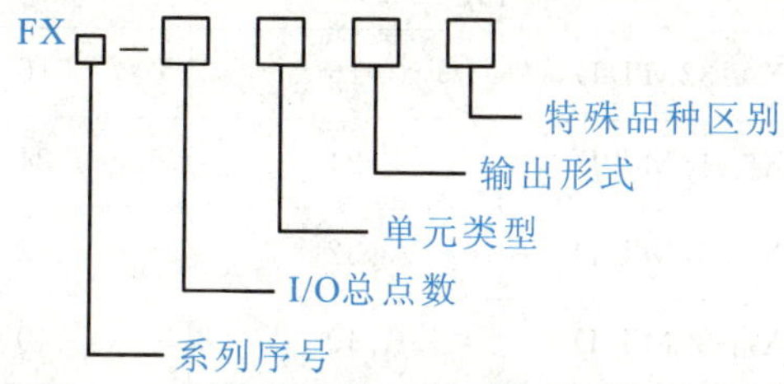

系列序号：0，2，0N，2C，1S，1N，2N，2NC，3U。

I/O 总点数：10～256。

单元类型：M——基本单元；E——扩展单元(输入输出混合)；EX——扩展输入单元

(模块)；EY——扩展输出单元(模块)。

输出形式：R——继电器输出；T——晶体管输出；S——晶闸管输出。

特殊品种区别：D——DC电源，DC输入；A——AC电源，AC输入；H——大电流输出扩展模块；V——式端子排的扩展模块；C——接插口输入输出方式；F——输入滤波器1ms的扩展单元；L——TTL输入型扩展单元；S——独立端子(无公共端)扩展单元。

2. FX系列PLC的基本组成

FX系列PLC由基本单元、扩展单元、扩展模块及特殊功能单元构成。基本单元(Basic Unit)包括CPU、存储器、输入/输出接口及电源，是PLC的主要部分。扩展单元(Extension Unit)是用于增加PLC I/O点数的装置，内部设有电源。扩展模块(Extension Module)用于增加PLC I/O点数及改变PLC I/O点数比例，内部无电源，所用电源由基本单元或扩展单元供给。因扩展单元及扩展模块无CPU，必须与基本单元一起使用。特殊功能单元(Special Function Unit)是一些专门用途的装置。

限于篇幅，只对FX_{2N}的基本单元和扩展单元的部分型号规格作一简单介绍，如表1.1.6和表1.1.7所示。

表1.1.6 基本单元型号规格

型号		输入点数(DC24V)	输出点数	扩展模块最大I/O点数
继电器输出	晶体管输出			
FX_{2N}-16MR	FX_{2N}-16MT	8	8	16
FX_{2N}-24MR	FX_{2N}-24MT	12	12	16
FX_{2N}-32MR	FX_{2N}-32MT	16	16	16
FX_{2N}-48MR	FX_{2N}-48MT	24	24	32
FX_{2N}-64MR	FX_{2N}-64MT	32	32	32
FX_{2N}-80MR	FX_{2N}-80MT	40	40	32
FX_{2N}-128MR	FX_{2N}-128MT	64	64	32
FX_{2N}-32MR-D	FX_{2N}-32MT-D	16	16	32
FX_{2N}-48MR-D	FX_{2N}-48MT-D	24	24	32
FX_{2N}-64MR-D	FX_{2N}-64MT-D	32	32	48
FX_{2N}-80MR-D	FX_{2N}-80MT-D	40	40	48

表 1.1.7 扩展单元型号规格

型号	I/O 点数	输入		输出		可连接 PLC		
		I 点数	电压	O 点数	类型	FX_{1N}	FX_{2N}	FX_{2NC}
FX_{2N}-32ER	32	16	DC24V	16	继电器	√	√	
FX_{2N}-32ET	32	16	DC24V	16	晶体管	√	√	
FX_{2N}-48ER	48	24	DC24V	24	继电器	√	√	
FX_{2N}-48ET	48	24	DC24V	24	晶体管	√	√	
FX_{2N}-48ER-D	48	24	DC24V	24	继电器		√	
FX_{2N}-48ET-D	48	24	DC24V	24	晶体管		√	
FX_{2N}-16EX	16	16	DC24V	—	—	√	√	√
FX_{2N}-16EYR	16	—	—	16	继电器	√	√	√
FX_{2N}-16EYT	16	—	—	16	晶体管	√	√	√

3. 电源与接地

FX_{2N}采用 DC24V 和 AC120V/240 V 两种供电形式。通用交流电源的 PLC，其内部配有一个稳压开关电源，用于对 CPU、I/O 等内部电子电路供电。此外，还向外部提供一组 DC24V 稳压电源，用于对外部传感器供电。使用中应注意外接电源、接地以及基本单元与扩展单元、扩展模块互连时的接线正确性。交流电源误接到任何输入端子或 DC24V 端子都会烧坏 PLC。

4. I/O 与外部接线

PLC 的输入、输出信号有开关量、数字量和模拟量等几种。不同型号有不同的输入输出特性、模块类型、负载能力、响应速度、保护要求及外部接线方式。下面以应用最多的开关量为例说明 FX_{2N} 输入、输出的结构特性和外部接线。

(1)输入接线

各输入端子与公共端子(COM)之间可接无源开关或 NPN 型集电极开路输出方式的传感器。输入电流由 PLC 内部稳压电源提供(每点 DC24V，7 mA，只能用于弱电流小型输入器件)，+24 V 端可作为传感器电源(当超出 PLC 电源容量允许时，则由外部 DC24V 电源提供)，图 1.1.17 示出了输入电路接线图。

(2)输出接线

各种 PLC 的基本单元与输出模块都有继电器、晶体管与晶闸管三种输出方式，可根据外部负载性质和控制要求决定选用哪种类型。PLC 输出的另一个特点是 COM 端子有两种设置方式。一种是分隔式，即输出端各自独立(无公共端)，输出端编号为 Y0Y0、Y1Y1、Y2Y2、Y3Y3、…，同一组接一个负载，图 1.1.18 就是这种分隔式输出的接线方式。另一种是分组式，即 4 点或 8 点为一组，每一组共用一个 COM 端子，其编号为

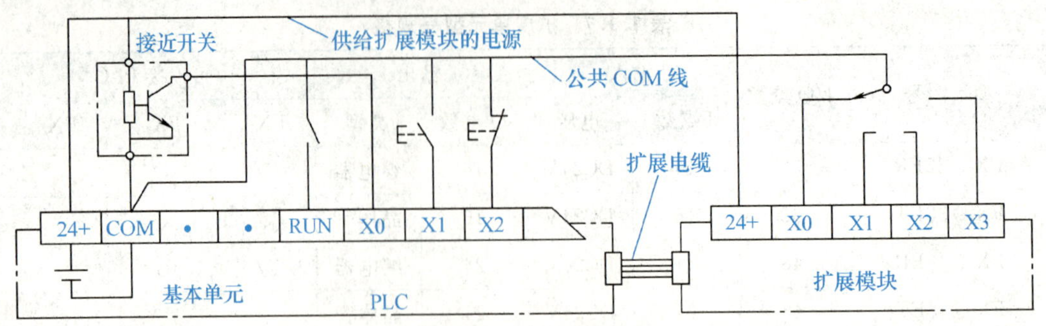

图 1.1.17　输入连接举例

COM1、COM2、COM3、…，同一电压等级的负载排在同一组，不够时可将几组并联使用，图 1.1.19 所示为分组式输出的接线方式。

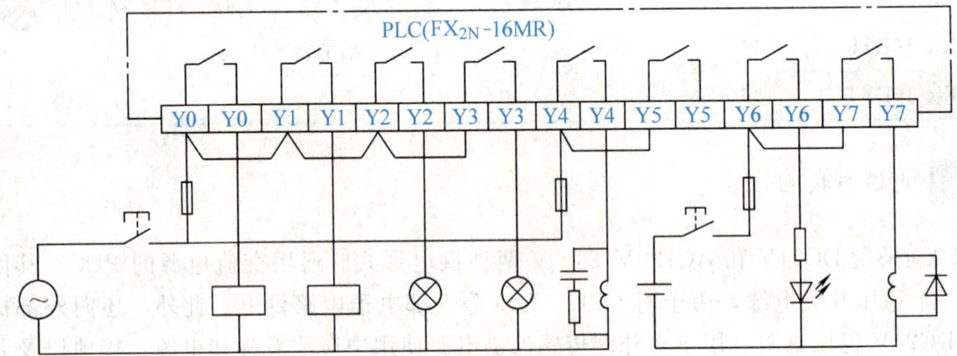

图 1.1.18　分隔式输出的接线方式

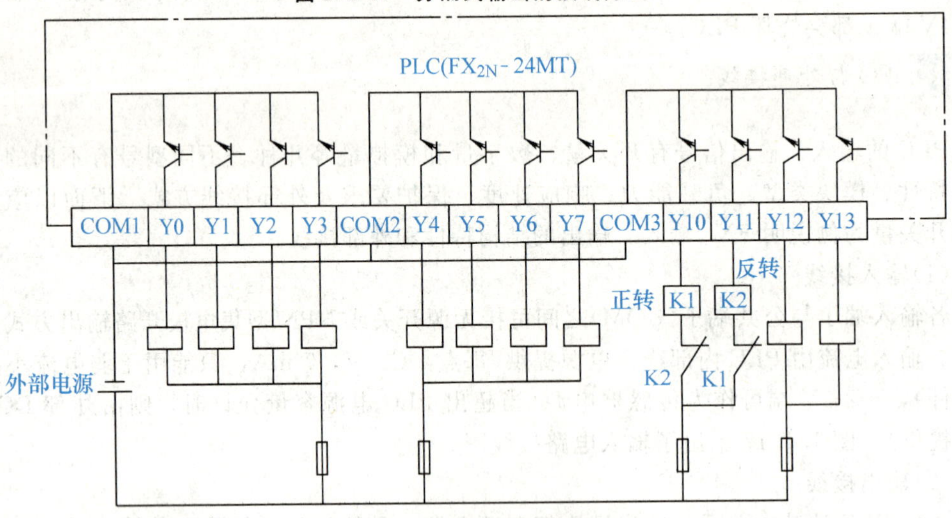

图 1.1.19　分组式输出的接线方式

二、FX_{2N}系列 PLC 的内部编程器件

PLC 在软件设计中需要各种各样的逻辑器件和运算器件（编程器件），以完成 PLC 程

序所赋予的逻辑运算、算术运算、定时、计数功能。这些器件有着与硬件继电器等类似的功能，为了区别，通常称 PLC 编程器件为软器件。从编程角度看，我们可以不管这些器件的物理实现，只注重它的功能，按每一器件的功能给一个名称。例如，输入继电器、输出继电器、定时器、计数器等，同类器件有多个时，给每个器件一个编号，以便区分。编程器件实质上是由 PLC 内部的电子电路和用户存储区中一个存储单元构成的，存储单元地址与它们的编号相对应。下面以 FX_{2N} 型 PLC 为例，介绍三菱小型 PLC 常用的编程器件的名称、用途、数量、编号和使用方法。

1. 输入继电器 X(X0～X127)

输入继电器的作用是专门用于接收和存储(记忆对应输入映像寄存器的某一位)外部开关量信号，它能提供无数对常开、常闭触点用于内部编程。每个输入继电器线圈与 PLC 的一个输入端子相连。图 1.1.20 是输入、输出继电器的梯形图和等效电路示意图。输入继电器的状态只能由外部信号驱动改变，无法用程序驱动，所以在梯形图中只见其触点而不会出现输入继电器线圈符号。另外输入继电器触点只能用于内部编程，无法驱动外部负载。

FX_{2N} 系列 PLC 输入继电器采用八进制地址编号，其地址号为 X0～X127，即最多为 128 点，其输入响应时间为 10 ms。

2. 输出继电器 Y(Y0～Y127)

输出继电器有两个作用：第一是提供无数对常开、常闭触点用于内部编程；第二是能提供一副常开触点驱动外部负载(继电器输出响应时间为 10 ms)。每一个输出继电器的外部常开触点或输出管(对晶体管或晶闸管输出)与 PLC 的一个输出点相连，其等效电路图如图 1.1.20 所示。输出继电器线圈状态由程序驱动。FX_{2N} 系列 PLC 的输出继电器也是采用八进制地址编码，其地址为 Y0～Y127，最多可达 128 点。

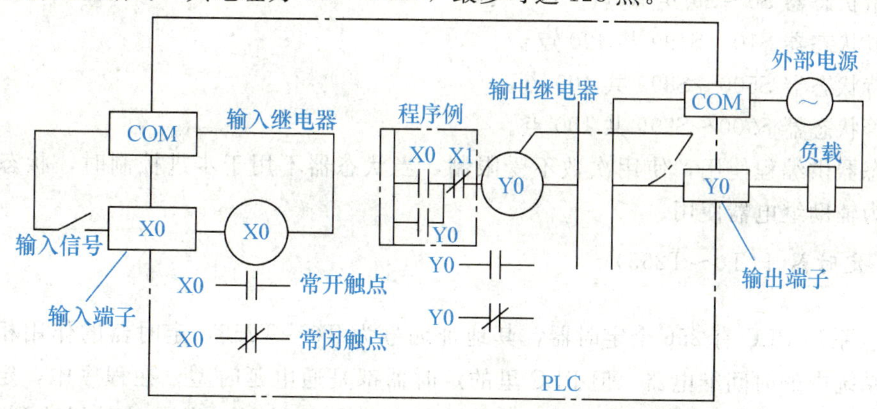

图 1.1.20　输入、输出继电器等效电路图

3. 辅助继电器 M

PLC 内部有很多辅助继电器，其作用相当于继电器控制系统中的中间继电器，用于状态暂存、辅助移位运算及特殊功能等。辅助继电器线圈(除某些特殊继电器外)也是由程序驱动，也能提供无数对常开、常闭触点用于内部编程。PLC 内部辅助继电器一般有如下 3 种类型。

(1)通用型辅助继电器

例如，FX_{2N}型 PLC 按十进制编号为 M0～M499 共 500 点。注意：FX_{2N}型 PLC 的软器件除 X、Y 为八进制编号外，其他软器件均为十进制编号。

(2)掉电保持型(锁定型)辅助继电器

PLC 在运行中若发生断电，输出继电器和通用辅助继电器全部变为断开状态。当电源再次接通时，除 PLC 运行时被外部输入信号接通外，其他仍处于断开状态。有些控制系统要求有些信号、状态保持断电瞬间的状态，就必须使用掉电保持型辅助继电器。这类辅助继电器是依靠 PLC 内部的备用锂电池来实现掉电保持功能。FX_{2N}系列 PLC 的掉电保持型辅助继电器编号为 M500～M3071 共 2572 点。

(3)特殊辅助继电器

FX_{2N}系列 PLC 特殊辅助继电器共有 M8000～M8255 共 256 点。顾名思义，这 256 个辅助继电器都有特殊功能。例如 M8000，一旦 PLC 运行(RUN)，M8000 即为 ON，实际上 M8000 是用于运行显示；又如 M8012 是产生 100 ms 时钟脉冲。

4. 状态器 S

状态器 S 是构成状态流程图的重要器件，用于步进顺序控制。FX_{2N}系列 PLC 共有 1000 点状态器：

初始状态器 S0～S9 共 10 点。

一般状态器 S10～S499 共 490 点。

保持状态器 S500～S899 共 400 点。

报警状态器 S900～S999 共 100 点。

状态器供编程使用，使用次数不受限制，当状态器不用于步进控制时，状态器 S 也可以作为辅助继电器使用。

5. 定时器 T(T0～T255)

FX_{2N}系列 PLC 有 256 个定时器，其地址编号为 T0～T255，定时器的作用相当于电气控制系统中的时间继电器，但 PLC 里的定时器都是通电延时型。在程序中，定时器总是与一个定时设定值常数一起使用，根据时钟脉冲累积计时，当计时时间达到设定值，其输出触点(常开或常闭)动作，定时器触点可供编程使用，使用次数不限。

FX_{2N}系列 PLC 定时器计时单位有 1 ms、10 ms、100 ms 共 3 种类型，其中 T0～T199(200 点)、T250～T255(6 点)都是以 100 ms 为计时单位，设定值范围是 0.1～

3 276.7 s。T200～T245(46 点)是以 10 ms 为计时单位，设定值范围是 0.01～327.67 s；T246～T249(4 点)是以 1 ms 为计时单位，设定值范围是 0.01～32.767 s。这 256 个定时器按工作方式不同可分为两类。

(1)非积算式定时器

10 ms 定时器：T200～T245 共 46 点，设定时间范围为 0.01～327.67 s。

100 ms 定时器：T0～T199 共 200 点，设定时间范围为 0.1～3 276.7 s。

非积算式定时器的工作原理与时序图如图 1.1.21 所示。当 X0 接通时，非积算定时器 T200 线圈被驱动，T200 的当前值计数器对 10 ms 脉冲进行加法累积计数，该值与设定值 K123 进行实时比较，当两值相等(10 ms×123=1.23 s)时，T200 的输出触点接通。也就是说，当 T200 线圈得电后，其触点延时 1.23 s 后动作。当输入条件 X0 断开或发生断电时，计数器立即复位，输出触点也立即复位。

(2)积算定时器

1 ms 积算定时器：T246～T249 共 4 点，设定时间范围 0.001～32.767 s。

100 ms 积算定时器：T250～T255 共 6 点，设定时间范围 0.1～3 276.7 s。

积算式定时器的动作原理和动作时序如图 1.1.22 所示。当 X1 接通时，积算定时器 T250 线圈被驱动，当前值计数器开始对 100 ms 脉冲累积计数，该值不断与设定值 K345 进行比较，两值相等时，T250 触点动作接通。计数中途即使 X1 断开或断电，T250 线圈失电，当前值也能保持。输入 X1 再次接通或复电时，计数继续进行，直到累计延时到 100 ms×345=34.5 s，T250 触点才输出动作。任何时刻只要复位信号 X2 接通，定时器与输出触点立即复位。一般情况下，从定时条件采样输入到定时器延时输出控制，其延时最大误差为 2T0，T0 为一个程序扫描周期。

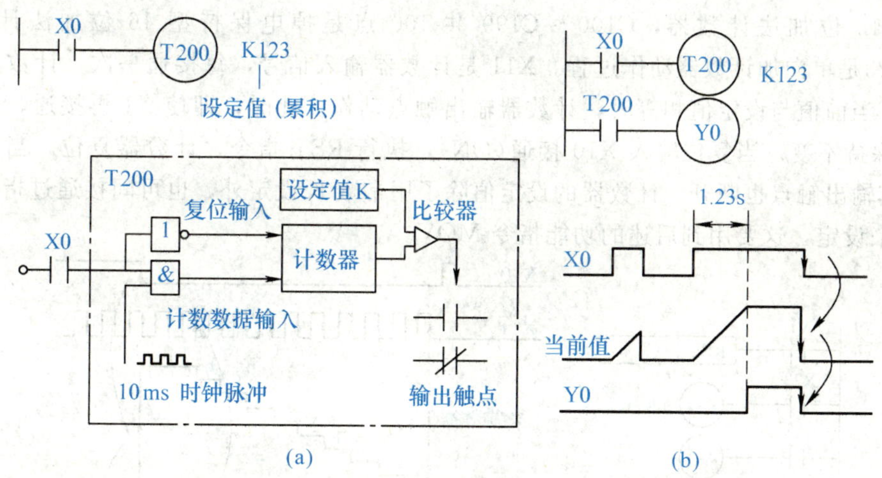

图 1.1.21　非积算时间定时器的工作原理与动作时序

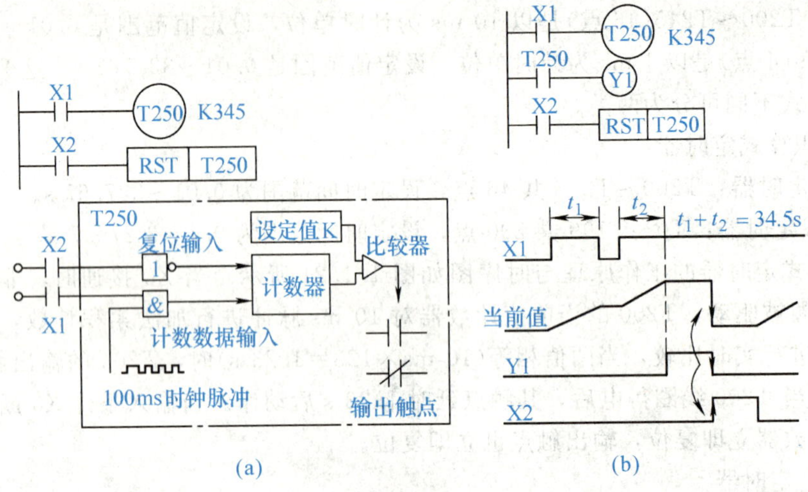

图 1.1.22 积算时间定时器的工作原理与动作时序

6. 计数器 C(C0～C255)

FX$_{2N}$系列 PLC 提供了 256 个计数器。根据它们的计数方式、工作特点可分为内部信号计数用计数器和高速计数器。

(1)内部信号计数用计数器

在执行扫描操作时，对内部器件 X、Y、M、S、T 和 C 的信号(通/断)进行计数的计数器称为信号计数器。通常为保证信号计数的准确性，要求接通和断开时间应比 PLC 的扫描周期长。内部信号计数器按工作方式又分为以下几种类型。

1)16 位单向加法计数器。计数设定值范围 K1～K32 767。其中 C0～C99 共 100 点是通用型 16 位加法计数器，C100～C199 共 100 点是掉电保持型 16 位加法计数器。图 1.1.23是单向加计数器动作过程。X11 是计数器输入信号，每接通一次，计数器当前值加 1，当前值与设定值相等时，计数器输出触点动作。此时，即使 X1 再接通，计数器当前值保持不变。当复位输入 X10 接通(ON)，执行 RST 指令，计数器复位，当前值变为 0，其输出触点也断开。计数器的设定值除了用常数 K 设定外，也可间接通过指定数据寄存器来设定，这要用到后述的功能指令 MOV。

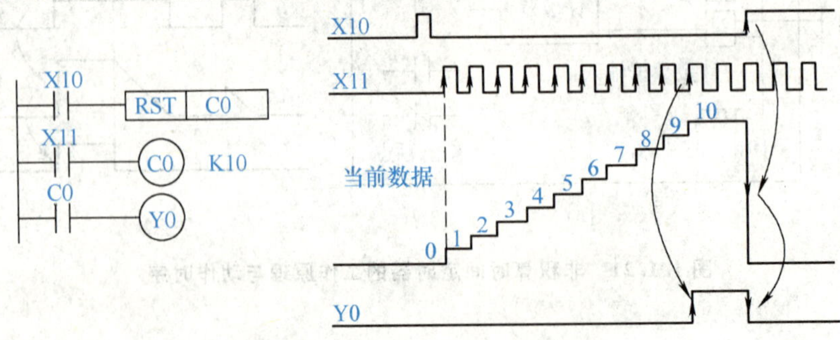

图 1.1.23 单向加计数器动作过程

2)32位双向加/减计数器。计数值设定范围：－2 147 483 648～＋2 147 483 647。双向计数器也有两种类型，即通用型C200～C219共20点，掉电保持型C220～C234共15点。上面35个计数器也有两种设定方法：用常数K在上述设定值范围内直接设定；指定某两个地址号紧连在一起的数据寄存器D的内容为设定值的间接设定。图1.1.24表示加/减计数器的动作过程。其中X12为计数方向设定信号，X13为计数器复位信号，X14为计数器输入信号。若计数器从＋2 147 483 647起再进行加计数，当前值就变成－2 147 483 648，同样从－2 147 483 648再减，当前值就变成＋2 147 483 647，称为循环计数。

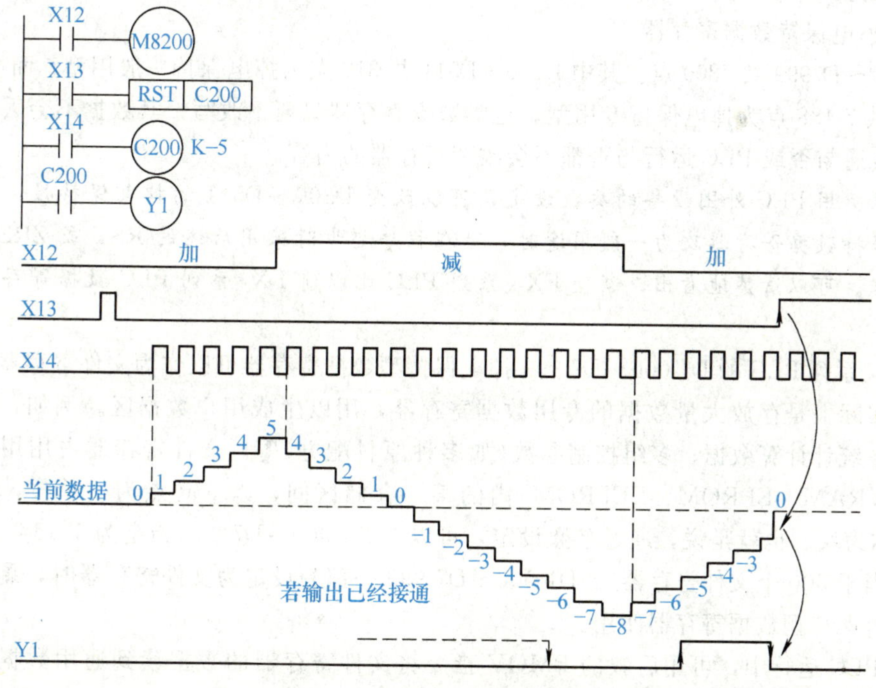

图1.1.24 加/减计数器动作过程

(2)高速计数器

FX_{2N}系列PLC内有21个高速计数器，其地址号为C235～C255。高速计数信号从X0～X5共6个端子输入，每一个端子只能作为一个高速计数器的输入，所以最多只能同时用6个高速计数器工作。前面21个高速计数器又分为4种类型，即C235～C240为1相无起动/复位端子高速计数器、C241～C245为1相带起动/复位端子高速计数器、C246～C250为1相双向输入高速计数器、C251～C255为2相输入(A—B型)高速计数器。

有关高速计数器的使用方法可参阅FX_{2N}系列PLC使用手册，这里不再赘述。

高速计数器的最高计数频率受两个因素限制，一个是输入响应速度；另一个是全部高速计数器的处理速度。因为高速计数器是采用中断方式操作，因此计数器用得越少，计数频率就越高。

7. 数据寄存器D

PLC在进行输入输出处理、模拟量控制、数字控制时，需要用许多数据寄存器存储各种数据，每个数据寄存器都是16位(最高位为符号位)，用两个数据寄存器串联即可存储32位数据。FX_{2N}系列PLC有如下几种数据寄存器。

(1)通用数据寄存器

D0～D199共200点。该类数据寄存器在一般情况下只要不写入其他数据，已存入的数据不会改变，而当PLC状态由运行(RUN)变为停止(STOP)时，数据区全部清零。但利用特殊的辅助继电器M8033置1，PLC由RUN变为停止STOP时，D0～D199中的数据可以保持。

(2)掉电保持数据寄存器

D200～D7999共7800点。其中D200～D511共312点为掉电保持一般用型，而D512～D7 999共7 488点为掉电保持专用型。这类数据寄存器只要不改写，其数据不会丢失，无论电源接通与否或PLC运行与否都不会改变寄存器的内容。

注意：用PLC外围设备的参数设定，可以改变D200～D511的掉电保持性，而专用型掉电保持数据寄存器改为一般用途时，可在程序起步时采用后述的RST或ZRST指令进行清零。可以清楚地看出，新型FX_{2N}系列PLC比以前FX_2系列PLC数据寄存器大大增加。

FX_{2N}系列PLC的D1 000～D7 999掉电保持型数据寄存器可以作为文件寄存器。文件寄存器实际上是存放大量数据的专用数据寄存器，用以生成用户数据区。例如，存放采集数据、统计计算数据、多组控制参数(如多种原料配方)等。文件寄存器占用用户程序存储器(RAM、EPROM、EEPROM)内的某一存储区间，以500点为一单位，有时把500点称为块。也就是说，通过参数设定，可以把D1 000～D7 999指定为1～14个块(一个块相当于500个文件寄存器)。D1 000～D7 999一部分设定为文件寄存器时，剩余部分仍为掉电保持型数据寄存器使用。

当PLC运行中，可用后叙的BMOV指令将文件寄存器的数据读到通用数据寄存器中，但不能用指令将数据写入文件寄存器。

(3)特殊数据寄存器

D8 000～D8 255，共256点。这类数据寄存器用于PLC内各种器件的运行监视。电源接通时，写入初始值(开机先清零，然后在系统程序安排下写入初始值)。未定义的特殊数据寄存器，用户不能用。

8. 变址寄存器V/Z

变址寄存器实际上是一种特殊用途数据寄存器，其作用相当于微处理器中的变址寄存器，用于改变元器件的地址编号(变址)。V、Z都是16位数据寄存器，它可像其他数据寄存器一样进行数据读写，需要32位数操作时，可将V、Z串联使用，并规定Z为低位，V为高位。

9. 常数K/H

常数也作为一种软器件处理，因为无论在程序中或在PLC内部存储器中，它都占有一定的存储空间。十进制常数用 K 表示，如常数 18 表示为 K18；十六进制数则用 H 表示，如常数 18 表示为 H18。

10. 指针 P/I

指针有两种类型。

1)分支指令用指针。P0～P64 共 65 点，作为一种标号，用来指定跳转指令 CJ 或子程序调用指令 CALL 等分支指令的跳转目标，指针在用户程序和 PLC 内用户存储器占有一定空间。

2)中断用指针。10XX～18XX 共 9 点。其格式表示为：

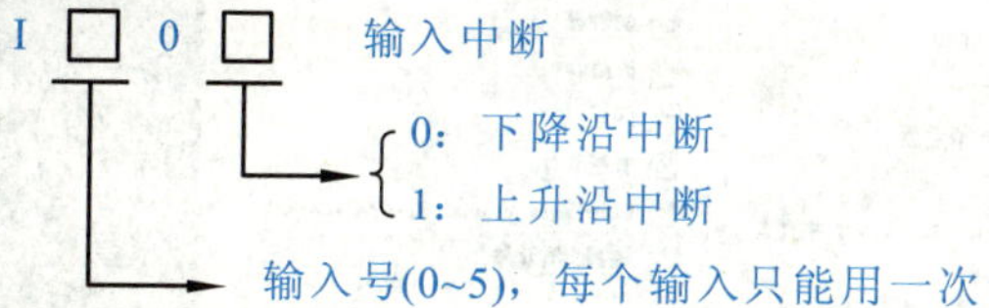

例如，I001 为输入 X0 从 OFF→ON 变化(上升沿中断)时，执行由该指针作为标号后面的中断程序，并根据 IRET(后述)指令返回。

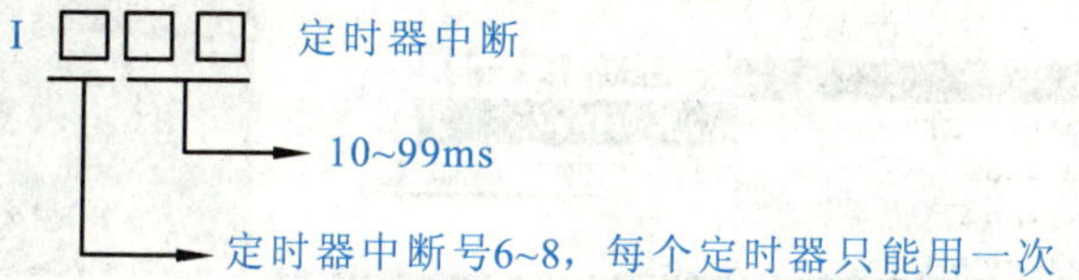

例如，I610 为每隔 10 ms 就执行标号为 I610 后面的中断程序，并根据 IRET(后述)指令返回。

如前所述，以上各种软器件实质上都是 PLC 内部用户存储器中指定功能的某一单元。对于状态量位是存储单元的某一位的状态(“0”或“1”)，数据量(数值、地址或指令)则是由位组合而成的 16 位或 32 位数据寄存器(字元件)，所以在编程时，可以无限次地使用这些软器件的常开、常闭触点。

三、FX_{2N}系列 PLC 的编程软件

以 GX DEVELOPER 编程软件为例，介绍编程软件的具体应用。

1. 打开 GX Developer

单击“开始”→“程序”→“MESOFT 应用程序”→“GX Developer”，如图 1.1.25 所示，找到并打开 GX Developer 软件，其界面如图 1.1.26 所示。

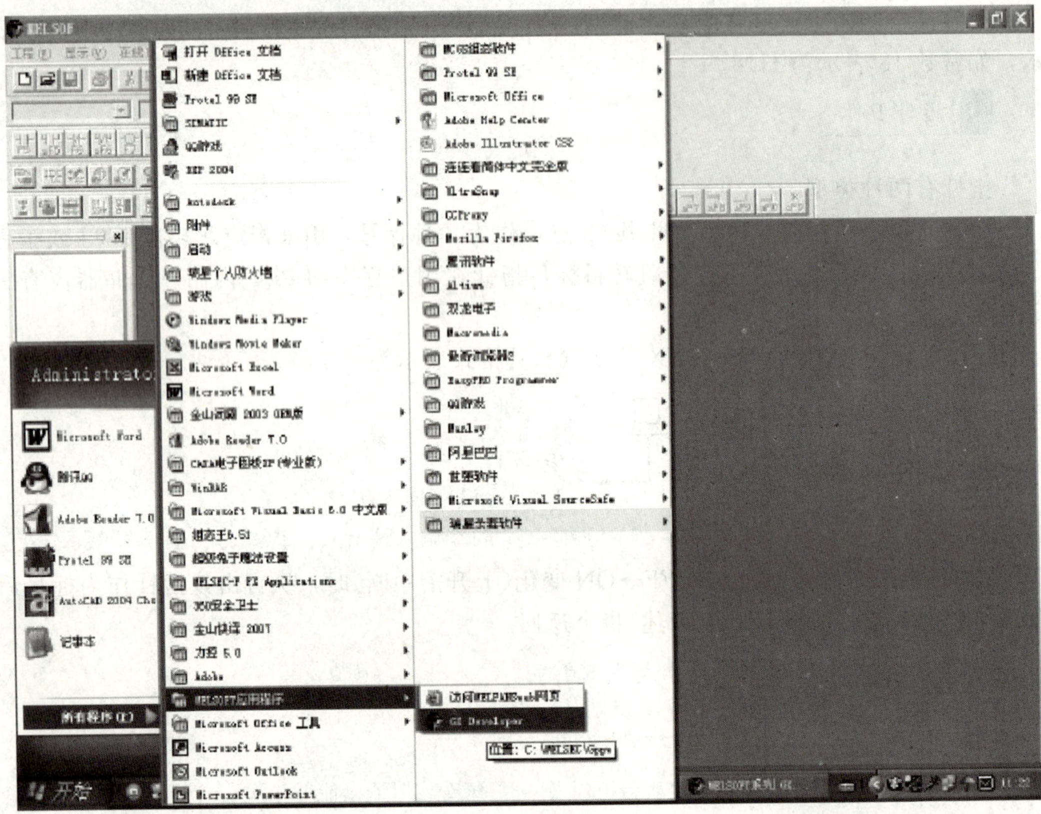

图 1.1.25　打开 GX Developer

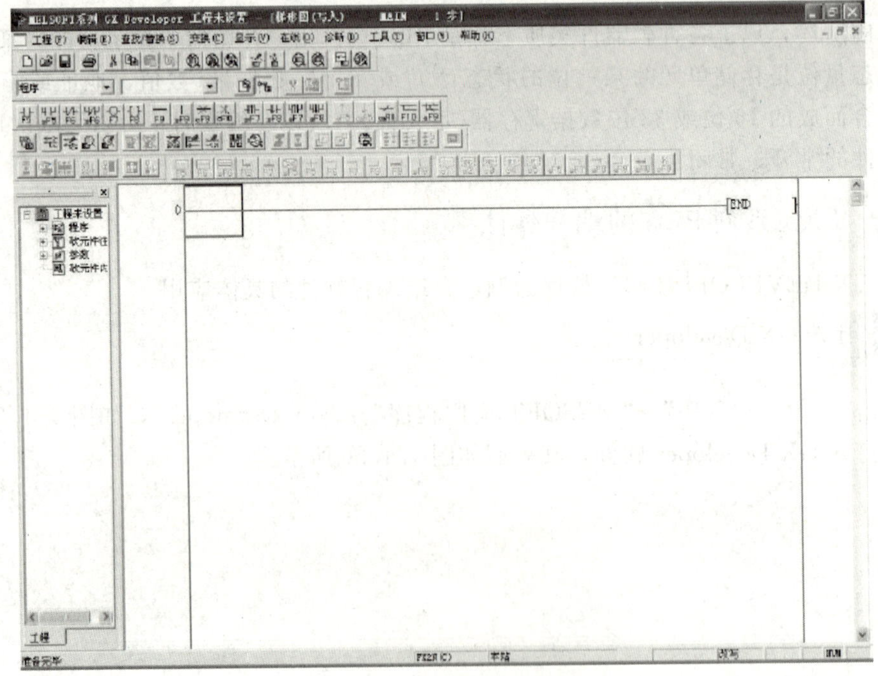

图 1.1.26　GX Developer 编程软件界面

2. GX Developer 编程软件界面介绍

如图 1.1.27 所示，界面包含如下所述。

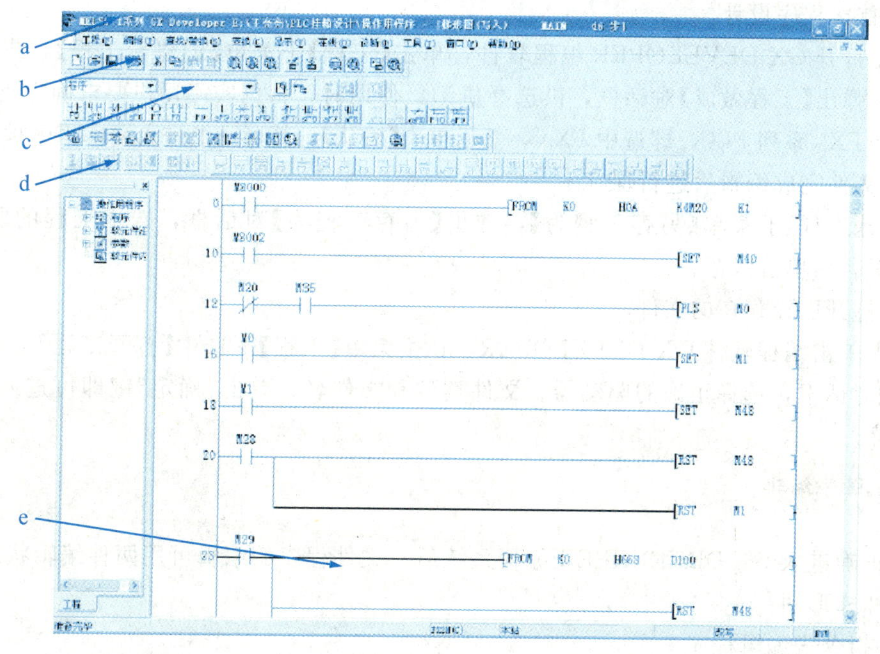

图 1.1.27　GX Developer 编程软件界面介绍

1)a——当前编程文件名，例如标题栏中的文件名操作用程序。

2)b——菜单：工程(F)、编辑(E)、查找/替换(S)、变换(C)、显示(V)、在线(O)等等。

3)c——快捷功能键：保存、打印、剪切、转换、元件名查、指令查、触点/线圈查、刷新等。

4)d——快捷指令：F5 常开、F6 常闭、F7 输入元件、F8 输入指令等。

5)e——当前编程方式：梯形图。

菜单操作：GX Developer 的各种操作主要靠菜单来选择，当文件处于编辑状态时，用鼠标单击想要选择的菜单项，如果该菜单项还有子菜单，鼠标下移，根据要求选择子菜单项，如果该菜单项没有下级子菜单，则该菜单项就是一个操作命令，单击即执行命令。

3. 设置编辑文件的路径

首先应该设置文件路径，所有用户文件都在该路径下存取。

假设“D:\PLC＊”设置为文件存取路径。操作步骤：首先打开 Windows 界面进入“我的电脑”，选中 D 盘，新建一个文件夹，取名为“PLC＊”确认。

4. 文件的正确进入及存取

正确路径确定后，可以开始进入编程、存取状态。

(1)首次程序设计

首先打开 GX DEVELOPER 编程软件，单击【工程】子菜单【创建新工程】，或单击常用工具栏弹出【工程做成】对话框，供选择机型。使用时，根据实际用户要求确定机型，若使用的是 FX_{1N}系列 PLC，即选中 FX_{1N}，然后单击【确认】，就可马上进入编辑程序状态。

(2)文件完成编辑后进行保存

单击【工程】子菜单【另存工程为】，弹出【另存工程为】对话框，选择工程的驱动器，输入工程名后单击保存。

(3)打开已经存在的文件

首先单击编程软件 GX DEVELOPER，在主菜单【工程】下选中【打开工程】，弹出【打开工程】对话框，选择正确的驱动器、文件类型和文件名，单击“确定”键即可进入以前编辑的程序。

5. 程序编辑

当正确进入 GX DEVELOPER 编程系统后，文件程序的编辑可用两种编辑状态形式：指令表和梯形图。

(1)指令表编辑程序

“指令表”编辑状态，可以用指令表形式编辑一般程序。现在以输入程序为例介绍指令表程序输入方法，如

```
0  LD    X000
1  OUT   Y000
2  END
```

具体操作步骤如表 1.1.8 所示。

表 1.1.8

操作步骤	注释
单击菜单“工程”中的“创建新工程”，设置 PLC 类型，选择 FX_{0N} 或 FX_{1N} 后确认，弹出“指令表”(注：如果不是指令表，可从菜单“视图”内选择“指令表”)	建立新文件，进入“指令编辑”状态，进入输入状态，光标处于指令区，步序号由系统自动填入
键入“LD”，【空格】，(也可以键入“F5”)	输入第一条指令(快捷方式输入指令)
键入“X000”，【回车】	输入第一条指令元件号，光标自动进入第二条指令
键入“OUT”，【空格】，(可以键入“F9”)	输入第二条指令(快捷方式输入指令)
键入“Y000”，【回车】	输入第二条指令元件号，光标自动进入第三条指令
键入“END”，【回车】	输入结束符号

注意：程序结束前必须输入结束指令(END)，无元件号，光标下移。“指令表”程序编辑结束后，应该进行程序检查，GX DEVELOPER 能提供自检，单击[选项]下拉子菜单，选中[程序检查]弹出[程序检查]对话框，根据提示，可以检查是否有语法错误，电路错误以及双线圈检验。检查无误可以进行下一步的操作〈传送〉，〈运行〉。

(2)“梯形图”编辑程序

梯形图编辑状态，可以用梯形图形式编辑程序。输入下面梯形图

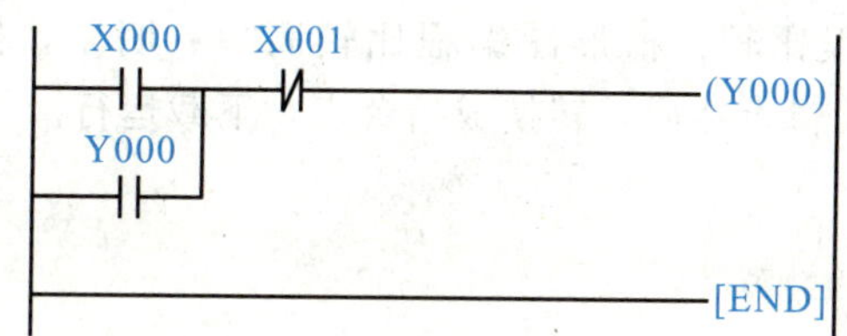

以此为例介绍梯形图程序输入方法。

具体操作步骤如表 1.1.9 所示。

表 1.1.9

操作步骤	注释
单击菜单【工程】中的【创建新工程】，设置 PLC 类型，选择 FX_{0N} 或 FX_{1N} 后确认，弹出“梯形图”(注：如果不是梯形图，可从菜单“视图”内选择“梯形图”)	建立新文件，进入“梯形图编辑”状态，进入输入状态，光标处于元件输入位置，步序号由系统自动填入
首先将小光标移到左边母线最上端处	确定状态元件输入位置
按“F5”或单击右边的功能图中的常开，弹出“输入元件”对话框	输入一个“常开”触点元件
键入“X000”【回车】	输入元件的符号“X000”
按“F6”或单击功能图中的常闭，弹出“输入元件”对话框	输入一个“常闭”触点元件
键入“X001”【回车】	输入元件的符号“X001”
按“F7”或单击功能图中的输出线圈	输入一个输出线圈
键入“Y000”【回车】	输入线圈符号“Y000”
单击功能图中带有连接线的常开，弹出“输入元件”对话框	输入一个并联的常开触点
键入“Y000”【回车】	输入一个线圈的辅助常开的符号“Y000”
按“F8”或单击功能图中的“功能”元件“－[ ]－”，弹出“输入元件”对话框	输入一个“功能元件”
键入“END”，【回车】	输入结束符号

程序结束前必须输入结束指令(END)，“梯形图”程序编辑结束后，应该进行程序检查，GX DEVELOPER 能提供自检，单击“选项”下拉子菜单，选中“程序检查”弹出【程序检查】对话框，根据提示可以检查是否有语法错误，电路错误以及双线圈检验。进行下一步“转换”、“传送”、“运行”。

注意：“梯形图”编辑程序必须经过“转换”成指令表格式才能被 PLC 认可运行。转换时用鼠标单击快捷功能键“转换”，或者单击工具栏的下拉菜单“转换”。

梯形图和指令表编程比较：梯形图编程比较简单、明了，接近电路图，所以一般 PLC 程序都用梯形图来编辑，然后，转换成指令表，下载运行。

6. 通信设置

(1)设置通信口参数

先设置端口，通常默认端口 COM1，如图 1.1.28 所示。在 GX DEVELOPER 中将程序编辑完成后和 PLC 通信前，应设置通信口的参数。如果只是编辑程序，不和 PLC 通信，可以不做此步。

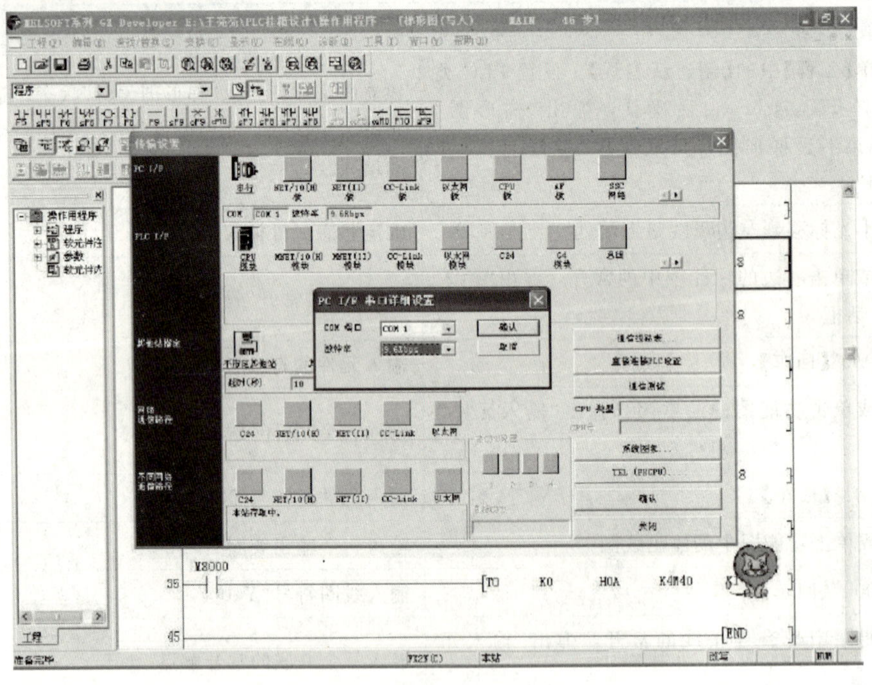

图 1.1.28 PLC 通信端口设置

(2)GX DEVELOPER 与 PLC 之间的程序传送

在 GX DEVELOPER 中把程序编辑好之后，要把程序下传到 PLC 中去。程序只有在 PLC 中才能运行；也可以把 PLC 中的程序上传到 GX DEVELOPER 中来，在 GX DEVELOPER 和 PLC 之间进行程序传送之前，应该先用电缆连接好 PC-GX DEVELOPER 和 PLC。

1)把 GX DEVELOPER 中的程序下传到 PLC 中去。若 GX DEVELOPER 中的程序用指令表编辑即可直接传送，如果用梯形图编辑的则要求转换成指令表才能传送，因为 PLC 只识别指令。

单击菜单“在线”的二级子菜单“PLC 写入”，弹出对话框，有两个选择“所有范围”、“范围设置”。

所有范围：即状态栏中显示的“程序步”(FX_{1N}-8000、FX_{0N}-2000)会全部写入 PLC，时间比较长(此功能可以用来刷新 PLC 的内存)。

范围设置：先确定“程序步”的“起始步”和“终止步”的步长，然后把确定的步长指令写入 PLC，时间相对比较短。

在“状态栏”会出现“程序步”(或“已用步”)写入(或插入)FX_{1N} 等字符。选择【确认】，如果这时 PLC 处于“RUN”状态，通信不能进行，屏幕会出现“PLC 正在运行，无法写入”的文字说明提示，这时应该先将 PLC 的“RUN 、STOP”的开关拨到“STOP”，然后才能进行通信。进入 PLC 程序写入过程，这时屏幕会出现闪烁着的“写入 Please wait a moment”等提示符。

“写入结束”后自动“核对”，核对正确才能运行。

注意：这时的“核对”只是核对程序是否写入了 PLC，对电路的正确与否由 PLC 判定，与通信无关。

若“通信错误”提示符出现，可能有两个问题要检查。

第一，在状态检查中看“PLC 类型”是否正确，例如，运行机型是 FX_{1N}，但设置的是 FX_{0N}，就要更改成 FX_{1N}。

第二，PLC 的“端口设置”是否正确即 COM 口。

排除了两个问题后，重新“写入”直到“核对”完成表示程序已输送到 PLC 中。

2)把 PLC 中的程序上传到 GX DEVELOPER 中。若要把 PLC 中的程序读回 GX DEVELOPER，首先要设置好通信端口，单击“在线”子菜单“PLC 读取”。

注意：GX DEVELOPER 和 PLC 之间的程序传送，有可能原程序会被当前程序覆盖，假如不想覆盖原有程序，应该注意文件名的设置。

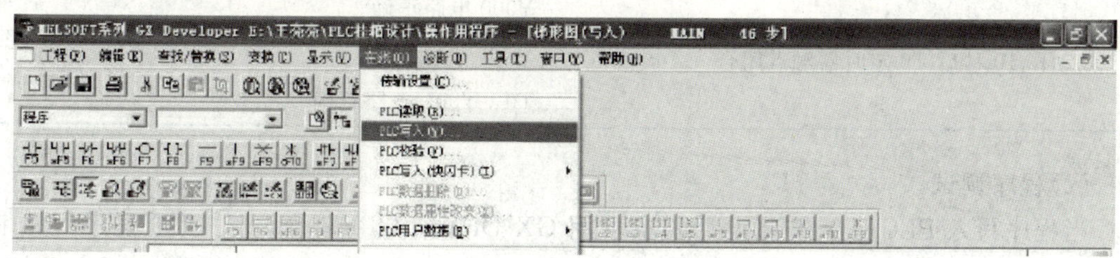

图 1.1.29　GX DEVELOPER 与 PLC 之间的程序传送

7. 程序的运行与调试

(1)程序运行

当程序写入 PLC 后就可以在 PLC 中运行了。先将 PLC 置于 RUN 状态(可用手拨

PLC的“RUN/STOP”开关到“RUN”挡，FX_{0N}、FX_{1N}都适合，再通过实验系统的输入开关给PLC输入给定信号，观察PLC输出指示灯，验证是否符合编辑程序的电路逻辑关系，如果有问题还可以通过GX DEVELOPER提供的调试工具来确定问题，解决问题。

例如，梯形图为

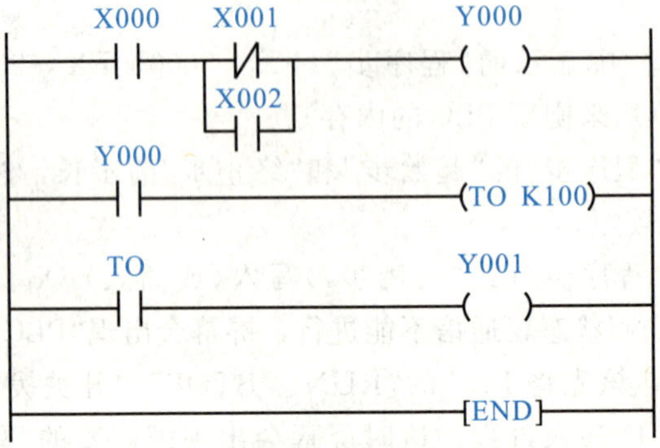

X000 X001 Y000
X002
Y000 (TO K100)
TO Y001
[END]

则编程步骤如下。

1)梯形图方式编辑，然后“转换”成指令表程序。

2)程序“写入”PLC，在“写入”时PLC应处于“STOP”状态。

3)PLC中的程序在运行前应使PLC处于“RUN”状态。

4)输入给定信号，观察输出状态，验证程序的正确性。

具体操作步骤及结果如表1.1.10所示。

表1.1.10 程序运行

操作步骤	观察
闭合X000、断开X001	Y000应该动作
闭合X000、闭合X002	Y000应该动作
断开X000	Y000应该不动作
闭合X000、闭合X001、断开X002	Y000应该不动作 Y000电路正确
Y000动作10秒后T0定时器触点闭合	Y001应该动作 T0、Y001电路正确

(2)程序调试

当程序写入PLC后，按照设计要求可用GX DEVELOPER来调试PLC程序。如果有问题，可以通过GX DEVELOPER提供的调试工具来确定问题所在。调试工具：监控/测试，下面举例说明有关监控/测试的方法。

1)开始监控：在PLC运行时通过梯形图程序显示各位元件的动作情况，如图1.1.30所示。

当X000闭合、Y000线圈动作、T0时到、Y001线圈动作，此时可观察到动作的每个元件位置上出现翠绿色光标，表示元件改变了状态。利用“开始监控”可以实时观察程序运行。

2)元件监控：在PLC运行时，监控指定元件单元的动作情况，如图1.1.31所示。

当指定元件进入监控(在“进入元件监控”对话框中输入元件号)，就可以非常清楚元件改变状态的过程，例如，T0定时器，如果当前值增加到和设置值一致时，状态发生变化。这个过程在对话框中能清楚看到。

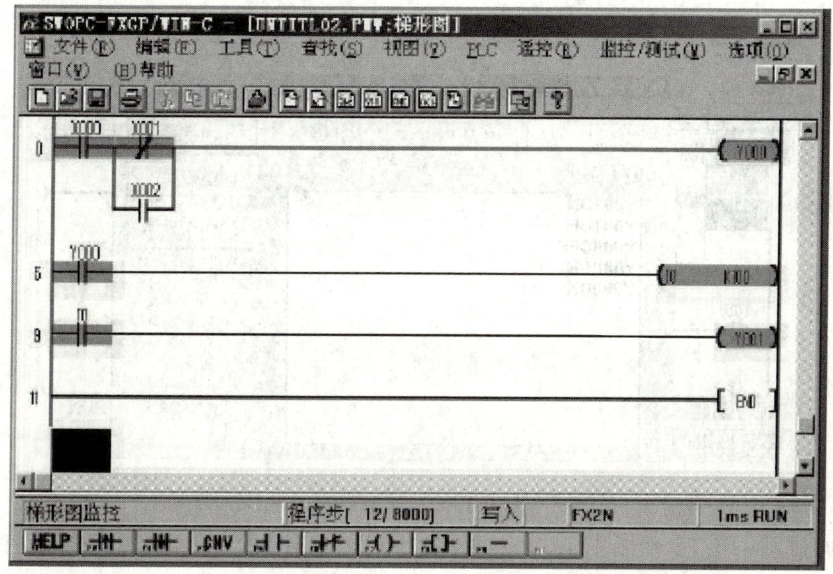

图 1.1.30　开始监控

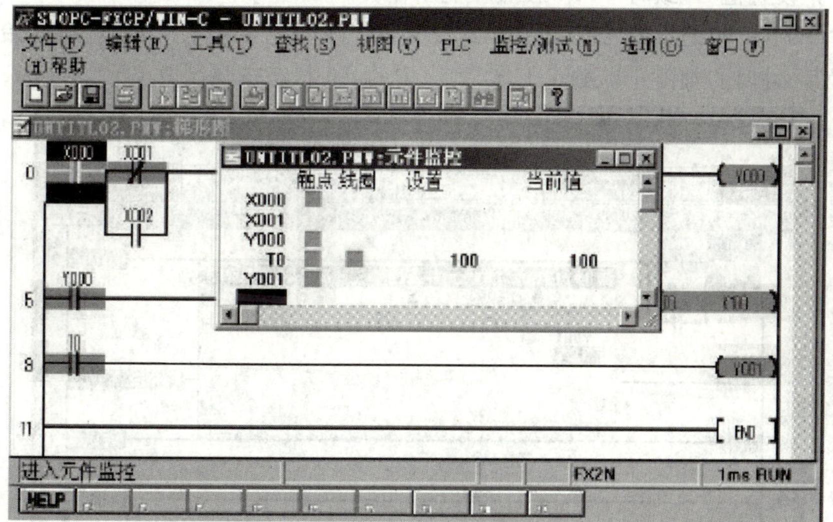

图 1.1.31　元件监控

3)强制Y输出：强制PLC输出端口(Y)输出ON/OFF，如图1.1.32所示。

如果在程序运行中需要强制某个输出端口(Y)输出ON或OFF，可以在“强制Y输出”的对话框中输入所要强制的“Y”元件号，选择“ON”或“OFF”状态后“确认”，元件保持

“强制状态”一个扫描周期，同时图 1.1.32 界面也能清楚显示已经执行过的状态。

4)强制 ON/OFF：强行设置或重新设置 PLC 的位元件。

“强制 ON/OFF”相当于执行了一次 SET/RST 指令或是一次数据传递指令。对那些在程序中其线圈已经被驱动的元件，如 Y0，强制“ON/OFF”状态只有一个扫描周期，从 PLC 的指示灯上并不能看到效果。

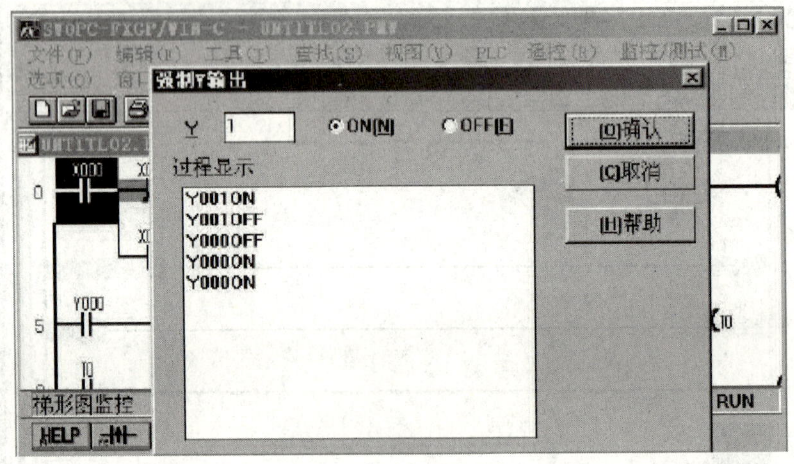

图 1.1.32　强制输出

下面通过图 1.1.33 和图 1.1.34 说明“强制 ON/OFF”的功能，选择 T0 元件作强制对象，在图 1.1.33 中，可看到在没有选择任何状态(设置/重新设置)条件下，只有当 T0 的“当前值”与“设置值”一致时，T0 触点才能工作。

选择“ON/OFF”的设置状态：在图 1.1.34 中当程序开始运行，T0 计时开始时，只要确认“设置”，计时立刻停止，触点工作(程序中的 T0 状态被强制改变)。

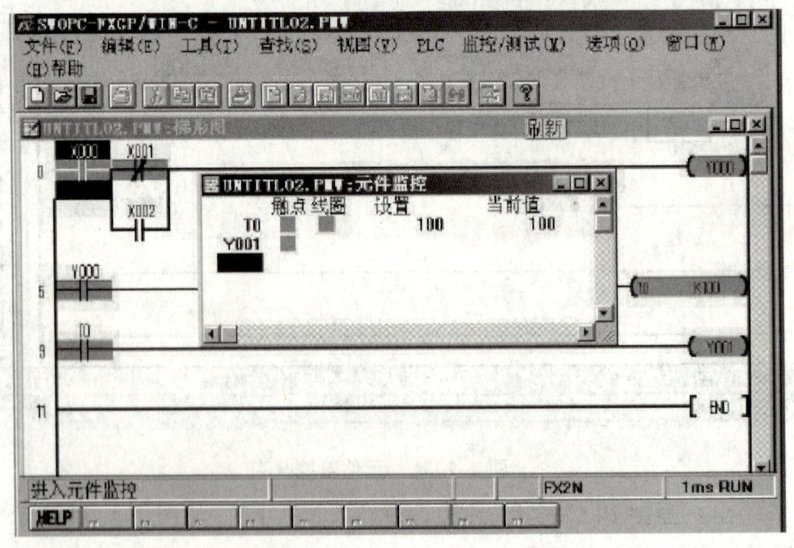

图 1.1.33　正常运行

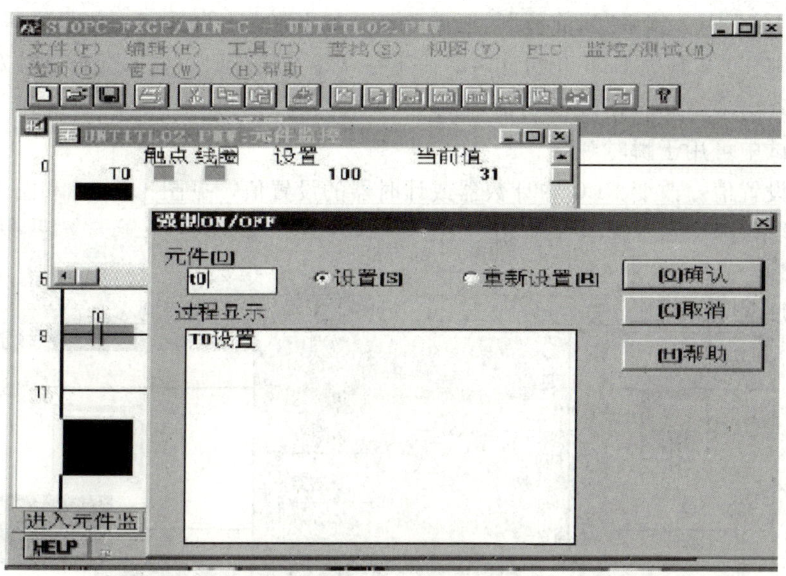

图 1.1.34　强制 T0“设置”

选择“ON/OFF”的重新设置状态：当程序开始运行，T0 计时开始时，只要确认“重新设置”，当前值立刻被刷新，T0 恢复起始状态。T0 计时重新开始。

调试还可以调用 PLC 诊断，简单观察诊断结果。

调试结束，关闭“监控/测试”，程序进入运行。

注意：“开始监控”、“进入元件监控”可以实时监控元件的动作情况。

5)改变当前值：改变 PLC 元件的当前值，如图 1.1.35 所示。

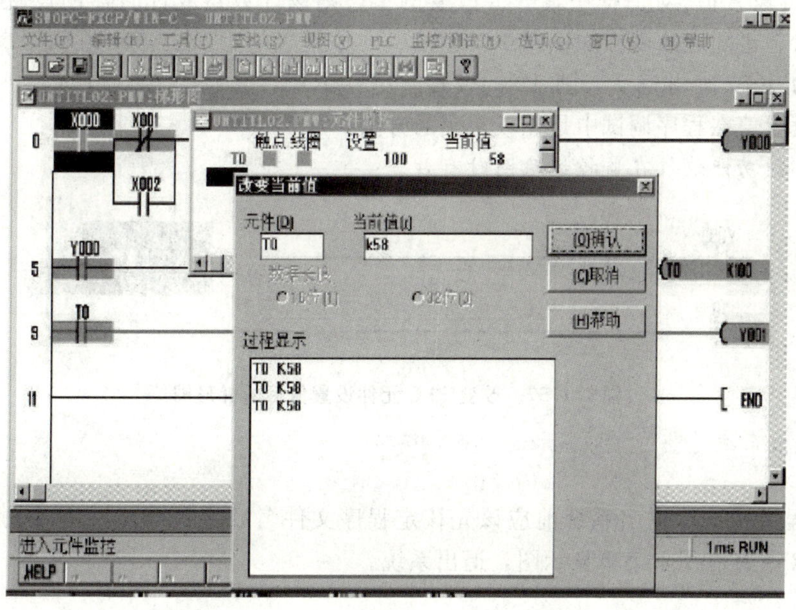

图 1.1.35　改变 PLC 元件的当前值

在图 1. 1. 35 中，如果“当前值”的值被改动，如 K100 改为 K58，在程序运行状态下，执行确认，则 T0 从常数 K58 开始计时，而不是从零开始计时，这在元件监控对话框中非常清楚地反映出来，同时在改变当前值的对话框的“过程显示”中也能观察到。改变当前值在程序调试中可用于瞬时观察。

6)改变设置值：改变 PLC 中计数器或计时器的设置值，见图 1. 1. 36 和图 1. 1. 37。

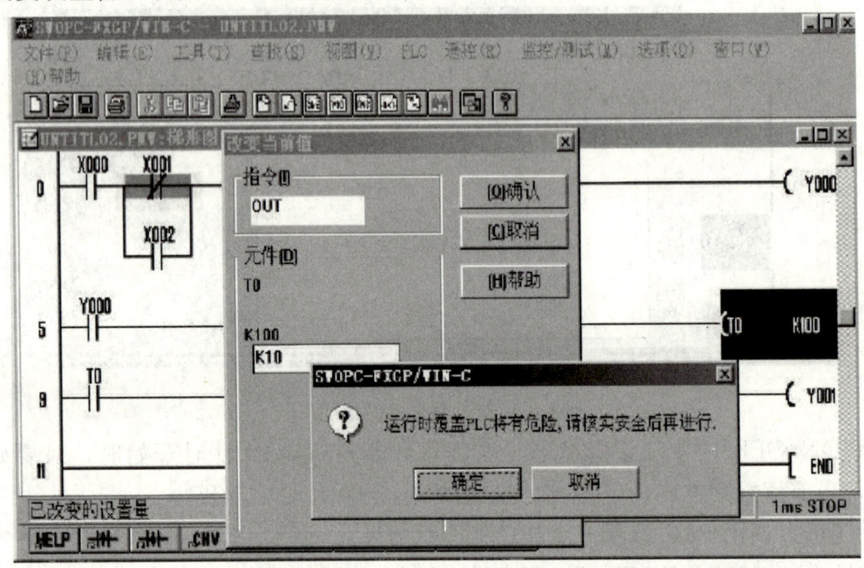

图 1. 1. 36　改变 PLC 元件的设置值

在程序运行监控中，如果要改变光标所在位置的计数器或计时器的输出命令状态，只需在“改变设置值”对话框中输入要改变的值，则该计数器或计时器的设置值被改变，输出命令状态也随之改变。如图 1. 1. 36 中，T0 原设置值为“K100”，在“改变设置值”对话框中改为“K10”，并确认，则 T0 的设置值变为“K10”，如图 1. 1. 37 所示。

改变设置值在程序调试中是比较常用的方法。

注意：该功能仅仅在监控线路图时有效。

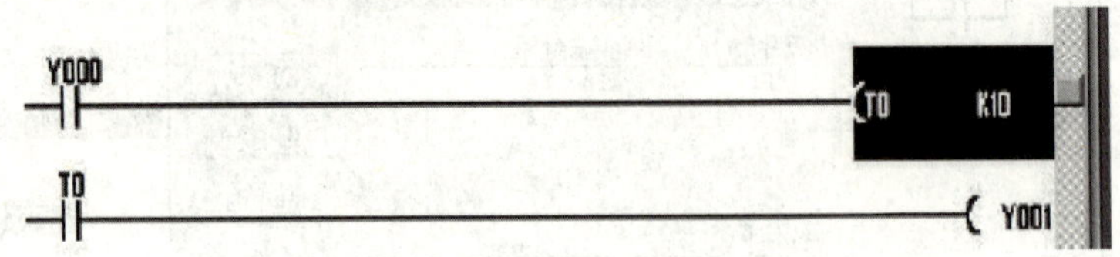

图 1. 1. 37　改变 PLC 元件设置值后的梯形图

8. 退出系统

完成程序调试后退出系统前应该先核定程序文件名后将其存盘，然后关闭 GX DEVELOPER 所有应用子菜单显示图，退出系统。

总结评价

一、归纳总结

1)PLC具有控制能力强、可靠性高、配置灵活、编程简单、使用方便、易于扩展等优点。

2)PLC硬件结构主要由CPU、存储器、I/O接口、通信接口和电源组成，软件系统包括系统程序和用户程序两部分。

3)PLC采用逐行循环扫描的串行工作方式，每一个扫描周期包含输入采样、程序执行和输出刷新三个阶段。

4)PLC控制系统的硬件组成包括输入设备、PLC、输出设备等，控制程序是用户根据控制要求在编程软件的支持下编写的，编程语言主要有梯形图和指令语句表两种。

5)三菱PLC内部编程器件主要有输入继电器、输出继电器、辅助继电器、状态器、定时器、计数器、数据寄存器、变址寄存器、常数和指针等。

6)三菱PLC常用编程软件为GX Developer，界面简洁，操作简单。

二、检查评价

根据任务具体实施情况，依据下表各项内容逐项进行检查验收，评价赋分。

项目评价表	项目名称	典型逻辑控制系统的设计与安装	项目承接人
	任务名称	认识PLC	
评价内容	标准分值	自我评分（30%）	教师评分（70%）
知识：(30)			
PLC特点和发展趋势	5		
PLC结构、硬件组成	10		
PLC工作原理、性能指标	5		
PLC编程语言	10		
技能：(30)			
PLC硬件识别与安装	10		
PLC软件安装与应用	10		
是否在规定时间内独立完成	5		
FX_{2N}内部编程器件识别	5		
方法：(20)			
工具使用方法	6		
系统安装及调试方法	7		
解决具体问题的方法	7		

续表

项目 评价表	项目名称	典型逻辑控制系统的设计与安装		项目承接人
	任务名称	认识 PLC		
评价内容		标准分值	自我评分 （30%）	教师评分 （70%）
素质：（10）				
质量成本意识		4		
安全环保意识		3		
团队责任意识		3		
评估：（10）				
描述本任务的目标		5		
有待改进之处及改进方法		5		
总　　分		100		

拓展提高

编程器是 PLC 的重要外围设备。编程器的主要任务是编辑程序、调试程序、监控 PLC 内程序的执行，还可以在线测试 PLC 工作状态和参数，与 PLC 进行人机对话。因此编程器是开发、应用、监控运行和检查维护 PLC 不可缺少的设备。

编程器一般分简易编程器和图形编程器。简易编程器的体积很小，可以直接插在 PLC 的编程器插座上，或者用专用电缆与 PLC 相连，以方便编程和调试，简易编程器的价格便宜，一般用来给小型 PLC 编程，或者用于 PLC 控制系统的现场调试和维修。简易编程器不能直接输入和编辑梯形图程序，它只能输入和编辑语句表指令程序，因此又将简易编程器叫做指令编程器。使用简易编程器时必须将梯形图程序转换为语句表指令程序，再用按键将语句表指令程序写入到 PLC 内。而图形编程器可以直接生成和编辑工程人员所熟悉的梯形图程序，使用起来更加直观、方便，但是它的价格偏高，操作也比较复杂。图形编程器大多是便携式的，本质上是一台专用便携式计算机，可以在线编程，也可以离线编程，可将用户程序储存在编程器自己的存储器中，它也可以很方便地与 PLC 的 CPU 模块互传程序，并可将程序写入专用 EPROM 存储卡中。大多数图形编程器带有磁盘驱动器，提供磁带录音机接口和打印机接口，能快速清楚地打印梯形图程序，这对 PLC 程序调试和维护很有帮助。

除此以外，PLC 厂家还向用户提供编程软件和硬件接口，用户可以在个人计算机上对 PLC 进行编程和程序开发。

编程器是人机对话的重要外围设备，它一方面对 PLC 进行编程，另一方面又能对 PLC 的工作状态进行监控。三菱公司 FX_{2N} 系列 PLC 的简易编程器有 FX-10P-E 和 FX-20P-E(简称 HPP)。HPP 编程器可以联机(在线)编程，也可以脱机(离线)方式编程。

一、FX-20P-E 的组成

该编程器由液晶显示屏、ROM 写入器接口、存储器卡盒的接口、面板键盘等部分组成，如图 1.1.38 所示。

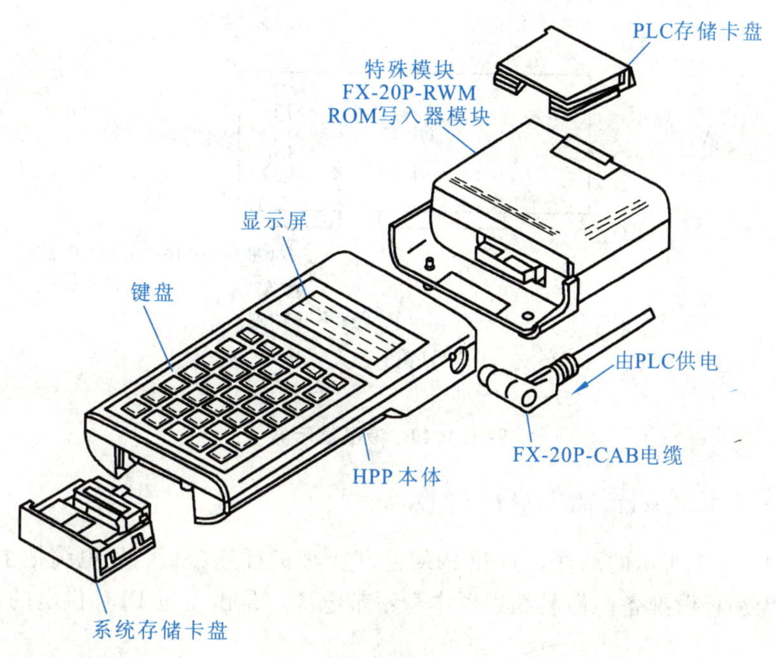

图 1.1.38 FX-20P-E 简易编程器的组成

图 1.1.39 是 FX-20P-E 简易编程器的操作面板直观示意图。

FX-20P-E 编程器的液晶显示屏很小，能同时显示 4 行，每行 16 个字符并带有后照明。在编程操作时，显示屏上显示的画面如图 1.1.40 所示。

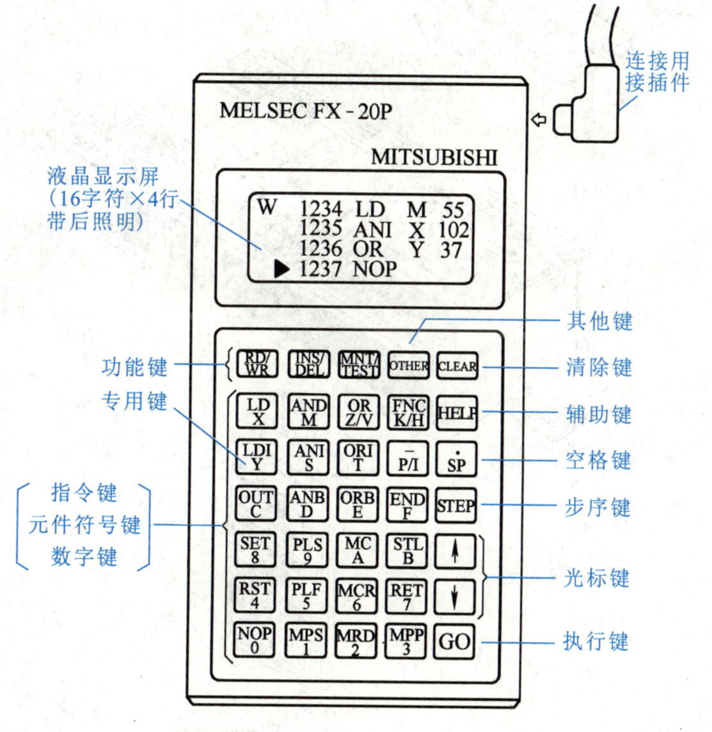

图 1.1.39 FX-20P-E 的操作面板

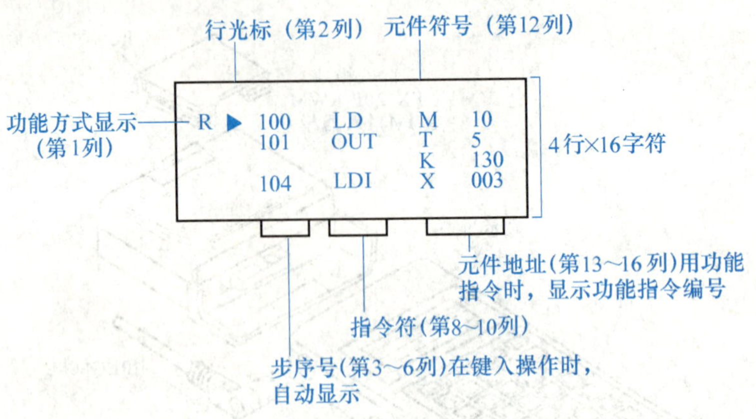

图 1.1.40　液晶显示屏

二、FX-20P-E 编程器的联机操作

根据图 1.1.41 所示的那样，打开 PLC 主机上面的插座盖板，用电缆把主机和编程器连接起来，为编程做准备。简易编程器本身不带电源，是由主机 PLC 供电的。

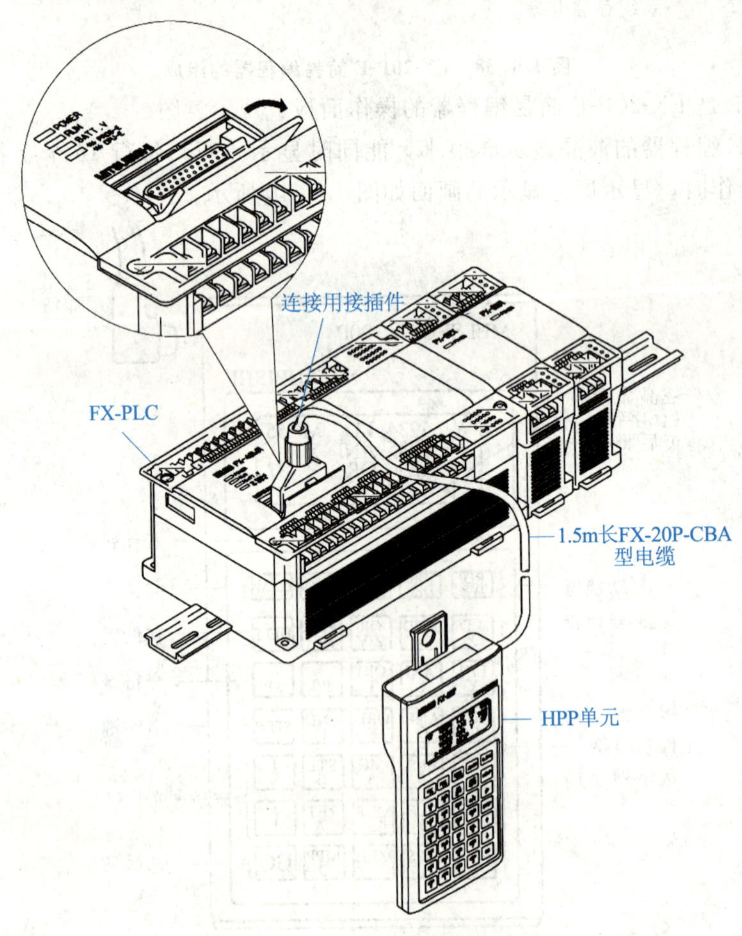

图 1.1.41　FXPLC 与编程器的连接

操作准备：用专用电缆将编程器与 PLC 主机相连接，如图 1.1.41 所示。

方式选择：连接好以后接通 PLC 电源，在编程器显示屏上显示如图 1.1.42 的第一框画面，2s 后即转而显示第二框画面，根据光标的指示选择联机方式或脱机方式，然后再进行功能选择。方式选择图如图 1.1.42 所示。

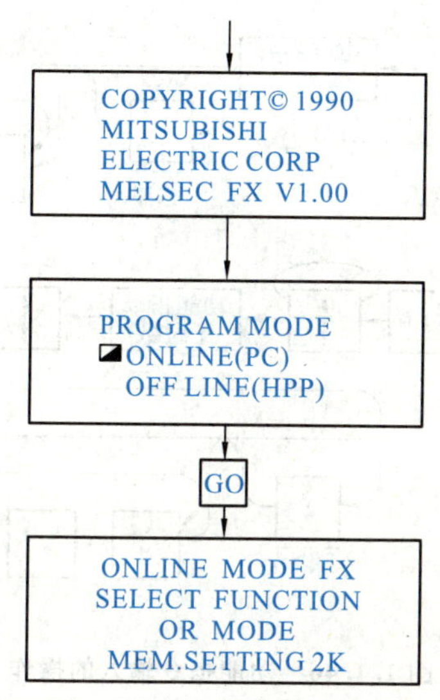

图 1.1.42　方式选择图

1. 程序写入

在写入程序之前，要将 PLC 内用户存储器的原有程序全部清除(简称清零)。清零框图如图 1.1.43 所示。

图 1.1.43　程序清零示意图

(1)基本指令的写入

例如，将梯形图(图 1.1.44)程序通过编程器写到 PLC 中，可进行如下键操作。

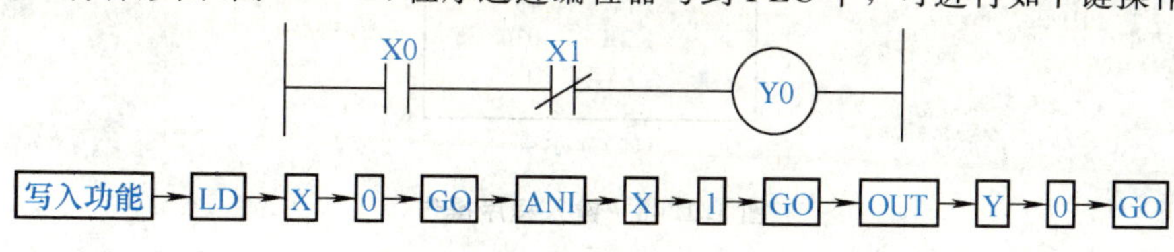

图 1.1.44　基本指令写入的操作

这时，FX-20P-E 显示屏将显示如图 1.1.45 所示的画面。

W	0	LD	X	000
	1	ANI	X	001
	2	OUT	Y	000
▲	3	NOP		

图 1.1.45　FX-20P-E 显示屏

(2)功能指令的写入

写入功能指令时，按 FNC 键后再输入功能指令号。有两种操作方法，如图 1.1.46 所示。

例如：写入功能指令(D)MOV(P)DO D2，其键操作图如图 1.1.47 所示。

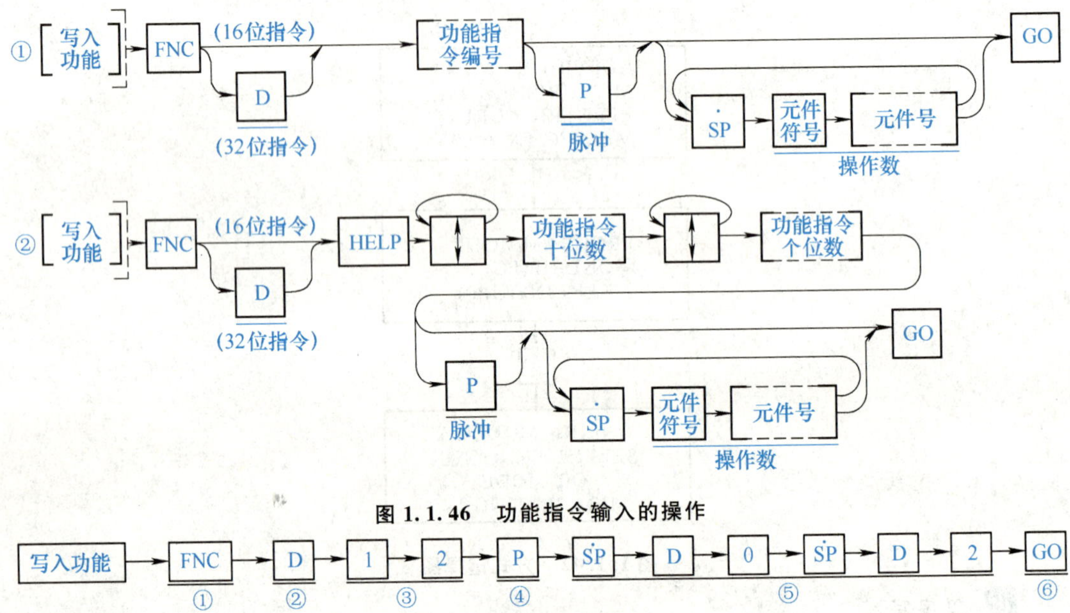

图 1.1.46　功能指令输入的操作

图 1.1.47　写入功能指令键操作示意图

键入下列所示梯形图程序的键操作与显示屏如图 1.1.48 所示。

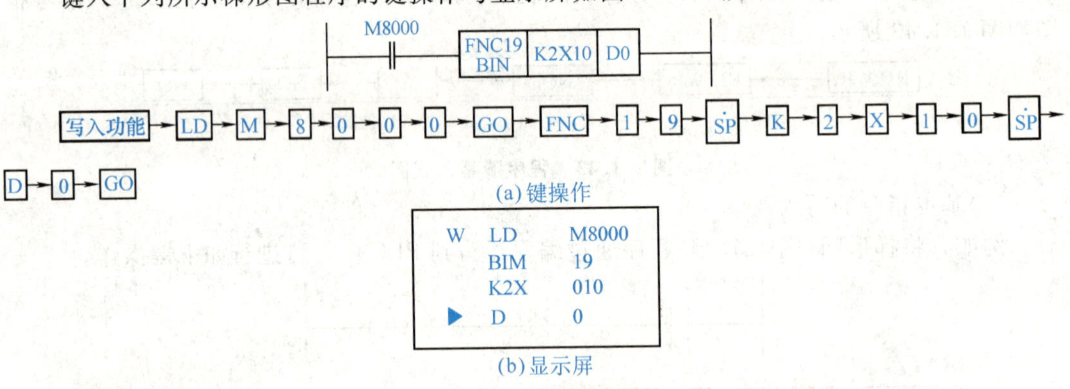

图 1.1.48　键入程序操作

(3)标号的输入

在程序中 P(指针)、I(中断指针)作为标号使用时，其输入方法和指令相同。即按 P 或 I 后再键入标号编号，最后按 GO。

2. 程序读出

把已写入到 PLC 中的程序读出进行检查是十分必要的。可根据步序号、指令、元件及指针等几种方式。在联机方式且 PLC 处于运行状态，只能根据步序号读出。在脱机方式中，无论 PLC 处于何种状态，4 种方式均可采用。4 种读出程序方式的操作方法如图 1.1.49 所示。

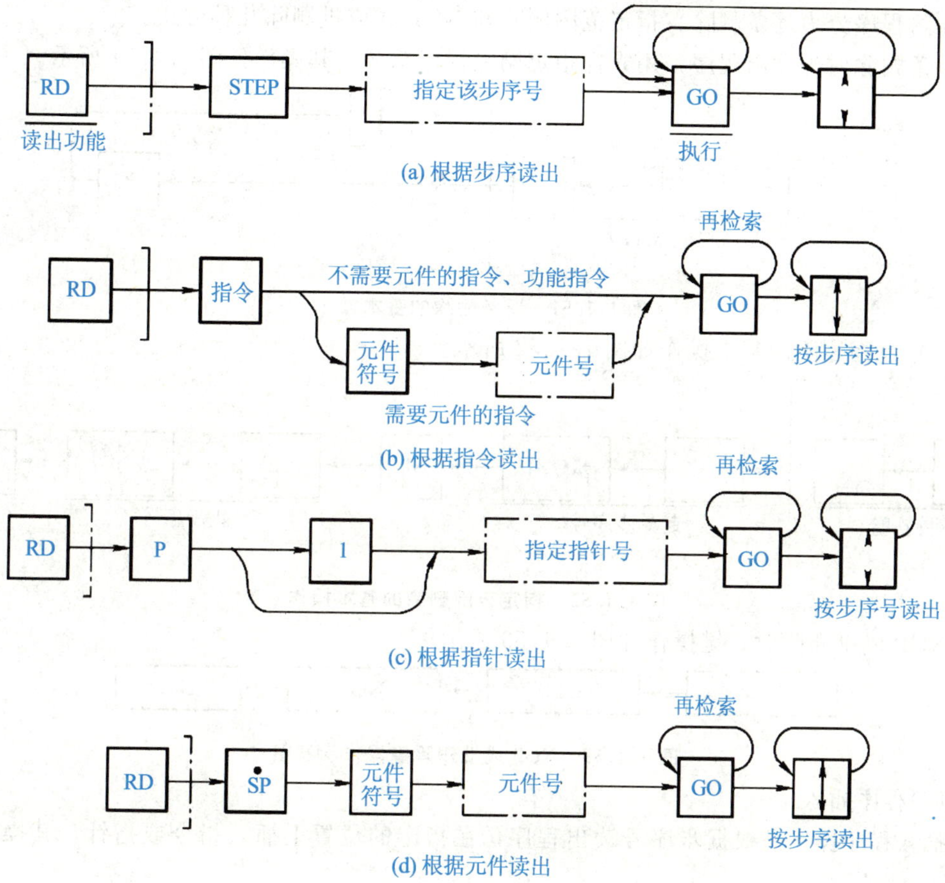

(a) 根据步序读出

(b) 根据指令读出

(c) 根据指针读出

(d) 根据元件读出

图 1.1.49　程序读出的基本操作

3. 程序修改

写入到 PLC 中的程序，有时需要改写，有的需要删除，有时还要插入一些程序。

(1)程序改写

在指令输入过程中，若要修改，可按图 1.1.50 所示的操作进行。

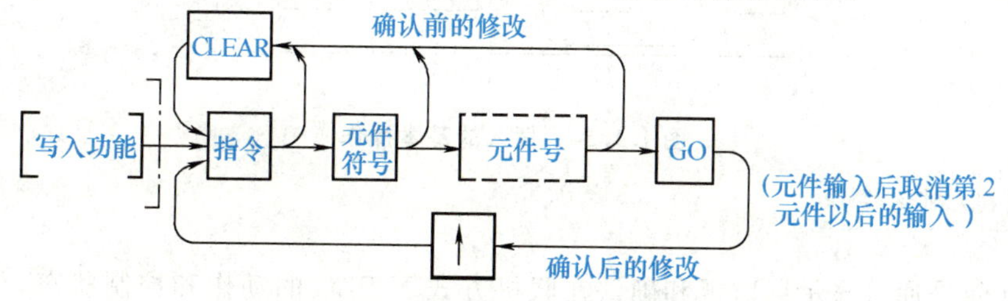

图 1.1.50　修改程序的基本操作

如需要改写读出步数附近指令或只需修改指令中的某一部分，则可将光标直接移动到指定修改处键入新内容再确认即可。

(2)程序删除

删除程序分为逐条删除、指定范围删除和 NOP 式成批删除几种方式。

逐条删除时先读出程序，用光标指定删除程序部分，其操作如图 1.1.51 所示。

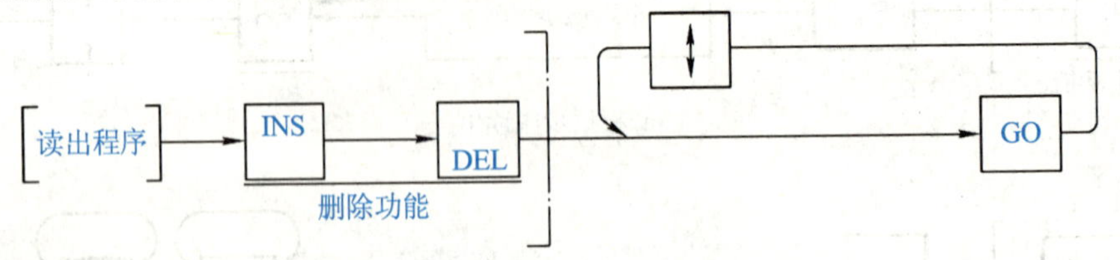

图 1.1.51　逐条删除的基本操作

指定范围删除的基本操作如图 1.1.52 所示。

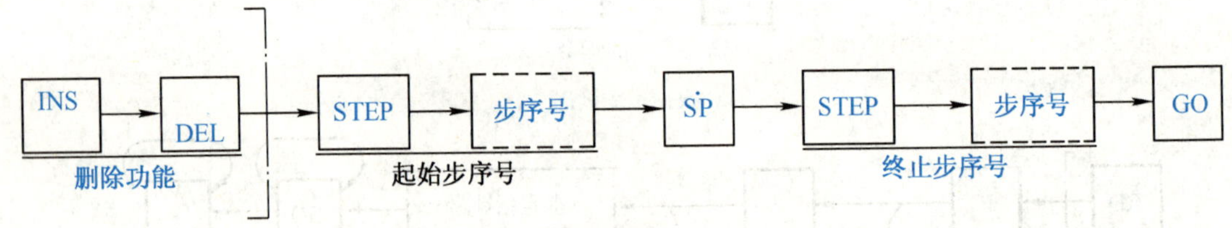

图 1.1.52　指定范围删除的基本操作

NOP 成批删除时，键操作如图 1.1.53 所示。

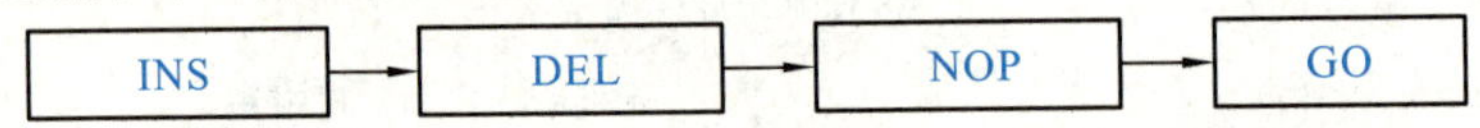

图 1.1.53　NOP 成批删除键操作示意图

(3)程序插入

插入程序操作是根据步序号读出程序，在指定的位置上插入指令或指针，其操作如图 1.1.54 所示。

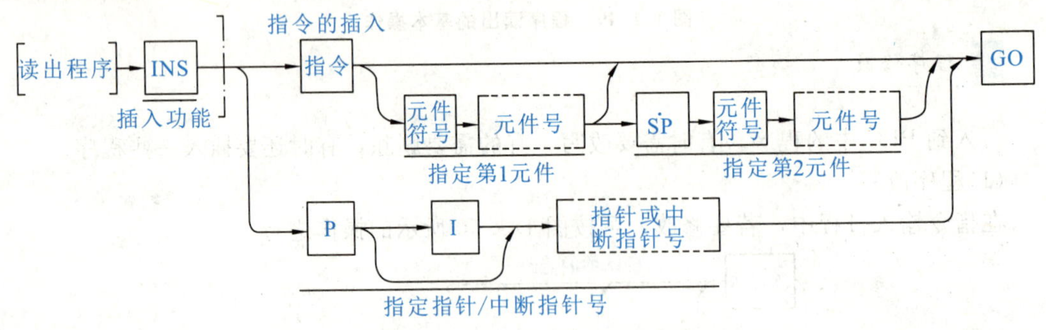

图 1.1.54　插入的基本操作

4. 监视/测试操作

监视功能是通过显示屏监视和确认在联机方式下 PLC 的动作和控制状态，包括元件的监视、导通检查和动作状态的监视等内容。

监视/测试的基本操作步骤是：准备→起动系统→设定联机方式→监视/测试操作。前三步与编程操作相同。

各种监视、测试操作的具体步骤如下。

(1)元件监视

所谓元件监视是指监视指定元件的ON/OFF状态、设定值及当前值。元件监视的基本操作如图1.1.55所示。

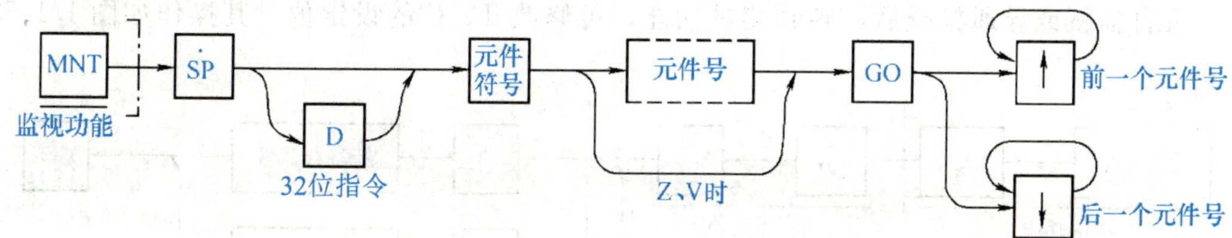

图1.1.55 元件监视的基本操作

(2)导通检查

根据步序号或指令读出程序，监视元件触点的导通及线圈动作，基本操作如图1.1.56所示。

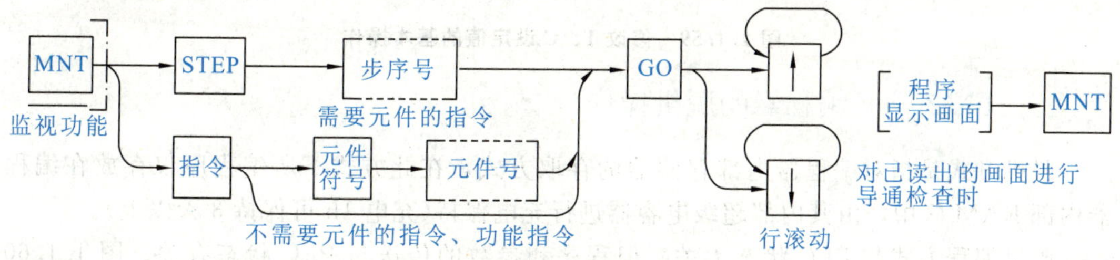

图1.1.56 导通检查的基本操作

(3)动作状态监视

利用步进指令监视S的动作状态(元件号从小到大，最多为8点)。

(4)元件强制ON/OFF

进行元件的强制ON/OFF的监视，其操作如图1.1.57所示。

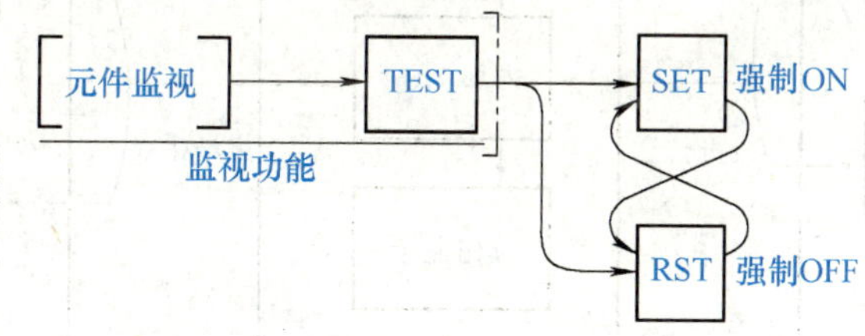

图1.1.57 强制ON/OFF的基本操作

(5)修改T、C、D、V、Z的当前值

先进行元件监视后，再进入测试功能，修改T、C、D、V、Z的当前值的基本键操作，如图1.1.58所示。

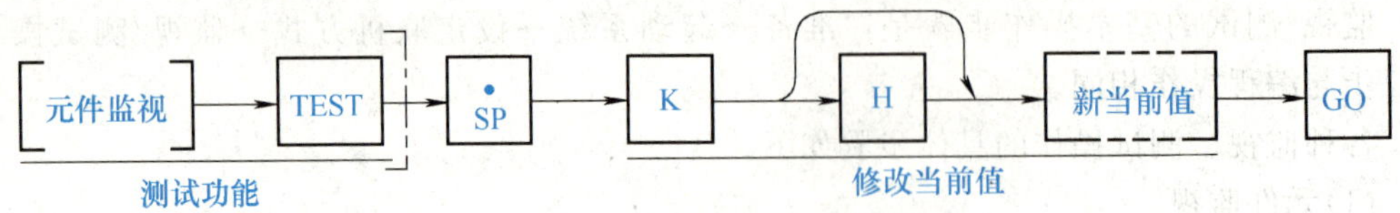

图 1.1.58　修改 T、C 等当前值的基本操作

(6)修改 T、C 设定值

元件监视或导通检查后，转到测试功能，可修改 T、C 的设定值，其操作如图 1.1.59 所示。

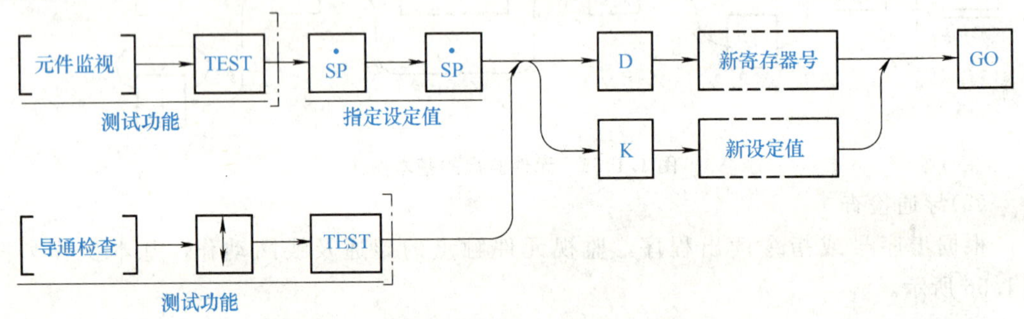

图 1.1.59　修改 T、C 设定值的基本操作

三、FX-20P-E 编程器的脱机操作

脱机方式是指对编程器内部存储器的存取方式，在此方式下所编程序仅存放在编程器内部 RAM 区中，由其内部超级电容器进行充电保持(充电 1h 可保持 3 天以上)。

脱机编程方式与 PLC 状态无关。但程序和参数的传送与 PLC 状态有关。图 1.1.60 表示程序和参数的传送过程。

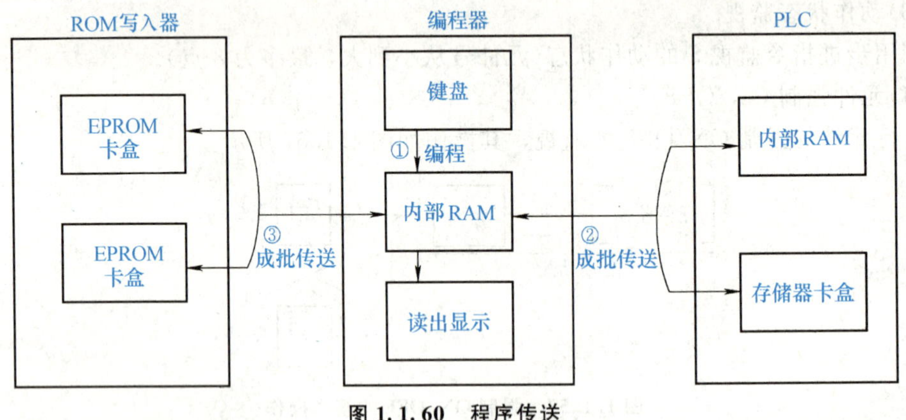

图 1.1.60　程序传送

练习与实训

一、单项选择题

1. PLC 是在(　　)的支持下，通过执行用户程序来完成控制任务的。

A. 硬件和软件　　B. 软件　　C. 元件　　D. 硬件

2. 编程中为了使所编制的程序比较简单、语句较少，将触点较多的串联回路放在梯形图的(　　)。

A. 左边　　B. 右边　　C. 上方　　D. 下方

3. 梯形图语言是在(　　)基础上产生的一种直观、形象的逻辑编程语言。

A. 继电器控制原理图　　B. 语句表

C. 逻辑符号图　　D. 高级语言

4. 按结构分类 PLC 可分为(　　)。

A. 高档机、中档机、低档机　　B. 大型、中型、小型

C. 整体式、机架模块式　　D. 普通型、高档型

5. PLC 是通过循环工作方式来完成控制的，每一个循环按次序分为三个阶段，即(　　)。

A. 输入采样、程序执行、输出刷新　　B. 输入采样、输出刷新、程序执行

C. 输出刷新、程序执行、输入采样　　D. 输出刷新、输入采样、程序执行

6. PLC 采用的方式为(　　)。

A. 等待命令　　B. 顺序扫描　　C. 中断　　D. 循环扫描

7. PLC 最基本的应用是(　　)。

A. 机器人控制　　B. 开关逻辑控制

C. 闭环过程控制　　D. 数字控制

8. 在 PLC 中可以通过编程器修改的程序是(　　)。

A. 系统程序　　B. 用户程序　　C. 工作程序　　D. 任何程序

9. 可编程控制器的核心部件是(　　)。

A. 中央处理单元　　B. 存储器

C. 输入接口电路　　D. 输出接口电路

10. PLC 最重要的技术性能指标是(　　)。

A. 扫描速度　　B. I/O 点数　　C. 内存容量　　D. 指令条数

11. 下面关于 PLC 编程的基本原则的叙述中错误的是(　　)。

A. 所有继电器、定时器、计数器等器件的接点可多次重复使用，次数不受限制

B. 梯形图的每一行都是从左边的母线开始，线圈接在最右边，接点不能放在线圈的右边

C. 线圈不能直接与母线相连

D. 不允许双线圈输出，也不允许多个线圈并联输出

二、判断题

1. 顺序扫描是 PLC 的工作方式。(　　)

2. PLC 中同一个位作为输出只能使用一次。(　　)

3. PLC 的内部继电器可以作为输出控制用。(　　)

4. PLC 根据存储的程序，对生产过程进行控制。(　　)

5. PLC 的系统程序是永久保存在 PLC 中，用户不能改变。(　　)

6. 在继电接触器控制原理图中，有些继电器的触头可以画在线圈的右边，而在梯形图中是不允许的。（　　）

7. PLC 只能由外部信号所驱动。（　　）

8. PLC 扫描周期的长短除了取决于 PLC 的机型以外，主要取决于用户程序的长短。（　　）

9. 目前大多数 PLC 产品都采用梯形图编程。（　　）

10. 在用户程序中可以对同一编号的继电器使用置位、复位指令，次数不限。（　　）

11. PLC 是基于微型计算机技术的通用工业自动控制设备。（　　）

12. 存储器是可编程控制器的核心部件。（　　）

13. 现场输入接口电路是 PLC 与控制现场的进口界面的输入通道。（　　）

14. 采用光电耦合电路与现场输入信号相连接的目的，是防止现场的强电干扰进入可编程控制器。（　　）

15. 可编程控制器每次在电源接通时，将进行输入采样工作。（　　）

16. 理论上梯形图中的线圈可以带无数多个常开触点以及无数多个常闭触点。（　　）

任务2 电动机正反转运行的控制

电动机的正反转大量应用于工农业生产中。对三相异步电动机来讲，定子绕组通入三相交流电会产生旋转磁场。磁场的旋转方向取决三相交流电的相序，改变相序，就能改变磁场旋转的方向，从而改变电动机的转向。

任务描述

设计一个三相异步电动机正反转 PLC 控制系统，并说明基本指令的应用。原继电接触器控制电路如图 1.2.1 所示。

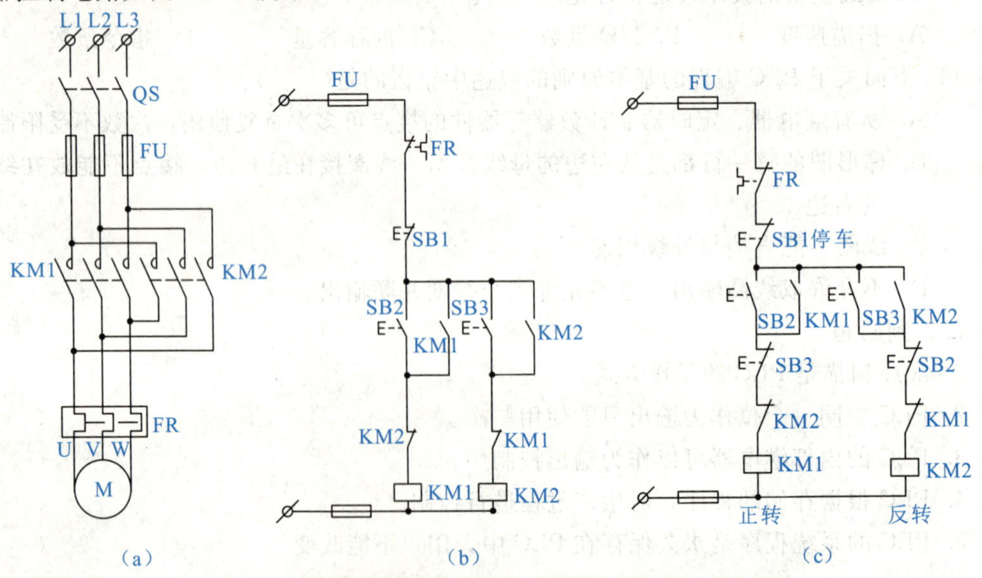

图 1.2.1　继电器接触器控制的三相异步电动机正反转电路

控制要求：

1)当接上电源时，电动机 M 不动作。

2)当按下 SB2 正转起动按钮后，电动机 M 正转；再按 SB1 停止按钮后，电动机 M 停转。

3)当按下 SB3 反转起动按钮后，电动机 M 反转；再按 SB1 停止按钮后，电动机 M 停转。

4)热继电器触点 FR 动作后，电动机 M 因过载保护而停止。

任务分析

图 1.2.1(a)为主电路，接触器 KM1、KM2 的常开主触点控制电动机电源的相序，实现电动机可逆旋转的控制电路，QS 为刀开关，FU 为熔断器。

图 1.2.1(b)为控制电路，将 KM2、KM1 的常闭触点分别串联在正、反转线圈电路中，形成相互制约的控制，称为电气互锁；按钮 SB2、KM1 线圈、KM1 的常开辅助触点、KM2 常闭辅助触点组成电动机正转控制电路，按钮 SB3、KM2 线圈、KM2 的常开辅助触点、KM1 常闭辅助触点组成电动机反转控制电路，SB1 为停止按钮。

图 1.2.1(c)控制电路可用于要求频繁实现正反转的电动机，它是在图 1.2.1(b)电路基础上将正转起动按钮 SB2 与反转起动按扭 SB3 的常闭触点串接在对方常开触点电路中，利用按钮的常开、常闭触点的机械连接，在电路中互相制约的接法，称为机械互锁。这种具有电气、机械双重互锁的控制电路是常用的、可靠的电动机可逆旋转控制电路，它既可实现正转—停止—反转—停止控制，又可实现正转—反转—停止控制。常开按钮 SB2、常闭按钮 SB3、KM1 的常开辅助触点、KM2 的常闭辅助触点、KM1 的线圈组成正转控制电路；常开按钮 SB3、常闭按钮 SB2、KM2 的常开辅助触点、KM1 的常闭辅助触点、KM2 的线圈组成反转控制电路，SB1 为停止按钮。

工作时，按下 SB2 使 KM1 线圈通电，KM1 常开辅助触点闭合，保持正转控制电路继续通电，电动机正转；若要电动机反转，可先按 SB1 将整个电路断开，也可直接按 SB3，利用机械互锁功能将正转控制电路断开，同时接通反转控制电路，使 KM2 的线圈通电，KM2 的常开辅助触点闭合，保持反转控制电路继续通电，电动机反转。

若按照该电路图以传统的实际配线法将多个按钮和接触器用电线连接起来，需先在图上将每一串、并接点编号，而统计出两地之间需用哪几号线，再将已做好记号的引线穿入电线管或线槽，看原图再接线。使用这种方法，若电路图的复杂度增加，要使连线完全正确，必须非常仔细。

若要彻底地了解传统实际配接线法，可能需花很多时间去研究与练习，然而若使用 PLC 的话，不管多复杂的电动机控制或开关控制，不管按钮是串联或并联，是串联、并联在图上哪一个地方，其接线方法均完全一样，而让那些伤脑筋的事情，由 PLC 的内部程序进行处理。

本任务要解决的问题是如何采用 PLC 连接开关按钮实现电动机转向的控制。完成本任务需达成的目标如下。

序号	类别	目标
1	知识	1. 熟练掌握 PLC 基本逻辑指令 2. 掌握编程原则与方法 3. 熟悉 PLC 控制系统设计内容与步骤
2	技能	1. 能熟练进行 PLC 安装连线 2. 熟练应用编程软件 3. 能利用基本逻辑指令顺利编程 4. 会调试简单程序 5. 正确选择与安装电气设备
3	职业素养	1. 相互沟通能力及团队协作精神 2. 良好的职业道德 3. 质量、成本、安全、环保意识

相关知识

PLC 技术最主要是应用于自动化控制工程中，在对 PLC 的指令系统和设计方法有了足够了解以后，就可以结合实际问题进行 PLC 控制系统的设计，并将 PLC 应用于实际。PLC 的应用就是以 PLC 为程控中心，组成电气控制系统，实现对生产过程的控制。PLC 的程序设计是 PLC 应用最关键的问题，也是整个电气控制系统设计的核心。

为顺利完成本任务，需掌握 PLC 的基本指令和控制系统设计方法。

一、FX_{2N}系列 PLC 基本指令(一)

FX_{2N}系列 PLC 有基本指令 27 条。

1. 触点取及线圈输出指令 LD、LDI、OUT

LD，取指令。一个与输入母线相连的常开触点指令，即常开触点逻辑运算起始。

LDI，取反指令。一个与输入母线相连的常闭触点指令，即常闭触点逻辑运算起始。

OUT，输出指令，也叫线圈驱动指令。

图 1.2.2 是上述三条基本指令的使用说明。

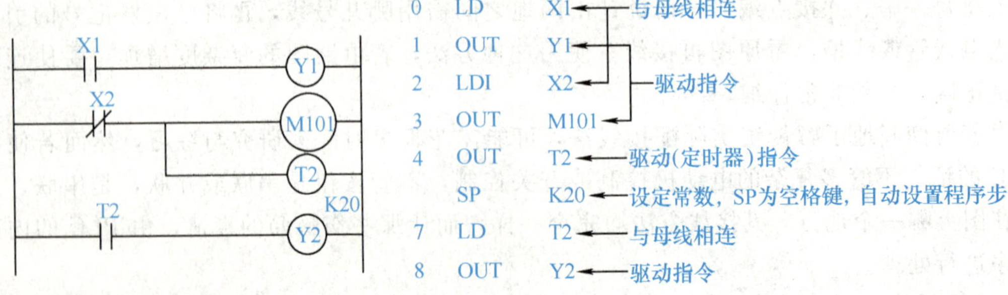

图 1.2.2 LD、LDI、OUT 指令

LD、LDI 两条指令的目标元件是 X、Y、M、S、T、C，用于将触点接到母线上，也可以与后述的 ANB、ORB 指令配合使用，在分支起点也可使用。

OUT 是驱动线圈的输出指令，它的目标元件是 Y、M、S、T、C，对输入继电器 X 不能使用，OUT 指令可以连续使用多次。

LD、LDI 是一个程序步指令，这里的一个程序步即是一个字；OUT 是多程序步指令，要视目标元件而定。

OUT 指令的目标元件是定时器 T 和计数器 C 时，必须设置常数 K，表 1.2.1 是 K 值设定范围与步数值。

表 1.2.1　K 值设定范围表

定时器，计数器	K 的设定范围	实际的设定值	步数
1 ms 定时器	1～32 767	0.001～32.767 s	3
10 ms 定时器		0.01～327.67 s	3
100 ms 定时器		0.1～3 276.7 s	3
16 位计数器	1～32 767	1～32 767	3
32 位计数器	−2 147 483 648～+2 147 483 647	−2 147 483 648～+2 147 483 647	5

2. 触点串联指令 AND、ANI

AND，与指令，用于单个常开触点的串联。

ANI，与非指令，用于单个常闭触点的串联。

AND、ANI 都是一个程序步指令，其串联触点个数没有限制，即这两条指令可多次重复使用。这两条指令的目标元件与 LD、LDI 指令相同。AND、ANI 指令的使用说明如图 1.2.3 所示。

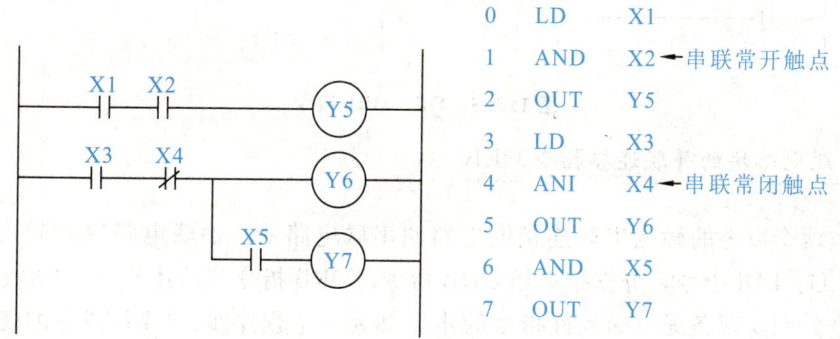

图 1.2.3　AND、ANI 指令

OUT 指令后，通过触点对其他线圈使用 OUT 指令称为纵接输出或连续输出，如图 1.2.3 中的 OUT Y7。这种连续输出如果顺序不错，可以多次重复，但是如果驱动程序换成图 1.2.4 的形式，则必须用后述的 MPS 指令，这时程序步增多，因此不推荐使用图 1.2.4 的形式。

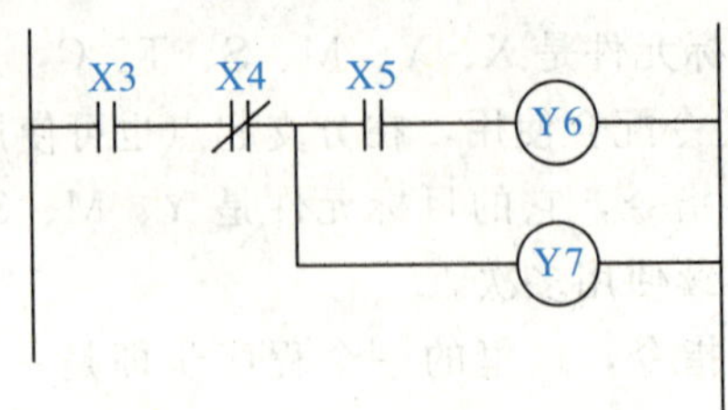

图 1.2.4 不推荐梯形图

3. 触点并联指令 OR、ORI

OR，或指令，用于单个常开触点的并联。

ORI，或非指令，用于单个常闭触点的并联。

OR 与 ORI 指令都为一程序步指令，其目标元件也是 X、Y、M、S、Y、C。这两条指令都是并联一个触点。需要两个以上触点串联连接电路块的并联连接时，要用后述的 ORB 指令。

OR、ORI 指令对前面的 LD、LDI 指令并联连接，并联次数无限制，OR、ORI 指令的使用说明如图 1.2.5 所示。

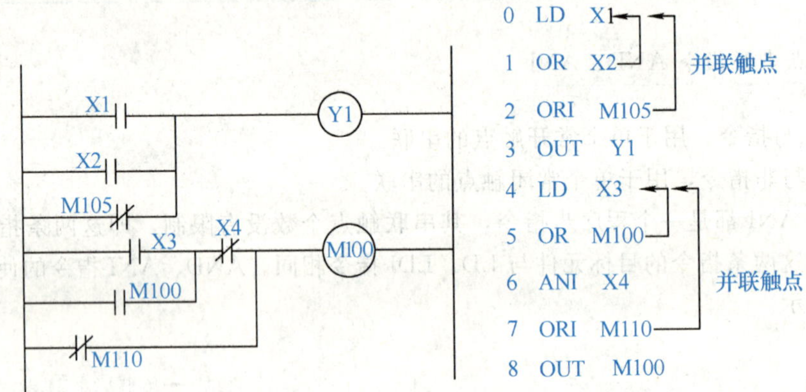

图 1.2.5 OR、ORI 指令

4. 串联电路块的并联连接指令 ORB

两个或两个以上的触点串联连接的电路叫串联电路块。串联电路块并联连接时，分支开始用 LD、LDI 指令，分支结束用 ORB 指令。ORB 指令与后述的 ANB 指令均为无目标元件指令，而这两条无目标元件指令的步长都为一个程序步。ORB 指令的使用说明如图 1.2.6 所示。

ORB 指令的使用方法有两种：一种是在要并联的每个串联电路块后加 ORB 指令，详细见图 1.2.6(b)语句表；另一种是集中使用 ORB 指令，详细见图 1.2.6(c)语句表。对于前者，分散使用 ORB 指令时，并联电路块的个数没有限制，但对于后者，集中使用 ORB 指令时，这种电路块并联的个数一般不能超过 8 个(即重复使用 LD、LDI 指令的次数限制在 8 次以下)，故不推荐用后者编程。

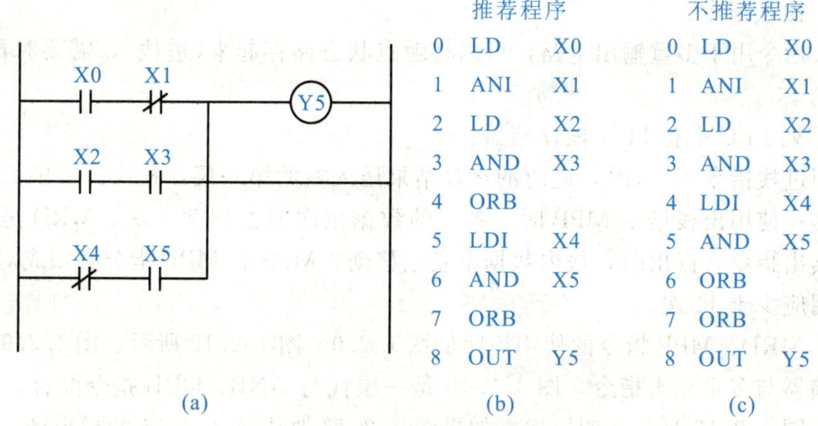

图 1.2.6　ORB 指令使用说明

5. 并联电路的串联连接指令 ANB

两个或两个以上触点并联的电路称为并联电路块，分支电路并联电路块与前面电路串联连接时，使用 ANB 指令。分支的起点用 LD、LDI 指令，并联电路块结束后，使用 ANB 指令，与前面电路串联。ANB 指令也简称与块指令，它是无操作目标元件的一个程序步指令，ANB 指令的使用说明如图 1.2.7 和图 1.2.8 所示。

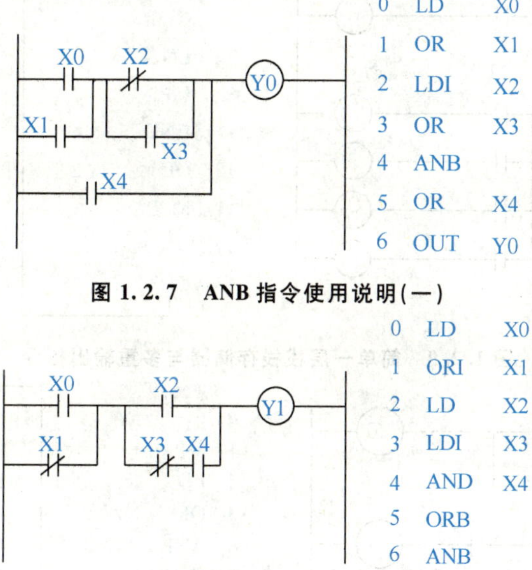

图 1.2.7　ANB 指令使用说明(一)

图 1.2.8　ANB 指令使用说明(二)

6. 多重输出指令 MPS、MRD、MPP

MPS：进栈指令。

MRD：读栈指令。

MPP：出栈指令。

这三条指令用于多重输出电路，可以将触点状态储存起来(进栈)，需要时再取出(读栈)。

FX_{2N}系列PLC中有11个栈存储器。

当使用进栈指令MPS时，此时的运算结果压入栈的第一层，栈中原来的数据依次向下一层推移；使用出栈指令MPP时，各层的数据依次向上移动一次。MRD是最上层所存数据的读出指令，读出时，栈内数据不发生移动。MPS和MPP指令必须成对使用，而且连续使用应少于11次。

MPS、MRD、MPP指令的使用说明如图1.2.9～图1.2.12所示。图1.2.9是简单一层栈栈存储器与多重输出指令，图1.2.10是一层栈与ANB、ORB指令配合，图1.2.11是二层栈，图1.2.12是一个四层栈。如果图1.2.12改用图1.2.13的梯形图，则不必采用MPS指令，编程也方便。

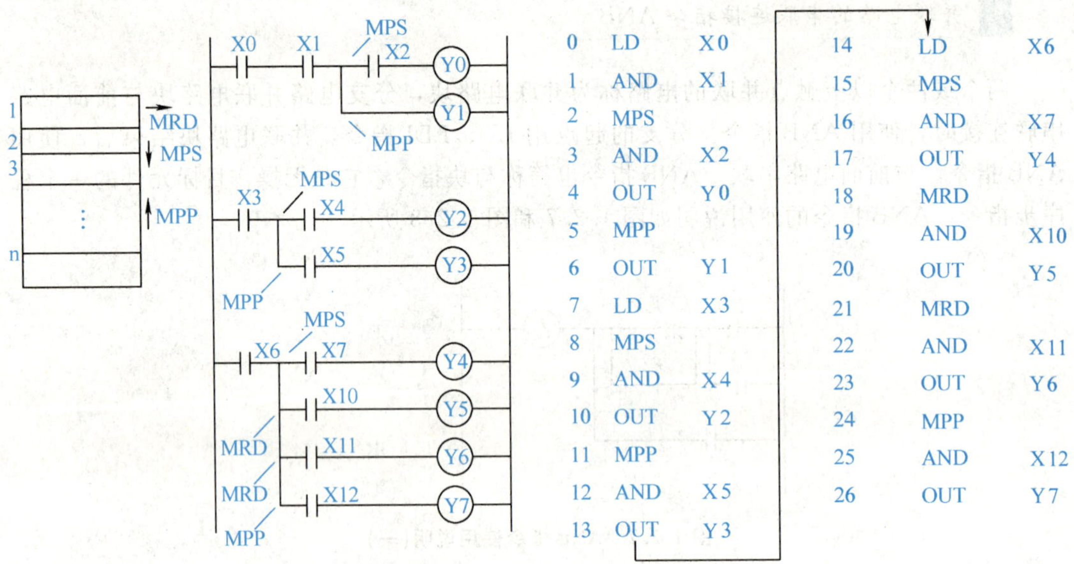

图1.2.9 简单一层栈栈存储器与多重输出指令

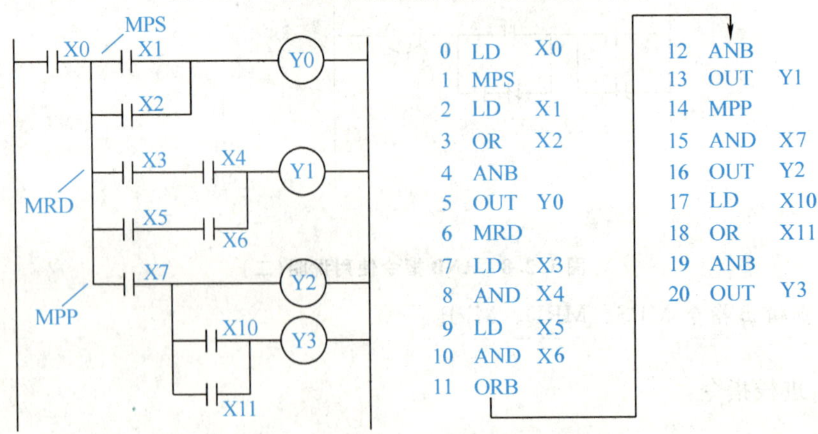

图1.2.10 一层栈与ANB、ORB指令配合

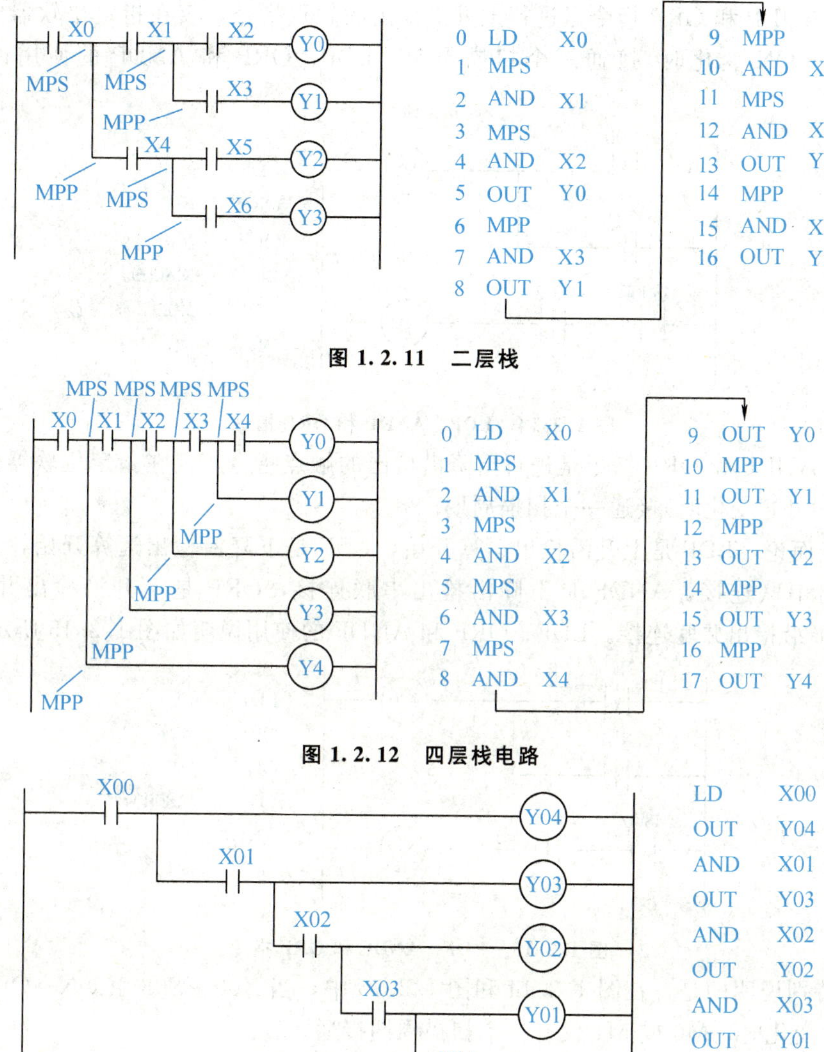

图 1.2.11　二层栈

图 1.2.12　四层栈电路

图 1.2.13　不用 MPS 指令的图 1.2.12 等效梯形图

7. 脉冲上升沿、下降沿检出的触点指令

LDP：取脉冲上升沿指令。

LDF：取脉冲下降沿指令。

ANDP：与脉冲上升沿指令。

ANDF：与脉冲下降沿指令。

ORP：或脉冲上升沿指令。

ORF：或脉冲下降沿指令。

上面 6 条指令的目标元件都为一程序步指令。

LDP、ANDP 和 ORP 指令是进行上升沿检出的触点指令，仅在指定位软器件的上升沿时(OFF→ON 变化时)接通一个扫描周期。LDP、ORP 和 ANDP 的使用说明如图 1.2.14 所示。

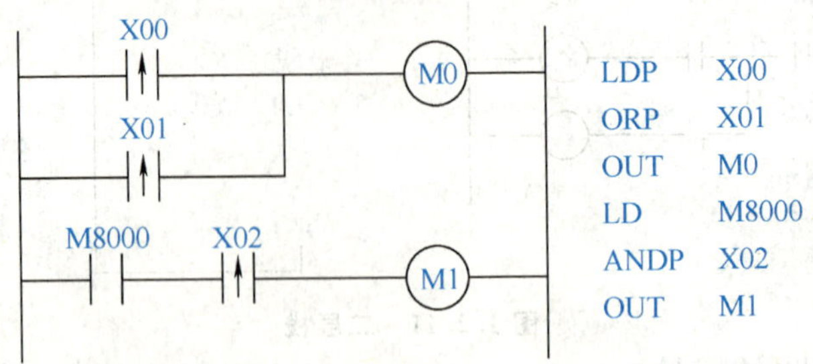

图 1.2.14 LDP、ANDP 和 ORP 指令

LDF、ANDF 和 ORF 指令是进行下降沿检出的触点指令，仅在指定位软器件的下降沿时(ON→OFF 变化时)接通一个扫描周期。

就功能而论，LDP 是上升沿检出运算开始，LDF 是下降沿检出运算开始，ANDP 是上升沿检出串联连接，ANDF 是下降沿检出串联连接，ORP 是上升沿检出并联连接，ORF 是下降沿检出并联连接。LDF、ORF 和 ANDF 的使用说明如图 1.2.15 所示。

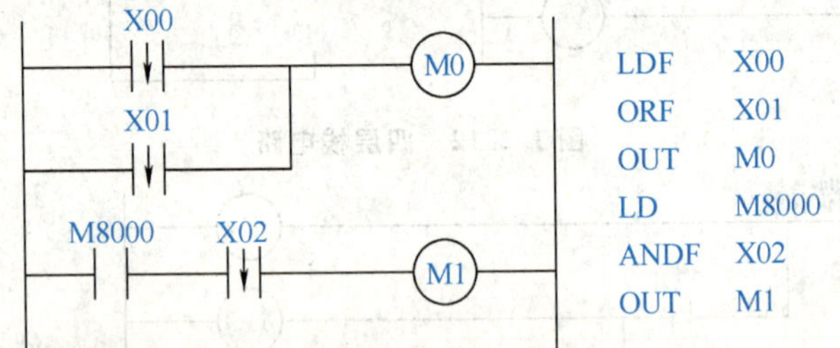

图 1.2.15 LDF、ANDF 和 ORF 指令

需要特别说明的是，在图 1.2.14 和图 1.2.15 中，当 X00～X02 由 ON→OFF 时或由 OFF→ON 变化时，M0 或 M1 仅有一个扫描周期接通。

二、编程规则

前面所介绍的基本逻辑指令，有时也叫触点指令或布尔代数指令。用这些指令编制梯形图时有一些规则要遵循。

1)梯形图的触点应画在水平线上，不能画在垂直分支上，如图 1.2.16 所示。

2)在串联电路相并联时，应将触点最多的那个串联回路放在梯形图最上面。有并联电路相串联时，应将触点最多的并联回路放在梯形图的最左边。这种安排程序简洁，语句也少，如图 1.2.17 所示。

3)梯形图中不能将触点画在线圈右边，只能在触点右边接线圈，如图 1.2.18 所示。

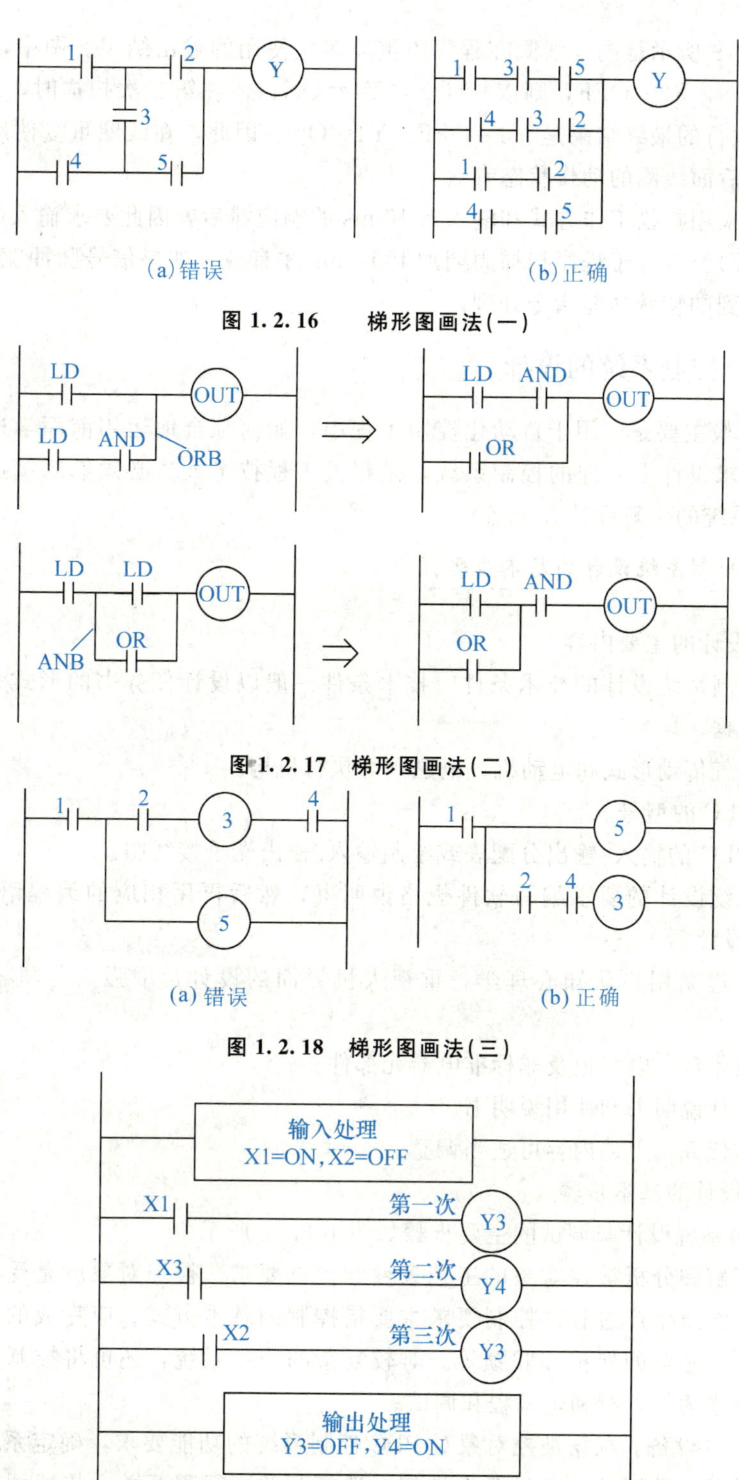

图 1.2.16　梯形图画法(一)

图 1.2.17　梯形图画法(二)

图 1.2.18　梯形图画法(三)

图 1.2.19　双线圈输出

4)图 1.2.19 所示是同一线圈在程序中重复多次使用的输出结果。图中，若在第一次扫描时 X1=ON，X2=OFF，则 Y3=ON，Y4=ON；但在第二次扫描时，X2 由 OFF→ON，则程序执行的最终结果是 Y3=OFF，Y4=ON。因此，在线圈重复使用时，程序扫描一次结果是后面线圈的动作状态有效。

由于程序采用扫描工作方式和输入有 10 ms 的响应滞后，因此要求输入信号的脉冲宽度(ON 或 OFF)至少等于程序扫描周期加上 10 ms 才有效。如果信号脉冲宽度小于此值，可采用后面讲到的特殊功能指令处理。

三、PLC 控制系统的设计

PLC 技术最主要是应用于自动化控制工程中，如何综合地运用前面学过知识点，根据实际工程要求设计出合理的控制系统，是相关工程技术人员必须熟练掌握的，在此介绍 PLC 控制系统的一般设计方法。

1. PLC 控制系统设计的基本步骤

(1)系统设计的主要内容

1)拟定控制系统设计的技术条件。技术条件一般以设计任务书的形式来确定，它是整个设计的依据。

2)选择电气传动形式和电动机、电磁阀等执行机构。

3)选定 PLC 的型号。

4)编制 PLC 的输入/输出分配表或绘制输入/输出端子接线图。

5)根据系统设计的要求编写软件规格说明书，然后再用相应的编程语言(常用梯形图)进行程序设计。

6)了解并遵循用户认知心理学，重视人机界面的设计，增强人与机器之间的友善关系。

7)设计操作台、电气柜及非标准电器元部件。

8)编写设计说明书和使用说明书。

根据具体任务，上述内容可适当调整。

(2)系统设计的基本步骤

PLC 应用系统设计与调试的主要步骤如图 1.2.20 所示。

1)深入了解和分析被控对象的工艺条件和控制要求。被控对象就是受控的机械、电气设备、生产线或生产过程。控制要求主要指控制的基本方式、应完成的动作、自动工作循环的组成、必要的保护和联锁等。对较复杂的控制系统，还可将控制任务分成几个独立部分，化繁为简，有利于编程和调试。

2)确定 I/O 设备。根据被控对象对 PLC 控制系统的功能要求，确定系统所需的用户输入、输出设备。常用的输入设备有按钮、选择开关、行程开关、传感器等，常用的输出设备有继电器、接触器、指示灯、电磁阀等。

3)选择合适的 PLC 类型。根据已确定的用户 I/O 设备，统计所需的输入信号和输出

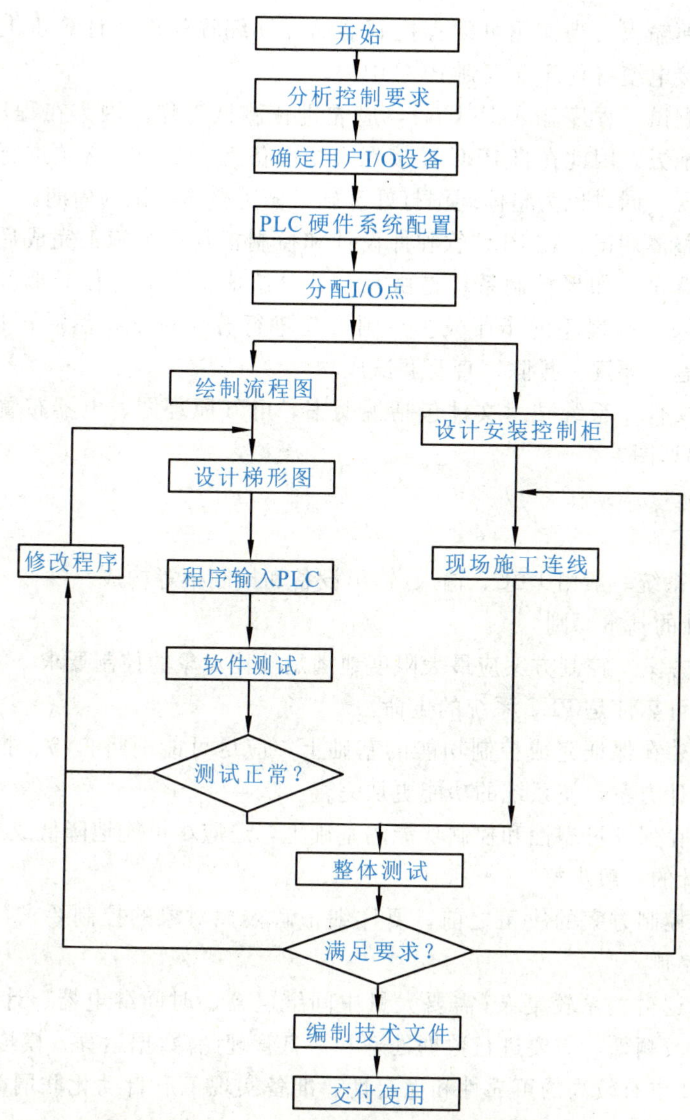

图1.2.20　PLC应用系统设计与调试的主要步骤

信号的点数，选择合适的PLC类型，包括机型的选择、容量的选择、I/O模块的选择、电源模块的选择等。

4)分配I/O点。分配PLC的输入输出点，编制出输入/输出分配表，画出输入/输出端子的接线图。接着就可以进行PLC程序设计，同时可进行控制柜或操作台的设计和现场施工。

5)设计应用系统梯形图程序。根据工作功能图表或状态流程图等设计出梯形图即编程。这一步是整个应用系统设计的最核心工作，也是比较困难的一步，要设计好梯形图，首先要十分熟悉控制要求，同时还要有一定的电气设计的实践经验。

6)将程序输入PLC。当使用简易编程器将程序输入PLC时，需要先将梯形图转换成指令助记符，以便输入。当使用可编程控制器的辅助编程软件在计算机上编程时，可通过上下位机的连接电缆将程序下载到PLC中去。

7)进行软件测试。程序输入PLC后，应先进行测试工作。因为在程序设计过程中，难免会有疏漏的地方。因此在将PLC连接到现场设备上去之前，必须进行软件测试，以排除程序中的错误，同时也为整体调试打好基础，缩短整体调试的周期。

8)应用系统整体调试。在PLC软硬件设计和控制柜及现场施工完成后，就可以进行整个系统的联机调试，如果控制系统是由几个部分组成，则应先作局部调试，然后再进行整体调试；如果控制程序的步序较多，则可先进行分段调试，然后再连接起来总调。调试中发现的问题，要逐一排除，直至调试成功。

9)编制技术文件。系统技术文件包括说明书、电气原理图、电器布置图、电气元件明细表和PLC梯形图。

2. PLC硬件系统设计

PLC的硬件系统一般由PLC、输入/输出设备和控制柜等构成。

(1)硬件设计的基本原则

1)确定控制方案。控制方案应最大限度地满足被控对象的控制要求。

2)可靠性。可靠性是PLC系统的生命。

3)功能完善。在保证完成控制功能的基础上，应尽可能地将自检、报警以及安全保护等功能纳入设计方案，使系统的功能更加完善。

4)经济性。在保证可靠性和控制功能的基础上，还应尽可能地降低成本。

(2)硬件设计的一般步骤

在作出系统控制方案的决策之前，要详细了解被控对象的控制要求，从而决定是否选用PLC进行控制。

在控制系统逻辑关系较复杂(需要大量中间继电器、时间继电器、计数器等)、工艺流程和产品改型较频繁、需要进行数据处理和信息管理(有数据运算、模拟量的控制、PID调节等)、系统要求有较高的可靠性和稳定性、准备实现工厂自动化联网等情况下，使用PLC控制是很必要的。

1)选择适合的PLC机型。目前，国内外众多的生产厂家提供了多种系列功能各异的PLC产品，使用户眼花缭乱、无所适从。所以全面权衡利弊、合理地选择机型才能达到经济实用的目的。

PLC机型的选用应从性能结构、I/O点数、存储器容量以及特殊功能等方面来综合衡量，以满足系统功能需要为宗旨，不要盲目贪大求全，以免造成投资和设备资源的浪费。

①I/O点数的选择：盲目选择点数多的机型会造成一定浪费。

要先弄清楚控制系统的I/O总点数，再按实际所需总点数的15%～20%留出备用量(为系统的改造等留有余地)后确定所需PLC的点数。

另外要注意，一些高密度输入点的模块对同时接通的输入点数有限制，一般同时接通的输入点不得超过总输入点的60%；PLC每个输出点的驱动能力也是有限的，有的PLC其每点输出电流的大小还随所加负载电压的不同而异；一般PLC的允许输出电流随环境温度的升高而有所降低。在选型时要考虑这些问题。

PLC的输出点可分为共点式、分组式和隔离式几种接法。隔离式的各组输出点之间可以采用不同的电压种类和电压等级，但这种PLC平均每点的价格较高。如果输出信号之间不需要隔离，则应选择前两种输出方式的PLC。

表1.2.2中列出了典型的传动设备及电气元件所需的可编程控制器I/O点数。此表对估算控制对象所需I/O点数具有一定的参考价值。控制器的I/O点数的要求与接入的输入/输出设备有关。

②存储容量的选择：对用户存储容量只能做粗略的估算。在仅对开关量进行控制的系统中，可以用输入总点数×10字/点＋输出总点数×5字/点来估算；计数器/定时器按(3～5)字/个估算；有运算处理时按(5～10)字/量估算；在有模拟量输入/输出的系统中，可以按每输入/(或输出)一路模拟量需(80～100)字左右的存储容量来估算；有通信处理时按每个接口200字以上的数量粗略估算。最后，一般按估算容量的50%～100%留有裕量。对缺乏经验的设计者，选择容量时留有裕量要大些。

③I/O响应时间的选择：PLC的I/O响应时间包括输入电路延迟、输出电路延迟和扫描工作方式引起的时间延迟(一般在2～3个扫描周期)等。对开关量控制的系统，PLC和I/O响应时间一般都能满足实际工程的要求，可不必考虑I/O响应问题。但对模拟量控制的系统、特别是闭环系统就要考虑这个问题。

表1.2.2　典型传动设备及常用电气元件所需的I/O点数

序号	电气元件或设备	输入点数	输出点数	I/O点总数	序号	电气元件或设备	输入点数	输出点数	I/O点总数
1	Y-△起动笼型电动机	4	3	7	11	按钮	1		1
2	单向运行笼型电动机	4	1	5	12	光电管开关	2		2
3	单向变极笼型电动机	5	3	8	13	信号灯		1	1
4	可逆运行笼型电动机	5	2	7	14	拨码开关	4		4
5	单向运行直流电动机	9	6	15	15	三挡开关	3		3
6	可逆运行直流电动机	12	8	20	16	行程开关	1		1
7	单线圈电磁阀	2	1	3	17	接近开关	1		1
8	双线圈电磁阀	3	2	5	18	抱闸		1	1
9	比例阀	3	5	8	19	风机		1	1
10	可逆变极电动机	6	4	10	20	位置开关	2		2

④输出方式的选择：不同的负载对PLC的输出方式有相应的要求。例如，频繁通断的感性负载，应选择晶体管或晶闸管输出型的，而不应选用继电器输出型的。但继电器

输出型的 PLC 有许多优点，如导通压降小，有隔离作用，价格相对较便宜，承受瞬时过电压和过电流的能力较强，其负载电压灵活(可交流、可直流)，且电压等级范围大等。所以动作不频繁的交、直流负载可以选择继电器输出型的 PLC。

⑤结构形式的选择：在相同功能和相同 I/O 点数据的情况下，整体式比模块式价格低。但模块式具有功能扩展灵活，维修方便(换模块)，容易判断故障等优点，要按实际需要选择 PLC 的结构形式。

2)分配输入/输出点。一般输入点和输入信号、输出点和输出控制是一一对应的。分配好后，按系统配置的通道与接点号，分配给每一个输入信号和输出信号，即进行编号。在个别情况下，也有两个信号用一个输入点的，那样就应在接入输入点前，按逻辑关系接好线(如两个触点先串联或并联)，然后再接到输入点。

为了防止接线错误，要做成一个 I/O 分配表，并设计 PLC 的 I/O 端口接线图。一般来说，辅助继电器、定时器和计数器等元件可不必列在 I/O 表中。

①确定 I/O 通道范围：不同型号的 PLC，其输入/输出通道的范围是不一样的，应根据所选 PLC 型号，查阅相应的编程手册，决不可“张冠李戴”。

②内部辅助继电器：内部辅助继电器不对外输出，不能直接连接外部器件，而是在控制其他继电器、定时器/计数器时作数据存储或数据处理用。

从功能上讲，内部辅助继电器相当于传统电控柜中的中间继电器。未分配模块的输入/输出继电器区以及未使用 1∶1 链接时的链接继电器区等均可作为内部辅助继电器使用。根据程序设计的需要，应参阅有关操作手册，合理安排 PLC 的内部辅助继电器，在设计说明书中应详细列出各内部辅助继电器在程序中的用途，避免重复使用。

③分配定时器/计数器：PLC 的定时器/计数器数量分别见有关操作手册。

(3)输入输出模块的选择

除了 I/O 点数之外，还要考虑 I/O 模块的工作电压(直流或交流)以及外部接线方式。对于输入模块主要考虑两点：一是根据现场输入信号与 PLC 输入模块距离的远近来选择工作电压，二是高密度的输入模块。

除了开关信号之外，工业控制中还要对温度、压力、物位(或液位)和流量等过程变量以及运动控制变量等进行检测和控制。

3. PLC 软件系统设计

(1)PLC 软件系统设计的方法

在明确了生产工艺要求，分析了各输入、输出与各种操作之间的逻辑关系，确定了需要检测的量和控制方法的基础上，可根据系统中各设备的操作内容和操作顺序，画出系统控制的流程图，用于清楚地表明动作的顺序和条件。流程图是编程的主要依据，因而要尽可能详细。

编制 PLC 控制程序的方法很多，这里主要介绍几种典型的编程方法。

1)图解法编程。图解法是靠画图进行 PLC 程序设计。常见的主要有梯形图法、逻辑流程图法、时序流程图法和步进顺控法。

梯形图法：梯形图法是用梯形图语言去编制 PLC 程序。这是一种模仿继电器控制系统的编程方法。其图形甚至元件名称都与继电器控制电路十分相近。这种方法很容易就可以把原继电器控制电路移植成 PLC 的梯形图语言。这对于熟悉继电器控制的人来说，是最方便的一种编程方法。

逻辑流程图法：逻辑流程图法是用逻辑框图表示 PLC 程序的执行过程，反映输入与输出的关系。逻辑流程图法是把系统的工艺流程，用逻辑框图表示出来形成系统的逻辑流程图。这种方法编制的 PLC 控制程序逻辑思路清晰、输入与输出的因果关系及联锁条件明确。逻辑流程图会使整个程序脉络清楚，便于分析控制程序，便于查找故障点，便于调试程序和维修程序。有时对一个复杂的程序，直接用语句表和用梯形图编程可能觉得难以下手，则可以先画出逻辑流程图，再为逻辑流程图的各个部分用语句表和梯形图编制 PLC 应用程序。

时序流程图法：时序流程图法是首先画出控制系统的时序图(即到某一个时间应该进行哪项控制的控制时序图)，再根据时序关系画出对应的控制任务的程序框图，最后把程序框图写成 PLC 程序。时序流程图法很适合于以时间为基准的控制系统的编程方法。

步进顺控法：步进顺控法是在顺控指令的配合下设计复杂的控制程序。一般比较复杂的程序，都可以分成若干个功能比较简单的程序段，一个程序段可以看成整个控制过程中的一步。从整个角度去看，一个复杂系统的控制过程是由这样若干个步组成的。系统控制的任务实际上可以认为在不同时刻或者在不同进程中去完成对各个步的控制。为此，不少 PLC 生产厂家在自己的 PLC 中增加了步进顺控指令。在画完各个步进的状态流程图之后，可以利用步进顺控指令方便地编写控制程序。

2)经验法编程。经验法是运用自己的或别人的经验进行设计。多数是设计前先选择与自己工艺要求相近的程序，把这些程序看成是自己的“试验程序”。结合自己工程的情况，对这些“试验程序”逐一修改，使之适合自己的工程要求。这里所说的经验，有的是来自自己的经验总结，有的可能是别人的设计经验，就需要日积月累，善于总结。

3)计算机辅助设计编程。计算机辅助设计是通过 PLC 编程软件在计算机上进行程序设计、离线或在线编程、离线仿真和在线调试等。使用编程软件可以十分方便地在计算机上离线或在线编程、在线调试，使用编程软件可以十分方便地在计算机上进行程序的存取、加密以及形成可执行文件。

(2)PLC 软件系统设计的步骤

在了解了程序结构和编程方法的基础上，就要实际地编写 PLC 程序了。编写 PLC 程序和编写其他计算机程序一样，都需要经历如下过程。

1)对系统任务分块。分块的目的就是把一个复杂的工程，分解成多个比较简单的小任务。这样就把一个复杂的大问题化为多个简单的小问题。这样可便于编制程序。

2)编制控制系统的逻辑关系图。从逻辑关系图上，可以反映出某一逻辑关系的结果是什么。这个逻辑关系可以是以各个控制活动顺序为基准，也可能是以整个活动的时间节拍为基准。逻辑关系图反映了控制过程中控制作用与被控对象的活动，也反映了输入与输出的关系。

3)绘制各种电路图。绘制各种电路图的目的，是把系统的输入输出所设计的地址和名称联系起来。这是很关键的一步。在绘制PLC的输入电路时，不仅要考虑到信号的连接点是否与命名一致，还要考虑到输入端的电压和电流是否合适，也要考虑到在特殊条件下运行的可靠性与稳定条件等问题。特别要考虑到能否把高压引导到PLC的输入端，把高压引入PLC输入端，会对PLC造成比较大的伤害。在绘制PLC的输出电路时，不仅要考虑到输出信号的连接点是否与命名一致，还要考虑到PLC输出模块的带负载能力和耐电压能力。此外，还要考虑到电源的输出功率和极性问题。在整个电路的绘制中，还要考虑设计的原则努力提高其稳定性和可靠性。虽然用PLC进行控制方便、灵活。但是在电路的设计上仍然需要谨慎、全面。因此，在绘制电路图时要考虑周全，何处该装按钮，何处该装开关，都要一丝不苟。

4)编制PLC程序并进行模拟调试。在绘制完电路图之后，就可以着手编制PLC程序了。当然可以用上述方法编程。在编程时，除了要注意程序要正确、可靠之外，还要考虑程序要简捷、省时、便于阅读、便于修改。编好一个程序块要进行模拟实验，这样便于查找问题，便于及时修改，最好不要整个程序完成后一起算总账。

5)制作控制台与控制柜。在绘制完电器、编完程序之后，就可以制作控制台和控制柜了。在时间紧张的时候，这项工作也可以和编制程序并列进行。在制作控制台和控制柜的时候要注意选择开关、按钮、继电器等器件的质量，规格必须满足要求。设备的安装必须注意安全、可靠。比如说屏蔽问题、接地问题、高压隔离等问题必须妥善处理。

6)现场调试。现场调试是整个控制系统完成的重要环节。任何程序的设计很难说不经过现场调试就能使用的。只有通过现场调试才能发现控制回路和控制程序不能满足系统要求之处；只有通过现场调试才能发现控制电路和控制程序发生矛盾之处；只有进行现场调试才能最后实地测试和最后调整控制电路和控制程序，以适应控制系统的要求。

7)编写技术文件并现场试运行。经过现场调试以后，控制电路和控制程序基本被确定了，整个系统的硬件和软件基本没有问题了。这时就要全面整理技术文件，包括整理电路图、PLC程序、使用说明及帮助文件。到此工作基本结束。

4. PLC控制系统的安装与维护

(1)安装环境

为保证PLC工作的可靠性，尽可能地延长其使用寿命，在安装时一定要注意周围的环境，其安装场合应该满足以下几点。

1)环境温度在0～55℃范围内。

2)环境相对湿度应在35%～85%范围内。

3)周围无易燃和腐蚀性气体。

4)周围无过量的灰尘和金属微粒。

5)避免过度的振动和冲击。

6)不能受太阳光的直接照射或水的溅射。

除满足以上环境条件外，安装时还应注意以下几点。

1)PLC 的所有单元必须在断电时安装和拆卸。

2)为防止静电对 PLC 组件的影响，在接触 PLC 前，先用手接触某一接地的金属物体，以释放人体所带静电。

3)注意 PLC 机体周围的通风和散热条件，切勿将导线头、铁屑等杂物通过通风窗落入机体内。

(2)PLC 系统的安装

FX 系列 PLC 的安装方法有底板安装和 DIN 导轨安装两种方法。

1)底板安装。利用 PLC 机体外壳四个角上的安装孔，用规格为 M4 的螺钉将控制单元、扩展单元、A/D 转换单元、D/A 转换单元及 I/O 链接单元固定在底板上。

2)DIN 导轨安装。利用 PLC 底板上的 DIN 导轨安装杆，将控制单元、扩展单元、A/D 转换单元、D/A 转换单元及 I/O 链接单元安装在 DIN 导轨上。安装时安装单元与安装导轨槽对齐向下推压即可。将该单元从 DIN 导轨上拆下时，需用一字形的螺丝刀向下轻拉安装杆。

(3)PLC 系统的接线

PLC 系统的接线主要包括电源接线、接地、I/O 接线及对扩展单元接线等。

1)电源接线。FX 系列 PLC 使用直流 24 V、交流 100～120 V 或 200～240 V 的工业电源。FX 系列 PLC 的外接电源端位于输出端子板左上角的两个接线端。使用直径为 0.2 cm 的双绞线作为电源线。过强的噪声及电源电压波动过大都可能使 FX 系列 PLC 的 CPU 工作异常，以致引起整个控制系统瘫痪。为避免由此引起的事故发生，在电源接线时，需采取隔离变压器等有效措施，且用于 FX 系列 PLC，I/O 设备及电动设备的电源接线应分开连接，如图 1.2.21 所示。

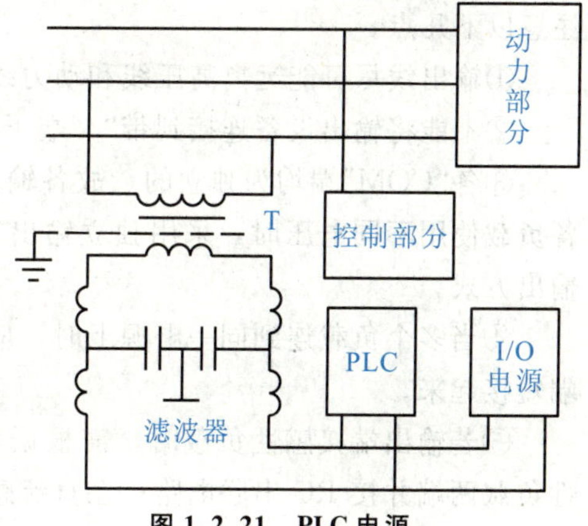

图 1.2.21　PLC 电源

另外，在进行电源接线时还要注意以下几点。

①FX 系列 PLC 必须在所有外部设备通电后才能开始工作。为此，所有外部设备都上电后再将方式选择开关由“STOP”方式设置为“RUN”方式，将 FX 系列 PLC 编程设置为在外部设备未上电前不进行输入、输出操作。

②当控制单元与其他单元相接时，各单元的电源线连接应能同时接通和断开。

③当电源瞬间掉电时间小于 10ms 时，不影响 PLC 的正常工作。

④为避免因失常而引起的系统瘫痪或发生无法补救的重大事故，应增加紧急停车电路。

⑤当需要控制两个相反的动作时，应在 PLC 和控制设备之间加互锁电路。

2)接地。良好的接地是保证 PLC 正常工作的必要条件。在接地时要注意以下几点。

①PLC 的接地线应为专用接地线，其直径应在 2 mm 以上。

②接地电阻应小于 100 Ω。

③PLC 的接地线不能和其他设备共用，更不能将其接到一个建筑物的大型金属结构上。

④PLC 的各单元的接地线相连。

3)控制单元输入端子接线。FX 系列的控制单元输入端子板为两头带螺钉的可拆卸板，外部开关设备与 PLC 之间的输入信号均通过输入端子进行连接。在进行输入端子接线时，应注意以下几点。

①输入线尽可能远离输出线、高压线及电动机等干扰源。

②不能将输入设备连接到带“. ”端子上。

③交流型 PLC 的内藏式直流电源输出可用于输入；直流型 PLC 的直流电源输出功率不够时，可使用外接电源。

④切勿将外接电源加到交流型 PLC 的内藏式直流电源的输出端子上。

⑤切勿将用于输入的电源并联在一起，更不可将这些电源并联到其他电源上。

4)控制单元输出端子接线。FX 系列控制单元输出端子板为两头带螺钉的可拆卸板，PLC 与输出设备之间的输出信号均通过输出端子进行连接。在进行输出端子接线时，应注意以下几点。

①输出线尽可能远离高压线和动力线等干扰源。

②不能将输出设备连接到带“. ”端子上。

③各“COM”端均为独立的，故各输出端既可独立输出，又可采用公共并接输出。当各负载使用不同电压时，采用独立输出方式；而各个负载使用相同电压时，可采用公共输出方式。

④当多个负载连到同一电源上时，应使用型号为 AFP1803 的短路片将它们的“COM”端短接起来。

⑤若输出端接感性负载时，需根据负载的不同情况接入相应的保护电路。在交流感性负载两端并接 RC 串联电路；在直流感性负载两端并接二极管保护电路；在带低电流负载的输出端并接一个泄放电阻以避免漏电流的干扰。以上保护器件应安装在距离负载 50 cm以内。

⑥在 PLC 内部输出电路中没有保险丝，为防止因负载短路而造成输出短路，应在外部输出电路中安装熔断器或设计紧急停车电路。

上述接线的示意图，参阅 FX 系列 PLC 的用户手册。

5)扩展单元接线。若一台 PLC 的输入输出点数不够时，还可将 FX 系列的基本单元与其他扩展单元连接起来使用。具体配置视不同的机型而定，当要进行扩展配置时，请参阅有关的用户手册。

6) A/D，D/A 转换单元接线。A/D，D/A 转换单元连接时注意以下事项。

①A/D 模块：为防止输入信号上有电磁感应和噪声干扰，应使用两线双绞式屏蔽电缆。建议将屏蔽电缆接到框架接地端。

若需将电压范围选择端(RNAGE)短路，应直接在端子板上短接，不要拉出引线短接。

应使主回路接线远离高压线。应确保使用同一组电源线对控制单元和 A/D 单元进行供电。

②D/A 模块：为防止输出信号上有电磁感应和噪声干扰，应使用两线双绞式屏蔽电缆。建议将屏蔽电缆接到负载设备的接地端。在同一通道上的电压输出和电流输出不能同时使用。没有使用的输出端子应开路。

应使主回路接线远离高压线。应确保使用同一组电源线对控制单元和 D/A 单元进行供电。

(4)PLC 系统的维护与故障诊断

PLC 的可靠性很高，维护工作量极少。

1)日常维护。PLC 除了锂电池和继电器输出型触点外没有经常性的损耗元器件。

调换锂电池一般分下面几步进行。购置好新的锂电池；拆洗之前，PLC 通电一会儿，使 PLC 电源电容器充电；断开 PLC 电源，打开 PLC 锂电池盖板，取下旧锂电池，装上新电池，盖上锂电池盖板。取下旧锂电池到换上新的锂电池的时间要尽量短，一般允许范围为 1～3 min。

2)故障诊断。PLC 的使用手册上一般都给出 PLC 故障的诊断方法、诊断流程图和错误代码表，根据它们可很容易检查出 PLC 的故障。

利用 FX 系列 PLC 基本单元上的 LED 指示灯诊断故障的方法。

PLC 电源接通，LED 电源指示灯(POWER)亮，说明电源正常。

当编程器处于监控(MONITOR)状态，基本单元处于运行(RUN)状态时，若基本单元上的 RUN 灯不亮，说明基本单元出了故障。

锂电池(BATTERY)灯亮，应更换锂电池。

若一路输入触点接通，相应的 LED 灯不亮；或者某一路未输入信号但是这一路对应的 LED 灯亮，可以判断是输入模块出了问题。

输出 LED 灯亮，对应的硬输出继电器触点不动作，说明输出模块出了故障。

基本单元上 CPU LED ERROR 灯闪亮，说明 PLC 用户程序的内容因外界原因发生改变所致。

基本单元上 CPU LED ERROR 灯常亮，表示 PLC 的 CPU 误动作后，监控定时器使 CPU 恢复正常工作。

图 1.2.22 为 PLC 常见故障诊断流程图。

(5)PLC 的冗余系统与热备系统

在石油、化工、冶金等行业的某些系统中，要求控制装置有极高的可靠性。

在冗余控制系统中，整个 PLC 控制系统(或系统中最重要的部分，如 CPU 模块)由两套完全相同的系统组成，如图 1.2.23(a)所示。

在热备系统中，两台 CPU 用通信接口连接在一起，均处于通电状态，如图 1.2.23(b)所示。

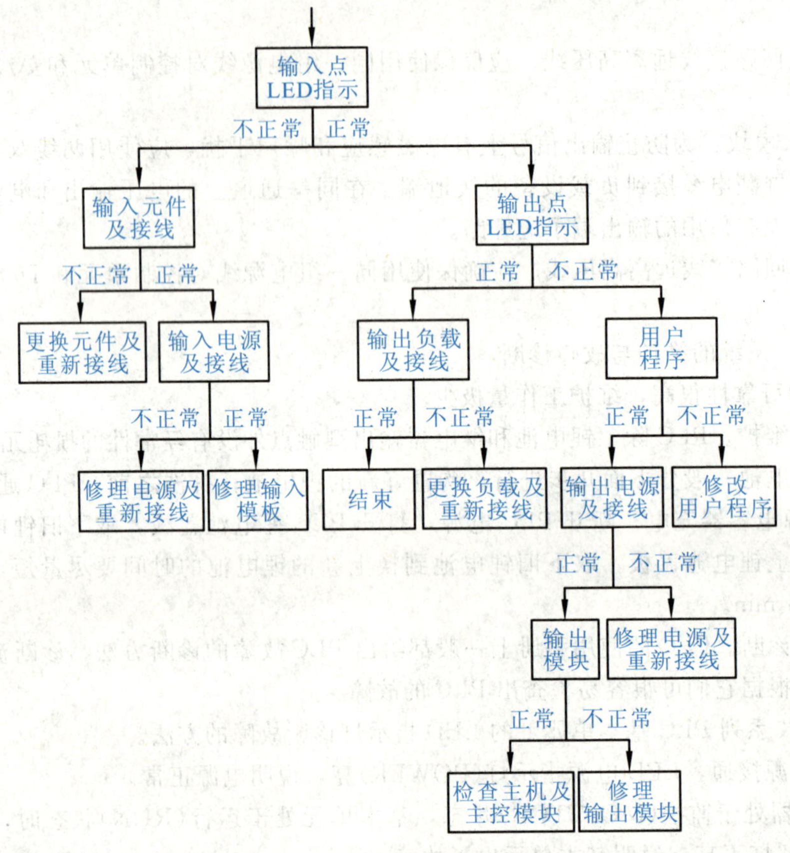

图 1.2.22　故障诊断流程图

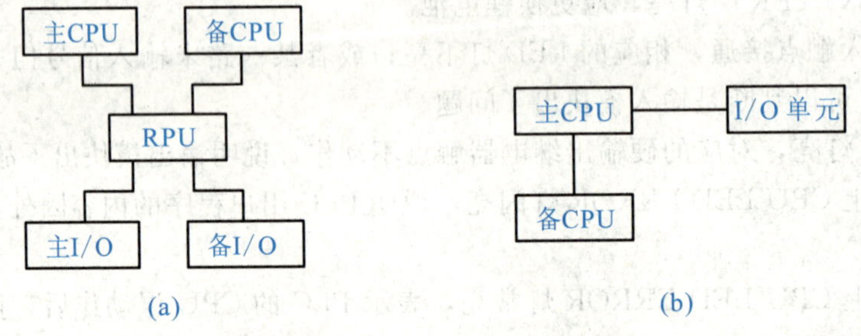

图 1.2.23　PLC 冗余与热备系统

任务实施

任何系统的设计都有一个思维方法的问题，本系统的设计采用电动机控制系统思维导图，如图 1.2.24 所示。设计过程中遵循以下设计原则。

安全性：确保施工、操作中人与设备的安全。

环保性：包括文明施工，工具的有序摆放，施工秩序等等。

可靠性：抗干扰能力强。

经济性：有较高的性价比。

完成本项目有多个方案，分别如下所述。

硬件方案：热继电器是否接入PLC；指示灯是否接入PLC。

软件方案：利用触点线圈指令；利用置位复位指令；利用传送指令；利用子程序等。

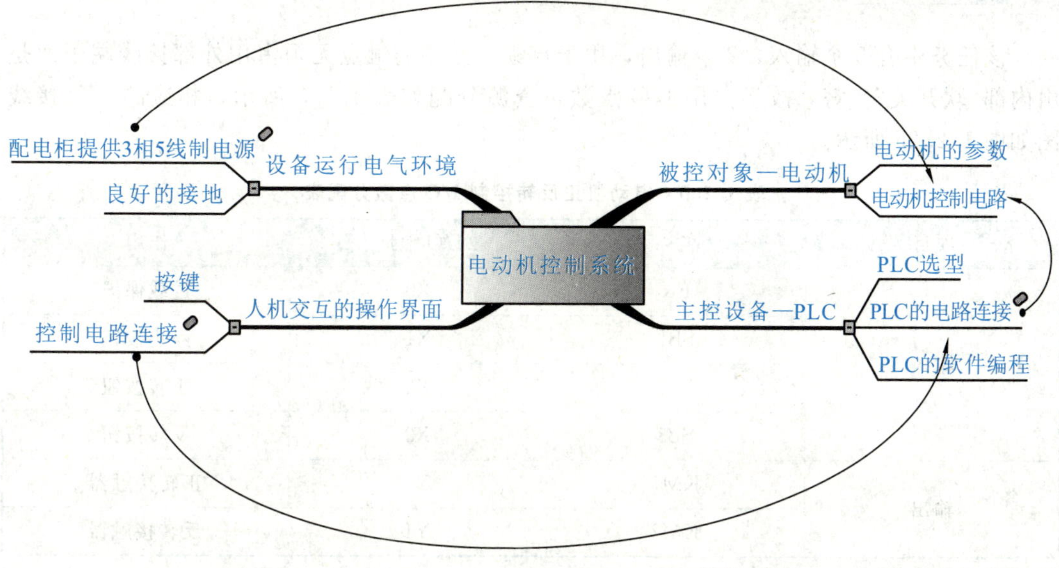

图1.2.24　电动机控制系统思维导图

一、硬件设计

1. 硬件选型

(1)PLC选型

由于控制对象单一，控制过程简单，I/O点数很少，系统没有其他特殊要求，故本任务选用三菱FX_{2N}-32MR为宜，采用220 V、50 Hz的交流电源供电，接在L、N端。

(2)主电路

主电路由空气开关、正向控制接触器KM1主触头、反向控制接触器KM2主触头和热继电器线圈组成，热继电器额定电压为380 V。

基于安全方面的考虑，本任务电源采用三相五线制供电，其中三相相线，一根零线，一根地线，接地必须可靠、坚固。

(3)输入电路

输入电路由正向起动按钮SB2、反向起动按钮SB3、停止按钮SB1组成，各按钮均采用24V直流电源，由PLC本身供电。

(4)输出电路

输出电路由正向控制接触器KM1线圈、反向控制接触器KM2线圈和热继电器常闭触点组成，接触器线圈额定电压为220 V，由外部电源供电。

(5)保护电路

熔断器用于短路保护，热继电器用于过载保护，空气开关作欠压保护。

2. 资源分配

该任务中有 3 个输入，2 个输出，用于自锁、互锁的触点无须占用外部接线端子而是由内部“软开关”代替，故不占用 I/O 点数，资源分配如表 1.2.3 所示，相应的 I/O 接线图如图 1.2.25 所示。

表 1.2.3 电动机正反转控制 I/O 点数分配表

项目	名称	I/O 地址	作用
输入	FR	X0	过载保护
	SB1	X1	停止按钮
	SB2	X2	正转按钮
	SB3	X3	反转按钮
输出	KM1	Y0	正转接触器
	KM2	Y1	反转接触器

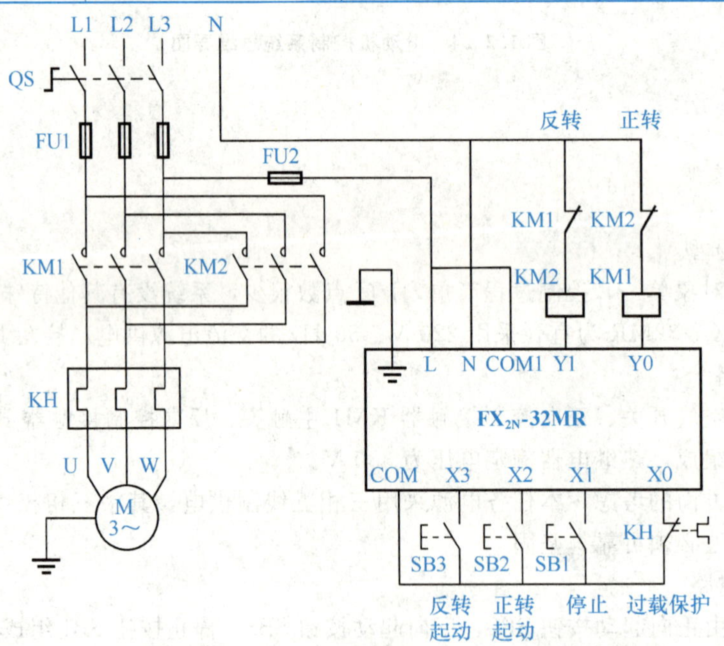

图 1.2.25 电动机正反转控制 PLC 外部接线图

3. 硬件安装

(1)工具与器材

设备：3 kW 电动机一台；FX_{2N}-16MR PLC 一台；原控制柜一台(含操作按钮、电动机控制配电）。

材料：三相四线制铜芯线缆 2.5 mm^2、控制线缆等，长度依据现场条件决定；接地线；绝缘胶布。

工具：电脑一台，万用表，测电笔，螺丝刀，扳手等常用工具。

(2)硬件安装

将 PLC 与热源、高电压和电子噪声隔离开，为接线和散热留出适当的空间；电源定额；接地和接线。硬件安装示意图如图 1.2.26 所示。

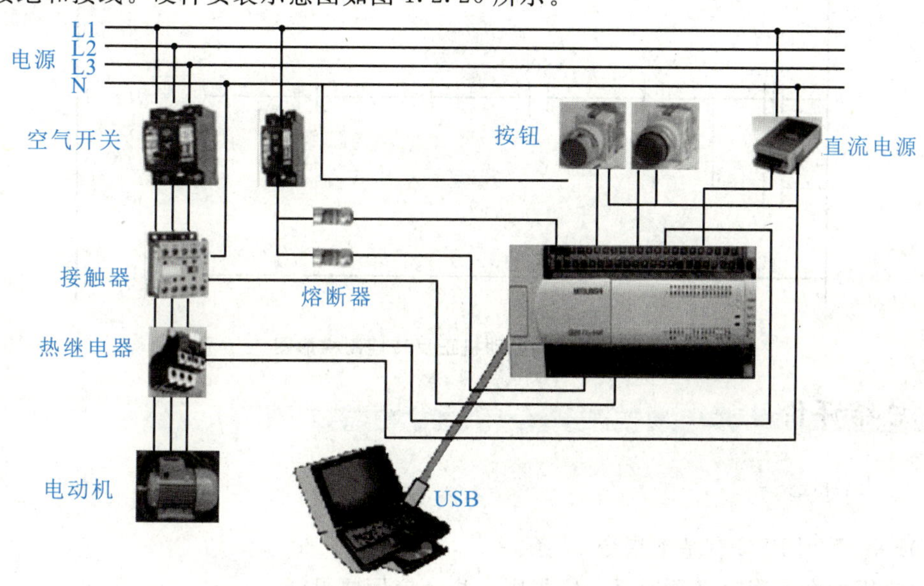

图 1.2.26　硬件安装示意图

二、软件设计

1. 软件编程

1)GX DEVELOPER 编程软件安装。

2)连接 FX_{2N}-16MR CPU。

3)通信配置。

4)编程基本操作。

电动机正反转控制梯形图如图 1.2.27 所示。

2. 程序调试

单击菜单中的“转换”命令，将梯形图转换成指令语句表，再单击“在线”菜单中的“PLC 写入”命令，将程序下传到 PLC 中。

程序运行过程中，可以单击“在线”菜单中的“监视/调试”命令，对程序进行调试或监视。

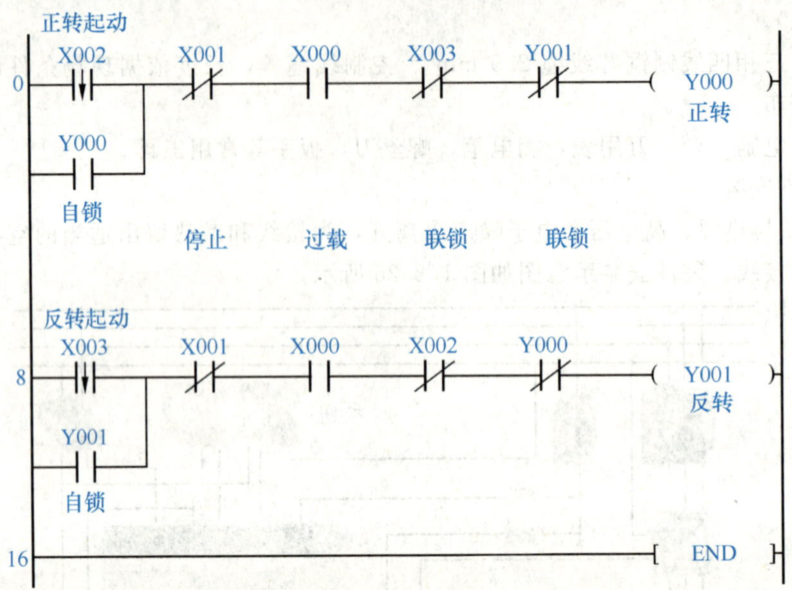

图 1.2.27　电动机正反转控制梯形图

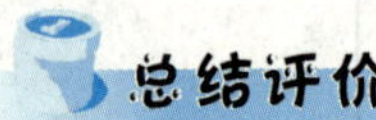

总结评价

一、归纳总结

1)FX_{2N}系列 PLC 有基本指令 27 条。

2)应用指令编程时必须遵循一定规则，指令应用要灵活。

3)可编写程序控制器控制系统的设计必须按照被控对象的控制要求来进行，设计分为硬件设计和软件设计两大部分。

4)PLC 的选择要符合控制要求。

5)在编写梯形图前，先要画出控制流程图和程序结构图，尽量采用模块化编程。

6)改变电动机转向的方式很多。三相异步电动机是通过改变相序，改变磁场旋转的方向，从而改变电动机的转向。

7)PLC 系统设计包括控制要求分析、资源分配、硬件接线、编程调试与监控、编制技术文件等步骤。

二、检查评价

根据任务具体实施情况，依据下表各项内容逐项进行检查验收，评价赋分。

<table>
<tr><td rowspan="2">项　目
评价表</td><td colspan="2">项　目　名　称</td><td>典型逻辑控制系统的设计与安装</td><td colspan="2">项目承接人</td></tr>
<tr><td colspan="2">任　务　名　称</td><td>电动机正反转运行的控制</td><td colspan="2"></td></tr>
<tr><td colspan="3">评　价　内　容</td><td>标准分值</td><td>自我评分
（30%）</td><td>教师评分
（70%）</td></tr>
<tr><td colspan="6">知识：（30）</td></tr>
<tr><td colspan="3">PLC 基本指令</td><td>5</td><td></td><td></td></tr>
<tr><td colspan="3">PLC 编程原则与方法</td><td>10</td><td></td><td></td></tr>
<tr><td colspan="3">PLC 控制系统设计内容与步骤</td><td>10</td><td></td><td></td></tr>
<tr><td colspan="3">PLC 控制系统故障诊断方法</td><td>5</td><td></td><td></td></tr>
<tr><td colspan="6">技能：（30）</td></tr>
<tr><td colspan="3">PLC 硬件选型与安装</td><td>10</td><td></td><td></td></tr>
<tr><td colspan="3">PLC 控制程序编辑与调试</td><td>10</td><td></td><td></td></tr>
<tr><td colspan="3">PLC 控制系统维护与故障诊断</td><td>5</td><td></td><td></td></tr>
<tr><td colspan="3">是否在规定时间内独立完成</td><td>5</td><td></td><td></td></tr>
<tr><td colspan="6">方法：（20）</td></tr>
<tr><td colspan="3">工具使用方法</td><td>6</td><td></td><td></td></tr>
<tr><td colspan="3">系统安装及调试方法</td><td>7</td><td></td><td></td></tr>
<tr><td colspan="3">解决具体问题的方法</td><td>7</td><td></td><td></td></tr>
<tr><td colspan="6">素质：（10）</td></tr>
<tr><td colspan="3">质量成本意识</td><td>4</td><td></td><td></td></tr>
<tr><td colspan="3">安全环保意识</td><td>3</td><td></td><td></td></tr>
<tr><td colspan="3">团队责任意识</td><td>3</td><td></td><td></td></tr>
<tr><td colspan="6">评估：（10）</td></tr>
<tr><td colspan="3">描述本任务的目标</td><td>5</td><td></td><td></td></tr>
<tr><td colspan="3">有待改进之处及改进方法</td><td>5</td><td></td><td></td></tr>
<tr><td colspan="3">总　　分</td><td>100</td><td></td><td></td></tr>
</table>

拓展提高

自动台车的控制

在企业的生产车间，常有运料台车用于自动地将物料从一个地点送到另一个地点，这实际上就是电动机的正反转在工农业生产中的具体应用。

图 1.2.28 是自动台车控制示意图，台车在起动前位于导轨的中部。一个工作周期的

控制工艺如下所述。

1)按下起动按钮 SB，台车电动机 M 正转，台车前进，碰到限位开关 SQ1 后，台车电动机 M 反转，台车后退。

2)台车后退碰到限位开关 SQ2 后，台车电动机 M 停转，台车停车，停 5 s，第二次前进，碰到限位开关 SQ3，再次后退。

3)当后退再次碰到限位开关 SQ2 时，台车停止。

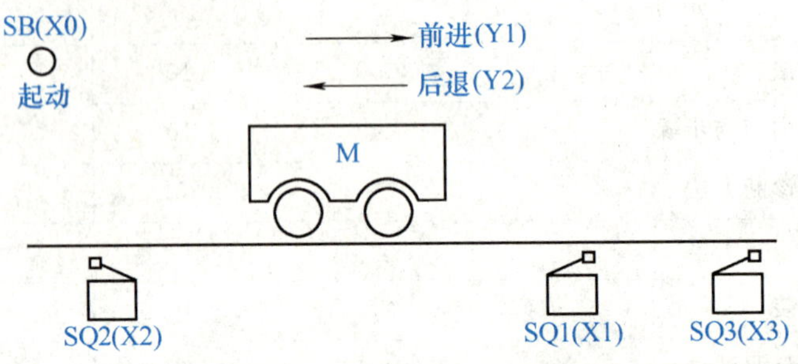

图 1.2.28　自动台车运行示意图

为设计本控制系统的梯形图，先安排输入、输出口及机内器件。台车由电动机 M 驱动，正转(前进)由 PLC 的输出点 Y1 控制，反转(后退)由 Y2 控制。为了解决延时 5 s，选用定时器 T0。起动按钮 SB 及限位开关 SQ1、SQ2、SQ3 分别接到 X0、X1、X2、X3。

PLC 的输出是代表电动机前进及后退的两个接触器，电动机前进和后退的条件如下。

第一次前进：从起动按钮 SB(X0)按下开始到碰到 SQ1(X1)为止。

第二次前进：由 SQ2(X2)接通引起的定时器 T0 延时时间到开始至 SQ3(X3)被接通为止。

第一次后退：从 SQ1(X1)接通时起至 SQ2(X2)被接通止。

第二次后退：从 SQ3(X3)接通时起至 SQ2(X2)被接通止。

在第一次前进支路中，采用“起—保—停”电路的基本模式，以起动按钮 X0 为起动条件，限位开关 X1 的常闭触点为停止条件，选用辅助继电器 M100 充当第一次前进的中间变量。

在第二次前进支路中，仍然采用“起—保—停”电路模式。起动信号是定时器 T0 计时时间到，停止条件为限位开关 X3 的常闭触点。M101 是第二次前进的中间变量。为了得到 T0 的计时时间到条件，还要画出定时器工作支路梯形图。

综合中间继电器 M100 和 M101，即得总的前进梯形图。后退梯形图中没有使用辅助继电器，而是将二次后退的起动条件并联置于“起—保—停”电路的起动条件位置，它们是 X1 和 X3。停止条件为 X2。在后退支路的起动条件 X1 后串入 M101 的常闭触点，以表示 X1 条件在第二次前进时无效。

仔细分析图 1.2.29 的梯形图可知，虽然该梯形图能使台车在起动后经历两次前进两次后退并停在 SQ2 位置，但延时 5 s 后台车将在未按起动按钮情况下又一次起动，且执行第二次前进相关动作，这显然是程序存在的重要不足。至于台车的原点如果不是在轨道中部，而是在任意点或压着 SQ2(X2)，程序还要做修改。

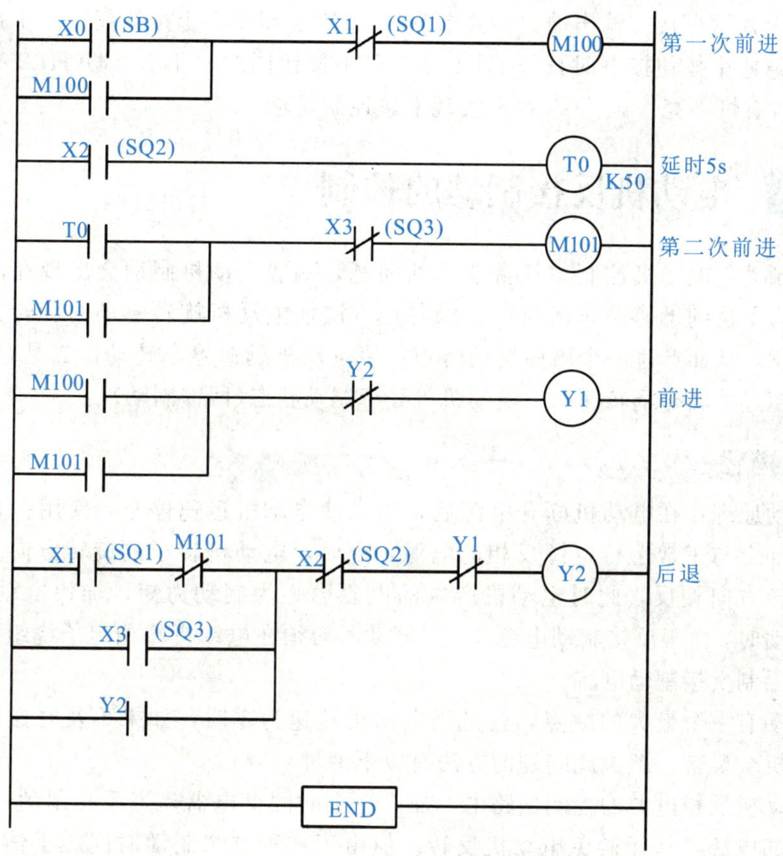

图 1.2.29 自动台车控制梯形图

练习与实训

1. 利用 LDP 与 LDF 指令来实现 1 个按钮控制两台电动机分时起动，其控制时序如图 1.2.30 所示。

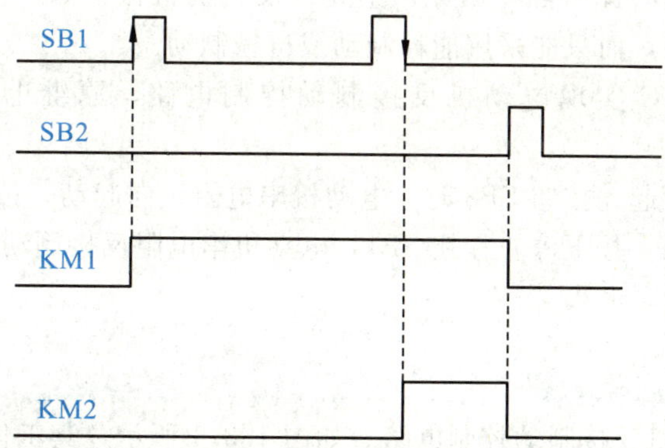

图 1.2.30 1 个按钮控制两台电动机分时起动控制时序图

2. 楼上、楼下各有一只开关(SB1、SB2)共同控制一盏照明灯(HL1)。要求两只开关均可对灯的状态(亮或熄)进行控制。试用 PLC 来实现上述控制要求。

3. 将三个指示灯接在输出端上，要求 SB0、SB1、SB2 三个按钮任意一个按下时，灯 HL0 亮；任意两个按钮按下时，灯 HL1 亮；三个按钮同时按下时，灯 HL2 亮，没有按钮按下时，所有灯不亮。试用 PLC 来实现上述控制要求。

任务3 电动机反接制动的控制

电动机制动是电动机控制中经常遇到的问题，一般电动机制动会出现在两种不同的场合，一是为了达到迅速停车的目的，以各种方法使电动机旋转磁场的旋转方向和转子旋转方向相反，从而产生一个电磁制动转矩，使电动机迅速停车转动；二是在某些场合，当转子转速超过旋转磁场转速时，电动机也处于制动状态(回馈制动)。

任务描述

反接制动原理：在电动机断开电源后，为了使电动机迅速停车，使用一定的控制方法给电动机加上与正常运行电源反相的电源，此时，电动机转子的旋转方向与电动机旋转磁场的旋转方向相反，此时电动机产生的电磁力矩为制动力矩，加快电动机的减速。进行反接制动时，由于反接制动电流较大，制动时必须在电动机每相定子绕组中串接一定的电阻，以限制反接制动电流。

反接制动有一个最大的缺点，就是当电动机转速为零时，如果不及时撤除反相后的电源，电动机会反转。解决此问题的方法有以下两种：

1)在电动机反相电源的控制回路中，加入一个时间继电器，当反相制动一段时间后，断开反相后的电源，从而避免电动机反转。但由于此种方法制动时间难于估算，因而制动效果并不精确。

2)在电动机反相电源的控制回路中加入一个速度继电器，当传感器检测到电动机速度为零时，及时切掉电动机的反相电源。使用此种方法，速度继电器实时监测电动机的转速，因而制动效果较上一种方法要好得多。

正是由于反接制动有此特点，因此，不允许反转的机械，如一些车床等，制动方法就不能采用反接制动了，而只能采用能耗制动或机械制动。

本任务就是用 PLC 实现电动机反接制动控制电路，原继电接触器控制电路如图 1.3.1所示。

控制要求：当按下起动按钮 SB2 时，电动机串电阻正向起动；按下起动按钮 SB3 时，电动机串电阻反向起动；按下停止按钮 SB1，电动机串电阻反接制动停车；正反转之间可直接转换。

任务分析

用 PLC 实现电动机反接制动控制电路。如图 1.3.1 所示，其工作原理如下所述。

1)按下正向起动按钮 SB2，运行过程如下：中间继电器 KA1 线圈得电，KA1 常开触点闭合并自锁，同时正向接触器 KM1 得电，主触点闭合，电动机正向起动；在刚起动时未达到速度继电器 KV 的动作转速，常开触点 KS-Z 未闭合，中间继电器 KA3 断电，

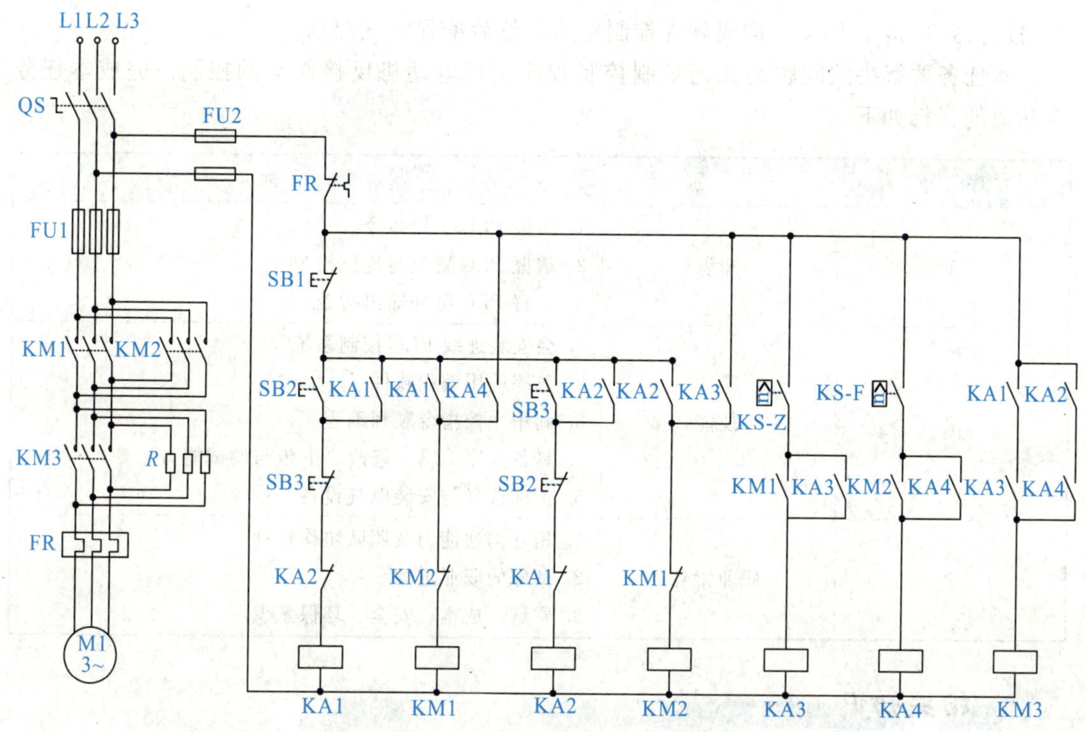

图 1.3.1　电动机反接制动控制电路

KM3 也处于断电状态，因而电阻 R 串在电路中限制起动电流；当转速升高后，速度继电器动作，常开触点 KS-Z 未闭合，KM3 线圈得电，其主触点短接电阻 R，电动机起动结束。

2)按下停止按钮 SB1，运行过程如下：中间继电器 KA1 线圈失电，KA1 常开触点断开接触器 KM3 线圈电路，电阻 R 再次串联在电动机定子电路中限制电流；同时，KM1 线圈失电，切断电动机三相电源；此时电动机转速仍然较高，常开触点 KS-Z 仍闭合，中间继电器 KA3 线圈也还处于得电状态，在 KM1 线圈失电的同时又使得 KM2 线圈得电，主触点将电动机电源反接，电动机反接制动，定子电路一直串联有电阻 R 以限制制动电流；当转速接近零时，速度继电器常开触点 KS-Z 断开，KA3 和 KM2 线圈失电，制动过程结束，电动机停转。

3)按下反向起动按钮 SB3，运行过程如下：如果正处于正向运行状态，反向按钮 SB3 同时切断 KA1 和 KM1 线圈；然后中间继电器 KA2 线圈得电，KA2 常开触点闭合并实现自锁，同时正向接触器 KM2 得电，主触点闭合，电动机反向起动；由于原来电动机处于正向运行，所以首先制动。制动结束后，反向速度在未达到速度继电器 KV 的动作转速时，常开触点 KS-F 未闭合，中间继电器 KA4 断电，KM3 也处于断电状态，因而电阻 R 仍串在电路中限制起动电流；当反向转速升高后，速度继电器动作，常开触点 KS-F 闭合，KM3 线圈得电，其主触点短接电阻 R，电动机反向起动结束。反向制动过程与正向制动过程类似。

用 PLC 实现本任务时，主电路基本不变，只需将控制用输入元件(按钮等)和输出元件(接触器等)接于 PLC，构成硬件控制电路，然后编程实现控制。

本任务要解决的问题是如何编制控制程序实现电动机反接制动的控制。完成本任务需达成的目标如下。

序　号	类　别	目　　标
1	知识	1. 掌握 PLC 主控指令 2. 掌握 PLC 置位与复位指令 3. 了解 PLC 脉冲输出指令
2	技能	1. 会安装连线 PLC 控制系统 2. 熟练应用编程软件 3. 利用主控指令顺利编程 4. 具备程序编辑、修改、下传与调试能力 5. 正确选择与安装电气设备
3	职业素养	1. 相互沟通能力及团队协作精神 2. 良好的职业道德 3. 质量、成本、安全、环保意识

相关知识

FX_{2N}系列 PLC 基本指令(二)

1. 主控与主控复位指令 MC、MCR

MC 为主控指令，用于公共串联触点的连接；MCR 为主控复位指令。

在编程时，经常遇到多个线圈同时受一个或一组触点控制的情况。如果在每个线圈的控制电路中都串入同样的触点，将多占用存储单元，程序很长，此时若使用 MC 指令则更为合理。使用主控指令的触点称为主控触点，它在梯形图中与一般触点垂直。它们是与母线相连的常开触点，像是控制一组电路的总开关。MC、MCR 指令的使用说明如图 1.3.2 所示。

MC 指令是 3 程序步，MCR 是 2 程序步，两条指令的操作目标元件是 Y、M，但不允许使用特殊辅助继电器 M。

图 1.3.2 中的 X0 接通时，执行 MC 与 MCR 之间的指令，即 X0＝ON，M100＝ON，执行 N0 号 MC 指令，母线移到主控触点 M100 后面，执行串联触点以后的程序，直至 MCR N0 指令，MC 复位，公共母线恢复至 MC 触点之前。当 X0＝OFF，即 M100＝OFF，不执行 MC 与 MCR 之间程序。这部分程序中的非积算定时器，用 OUT 指令驱动的元件复位。积算定时器、计数器及用后述的 SET/RST 指令驱动的元件保持当前的状态。MC 指令可以嵌套使用，最多 8 级。

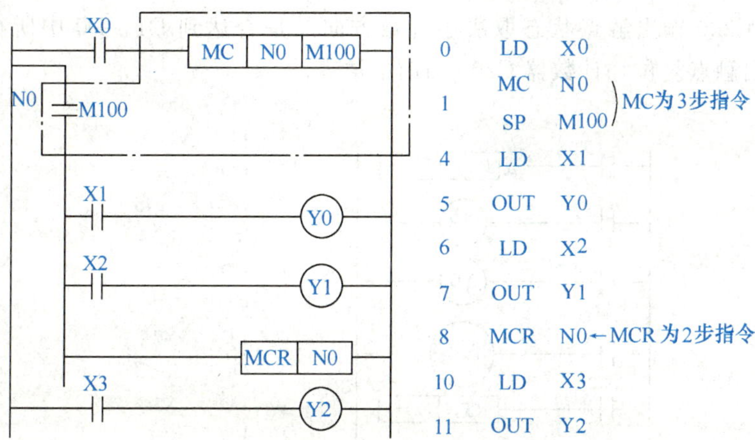

图 1.3.2　MC、MCR 指令

2. 置位与复位指令 SET、RST

SET 为置位指令，使动作保持；RST 为复位指令，使操作复位。SET 指令的操作目标元件为 Y、M、S，而 RST 指令的操作元件为 Y、M、S、D、V、Z、T、C，这两条指令是 1～3 程序步指令。SET、RST 指令的使用说明如图 1.3.3 所示。

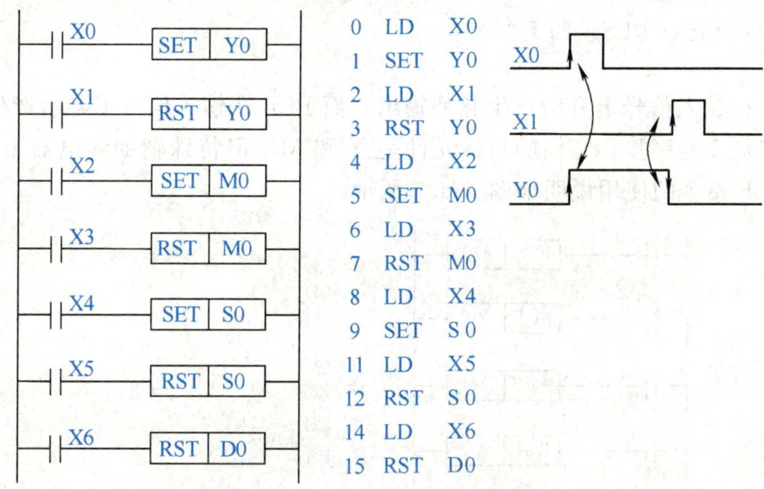

图 1.3.3　SET、RST 指令

由波形图可知，当 X0 一接通，即使再变成断开，Y0 也保持接通；X1 接通后，即使再变成断开，Y0 也保持断开。用 RST 指令可以对定时器、计数器、数据寄存器、变址寄存器的内容清零。

RST 复位指令对计数器、定时器的使用说明如图 1.3.4 所示。

当 X0 接通时，T246 复位；当前值成为 0，其触点复位。

X1 接通期间，T246 对 1 ms 的时钟脉冲计数，计到 1 234 时(1 ms×1 234=1.234 s)，Y0 动作。

32 位计数器 C200 根据 M8200 的开、关状态进行加计数或减计数，它对 X4 触点的开关次数计数，C200 输出触点状态取决于计数方向及是否达到 D1、D0 中所存的设定值。X3 接通，输出触点复位，计数器 C200 当前值清零。

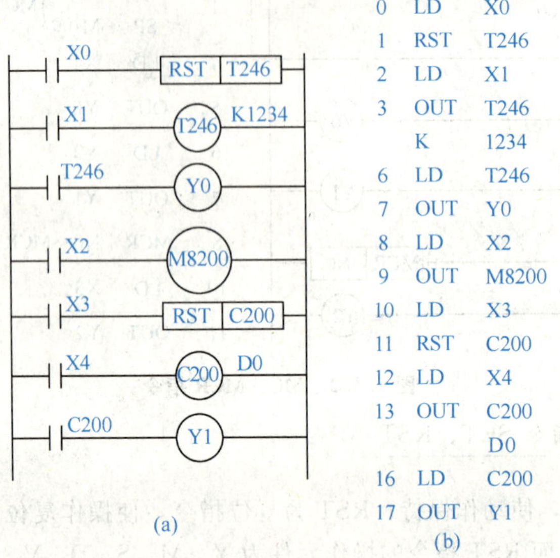

图 1.3.4 RST 指令用于 T、C

3. 脉冲输出指令 PLS、PLF

PLS 指令在输入信号上升沿产生脉冲输出；而 PLF 在输入信号下降沿产生脉冲输出，这两条指令都是 2 程序步，它们的目标元件是 Y 和 M，但特殊辅助继电器不能作目标元件。PLS、PLF 指令的使用说明如图 1.3.5 所示。

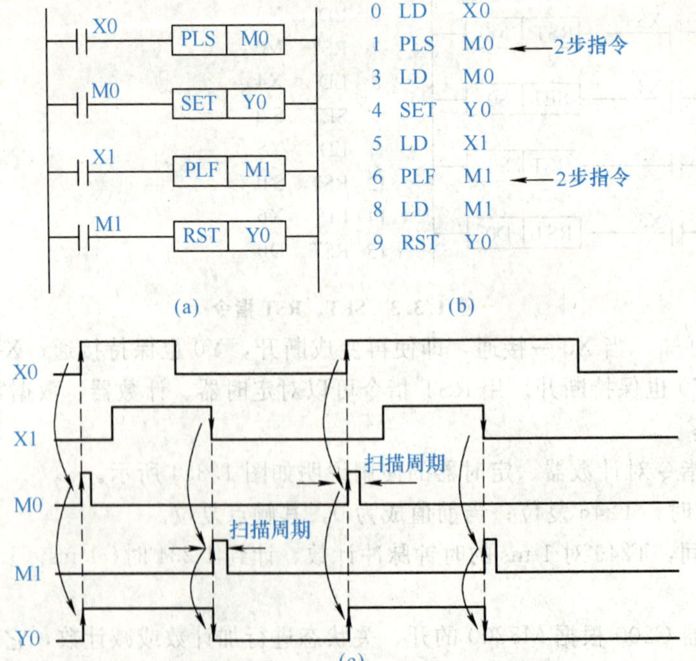

图 1.3.5 PLS、PLF 指令

当 X0=ON，执行 PLS 指令，M0 的脉冲输出宽度为一个扫描周期；X1=OFF，执行 PLF 指令，M1 的脉冲输出宽度为一个扫描周期。

4. 取反指令 INV

INV 指令是将 INV 指令执行之前的运算结果取反的指令，该指令无操作目标元件。也就是说，执行 INV 指令前的运算结果为 OFF，执行 INV 指令后的运算结果为 ON。图 1. 3. 6是 INV 指令的使用说明。

当 X00 断开，则 Y00 为接通。如果 X00 接通，则 Y00 断开。在能输入 AND、ANI、ANDP、ANDF 指令步的相同位置处，可编写 INV 指令，INV 指令不能像指令 LD、LDI、IDP、LDF 那样与母线连接，也不能像指令 OR、ORI、ORP、ORF 指令那样单独使用。INV 指令的功能是将执行 INV 指令之前存在的 LD、LDI、LDP 和 LDF 指令以后的运算结果取反，把 INV 指令的位置见到的 LD、LDI、LDP、LDF 以后的程序作为 INV 运算的对象并反转。

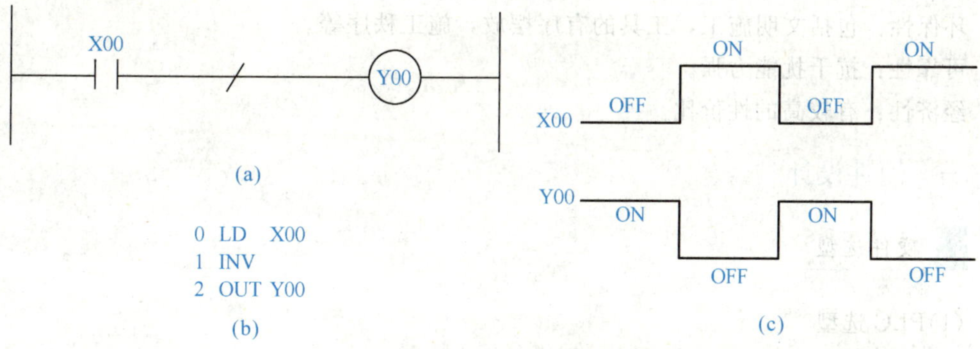

图 1. 3. 6　INV 指令的使用说明

5. 空操作指令 NOP

NOP 指令是一条无动作、无目标元件的 1 程序步指令。在 PLC 内将程序全部清除时，全部指令成为 NOP。NOP 指令的使用说明如图 1. 3. 7 所示。

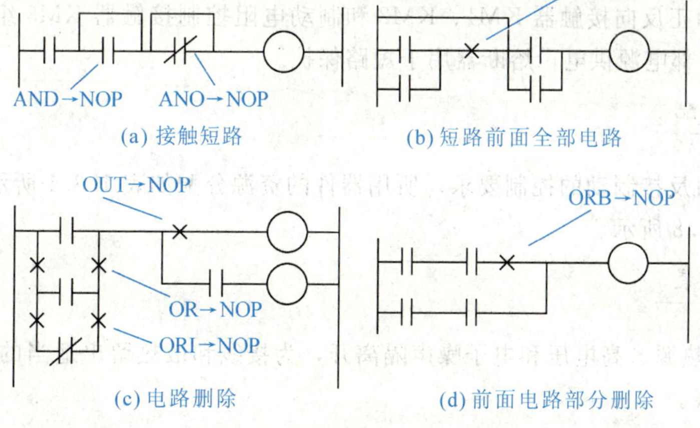

图 1. 3. 7　NOP 指令的使用说明

空操作指令使该步序做空操作，在普通的指令与指令之间加入NOP指令，则PLC将无视其存在继续工作。若在程序中加入NOP指令，则在修改或追加程序时，可以减少步序号的变化。另外，若将已写入的指令换成NOP指令，则回路会发生严重变化，请务必注意。

6. 程序结束指令END

END指令是一条无目标元件的1程序步指令。在程序中写入END指令，则END指令以后的程序就停止执行，直接进行输出处理(同时刷新监视时钟)。程序调试中或软件故障分析时，可以利用END指令分段调试，确认无误后，依次删除END指令。

任务实施

系统设计过程中遵循以下设计原则。

安全性：确保施工、操作中人与设备的安全。

环保性：包括文明施工，工具的有序摆放，施工秩序等。

可靠性：抗干扰能力强。

经济性：有较高的性价比。

一、硬件设计

1. 硬件选型

(1)PLC选型

由于控制对象没有其他特殊要求，I/O点数很少，故本任务选用三菱FX_{2N}-32MR为宜，采用220 V、50 Hz的交流电源供电，接在L、N端。

(2)输入电路

输入电路由起动按钮SB1、SB2，停止按钮SB3，以及两个速度传感器组成，均采用24 V直流电源，由PLC本身供电。

(3)输出电路

输出电路由正反向接触器KM1、KM2和制动电阻控制接触器KM3组成，额定电压为220 V，由外部电源供电，熔断器用于短路保护。

2. 资源分配

根据电动机反接制动的控制要求，所用器件的资源分配如表1.3.1所示，相应的I/O接线图如图1.3.8所示。

3. 硬件安装

将PLC与热源、高电压和电子噪声隔离开，为接线和散热留出适当的空间；电源定额；接地和接线。

表 1.3.1　I/O 分配表

输入		输出	
输入继电器	输入元件	输出继电器	输出元件
X001	SB1	Y001	KM1
X002	SB2	Y002	KM2
X003	SB3	Y003	KM3
X004	FR		
X005	KV-Z		
X006	KV-F		

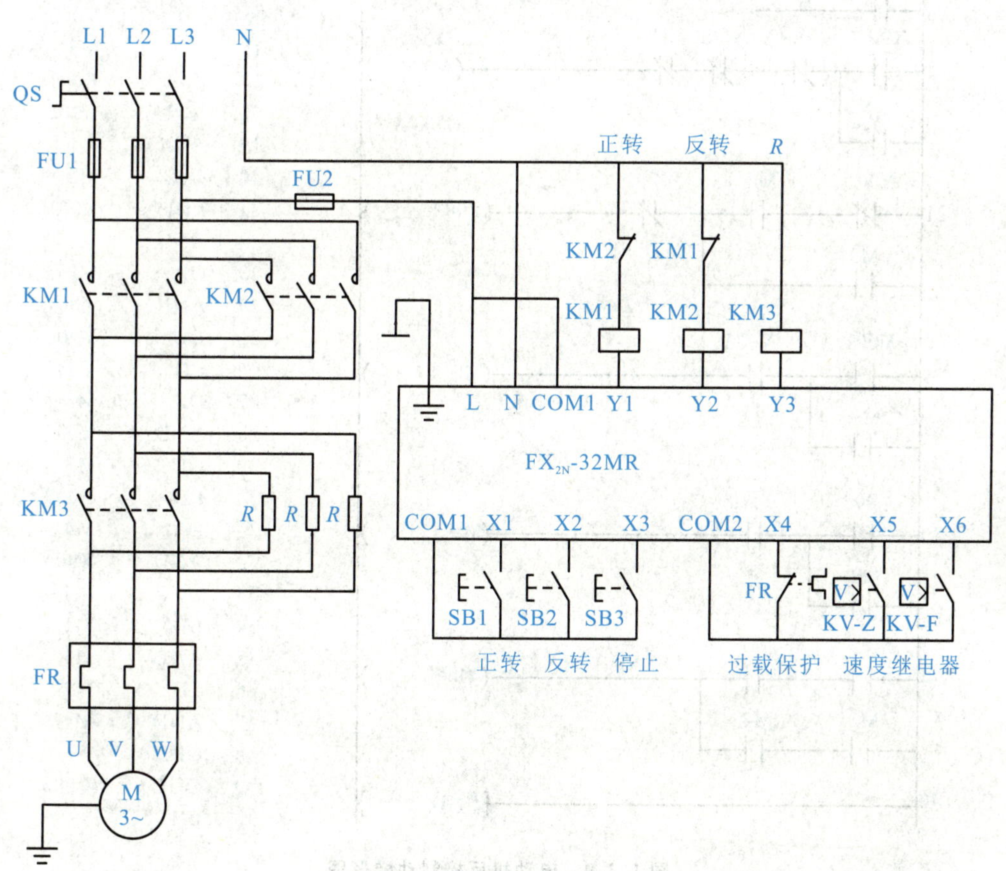

图 1.3.8　电动机反接制动控制 PLC 输入/输出接线图

二、软件设计

1. 软件编程

梯形图与指令表如图 1.3.9 所示。

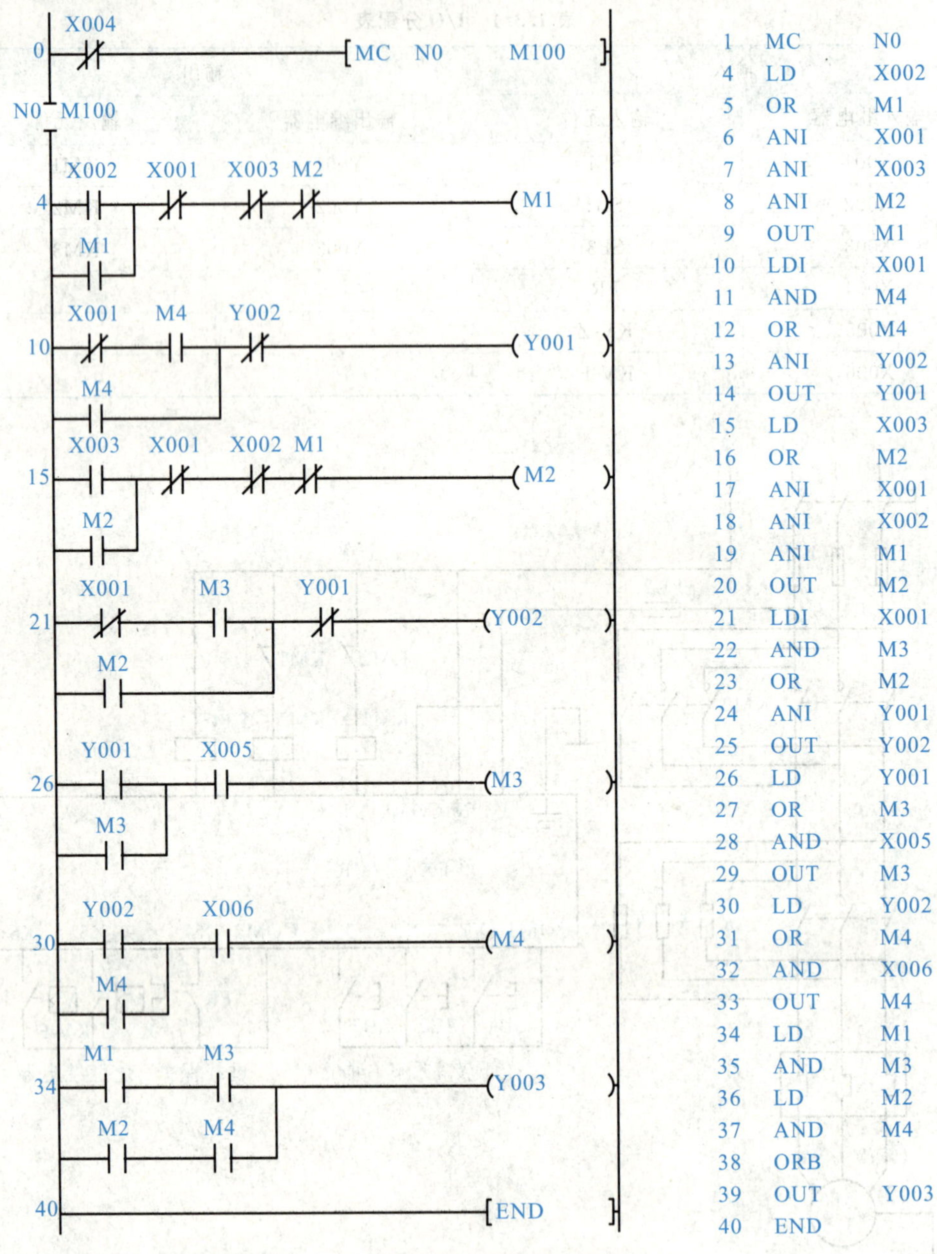

图 1.3.9 电动机反接制动梯形图

2. 程序调试

1)在断电状态下，连接好 PC/PPI 电缆。

2)将 PLC 运行模式选择开关拨到 STOP 位置，此时 PLC 处于停止状态，可以进行程序编写。

3)在作为编程器的计算机上，运行 SWOPC-FXGP/WIN-C 或 GX Developer 编程

软件。

4)将图1.3.9所示的梯形图程序输入到计算机中。

5)执行"PLC"→"传送"→"写出"命令，将程序文件下载到PLC中。

6)将PLC运行模式的选择开关拨到RUN位置，使PLC进入运行方式。

7)按下起动按钮，对程序进行调试运行，观察程序的运行情况。

8)记录程序调试的结果。

总结评价

一、归纳总结

1)主控指令常用于多个线圈同时受一个或一组触点控制的情况，主控接点接通时，执行MC与MCR之间的指令。

2)主控指令可以嵌套，但最多不能超过8级(N7)。

3)置位与复位指令都具有电路自保功能，被SET指令职位的继电器只能用RST指令复位。

4)脉冲输出指令LDP和LDF只在操作元件由OFF→ON和ON→OFF状态时产生一个扫描周期的接通脉冲。

二、检查评价

根据任务具体实施情况，依据下表各项内容逐项进行检查验收，评价赋分。

项目评价表	项目名称	典型逻辑控制系统的设计与安装	项目承接人	
	任务名称	电动机反接制动的控制		
评价内容		标准分值	自我评分(30%)	教师评分(70%)
知识：(30)				
主控指令、置位与复位指令、脉冲输出指令		5		
利用主控指令等进行编程		10		
其他基本逻辑指令的应用		5		
电动机反接制动电路图原理分析		10		
技能：(30)				
电动机反接制动控制系统硬件选型与安装		10		
电动机反接制动控制程序编辑与调试		10		
电动机反接制动控制程序方案选择		5		
是否在规定时间内独立完成		5		

续表

项目评价表	项目名称	典型逻辑控制系统的设计与安装	项目承接人
	任务名称	电动机反接制动的控制	
评价内容	标准分值	自我评分（30%）	教师评分（70%）
方法：（20）			
工具使用方法	6		
系统安装及调试方法	7		
解决具体问题的方法	7		
素质：（10）			
质量成本意识	4		
安全环保意识	3		
团队责任意识	3		
评估：（10）			
描述本任务的目标	5		
有待改进之处及改进方法	5		
总分	100		

拓展提高

电动机串电阻起动的控制

用 PLC 实现图 1.3.10 所示的三相绕线感应电动机串电阻继电器接触器控制电路。试列出 I/O 分配表、编写梯形图并上机运行调试。

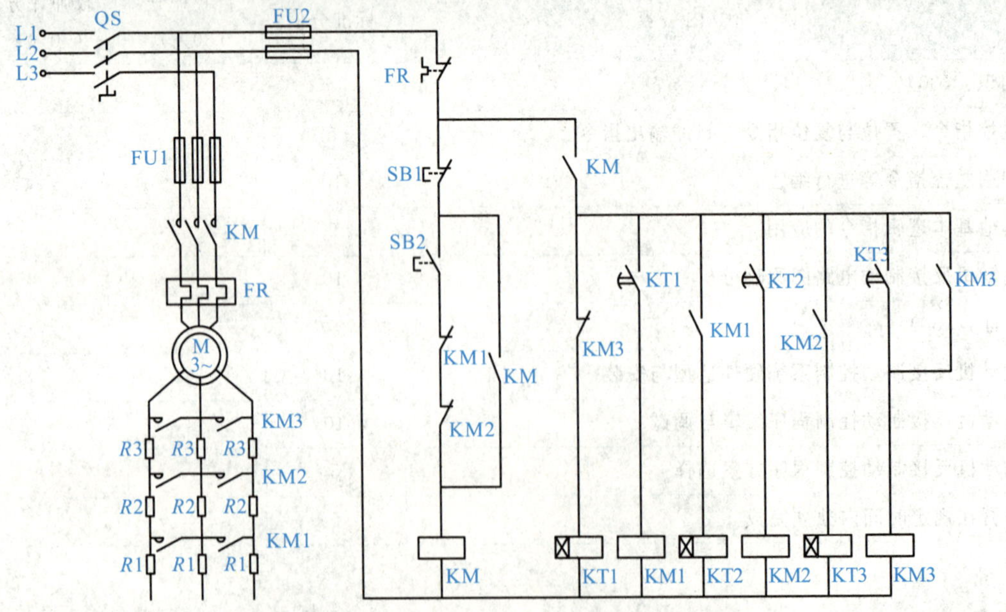

图 1.3.10 三相绕线式电动机串电阻起动电路

I/O分配表如表1.3.2所示。

表1.3.2　I/O分配表

输入			输出		
输入继电器	输入元件	作用	输出继电器	输出元件	作用
X000	SB1	停止按钮	Y000	KM	运行用接触器
X001	SB2	起动按钮	Y001	KM1	短接电阻R1接触器
X002	FR	热继电器过载保护	Y002	KM2	短接电阻R2接触器
			Y003	KM3	短接电阻R3接触器

梯形图如图1.3.11所示。

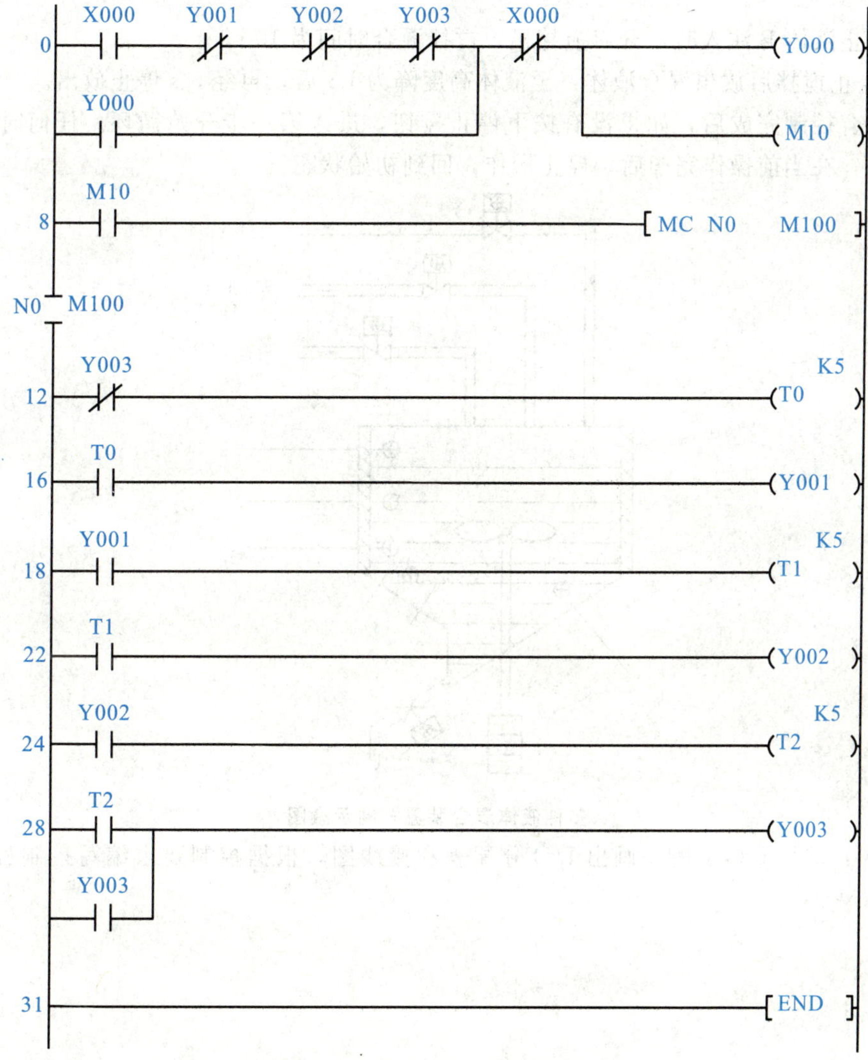

图1.3.11　三相绕线式电动机串电阻起动梯形图

练习与实训

多种液体混合的控制

1. 初始状态

容器是空的，Y1、Y2、Y3、Y4 电磁阀和搅拌机均为 OFF，液面传感器 L1、L2、L3 均为 OFF。

2. 操作控制

按下起动按钮，开始下列操作。

1）电磁阀 Y1 闭合，开始注入液体 A，至液面高度为 L2(此时 L2 和 L3 为 ON)时，停止注入，同时开启液体 B 电磁阀 Y2，注入液体 B，当液面升至 L1（L1 为 ON)时，停止注入。

2)停止液体 B 注入时，开启搅拌机，搅拌混合时间为 10 s。

3）停止搅拌后放出混合液体，至液体高度降为 L3 后，再经 5 s 停止放出。

4)混合控制完成后，如果没有按下停止按钮，进入第一步开始循环。任何时候按下停止按钮，在当前操作完毕后，停止操作，回到初始状态。

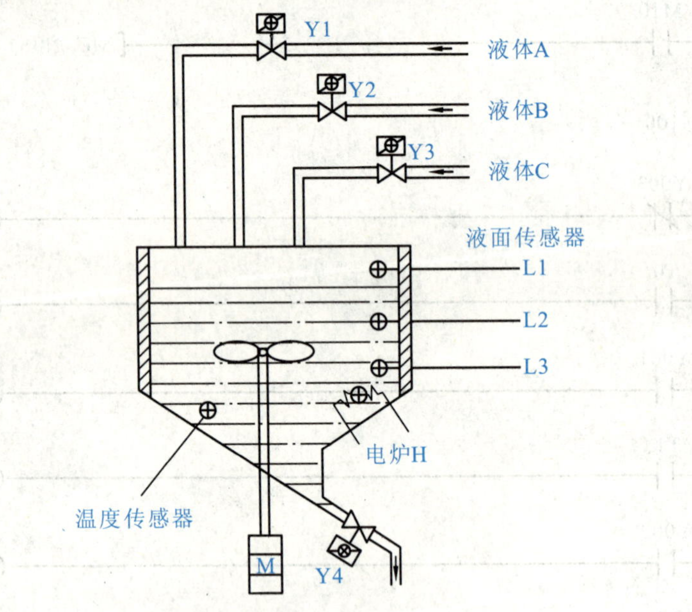

多种液体混合装置控制示意图

要求：进行 I/O 分配，画出 I/O 分配表和接线图，根据控制要求编写控制程序并运行调试。

任务4 电动机Y-△起动的控制

由电动机及拖动基础知识可知，三相交流异步电动机起动时电流较大，一般是额定电流的(5～7)倍，所以对于功率较大的电动机，应采用降压起动方式，Y-△降压起动是常用的方法之一。

任务描述

采用Y-△降压起动方法起动电动机时，定子绕组首先接成星形，待转速上升到接近额定转速时，再将定子绕组的接线换成三角形，电动机便进入全电压正常运行状态。图1.4.1为继电器-接触器实现的Y-△降压控制电路，现要求用PLC实现该任务。

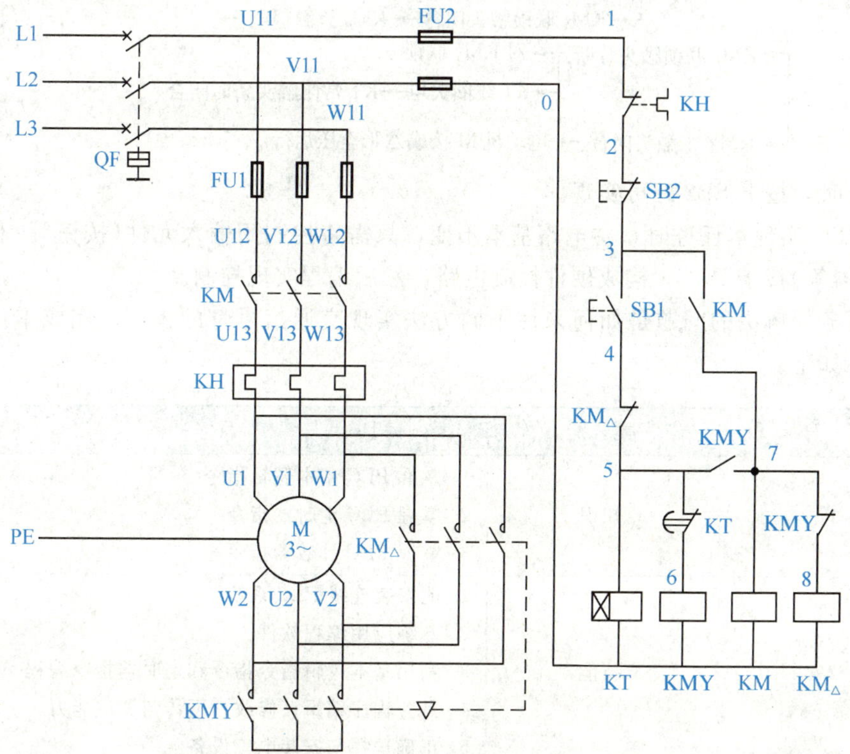

图1.4.1　继电器-接触器实现的Y-△降压控制电路

控制要求：当按下起动按钮SB1时，电动机绕组Y形连接起动，6s后自动转为△形连接运行。当按下停止按钮SB2时，电动机停机。

任务分析

电路工作原理如下。

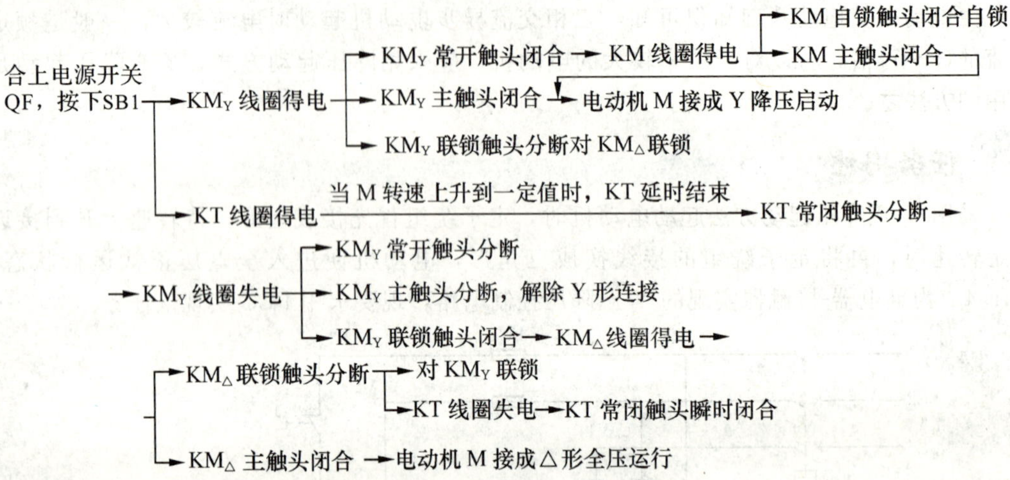

停止时，按下 SB2 即可实现。

用 PLC 实现本任务时，主电路基本不变，只需将控制用输入元件(按钮等)和输出元件(接触器等)接于 PLC，构成硬件控制电路，然后编程实现控制。

本任务要解决的问题是如何采用不同方法实现交通信号灯的控制。完成本任务需达成的目标如下。

序　号	类　别	目　　标
1	知识	1. 掌握 PLC 基本逻辑指令 2. 掌握 PLC 定时器指令 3. 掌握 PLC 计数器指令
2	技能	1. 能安装连线 PLC 系统 2. 熟练应用编程软件 3. 利用基本逻辑指令指令和定时器指令编程 4. 具备程序编辑、修改、下传与调试能力 5. 正确选择与安装电气设备
3	职业素养	1. 相互沟通能力及团队协作精神 2. 良好的职业道德 3. 质量、成本、安全、环保意识

相关知识

一、定时器的用法

FX_{2N}系列 PLC 的定时器如表 1.4.1 所示。

表 1.4.1 FX_{2N}系列 PLC 定时器分类

定时器名称	编号范围	点数	计时范围
100 ms 定时器	T0～T199	200	0.1～3 276.7 s
10 ms 定时器	T200～T245	46	0.01～327.67 s
1 ms 累计定时器	T246～T249	4	0.001～32.767 s
100 ms 累计定时器	T250～T255	6	0.1～3 276.7 s

定时器 T 的使用说明：

1)定时器是根据时钟脉冲累计计时的，时钟脉冲周期有 1 ms、10 ms、100 ms 三种规格，定时器的工作过程实际上是对时钟脉冲计数。

2)定时器有一个设定值寄存器，一个当前值寄存器。这些寄存器都是 16 位(即数值范围是 1～32 767)，计时时间为设定值乘以定时器的计时单位(时钟脉冲周期)。

3)每个定时器都有一个常开和常闭接点，这些接点可以无限次引用。

4)定时器满足计时条件时开始计时，定时时间到时其常开接点闭合，常闭接点断开。

与普通定时器不同的是，累计定时器在计时中途线圈或 PLC 断电时，当前值寄存器中的数据可以保持，当线圈重新通电时，当前值寄存器在原来数据的基础上继续计时，直到累计时间达到设定值，定时器动作。累计定时器的当前值寄存器数据只能用复位指令清 0。

普通定时器 T0 的用法如下

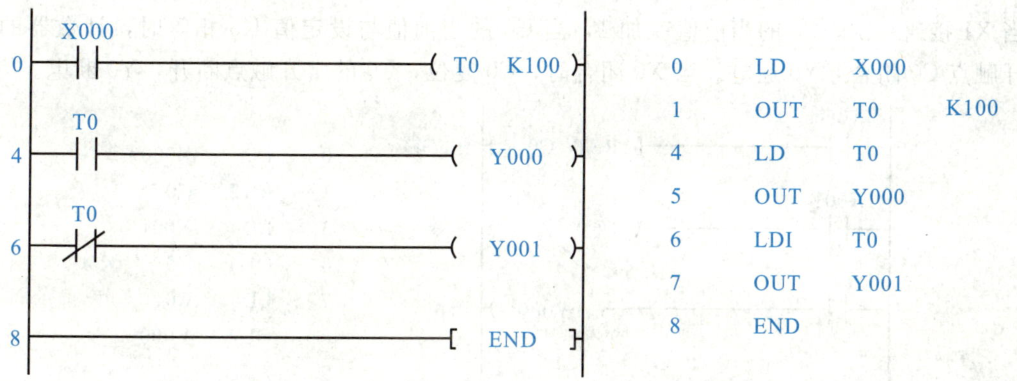

二、计数器的用法

FX_{2N}系列 PLC 有 256 个计数器，地址编号为 C0～C255，其中 C0～C224 为普通计数器，C235～C255 为高速计数器。高速计数器将在后续任务中介绍，FX_{2N}系列 PLC 的常用计数器如表 1.4.2 所示。

1. 普通计数器 C 的使用说明

1)计数器的功能是对输入脉冲进行计数，计数发生在脉冲的上升沿，达到计数器设定值时，计数器接点动作。每个计数器都有一个常开和常闭接点，可以无限次引用。

2)计数器有一个设定值寄存器，一个当前值寄存器。16 位计数器的设定值范围是 1～32 767，32 位增减计数器的设定值范围是－2 147 483 648～2 147 483 647。

表 1.4.2　普通计数器 C 分类表

计数器名称		编号范围	点　数	计 数 范 围
16 位增计数器	普通用	C0～C99	100	0～32 767
	掉电保持用	C100～C199	100	0～32 767
32 位增减计数器	普通用	C200～C219	20	－2 147 483 648～2 147 483 647
	掉电保持用	C220～C234	15	－2 147 483 648～2 147 483 647

3)普通计数器在计数过程中发生断电，则前面所计的数值全部丢失，再次通电后从 0 开始计数。

4)掉电保持计数器在计数过程中发生断电，则前面所计数值保存，再次通电后从原来数值的基础上继续计数。

5)计数器除了计数端外，还需要一个复位端。

6)32 位增减计数器是循环计数方式。

2. 16 位增计数器(C0～C199)

图 1.4.2 所示的梯形图中，X0、X1 分别是计数器 C0 的复位和脉冲信号输入端。每当 X1 接通一次，C0 的当前值就加 1，当 C0 的当前值与设定值 K5 相等时，计数器的常开触点 C0 闭合，Y0 通电。当 X0 闭合时，C0 复位，C0 的常开触点断开，Y0 断电。

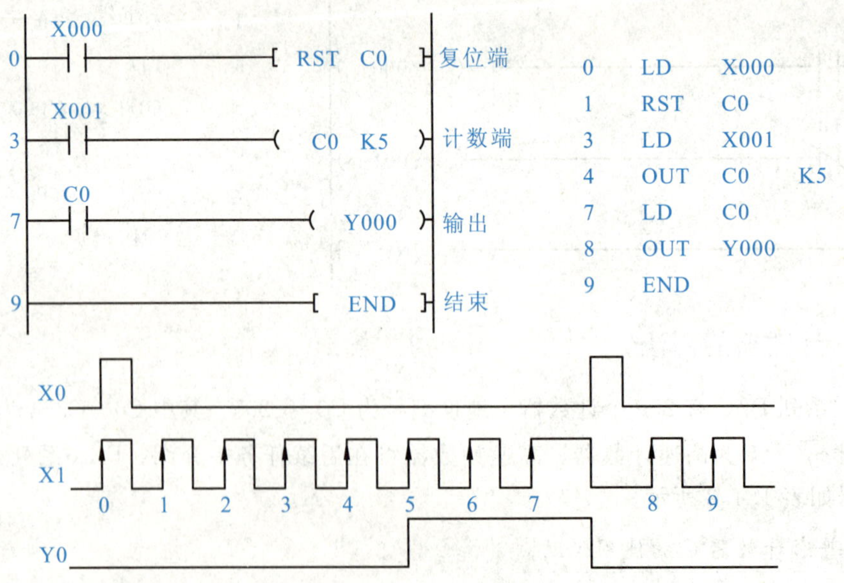

图 1.4.2　16 位增计数器 C0 的监控程序与动作时序图

3. 32位增减计数器(C200～C234)

增减计数器(又可称为双向计数器)有增计数和减计数两种工作方式，其计数方式由特殊辅助继电器M8 200～M8 234的状态决定，M8□□□的状态ON是减计数，状态OFF或者程序中不出现M8□□□是增计数。

普通用32位增减计数器的工作过程如图1.4.3所示。X0为计数方式控制端，X1为复位端，X2为计数信号输入端，控制C201计数器进行计数操作。计数器的当前值－4加到－3(增大)时，其接点接通(置1)，当计数器的当前值由－2减到－3时(减小)时，其接点断开(置0)。

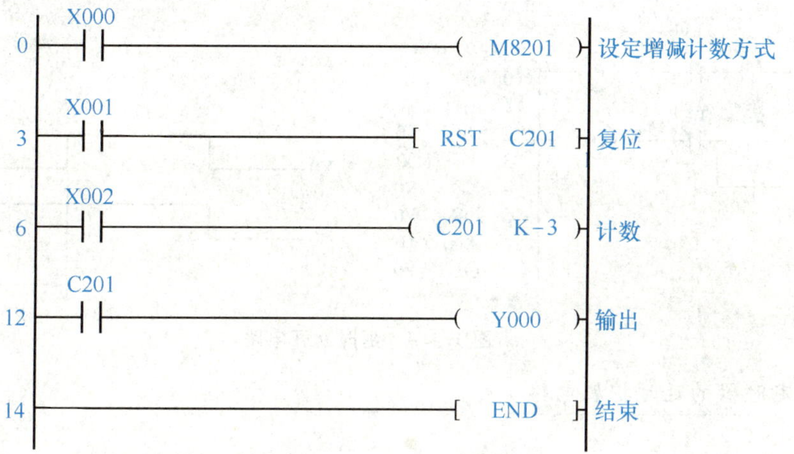

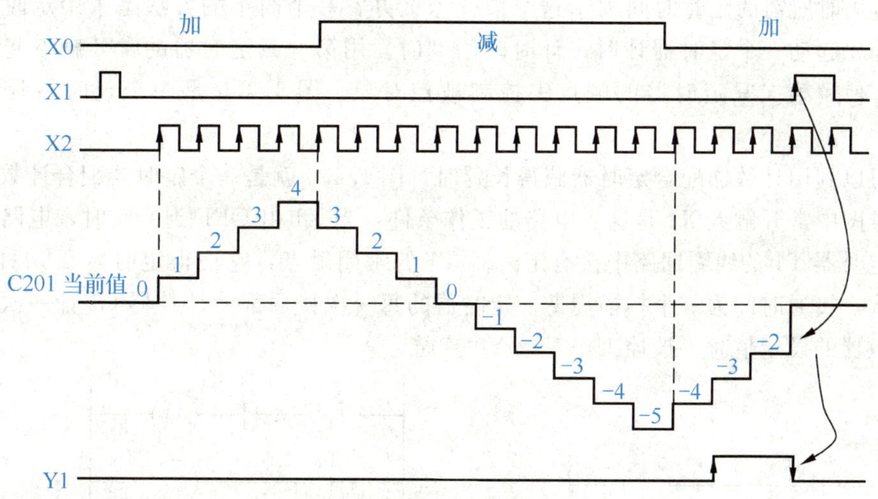

图1.4.3　应用增减计数器C201的程序与动作时序图

三、定时器与计数器编程应用

1. 延时断开电路

控制要求：输入条件 X0 为 ON，输出 Y0 也为 ON；当输入 X0 由 ON→OFF，则输出 Y0 延时一定时间(100 ms×50=5 s)才断开。

图 1.4.4 是输出延时断开的梯形图、语句表和时序波形图。

当输入 X0=ON 时，Y0 也为 ON；并且输出 Y0 的触点自锁保持 Y0 接通；当 X0 为 OFF，定时器 T0 工作 100 ms×50=5 000 ms= 5 s 后，定时器 T0 的常闭触点断开，Y0 也断开。

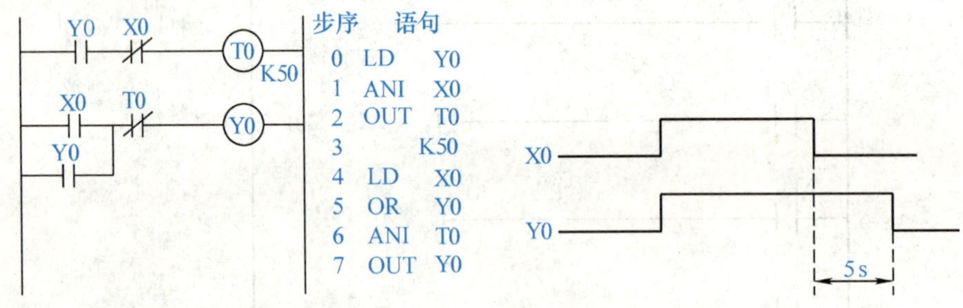

图 1.4.4 延时断开电路

2. 定时器的延时扩展电路

定时器的计时时间都有一个最大值，如 100 ms 的定时器最大计时时间为 3 276.7 s。如果在应用时所需的延时时间大于这个数值怎么办？一个简单的方法是采用定时器接力方式，即先起动一个定时器计时，计时时间到时，用第一只定时器的常开触点起动第二定时器，使用第二只定时器的触点去控制被控对象。图 1.4.5 是一个定时器延时扩展电路。

还可以利用计数器配合定时器获得长延时，图 1.4.6 就是一个定时器配合计数器长延时电路。图中常开触点 X1 是这个电路的工作条件，当 X1 由 OFF 到 ON 时，电路开始工作。在定时器 T1 的线圈回路中接有定时器 T1 的常闭触点，它使得定时器 T1 每隔 1 ms 接通一次，接通时间为一个扫描周期。定时器的每一次接通都使计数器 C1 计一次数，当计到计数器的设定值时，被控工作对象 Y0 接通。

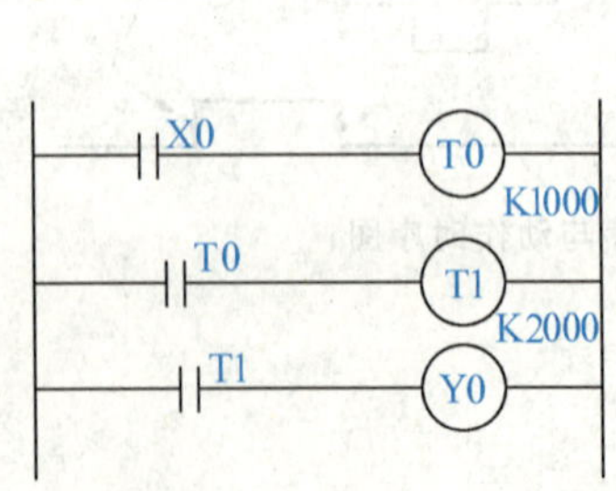

图 1.4.5 定时器接力延时电路

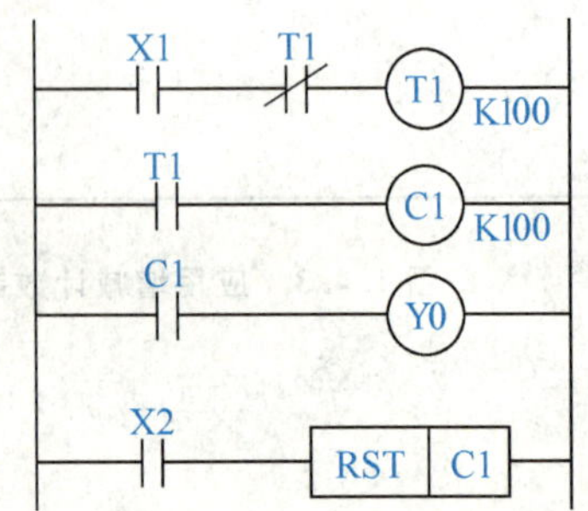

图 1.4.6 定时器配合计数器长延时电路

从 X1 接通为始点的延时时间为定时器的设定值乘以计数器的设定值。X2 是计数器 C1 的复位条件。

3. 分频电路

图 1.4.7 所示是一个二分频电路。当分频的脉冲信号加在 X0 端，在第一个脉冲信号到来时，M100 产生一个扫描周期的单脉冲，M100 的常开触点闭合一个扫描周期。这时确定 Y0 状态的前提是 Y0 置 0，M100 置 1。图 1.4.7 中 Y0 工作条件的两个支路中 1 号支路接通，Y0 置 1。第一个脉冲到来一个扫描周期后，M100 置 0，Y0 置 1，在这样的条件下分析 Y0 的状态，第二个支路使 Y0 保持置 1。

当第二个脉冲到来时，M100 再产生一个扫描周期的单脉冲，这时 Y0 置 1，M100 也置 1，这使得 Y0 的状态由置 1 变为置 0。第二个脉冲到来一个扫描周期后，Y0 置 0 且 M100 也置 0，Y0 仍旧置 0 直到第三个脉冲到来。

因第三个脉冲到来时 Y0 及 M100 的状态和第一个脉冲到来时完全相同，Y0 的状态变化将重复前边讨论过的过程。由分析可知，X0 每送入两个脉冲，Y0 产生一个脉冲，完成了输入信号分频。

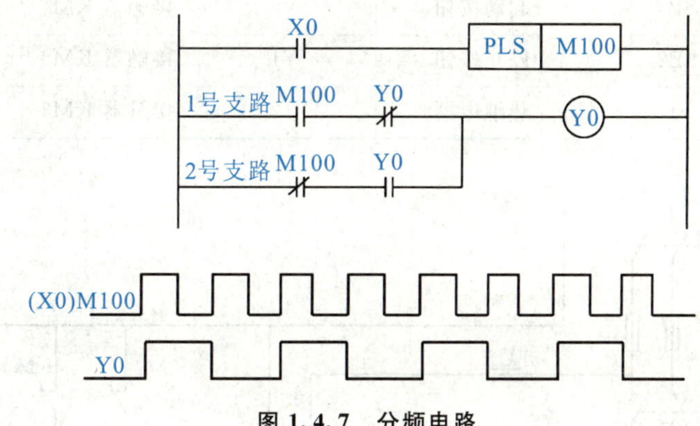

图 1.4.7　分频电路

任务实施

系统设计过程中遵循以下设计原则。

安全性：确保施工、操作中人与设备的安全。

环保性：包括文明施工，工具的有序摆放，施工秩序等。

可靠性：抗干扰能力强。

经济性：有较高的性价比。

一、硬件设计

1. 硬件选型

(1)PLC 选型

由于控制对象单一，控制过程简单，I/O 点数很少，系统没有其他特殊要求，故本任

务选用三菱 FX_{2N}-32MR 为宜，采用 220 V、50 Hz 的交流电源供电，接在 L、N 端。

(2)输入电路

输入电路由起动按钮 SB1、停止按钮 SB2 组成，采用 24V 直流电源，由 PLC 本身供电。

(3)输出电路

输出电路三个交流接触器组成，额定电压为 220 V，由外部电源供电，熔断器用于短路保护。

2. 资源分配

根据 Y-△降压起动的控制要求，所用器件的资源分配如表 1.4.3 所示，相应的 I/O 接线图如图 1.4.8 所示。

表 1.4.3　电动机 Y-△起动 I/O 分配表

输　入			输　出		
输入继电器	输入元件	作　用	输出继电器	输出元件	作　用
X0	SB1	起动按钮	Y0	接触器 KM1	电源接触器
X1	SB2	停止按钮	Y1	接触器 KM2	Y 起动接触器
X2	FR	热继电器	Y2	接触器 KM3	△运行接触器

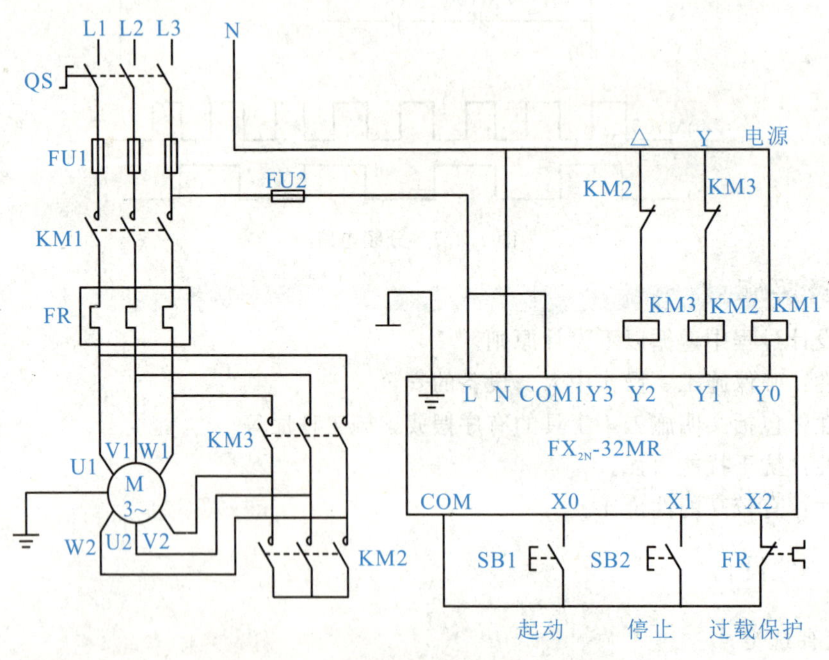

图 1.4.8　电动机Y-△降压起动接线图

3. 硬件安装

将PLC与热源、高电压和电子噪声隔离开，为接线和散热留出适当的空间；电源定额；接地和接线。

二、软件设计

1. 软件编程

利用基本指令编制的程序如下

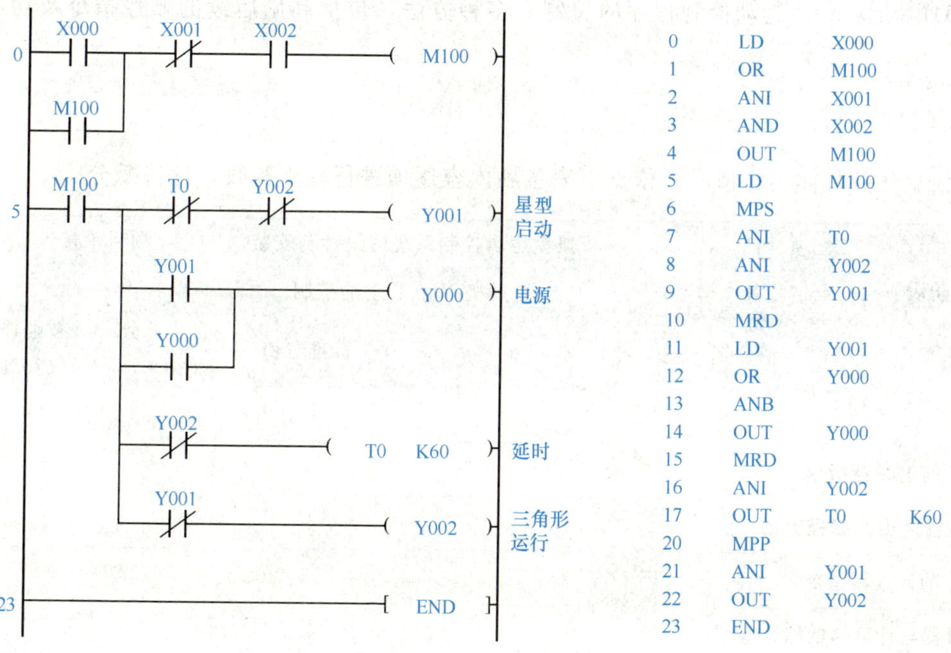

2. 程序调试

1)在断电状态下，连接好PC/PPI电缆。

2)将PLC运行模式选择开关拨到STOP位置，此时PLC处于停止状态，可以进行程序编写。

3)在作为编程器的计算机上，运行SWOPC-FXGP/WIN-C或GX Developer编程软件。

4)将图4-18所示的梯形图程序输入到计算机中。

5)执行“PLC”→“传送”→“写出”命令，将程序文件下载到PLC中。

6)将PLC运行模式的选择开关拨到RUN位置，使PLC进入运行方式。

7)按下起动按钮，对程序进行调试运行，观察程序的运行情况。

8)记录程序调试的结果。

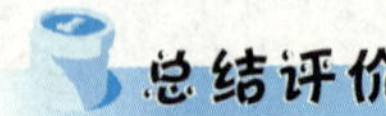

总结评价

一、归纳总结

1)定时器指令是 PLC 控制系统中常用的指令，由它可构成多种单元控制程序以拓展应用。

2)定时器有普通定时器和累积定时器之分，普通定时器断电复位，累积定时器断电保持。

3)计数器有普通计数器和高速计数器之分，普通计数器又有 16 位加计数器和 32 位加减计数器之分，其动作原理不同。

4)利用定时器和计数器可以构成编程过程中常用的单元控制程序。

5)电动机 Y-△起动控制程序的编制有多种方法，包括利用后续的顺控指令及功能指令等。

二、检查评价

根据任务具体实施情况，依据下表各项内容逐项进行检查验收，评价赋分。

<table>
<tr><td rowspan="2">项目评价表</td><td>项目名称</td><td colspan="2">典型逻辑控制系统的设计与安装</td><td colspan="2">项目承接人</td></tr>
<tr><td>任务名称</td><td colspan="2">电动机 Y-△起动的控制</td><td colspan="2"></td></tr>
<tr><td colspan="3">评价内容</td><td>标准分值</td><td>自我评分（30%）</td><td>教师评分（70%）</td></tr>
<tr><td colspan="6">知识：(30)</td></tr>
<tr><td colspan="3">PLC 的定时器指令</td><td>5</td><td></td><td></td></tr>
<tr><td colspan="3">定时器之类的编程应用</td><td>10</td><td></td><td></td></tr>
<tr><td colspan="3">PLC 的计数器指令</td><td>5</td><td></td><td></td></tr>
<tr><td colspan="3">定时器与计数器的综合应用</td><td>10</td><td></td><td></td></tr>
<tr><td colspan="6">技能：(30)</td></tr>
<tr><td colspan="3">电动机 Y-△起动控制系统硬件选型与安装</td><td>10</td><td></td><td></td></tr>
<tr><td colspan="3">电动机 Y-△起动控制程序编辑与调试</td><td>10</td><td></td><td></td></tr>
<tr><td colspan="3">电动机 Y-△起动控制程序方案选择</td><td>5</td><td></td><td></td></tr>
<tr><td colspan="3">是否在规定时间内独立完成</td><td>5</td><td></td><td></td></tr>
<tr><td colspan="6">方法：(20)</td></tr>
<tr><td colspan="3">工具使用方法</td><td>6</td><td></td><td></td></tr>
<tr><td colspan="3">系统安装及调试方法</td><td>7</td><td></td><td></td></tr>
<tr><td colspan="3">解决具体问题的方法</td><td>7</td><td></td><td></td></tr>
</table>

续表

项 目 评价表	项 目 名 称	典型逻辑控制系统的设计与安装	项目承接人	
	任 务 名 称	电动机 Y-△起动的控制		
评 价 内 容		标准分值	自我评分 (30%)	教师评分 (70%)
素质:(10)				
质量成本意识		4		
安全环保意识		3		
团队责任意识		3		
评估:(10)				
描述本任务的目标		5		
有待改进之处及改进方法		5		
总 分		100		

拓展提高

五组抢答器的控制

1. 控制要求

五个队参加抢答比赛。比赛规则及所使用的设备如下。设有主持人总台及各个参赛队分台。总台设有总台灯及总台音响、总台开始及总台复位按钮。分台设有分台灯、分台抢答按钮。各队抢答必须在主持人给出题目，说了“开始”并同时按了开始控制钮后的 10 s 内进行，如提前抢答，抢答器将报出“违例”信号(违例扣分)。10 s 时间到，还无人抢答，抢答器将给出应答时间到信号，该题作废。在有人抢答情况下，抢得的队必须在 30 s 内完成答题。如 30 s 内还没答完，则作答题超时处理。灯光及音响信号所表示的意义是这样安排的：音响及某台灯：正常抢答，音响及某台灯加总台灯：违例，音响加总台灯：无人应答及答题超时。

在一个题目回答终了后，主持人按下复位按钮。抢答器恢复原始状态，为第二轮抢答做好准备。

2. I/O 分配表

I/O 分配如表 1.4.4 所示。

表 1.4.4 I/O 分配

输　入		输　出		其　他	
输入继电器	作　用	输出继电器	作　用	其他机内器件	作　用
X000	总台复位按钮	Y000	总台音响	M0	公共控制触点继电器
X001	第 1 分台按钮	Y001	第 1 分台指示灯	M1	应答时间辅助继电器
X002	第 2 分台按钮	Y002	第 2 分台指示灯	M2	抢答辅助继电器
X003	第 3 分台按钮	Y003	第 3 分台指示灯	M3	答题时间辅助继电器
X004	第 4 分台按钮	Y004	第 4 分台指示灯	M4	音响起动信号继电器
X005	第 5 分台按钮	Y005	第 5 分台指示灯	T1	应答时限 10 s
X010	总台开始按钮	Y014	总台指示灯	T2	答题时限 30 s
				T3	音响时限 1 s

3. I/O 接线图

I/O 接线图如图 1.4.9 所示。

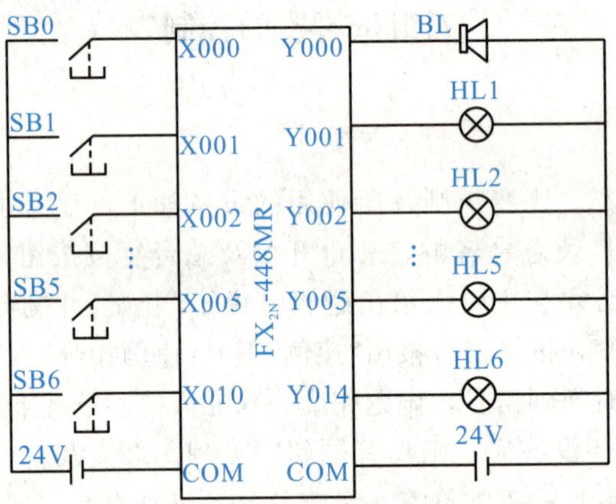

图 1.4.9 I/O 接线

4. 梯形图

梯形图如图 1.4.10 所示。

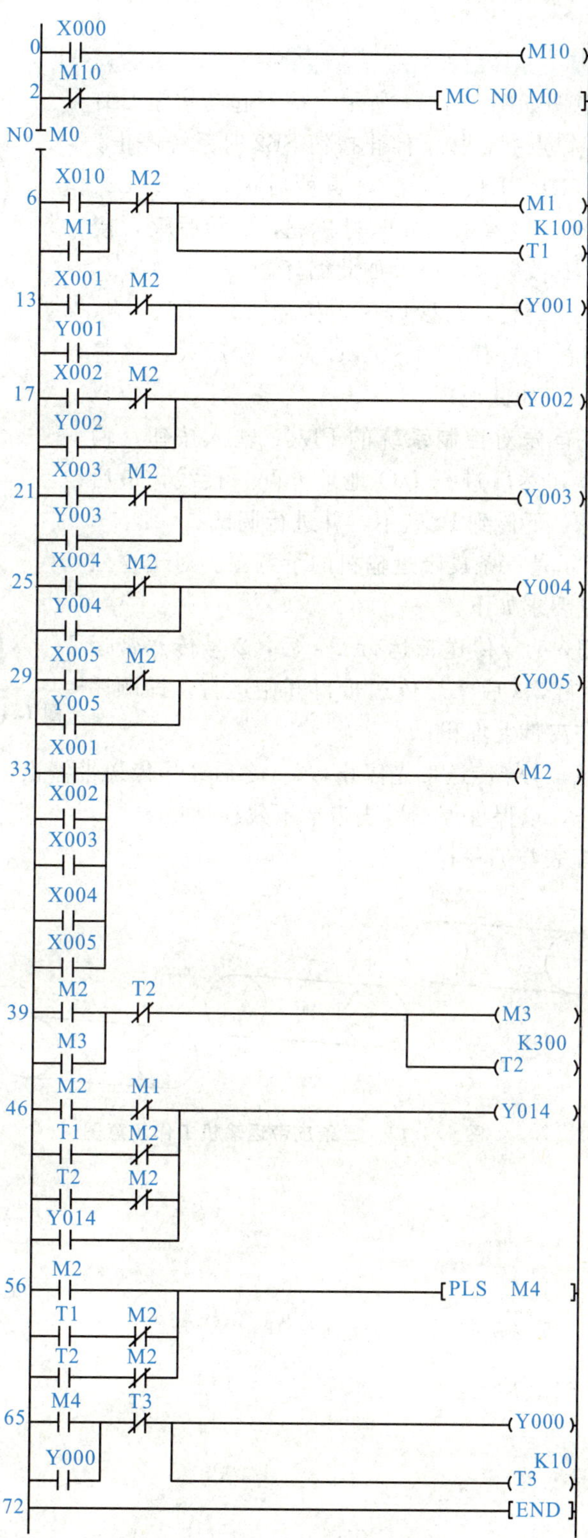

图 1.4.10 五组抢答器梯形图

练习与实训

1. 天塔之光示意图如图 1.4.11 所示。按下起动按钮 SB1 时，指示灯按下述规律点亮，按下停止按钮 SB2 时系统停止。

1)隔两灯闪烁：L1、L4、L7 亮，1 秒后灭，接着 L2、L5、L8 亮，1 秒后灭，接着 L3、L6、L9 亮，1 秒后灭，接着 L1、L4、L7 亮，1 秒后灭，…，如此循环。

2)发射型闪烁：L1 亮，2 秒后灭，接着 L2、L3、L4、L5 亮 2 秒后灭，接着 L6、L7、L8、L9 亮 2 秒后灭，接着 L1 亮，2 秒后灭，…，如此循环。

根据上述规律，首先对控制系统的 PLC、输入按钮、输出用指示灯进行选型，然后进行 I/O 地址分配、接线，最后编写控制程序及注释，下传到 PLC 中，并进行调试。

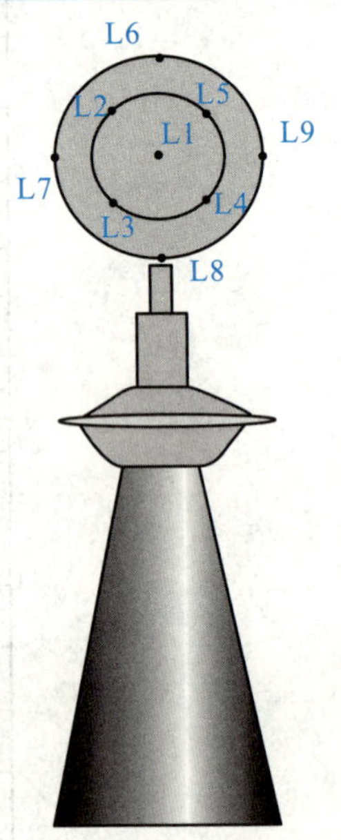

图 1.4.11　天塔之光示意图

2. 图 1.4.12 所示是三条皮带运输机的示意图。对于这三条皮带运输机的控制要求如下。

1)按下起动按钮，1 号传送带运行 2 s 后，2 号传送带运行，2 号传送带再运行 2 s 后 3 号传送带再开始运行，即顺序起动，以防止货物在皮带上堆积；

2)按下停止按钮，3 号传送带先停止，2 s 之后 2 号传送带停止，再过 2 s 后 1 号传送带停止，即逆序停止，以保证停车后皮带上不残存货物。

试列出 I/O 分配表与编写梯形图。

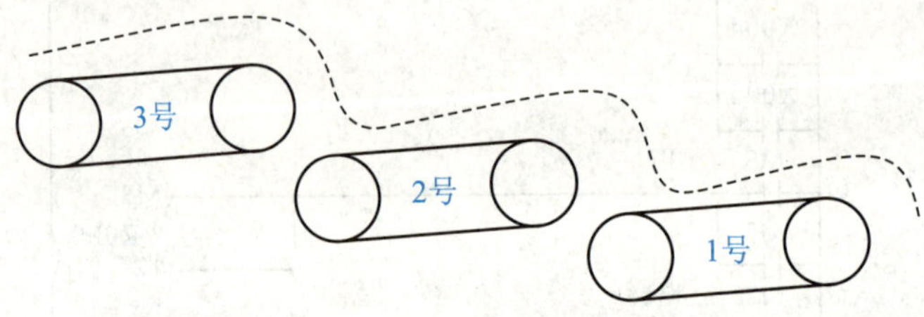

图 1.4.12　三条皮带运输机工作示意图

顺序控制系统的设计与安装

很多生产设备的机械动作是按照时间的先后次序，遵循一定规律顺序进行的。针对这种顺序控制，FX 系列 PLC 指令系统中有两条步进顺控指令，简称步进指令。利用步进指令可以将一个复杂的工作流程分解为若干个简单的工步，对每个工步的编程相对容易，因此，编程效率高。

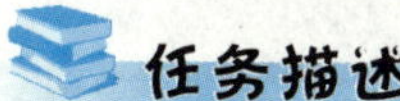

交通信号灯的控制

十字路口车辆穿梭，行人熙攘，我们靠交通信号灯的自动指挥系统使车行车道，人行人道，交通秩序有条不紊，保证行人和车辆安全。

任务描述

交通信号灯控制方式很多，本任务重点介绍利用基本逻辑指令和顺序控制指令实现的控制系统。

交通灯的控制要求如下：信号灯受起动及停止按钮的控制，当按动起动按钮时，信号灯系统开始工作，并周而复始地循环工作，当按动停止按钮时，所有信号灯都熄灭。信号灯控制的具体要求如表 2.1.1 所示，相应时序图如图 2.1.1 所示。

表 2.1.1　交通灯控制要求

方向	控制要求						
东西	信号	绿灯亮	绿灯闪	黄灯亮	红灯亮		
	时间	2.5 s	3 s	2 s	30 s		
南北	信号	红灯亮			绿灯亮	绿灯闪	黄灯亮
	时间	30 s			2.5 s	3 s	2 s

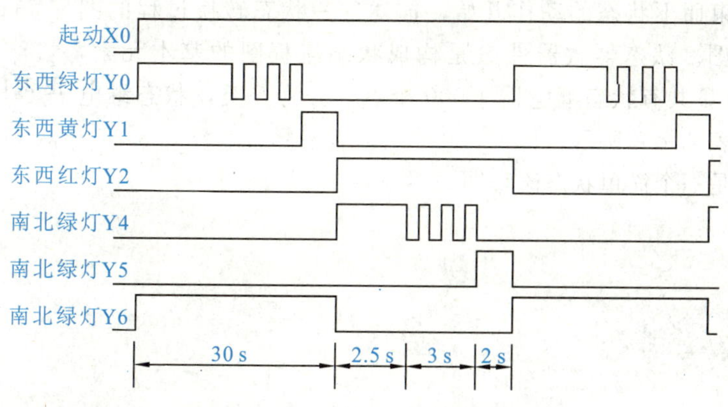

图 2.1.1　交通信号灯控制的时序图

任务分析

本任务采用基本逻辑的编程实现信号灯的控制。灯亮采用编程软件定时器实现，灯闪采用由定时器组成的脉冲发生器实现。

本任务要解决的问题是如何采用不同方法实现交通信号灯的控制。完成本任务需达成的目标如下。

序　号	类　别	目　　标
1	知识	1. 掌握 PLC 定时器指令 2. 掌握 PLC 顺序控制指令 3. 掌握步进程序编程方法
2	技能	1. 能安装连线 PLC 系统 2. 具备工序图→状态流程图→梯形图能力 3. 具备单流程控制程序编制能力 4. 具备程序编辑、修改、下传与调试能力 5. 正确选择与安装电气设备
3	职业素养	1. 相互沟通能力及团队协作精神 2. 良好的职业道德 3. 质量、成本、安全、环保意识

相关知识

状态流程图法也叫顺序功能图(SFC)法，这种方法是编制复杂程序的重要方法和工具，它比梯形图和语句表更直观，为更多的 PLC 用户所接受。FX_{2N}系列 PLC 的步进指令及大量的状态器软器件 S 就是为顺序功能图(SFC)法编程而安排的。

一、状态流程图

一个控制过程可以分为若干个阶段，这些阶段称为状态。状态与状态之间由转换条件分隔。相邻的状态具有不同的动作。当相邻两状态之间的转换条件得到满足时，相邻状态就实现转换，即上面状态的动作结束而下状态的动作开始，描述这一状态转换过程的图就叫状态流程图。状态器软器件 S 是构成状态流程图的基本元素，FX_{2N}系列的 PLC 共有状态继电器 1 000 个点，分为 5 类，状态继电器元件分类如表 2.1.2 所示。

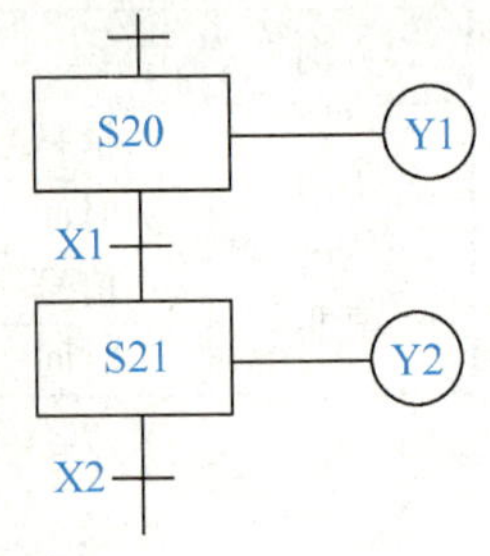

图 2.1.2　状态流程图

图 2.1.2 是一个简单状态流程图。

表 2.1.2　状态继电器 S 分类

初始状态继电器	回零状态继电器	通用状态继电器	保持状态继电器	报警状态继电器
S0～S9 共 10 点	S10～S19 共 10 点	S20～S499 共 480 点	S500～S899 共 400 点	S900～S999 共 100 点

二、FX_{2N}系列 PLC 的步进指令

FX_{2N}系列 PLC 步进指令有两条：步进开始指令 STL 和步进结束指令 RET。

图 2.1.3 是步进开始指令 STL 的使用说明，STL 的梯形图符号用“┨┠”表示。状态流程图与梯形图有严格的对应关系。状态流程图中的每个状态器有三个功能：驱动负载、指定转移目标和指定转移条件。其中指定转移目标和指定转移条件是必不可少的，而驱动负载则根据具体情况决定，也可能不进行实际负载驱动。图 2.1.3 中，Y1 为状态器 S22 驱动的负载，S23 是 S22 的转移目标，X2 是 S22 的转移条件。状态器的三个功能有时也叫状态器三要素。

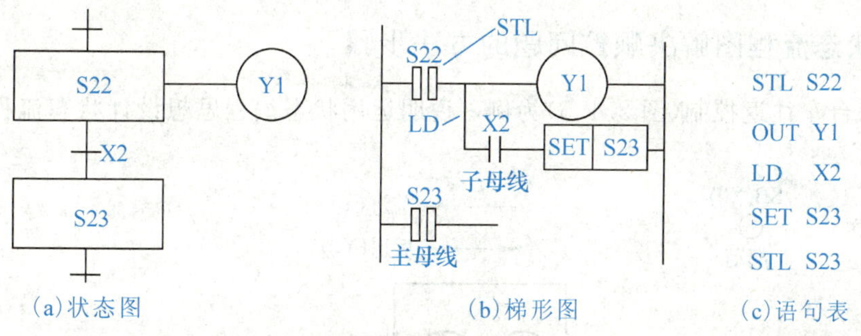

图 2.1.3　STL 指令说明

STL 步进开始指令有时也叫步进触点指令，STL 指令的意义为激活某个状态，在梯形图上体现为从主母线上引出的状态触点，STL 指令有建立子母线的功能，以使该状态器的所有操作均在子母线上进行。驱动负载及转移处理，首先要使用 STL 指令，这样保证负载驱动和状态转移均在子母线上进行。状态的转移使用 SET 指令，但若向上游转移，向非连续的下游转移或向其他流程转移，称为顺序不连续转移，非连续转移不能使用 SET 指令，而用 OUT 指令，如图 2.1.4 所示。

RET 指令称为“步进返回”指令，其功能是返回到原来左母线的位置。RET 指令仅在最后一个状态的末行使用一次，否则程序报错不能运行。

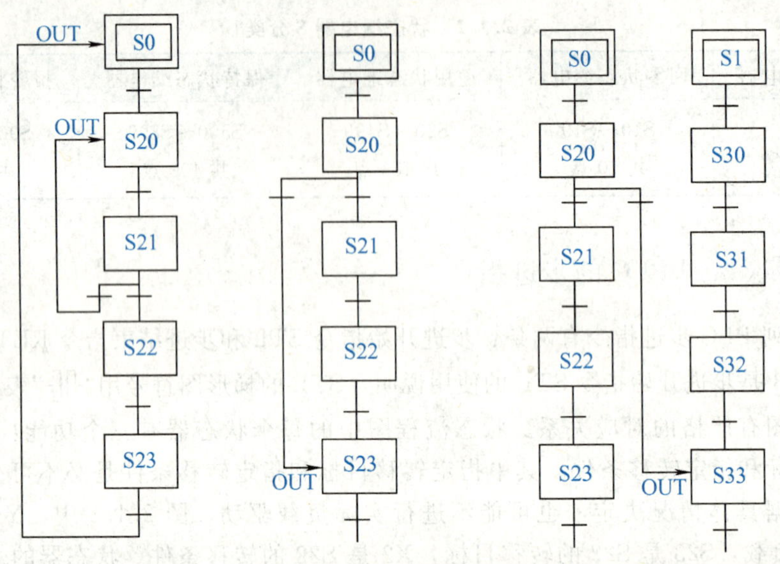

图 2.1.4　非连续转移状态流程图

三、状态流程图解决顺控问题的方法步骤

下面以台车往返控制(图 2.1.5)为例，说明运用状态编程思想设计状态流程图的方法和步骤。

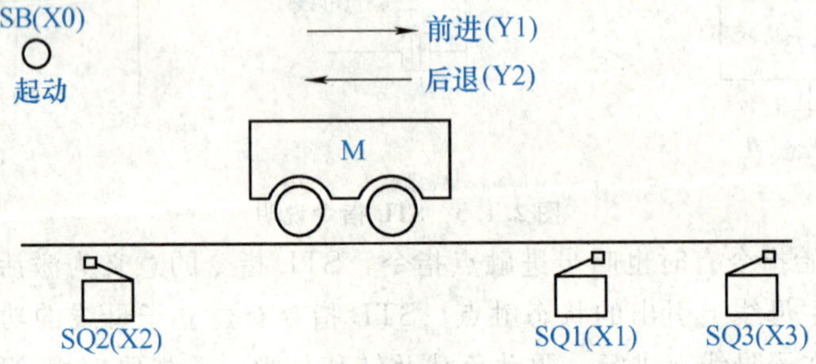

图 2.1.5　自动台车示意图

图 2.1.5 是自动台车控制示意图，台车在起动前位于导轨的中部。一个工作周期的控制工艺如下。

1)按下起动按钮 SB，台车电动机 M 正转，台车前进，碰到限位开关 SQ1 后，台车电动机 M 反转，台车后退。

2)台车后退碰到限位开关 SQ2 后，台车电动机 M 停转，台车停车，停 5s，第二次前进，碰到限位开关 SQ3，再次后退。

3)当后退再次碰到限位开关 SQ2 时，台车停止。

1. 画出系统流程图

将整个控制过程按任务要求分解，画出控制系统流程图(工序图)，台车自动往返控制系统流程图如图 2.1.6 所示。

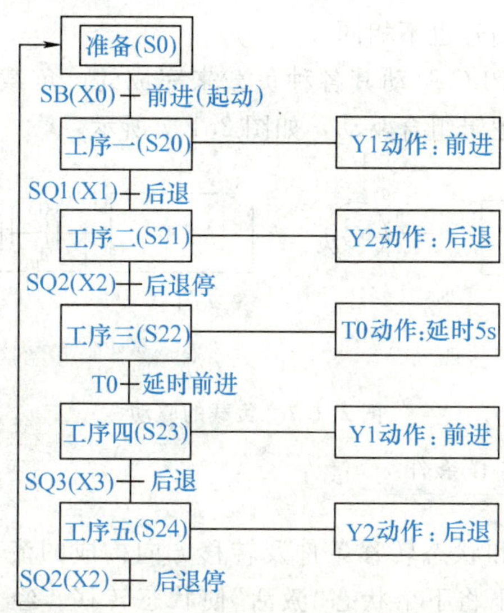

图 2.1.6　台车自动往返状态转换流程图

从图 2.1.6 可以看到，该图有以下特点。

1)将复杂的任务或过程分解成若干个工序(状态)，无论多么复杂的过程均能分化为小的工序，这非常有利于程序的结构化设计。

2)相对于某一具体的工序来说，控制任务实现了简化，给局部程序的编制带来了方便。

3)整体程序是局部程序的综合，只要弄清各工序成立的条件、工序转移的条件和转移的方向，就可进行这类图形的设计。

4)状态转移流程图可读性强、容易理解，能清晰地反映工艺控制全过程。

2. 分配、确定状态器元件，弄清每个被分配状态器的功能

台车自动往返控制系统各状态器分配和功能详如表 2.1.3 所示。

表 2.1.3　工序与状态器及功能对应表

工序名称	状态器地址号	功　能
准备	S0	PLC 上电做好工作准备(初态)
前进	S20	前进(Y1 输出，驱动电动机 M 正转)
后退	S21	后退(Y2 输出，驱动电动机 M 反转)
延时 5s	S22	延时 5s(定时器设置为 5s)
再前进	S23	前进(Y1 输出，驱动电动机 M 正转)
再后退	S24	后退(Y2 输出，驱动电动机 M 反转)

需要指出的是 S20 与 S23、S21 与 S24，功能相同，但它们是状态流程图中的不同工序，也就是不同状态，故编号也不相同。

各状态的功能是通过 PLC 驱动其各种负载来完成的。负载可由状态元件直接驱动，也可由其他软元件触点的逻辑组合驱动，如图 2.1.7 所示。

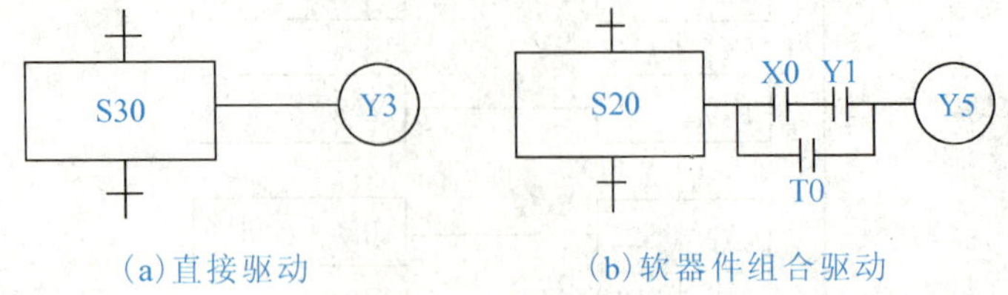

(a)直接驱动　　(b)软器件组合驱动

图 2.1.7　负载的驱动

3. 找出每个状态的转移条件

状态流程图就是状态和状态转移条件及转移方向构成的流程图，弄清转移条件是十分必要的，即在什么条件下将下个状态“激活”使状态转移。经分析可知，本例中各状态的转移条件如表 2.1.4 所示。

表 2.1.4　状态转移条件

状态器地址号	转移条件	状态转移条件
S20	转移条件：	SB
S21	转移条件：	SQ1
S22	转移条件：	SQ2
S23	转移条件：	定时器
S24	转移条件：	SQ3

状态的转移条件可以是单一的，也可以是有多个元件的串、并联组合，如图 2.1.8 所示。经过以上分析，可以得到台车往返控制的顺控状态流程图，如图 2.1.9 所示。

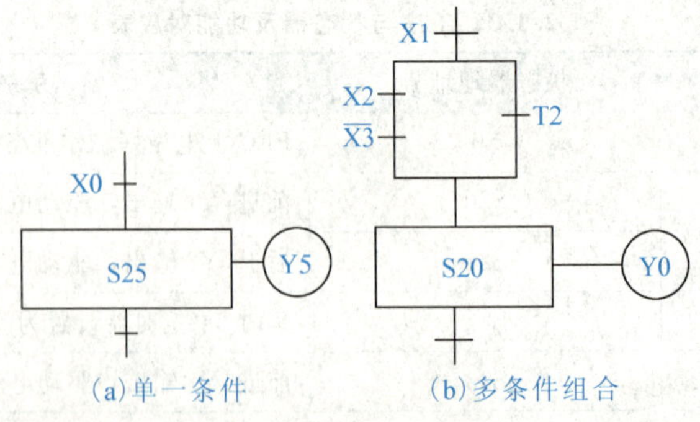

(a)单一条件　　(b)多条件组合

图 2.1.8　状态的转移条件

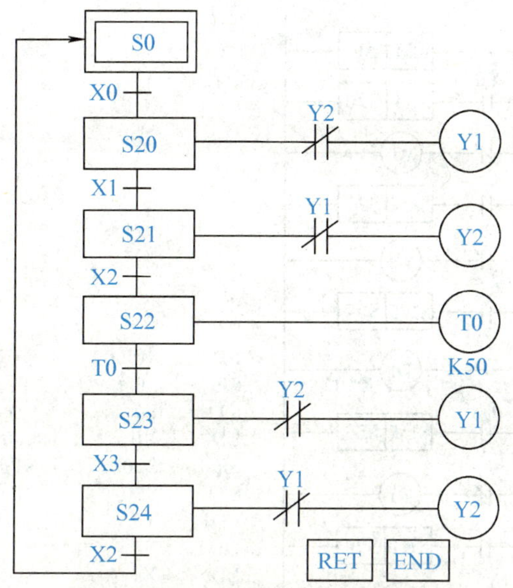

图 2.1.9　台车自动往返状态转移流程图

四、单流程状态流程图的编程

单流程是指状态转移只可能有一种顺序。台车自动往返的控制过程只有一种顺序：S0→S21→S22→S23→S24→S0，没有其他去向，所以台车自动往返控制状态转移流程图是单流程形式。

单流程状态流程图的编程要点和注意事项如下。

1)状态编程顺序应是先进行驱动再进行转移，不能颠倒。

2)对状态器的状态处理，编程时必须使用步进开始指令 STL。

3)编程的最后必须使用步进返回指令 RET，返回主母线。

4)驱动负载使用 OUT 指令。

5)若为顺序不连续转移，不能使用 SET 指令进行状态转移，应改用 OUT 指令。

6)在 STL 与 RET 指令之间不能使用 MC、MCR 指令。

7)初始状态(S0～S9)可由其他状态驱动。

台车自动往返控制系统的梯形图和指令语句表如图 2.1.10 所示。

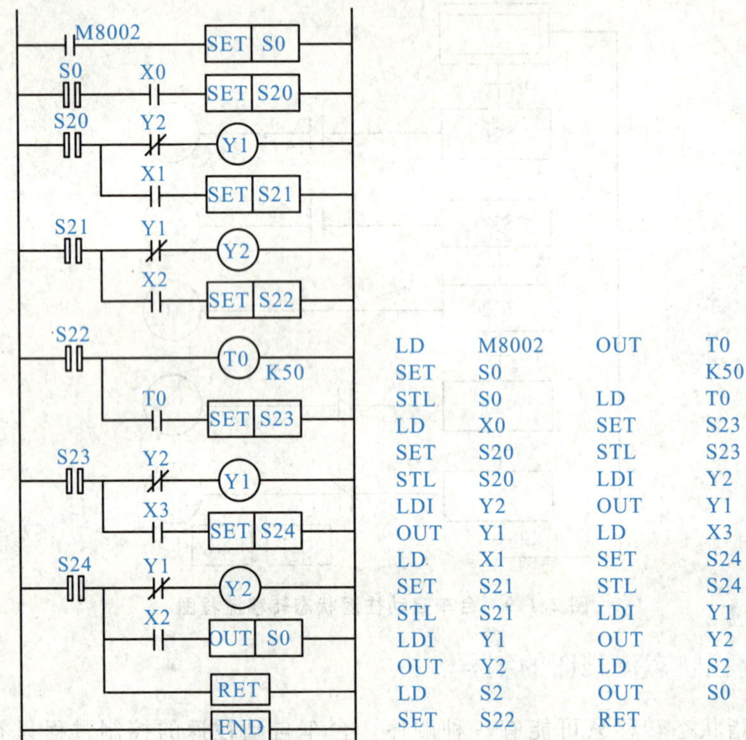

图 2.1.10　台车自动往返控制梯形图

五、多分支状态流程图的处理

在状态流程图中，存在多种工作顺序的状态流程图叫分支流程图。分支流程又分为选择性分支和并行分支两种。

1. 选择性分支流程

从多个流程顺序中选择执行哪一个流程，称为选择性分支流程。

图 2.1.11 是一个三流程顺序选择性分支的状态流程图。

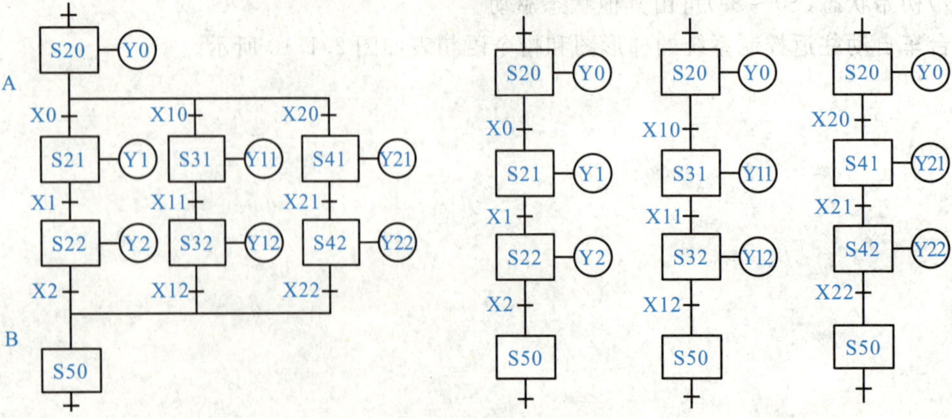

图 2.1.11　选择性分支状态流程图

分支状态的编程方法是先进行分支状态的驱动处理，再依顺序进行转移处理。图 2.1.11的分支状态 S20 如图 2.1.12 所示，汇合状态如图 2.1.13 所示。

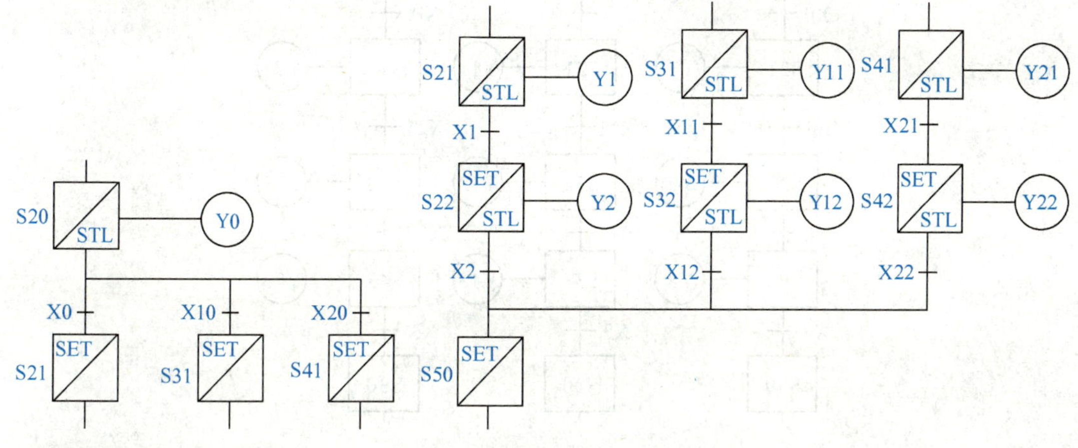

图 2.1.12　分支状态 S20　　　　**图 2.1.13　汇合状态 S50**

2. 并行分支流程

并行分支流程结构如图 2.1.14 所示，并行分支流程分解图如图 2.1.15 所示。

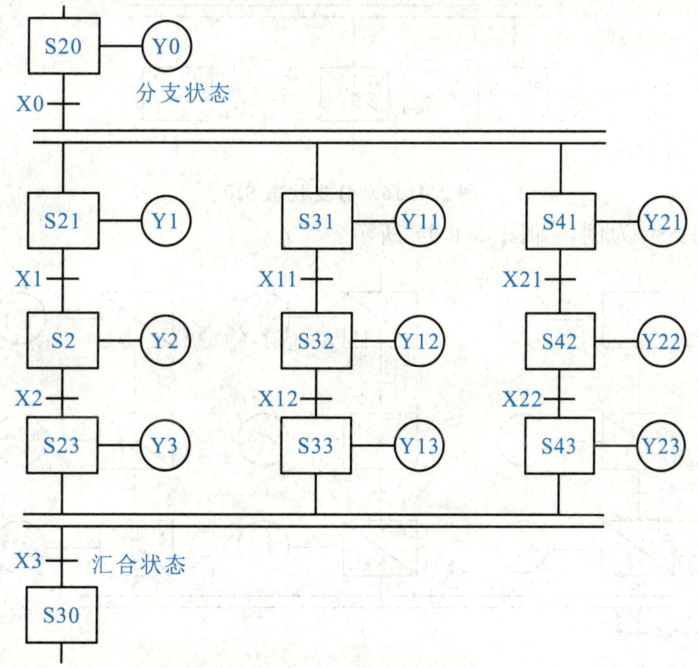

图 2.1.14　并行分支流程结构

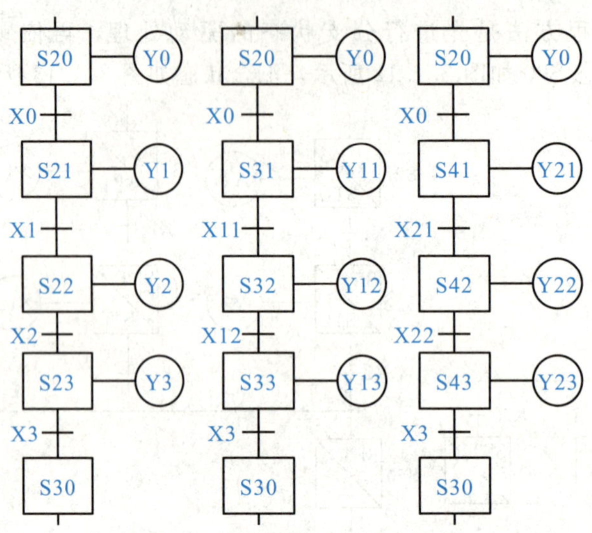

图 2.1.15　并行分支流程分解图

以分支状态 S20 为例，如图 2.1.16 所示。

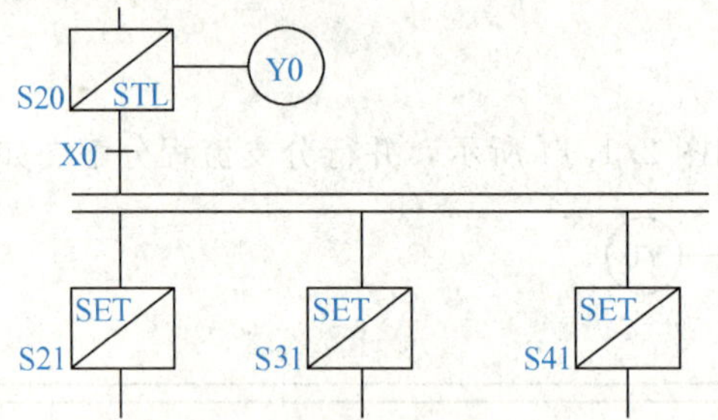

图 2.1.16　分支状态 S20

以汇合状态 S30 为例，如图 2.1.17 所示。

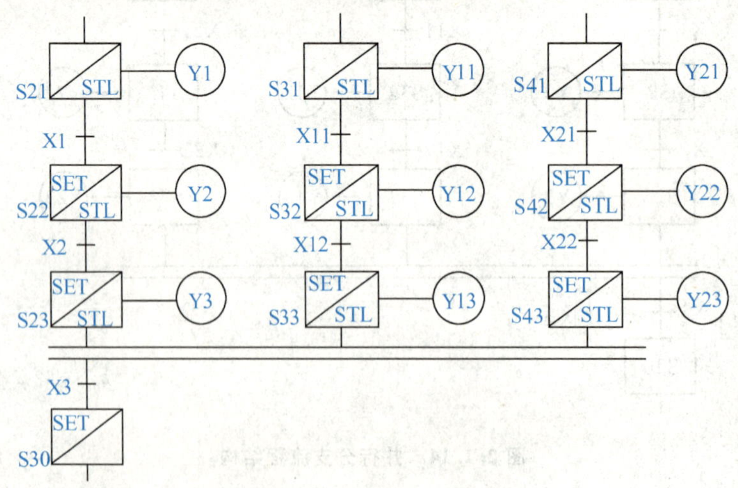

图 2.1.17　汇合状态 S30

使用并行分支流程时需注意以下问题。

1)并行分支、汇合编程应注意的问题：并行分支的汇合最多能实现 8 个分支的汇合，如图 2.1.18 所示。

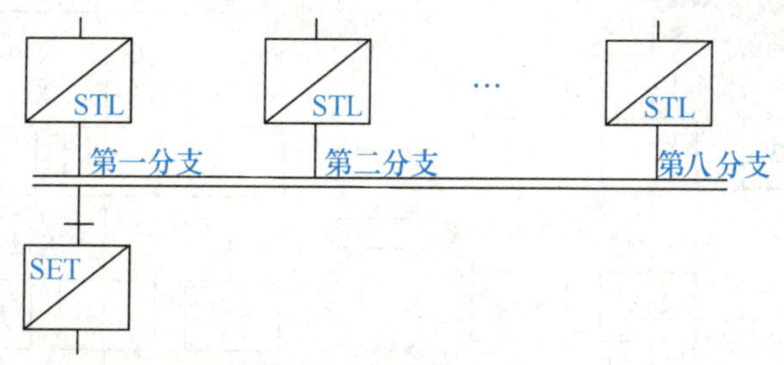

图 2.1.18　并行分支的汇合结构

2)并行分支、汇合流程中，不允许出现图 2.1.19(a)所示的转移条件，若有需要，将其转化成图 2.1.19(b)后方可编程。

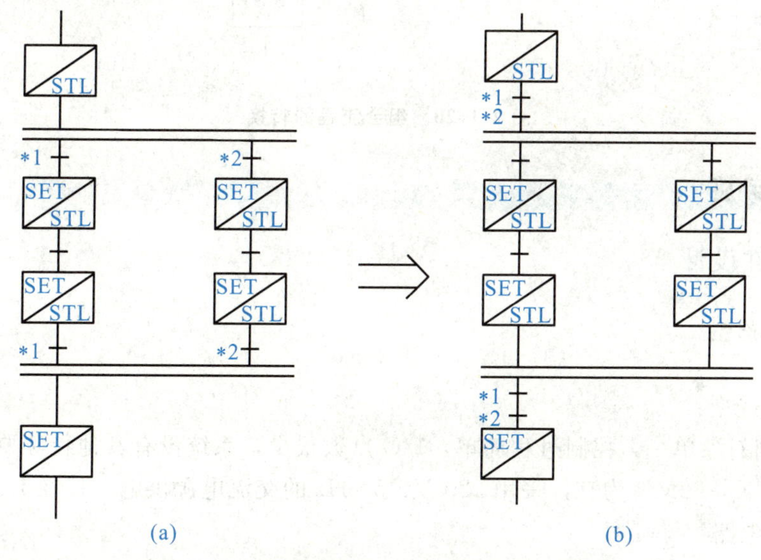

图 2.1.19　并行分支、汇合状态流程图的转化

3)分支、汇合的组合流程及虚拟状态：将图 2.1.20(a)转换为图 2.1.20(b)就可直接编程。

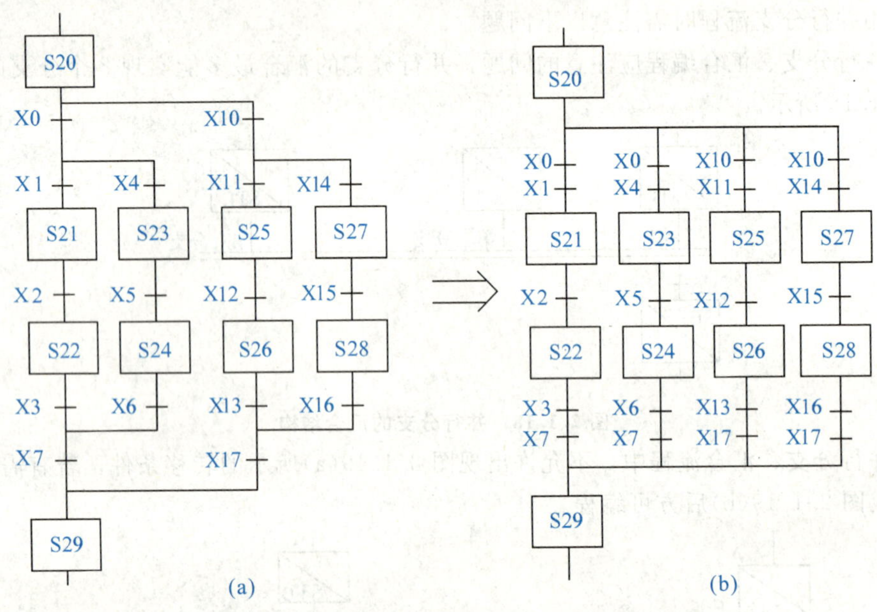

图 2.1.20 组合流程的转换

任务实施

一、硬件设计

1. 硬件选型

(1)PLC 选型

由于控制对象单一，控制过程简单，I/O 点数很少，系统没有其他特殊要求，故本任务选用三菱 FX_{2N}-32MR 为宜，采用 220 V、50 Hz 的交流电源供电，接在 L、N 端。

(2)输入电路

输入电路由起动按钮 SB1、停止按钮 SB2 组成，采用 24 V 直流电源，由 PLC 本身供电。

(3)输出电路

输出电路由南北向 12 盏灯泡组成，额定电压为 220 V，由外部电源供电，熔断器用于短路保护。

2. 资源分配

根据信号灯的控制要求，所用的器件有：起动按钮 SB1，停止按钮 SB2，红黄绿色信号灯各 4 只，资源分配如表 2.1.5 所示，相应的 I/O 接线图如图 2.1.21 所示。

表 2.1.5　交通灯资源分配表

项目	名称	I/O 地址	作用
输入	SB1	X0	起动按钮
	SB2	X1	停止按钮
输出	HL1	Y0	东西绿灯
	HL2	Y1	东西黄灯
	HL3	Y2	东西红灯
	HL4	Y4	南北绿灯
	HL5	Y5	南北黄灯
	HL6	Y6	南北红灯

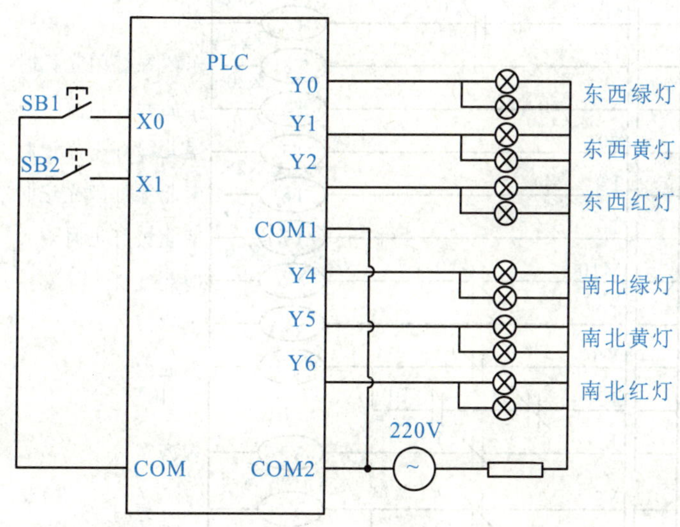

图 2.1.21　交通灯控制 PLC 输入/输出接线图

由图 2.1.21 可见：起动按钮 SB1 接于输入继电器 X0 端，停止按钮 SB2 接于输入继电器 X1 端，东西方向的绿灯接于输出继电器 Y0 端，东西方向黄灯接于输入继电器 Y1 端，东西方向的红灯接于输出继电器 Y2 端，南北方向绿灯接于输出继电器 Y4 端，南北方向的黄灯接于输出继电器 Y5，南北方向红接于输出继电器 Y6。将输出端的 COM1 及 COM2 用导线相连，输出端的电源为交流 220 V。如果信号灯的功率较大，一个输出继电器不能带动两只信号灯，可以采用一个输出点驱动一只信号灯，也可以采用输出继电器先带动中间继电器，再由中间继电器驱动信号灯。

3. 硬件安装

将 PLC 与热源、高电压和电子噪声隔离开，为接线和散热留出适当的空间 ；电源定额；接地和接线。

二、软件设计

1. 软件编程

1)根据十字路口交通信号灯的控制要求，采用基本逻辑的编程实现信号灯的控制。灯亮采用编程软件定时器实现，灯闪采用由定时器组成的脉冲发生器实现。

图 2.1.22 为用基本逻辑指令编制的梯形图，其对应的指令表于表 2.1.6 中。

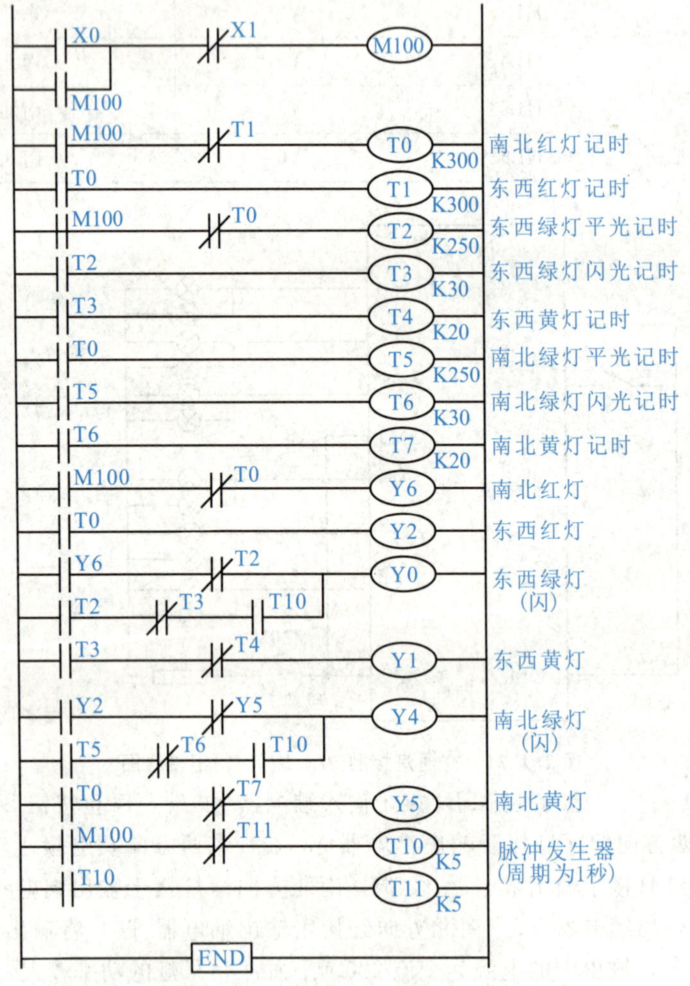

图 2.1.22 交通信号灯控制的梯形图

表 2.1.6 交通信号灯控制梯形图对应的指令表

序号	指令程序		序号	指令程序		序号	指令程序	
0	LD	X0	2	ANI	X1	4	LD	M100
1	OR	M100	3	OUT	M100	5	ANI	T1

续表

序号	指令程序		序号	指令程序		序号	指令程序	
6	OUT	T0	31	OUT	T6	52	OUT	Y1
		K300			K30	53	LD	Y2
9	LD	T0	34	LD	T6	54	ANI	T5
10	OUT	T1	35	OUT	T7	55	LD	T5
		K300			K20	56	ANI	T6
13	LD	M100	38	LD	M100	57	AND	T10
14	ANI	T0	39	ANI	T0	58	ORB	
15	OUT	T2	40	OUT	Y6	59	OUT	Y4
		K250	41	LD	T0	60	LD	T6
18	LD	T2	42	OUT	Y2	61	ANI	T7
19	OUT	T3	43	LD	Y6	62	OUT	Y5
		K30	44	ANI	T2	63	LD	M100
22	LD	T3	45	LD	T2	64	ANI	T11
23	OUT	T4	46	ANI	T3	65	OUT	T10
		K20	47	AND	T10			K5
26	LD	T0	48	ORB		68	LD	T10
27	OUT	T5	49	OUT	Y0	69	OUT	T11
		K250	50	LD	Y3			K5
30	LD	T5	51	ANI	T4	72	END	

工作时，PLC 处于运行状态，按动起动按钮 SB1 ，则辅助继电器 M10 得电并自锁，由梯形图可知，首先接通输出继电器 Y6，及 Y0，使得南北方向的红灯亮、东西方向的绿灯亮。大家可根据梯形图的文字说明及图 2.1.1 的时序图，不难分析交通信号灯的整个周期工作过程。

按停止按钮 SB2 ，则辅助继电器 M100 断电并解除自锁，整个系统停止运行，所有信号灯熄灭。

2)如控制要求改为按动停止按钮时，系统将停止在初始状态，即南北红灯亮，禁止通行；东西绿灯亮，允许通行，其他条件不变，利用步进指令单流程编程实现控制，其相应的状态流程图和梯形图如图 2.1.23 所示。

3)如控制要求如图 2.1.24 所示，只设起动按钮，利用步进指令并行结构编程实现控制，其相应的状态流程图和梯形图如图 2.1.25 和图 2.1.26 所示。

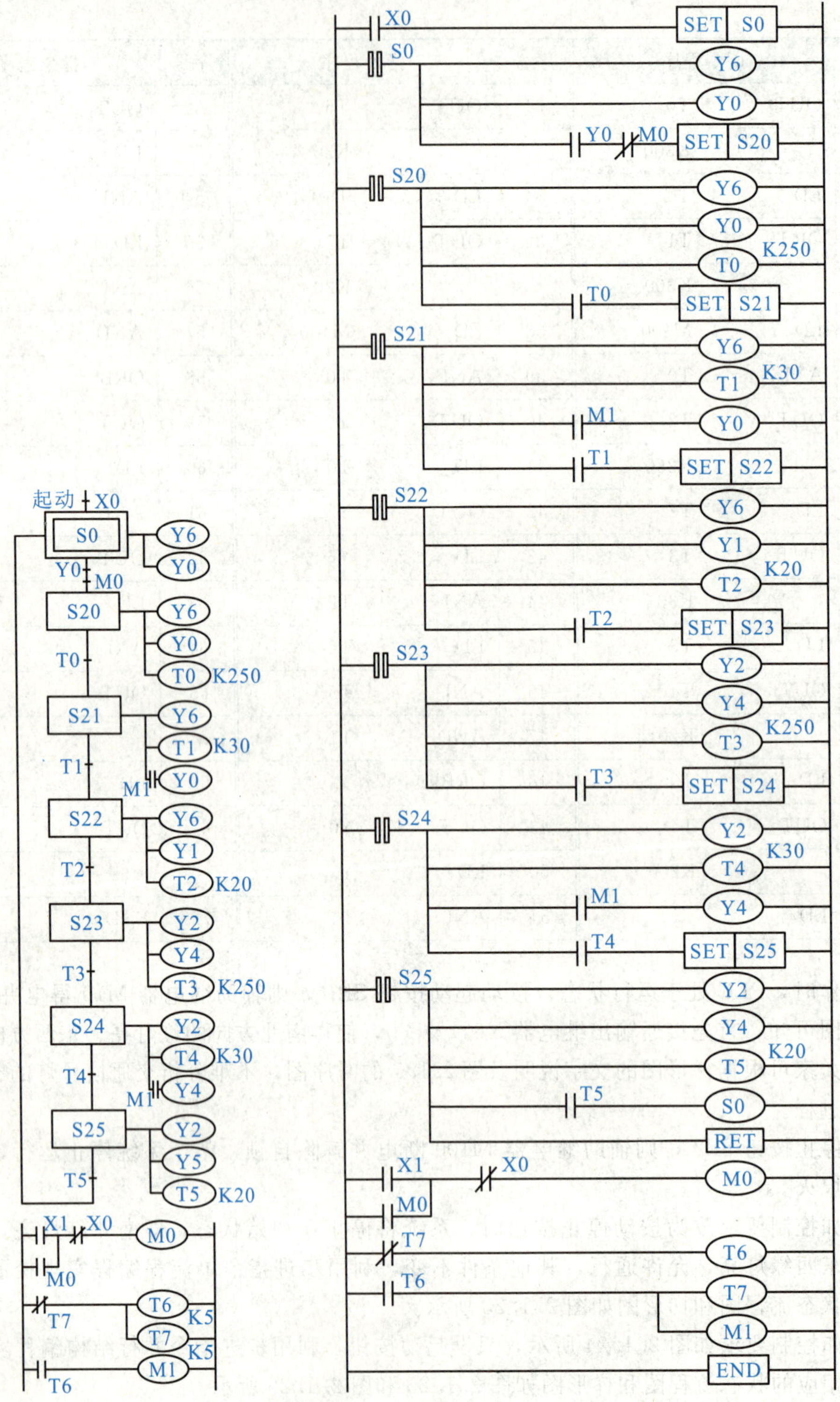

图 2.1.23 交通信号灯单流程状态流程图和梯形图

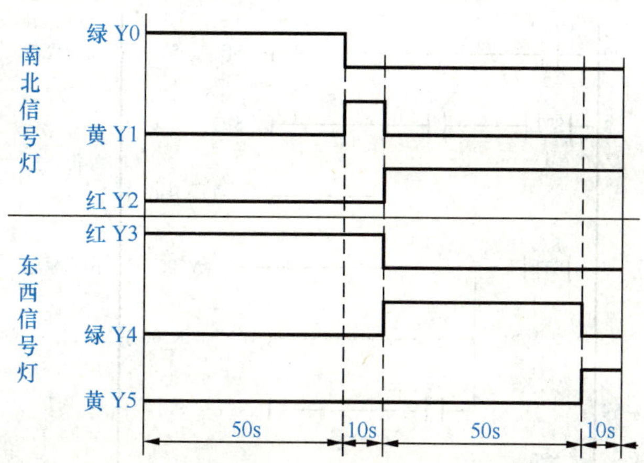

图 2.1.24　改变控制要求后的交通灯时序图

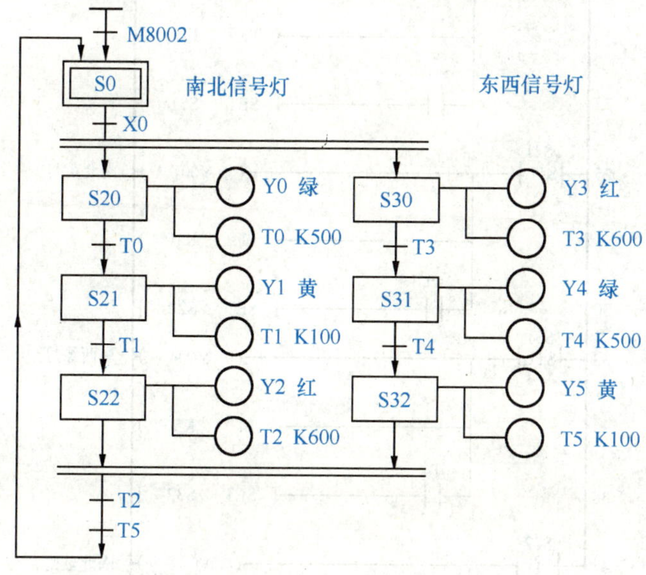

图 2.1.25　改变控制要求后的交通灯并行状态流程图

2. 程序调试

1)在断电状态下，连接好 PC/PPI 电缆。

2)将 PLC 运行模式选择开关拨到 STOP 位置，此时 PLC 处于停止状态，可以进行程序编写。

3)在作为编程器的计算机上，运行 SWOPC-FXGP/WIN-C 或 GX Developer 编程软件。

4)将图 2.1.22 所示的梯形图程序输入到计算机中。

5)执行“PLC”→“传送”→“写出”命令，将程序文件下载到 PLC 中。

6)将 PLC 运行模式的选择开关拨到 RUN 位置，使 PLC 进入运行方式。

7)按下起动按钮，对程序进行调试运行，观察程序的运行情况。

8)记录程序调试的结果。

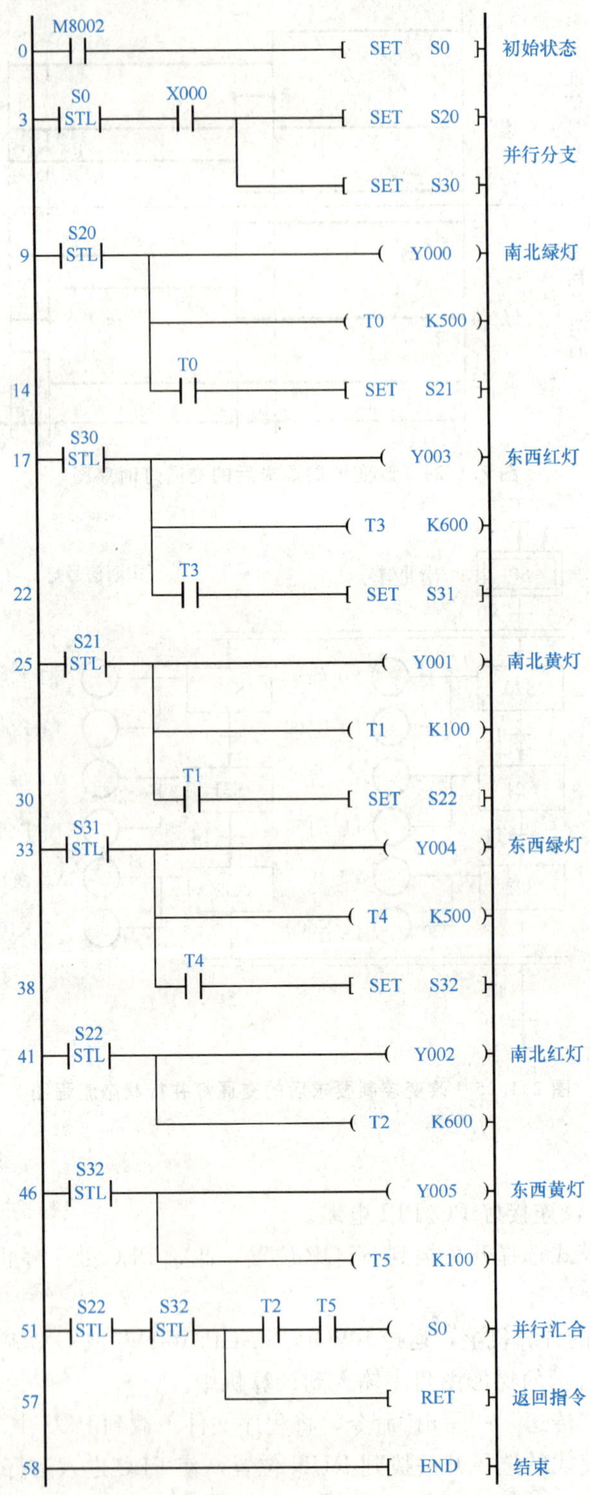

图 2.1.26 改变控制要求后的交通灯梯形图

总结评价

一、归纳总结

1)定时器指令是PLC控制系统中常用的指令，由它可构成多种单元控制程序以拓展应用。

2)步进指令是解决顺序控制问题的有效工具，状态流程图是描述顺序控制的图解表示，状态流程图由状态、动作、转移条件和转移方向组成。

3)顺序控制结构有单流程、选择结构流程和并行结构流程之分，要特别注意分支流程结构的分支与汇合。

4)步进指令有两个：STL 和 RET，STL 指令用于激活状态，RET 指令仅在最后一个状态的末行使用。

5)交通信号灯控制程序的编制有多种方法，包括利用基本定时器指令、单流程步进指令和并行结构流程步进指令等。

二、检查评价

根据任务具体实施情况，依据下表各项内容逐项进行检查验收，评价赋分。

项　目 评价表	项　目　名　称	顺序控制系统的设计与安装	项目承接人	
	任　务　名　称	交通信号灯的控制		
评　价　内　容		标准分值	自我评分 (30%)	教师评分 (70%)
知识：(30)				
PLC 步进指令		5		
PLC 状态流程图的绘制		10		
交通灯控制时序图分析与应用		5		
状态流程图到梯形图的转换		10		
技能：(30)				
交通灯控制系统硬件选型与安装		10		
交通灯控制程序编辑与调试		10		
交通灯控制程序方案选择		5		
是否在规定时间内独立完成		5		
方法：(20)				
工具使用方法		6		
系统安装及调试方法		7		

续表

项目评价表	项目名称	顺序控制系统的设计与安装	项目承接人
	任务名称	交通信号灯的控制	
评价内容	标准分值	自我评分（30%）	教师评分（70%）
解决具体问题的方法	7		
素质：（10）			
质量成本意识	4		
安全环保意识	3		
团队责任意识	3		
评估：（10）			
描述本任务的目标	5		
有待改进之处及改进方法	5		
总分	100		

拓展提高

带有存储型命令的状态流程图的设计

在机械加工中经常使用冲床，某冲床机械运动示意图如图 2.1.27 所示。初始状态时机械手在最左边，X004 为 ON；冲头在最上面，X003 为 ON；机械手松开时，Y000 为 OFF。按下起动按钮 X000，Y000 变为 ON，工件被夹紧并保持，2 s 后 Y001 被置位，机械手右行，直到碰到 X001，以后将顺序完成以下动作：冲头下行，冲头上行，机械手左行，机械手松开，延时 1 s 后，系统返回初始状态。

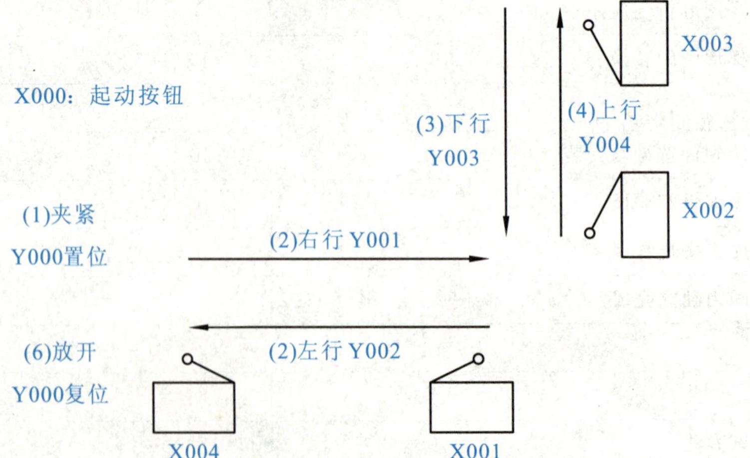

图 2.1.27　冲床机械手运动示意图

分析图 2.1.27 可以发现，工件在整个工作周期都处于夹紧状态，一直到完成冲压后才松开工件，这种命令动作为存储型命令。在状态流程图中说明存储型命令时可在命令或动作的前面加修饰词，例如，“R”、“S”。使用动作的修饰词(见表 2.1.7)可以在一步中完成不同的动作，修饰词允许在不增加逻辑的情况下控制动作。

表 2.1.7　动作的修饰词

N	非存储型	当步变为不活动步时动作终止
S	置位(存储)	当步变为不活动步时动作继续，直到动作被复位
R	复位	由被修饰词 S、SD、SL 或 DS 起动的动作被终止
L	时间限制	步变为活动步时动作被起动，直到步变为不活动步或设定时间到
D	时间延迟	步变为活动步时延迟定时器被起动，如果延迟之后步仍然是活动的，动作被起动和继续，直到步变为不活动步
P	脉冲	当步变为活动步，动作被起动并且只执行一次
SD	存储与时间延迟	在时间延迟之后动作被起动，一直到动作被复位
DS	延迟与存储	在延迟之后如果步仍然是活动的，动作被起动直到被复位
SL	存储与时间限制	步变为活动步时动作被起动，一直到设定的时间到或动作被复位

冲床机械手的运动周期划分为 7 步，依次分别为初始步、工件夹紧、机械手右行、冲头下行、冲头上行、机械手左行和工件松开，用 M0～M6 表示。各限位开关、按钮和定时器提供的信号是各步之间的转换条件。由此可画出状态流程图如图 2.1.28所示。

大家可以试用“起—保—停”电路的编程方法将图 2.1.28 所示的状态流程图转换为梯形图。

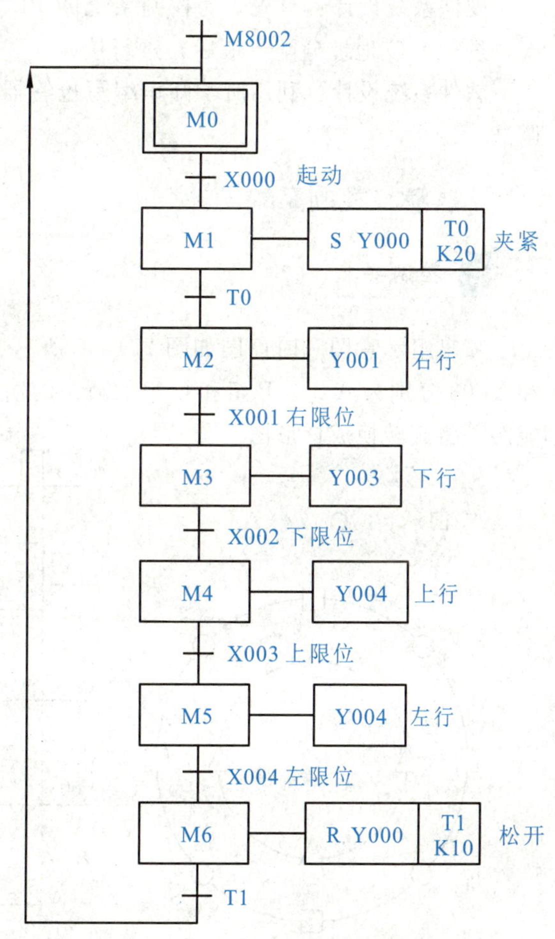

图 2.1.28　冲床机械手控制的状态流程图

练习与实训

一、旋转工作台控制系统设计

1. 控制要求

在机械加工时，很多场合会用到旋转工作台，在图 2.1.29 中，旋转工作台用凸轮和限位开关来实现其运动控制。在初始状态时左限位开关 X003 为 ON，按下起动按钮 X000，电动机驱动工作台沿顺时针正转，转到右限位开关 X004 所在位置时暂停 5 s，之后工作台反转，回到限位开关 X003 所在的初始位置时停止转动，系统回到初始状态。要求用步进顺控指令进行编程来控制旋转工作台运动。

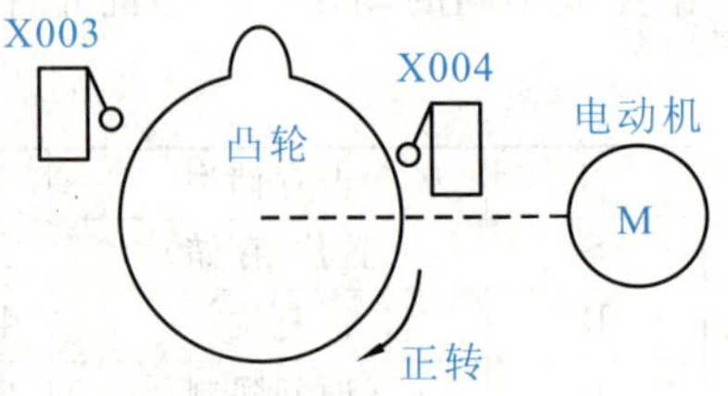

图 2.1.29 用凸轮实现的旋转工作台运动示意图

2. 设计要求

硬件系统设计：首先，对控制系统的 PLC、输入按钮、输出用指示灯进行选型，其次，进行 I/O 地址分配，最后，进行接线。

软件系统设计：利用所学知识编写抢答器控制程序及注释，下传到 PLC 中，并进行调试。

二、喷泉控制系统设计

1. 控制要求

喷泉组示意图和时序图如图 2.1.30 所示。其中 X001 为起动输入信号。Y001、Y002 和 Y003 分别为 A 组、B 组和 C 组的喷头的输出控制信号。试设计喷泉控制系统的顺序功能图并将其转换成梯形图。

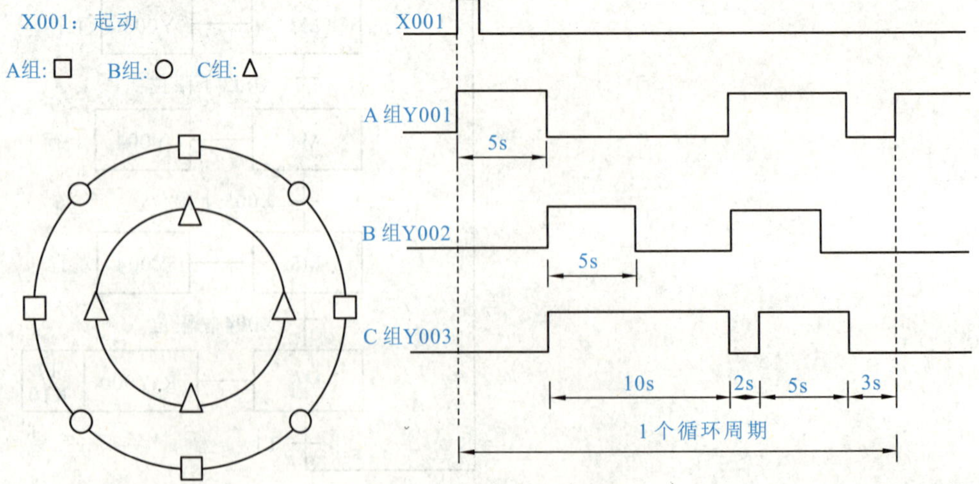

图 2.1.30 喷泉组示意图和时序图

2. 设计要求

硬件系统设计：首先，对控制系统的 PLC、输入按钮、输出用指示灯进行选型，其次，进行 I/O 地址分配，最后，进行接线。

软件系统设计：利用所学知识编写抢答器控制程序及注释，下传到 PLC 中，并进行调试。

任务2 自动门的控制

自动门方便人们的出行，已广泛应用于银行、酒店、大型商场等场合。在自动门控制系统的设计中，稳定、安全是首先需要考虑的因素，过去的自动门系统一般采用逻辑控制模块控制，因故障率高、可靠性低、维修不方便等原因而逐步被淘汰，PLC 的应用解决了这些问题。

任务描述

1. 自动门控制装置的硬件组成

自动门控制装置由红外感应器、开门减速开关、开门限位开关、关门减速开关、关门限位开关、开门执行机构(电动机正转)、关门执行机构(电动机反转)等部件组成，如图 2.2.1 所示。

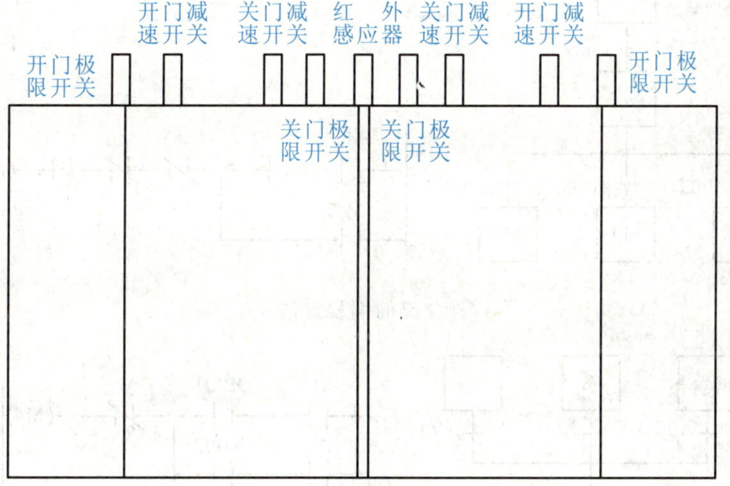

图 2.2.1　自动门控制装置示意图

2. 控制要求

人靠近自动门时，红外感应器为 ON，驱动电动机高速开门，碰到开门减速开关时，变为低速开门，碰到开门极限开关时电动机停止转动，开始延时。若在 0.5 s 内红外感应器检测到无人，驱动电动机高速关门。碰到关门减速开关时，改为低速关门，碰到关门极限开关时电动机停止转动。在关门期间若感应器检测到有人，停止关门，延时后自动转换为高速开门。

要求用步进顺控指令来实现自动门控制系统，画出功能流程图并转换成梯形图和指令表。

任务分析

顺序控制中经常碰到分支结构，要有相应的处理方法。常见选择序列结构形式的顺序功能流程图如图 2.2.2 所示。

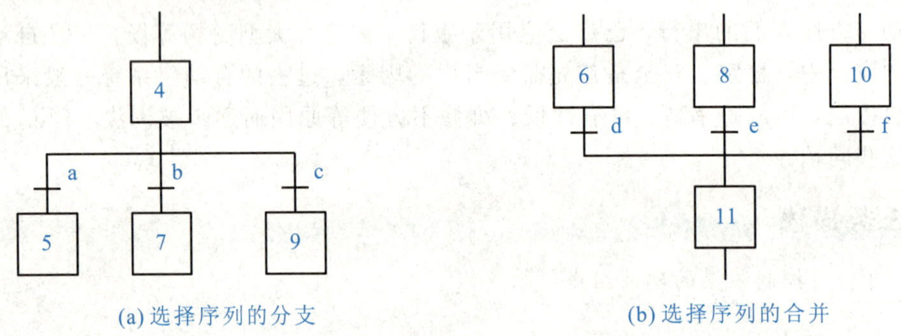

图 2.2.2 选择序列结构

采用“起—保—停”电路实现的选择序列的编程方法如图 2.2.3 所示。

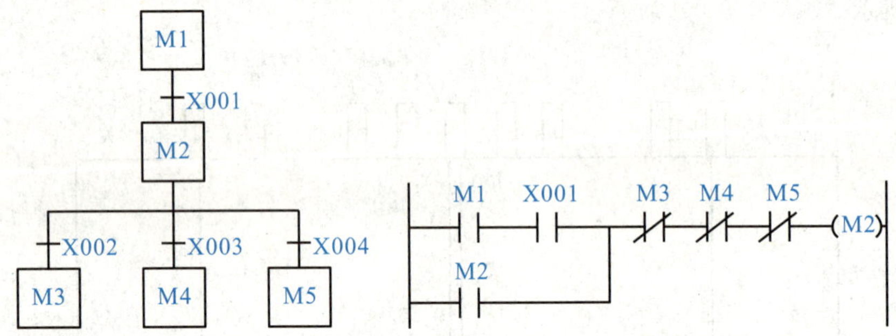

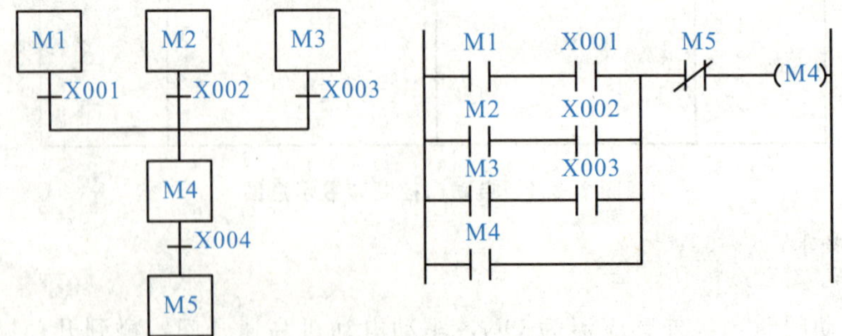

图 2.2.3 选择序列

注意：仅有两步的闭环处理如图 2.2.4 所示。

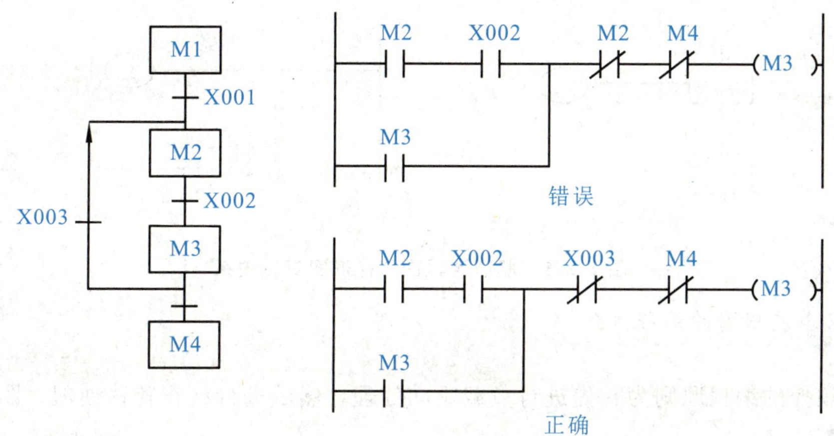

图 2.2.4 闭环处理

本任务重点解决自动门控制中条件转移的编程实现，完成本任务须达成的目标如下。

序 号	类 别	目 标
1	知识	1. 掌握 PLC 基本逻辑指令 2. 掌握 PLC 定时器指令 3. 掌握 PLC 计数器指令
2	技能	1. 安装连线 PLC 系统 2. 熟练应用编程软件 3. 会利用基本逻辑指令和定时器指令编程 4、具备程序编辑、修改、下传与调试能力 5. 正确选择与安装电气设备
3	职业素养	1. 相互沟通能力及团队协作精神 2. 良好的职业道德 3. 质量、成本、安全、环保意识

相关知识

一、状态流程图的编程方法

1. 状态的三要素

对状态流程图进行编程，不仅是使用 STL，RET 指令的问题，还要搞清楚状态的特性及要素。

状态流程图中的状态有驱动负载、指定转移目标和指定转移条件三个要素。其中指定转移目标和指定转移条件是必不可少，而驱动负载则视具体情况，也可能不进行实际的负载驱动。图 2.2.5 说明了状态流程图和梯形图的对应关系。其中 Y5 为其驱动的负载，S21 为其转移目标，X3 为其转移条件。

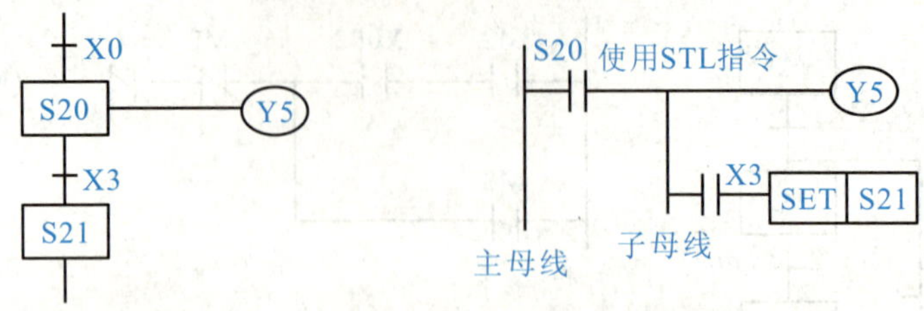

图 2.2.5　状态流程图与梯形图对应关系

2. 状态流程图的编程方法

步进顺控的编程原则为：先进行负载驱动处理，然后进行状态转移处理。图 2.2.5 对应程序如下

```
SEL   S20   //使用 STL 指令
OUT   Y5    //进行负载驱动处理
LD    X3    //转移条件
SET   X21   //进行转移处理
```

从程序可看到，负载驱动及转移处理，首先要使用 STL 指令，这样保证负载驱动和状态转均是在子母线上进行。状态的转移使用 SET 指令，但若为向上转移、向非连续的下游转移或向其他流程转移，称为顺序不连续转移，非连续转移不能使用 SET 指令，而用 OUT 指令。

3. 状态的开启与关闭及状态流程图执行的特点

STL 指令的含意是提供一个步进接点，其对应状态的三个要素均在步进接点之后的子母线上实现。若对应的状态是开启的(即“激活”)，则状态的负载驱动和转移才有可能。若对应状态是关闭的，则负载驱动和状态转移就不可能发生。因此，除初始状态外，其他所有状态只有在其前一个状态处于激活且转移条件成立时才能开启。同时一旦下一个状态被“激活”，上一个状态会自动关闭。

从 PLC 程序的循环扫描执行原理出发，在状态编程程序段落中，所谓“激活”可以理解为该段程序被扫描执行。而“关闭”则可以理解为该段程序被跳过，未能扫描执行。这样，状态流程图的分析就变得条理十分清楚，无需考虑状态时间的繁杂联锁关系，可以理解为：“只干自己需要干的事，无需考虑其他。”另外，这也方便程序的阅读理解，使程序的试运行、调试、故障检查与排除变得非常容易，这就是运用状态编程思想解决顺控问题的优点。

二、编程要点及注意事项

1)状态编程顺序为：先进行驱动，再进行转移，不能颠倒。

2)对状态处理，编程时必须使用步进接点指令 STL。

3)程序的最后必须使用步进返回指令 RET，返回主母线。

4)驱动负载使用 OUT 指令。当同一负载需要连续多个状态驱动，可使用多重输出，也可使用 STL 指令将负载置位，等到负载不需驱动时用 RST 指令将其复位。在状态程序中，不同时“激活”的“双线圈”是允许的。另外相邻状态使用的 T、C 元件，编号不能相同。

5)负载的驱动、状态转移条件可能为多个元件的逻辑组合，视具体情况，按串、并联关系处理，不能遗漏。

6)若为顺序不连续转移，不能使用 SET 指令进行状态转移，应改用 OUT 指令进行状态转移。

7)在 STL 与 RET 指令之间不能使用 MC、MCR 指令。

8)初始状态可由其他状态驱动，但运行开始必须用其他方法预先作好驱动，否则状态流程不可能向下进行。一般用系统的初始条件，若无初始条件，可用 M8002(PLC 从 STOP→RUN 切换时的初始脉冲)进行驱动。需在停电恢复后继续原状态运行时，可使用 S500→S899 停电保持状态元件。

三、选择性分支、汇合的编程

编程原则是先集中处理分支状态，然后再集中处理汇合状态。

1. 分支状态的编程

编程方法是先进行分支状态的驱动处理，再依顺序进行转移处理。

S20 的分支状态如图 2.2.6 所示。

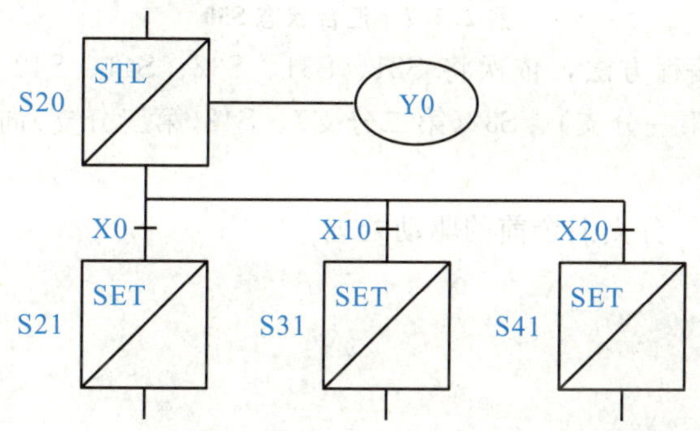

图 2.2.6　S20 的分支状态

按分支状态的编程方法，首先对 S20 进行驱动处理(OUT Y0)，然后按 S21、S31、S41 的顺序进行转移处理，程序如下

```
STL   S20
OUT   Y0    //驱动处理
LD    X0
SET   S21   //转移到第一分支状态
LD    X10
```

```
SET  S31   //转移到第二分支状态
LD   X20
SET  S41   //转移到第三分支状态
```

2. 汇合状态的编程

编程方法是先进行汇合前状态的驱动处理，再依顺序进行向汇合状态的转移处理。汇合状态及汇合前状态，如图 2.2.7 所示。

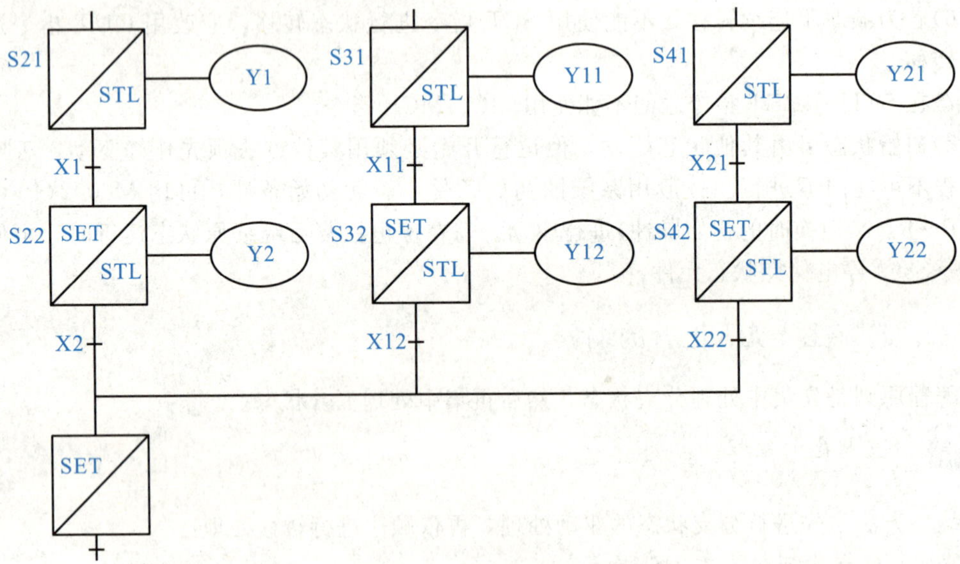

图 2.2.7　汇合状态 S50

按照汇合状态的编程方法，依次将 S21、S31、S32、S41、S42 的输出进行处理，然后按顺序进行从 S22(第一分支)、S32(第二分支)、S42(第三分支)向 S50 的转移，汇合程序如下

```
STL  S21   //第一分支汇合前的驱动处理
OUT  Y1
LD   X1
SET  S22
STL  S22
OUT  Y2
STL  S31   //第二分支汇合前的驱动处理
OUT  Y11
LD   X11
SET  S32
STL  S32
OUT  Y12
```

```
STL   S41   //第三分支汇合前的驱动处理
OUT   Y21
LD    X21
SET   S42
STL   S42
OUT   Y22
STL   S22   //汇合前的驱动处理
LD    X2
SET   S50   //由第一分支转移到汇合点
STL   S32
LD    X12
SET   S50   //由第二分支转移到汇合点
STL   S42
LD    X22
SET   S50   //由第三分支转移到汇合点
```

任务实施

一、硬件设计

1. 硬件选型

(1)PLC 选型

由于控制对象单一，控制过程简单，I/O 点数很少，系统没有其他特殊要求，故本任务选用三菱 FX_{2N}-32MR 为宜，采用 220 V、50 Hz 的交流电源供电，接在 L、N 端。

(2)输入电路

输入电路由红外感应器、开门减速开关、开门极限开关、关门减速开关和关门极限开关组成，全部采用 24 V 直流电源，由 PLC 本身供电。

(3)输出电路

输出电路由高低速开门和高低速关门 4 个接触器组成，额定电压为 220 V，由外部电源供电，熔断器用于短路保护。

2. 资源分配

根据自动门的控制要求，所用器件的资源分配如表 2.2.1 所示，相应的 I/O 接线图如图 2.2.8 所示。

表 2.2.1 自动门资源分配表

输入		输出	
输入继电器	作用	输出继电器	作用
X000	红外感应器	Y000	电动机高速开门
X001	开门减速开关	Y001	电动机低速开门
X002	开门极限开关	Y002	电动机高速关门
X003	关门减速开关	Y003	电动机低速关门
X004	关门极限开关		

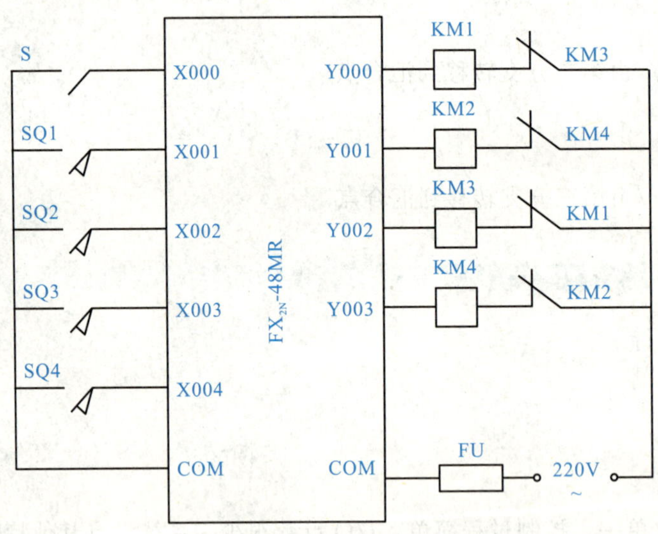

图 2.2.8 自动门控制 PLC I/O 接线图

3. 硬件安装

将 PLC 与热源、高电压和电子噪声隔离开，为接线和散热留出适当的空间；电源定额；接地和接线。

二、软件设计

1. 软件编程

自动门控制的功能流程图如图 2.2.9 所示，相应的梯形图如图 2.2.10 所示。

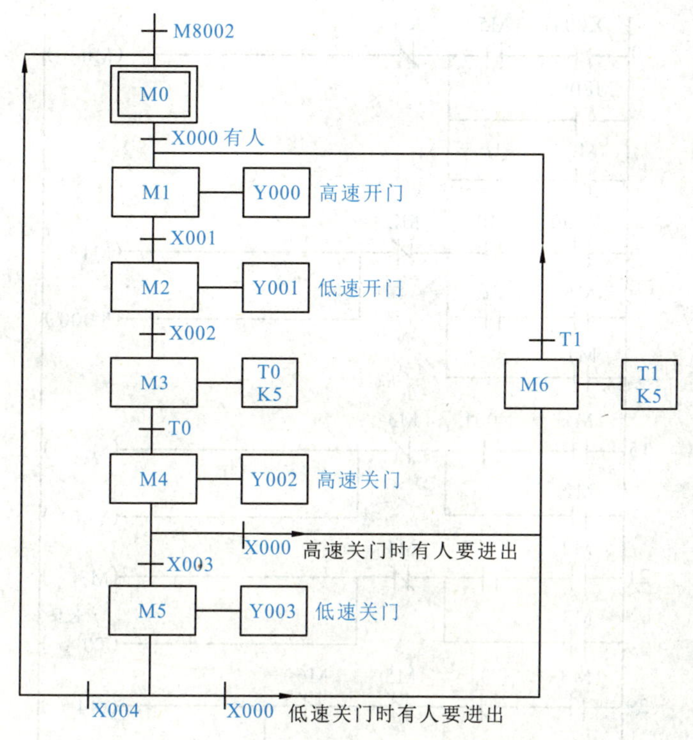

图 2.2.9　自动门控制的功能流程图

2. 程序调试

1)在断电状态下，连接好 PC/PPI 电缆。

2)将 PLC 运行模式选择开关拨到 STOP 位置，此时 PLC 处于停止状态，可以进行程序编写。

3)在作为编程器的计算机上，运行 SWOPC-FXGP/WIN-C 或 GX Developer 编程软件。

4)将图 2.2.10 所示的梯形图程序输入到计算机中。

5)执行“PLC”→“传送”→“写出”命令，将程序文件下载到 PLC 中。

6)将 PLC 运行模式的选择开关拨到 RUN 位置，使 PLC 进入运行方式。

7)按下起动按钮，对程序进行调试运行，观察程序的运行情况。

8)记录程序调试的结果。

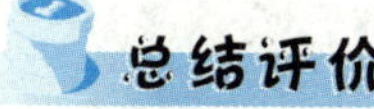

总结评价

一、归纳总结

1)步进指令是解决顺序控制问题的有效工具，状态流程图是描述顺序控制的图解表示，状态流程图由状态、动作、转移条件和转移方向组成。

2)处理顺序控制中的分支结构时，一定要注意分支条件和汇合条件的正确编程，这

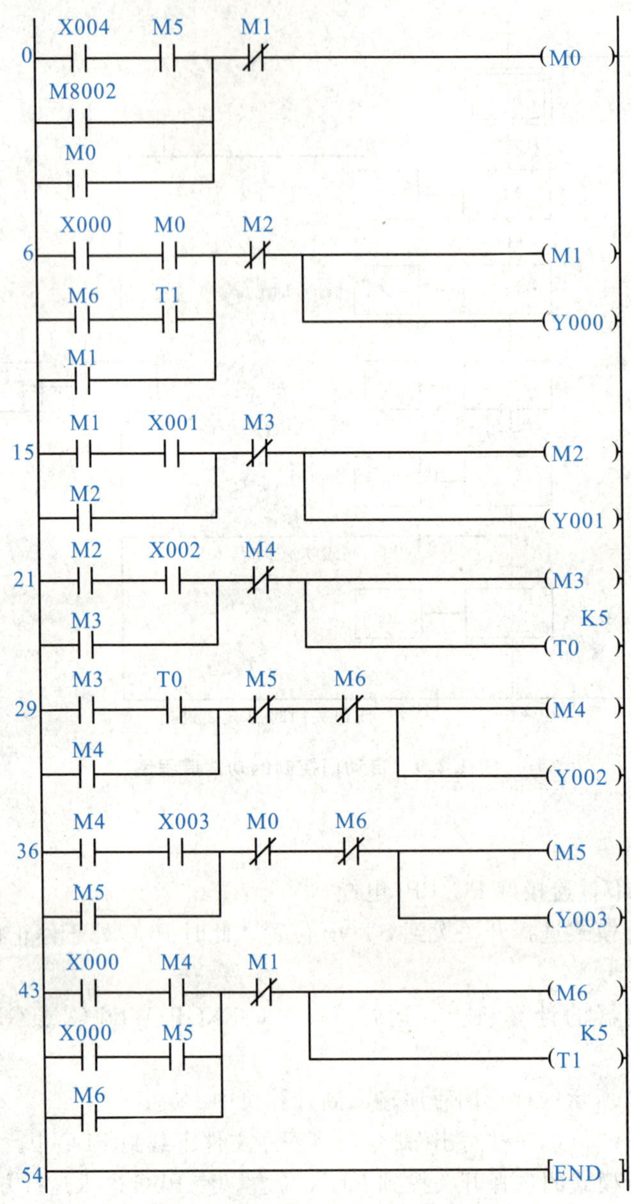

图 2.2.10　自动门控制的梯形图

是解决问题的关键。

3)闭环结构的功能流程图转换成梯形图要引起足够重视。

4)用步进指令编制顺序控制系统程序要注意相关规定。

二、检查评价

根据任务具体实施情况，依据下表各项内容逐项进行检查验收，评价赋分。

项目评价表	项目名称	顺序控制系统的设计与安装	项目承接人	
	任务名称	自动门的控制		
评价内容		标准分值	自我评分（30%）	教师评分（70%）
知识：(30)				
PLC步进指令		5		
状态流程图编程方法		10		
闭环结构的正确处理		5		
分支机复杂状态流程图的正确处理		10		
技能：(30)				
红外感应器等控制系统硬件选型与安装		10		
自动门控制系统程序编辑与调试		10		
自动门控制程序方案选择		5		
是否在规定时间内独立完成		5		
方法：(20)				
工具使用方法		6		
系统安装及调试方法		7		
解决具体问题的方法		7		
素质：(10)				
质量成本意识		4		
安全环保意识		3		
团队责任意识		3		
评估：(10)				
描述本任务的目标		5		
有待改进之处及改进方法		5		
总分		100		

具有停止功能的送料小车的控制

图2.2.11所示为送料小车的工作示意图及顺序功能图，若在控制要求中增加“停止功能”，即“按下停止按钮X004，送料小车在完成当前工作周期的最后一步后，返回初始步，系统停止工作”。试绘制顺序功能图并用“起—保—停”电路的编程方法来设计梯形图。

编程分析：在控制要求中，停止按钮X004的按下并不是按顺序进行的，在任何时候都可能按下停止按钮，而且不管什么时候按下停止按钮都要等到当前工作周期结束后才能响应。所以停止按钮X004的操作不能在顺序功能图中直接反映出来，可以用辅助继电

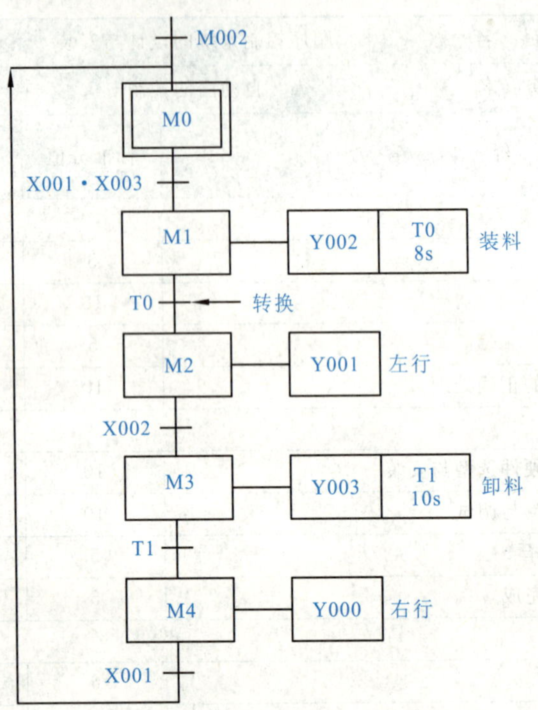

图 2.2.11 送料小车的工作示意图

器 M7 间接表示出来，如图 2.2.12 所示。

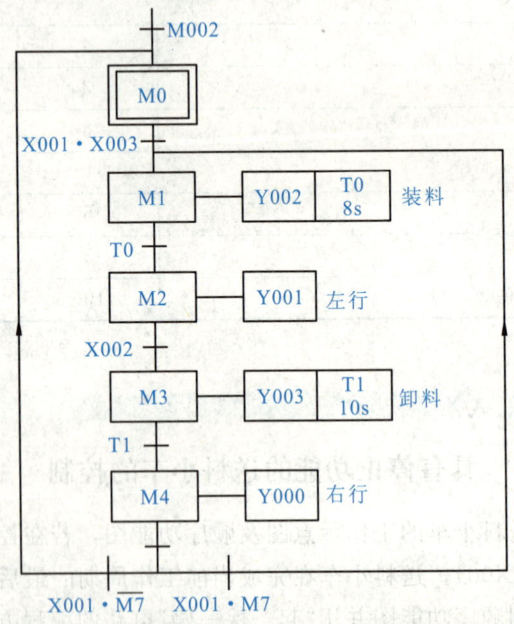

图 2.2.12 具有停止功能的送料小车控制顺序功能图

为了实现按下停止按钮 X004 后，在步 M4 之后结束工作，这就需要在梯形图中设置了用"起—保—停"电路控制的辅助继电器 M7，即按下起动按钮 X003 后，M7 变为 ON。

它只是在步 M4 之后的转换条件中出现，M7 所以在按了停止按钮 X004，M7 变为 OFF 后，系统不会马上停止运行。送料小车返回限位开关 X001 处时，如果没有按停止按钮，转换条件 X001 · M7 满足，系统将返回步 M1，开始下一周期的工作。如果已经按了停止按钮，M7 为 OFF，右限位开关 X001 为 ON 时，转换条件 X001 · M7 满足，系统将返回初始步 M0，停止运料。

用“起—保—停”电路的编程方法设计的送料小车控制的梯形图如图 2.2.13 所示。

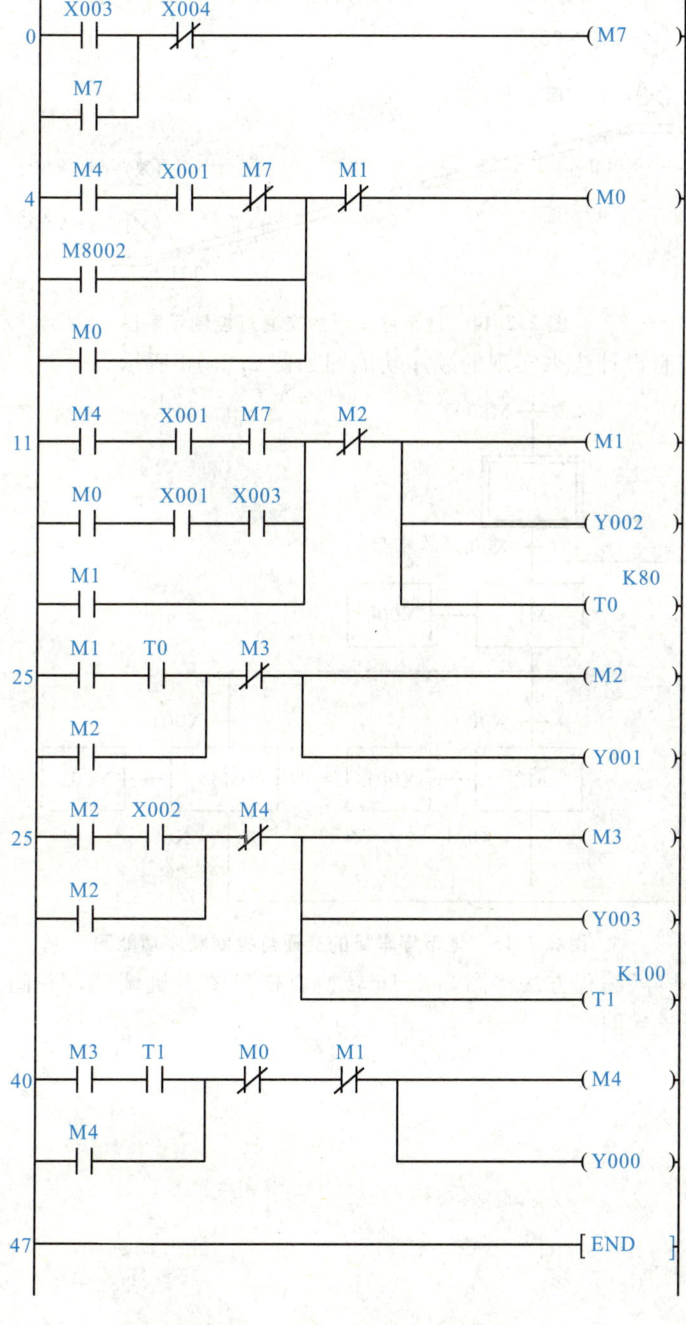

图 2.2.13　送料小车控制的梯形图

练习与实训

1. 如图 2.2.14 所示，在地下停车场的出入口处，为了节省空间，同时只允许一辆车进出，在进出通道的两端设置有红绿灯，光电开关 X000 和 X001 用于检测是否有车经过，光线被车遮住时 X000 或 X001 为 ON。有车进入通道时(光电开关检测到车的前沿)两端的绿灯灭，红灯亮，以警示两方后来的车辆不可再进入通道。车开出通道时，光电开关检测到车的后沿，两端的红灯灭，绿灯亮，其他车辆可以进入通道。

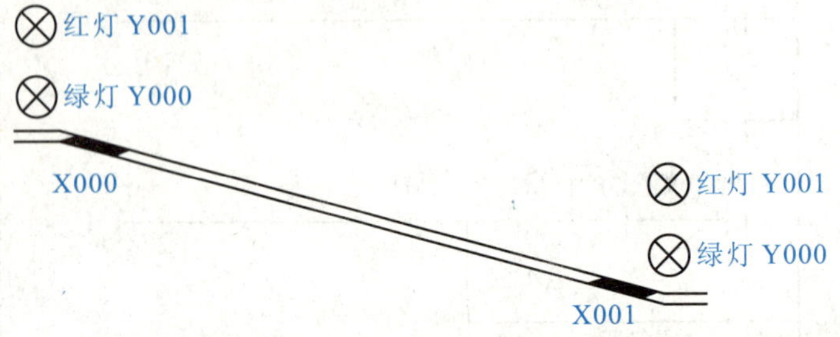

图 2.2.14　地下停车场的交通灯控制示意图

2. 用顺序控制设计法来实现的顺序功能图如图 2.2.15 所示。

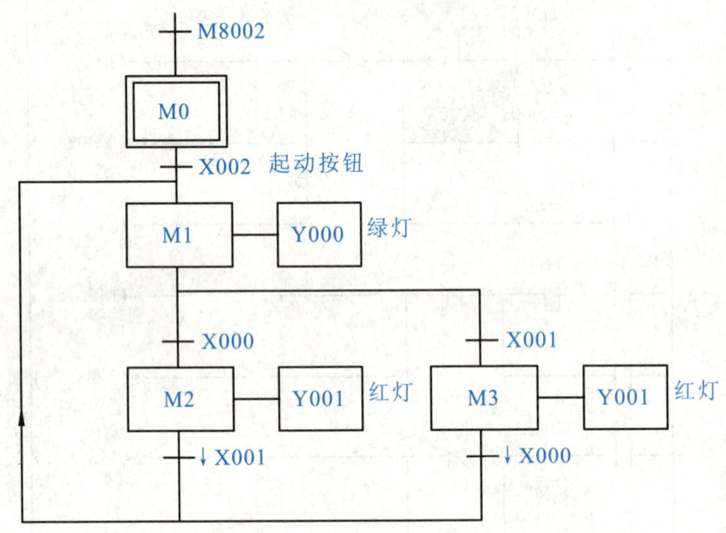

图 2.2.15　地下停车场的交通灯控制顺序功能图

用“起—保—停”编程方法将图 2.2.15 转换成梯形图上机调试，并画出在没有起动按钮情况下的功能流程图。

特殊功能控制系统的设计与安装

电镀生产线的控制

电镀生产线上采用 PLC 作为核心控制部件，以保证电镀产品严格按工艺流程运行，确保准确的电镀时间，这样可以使电镀产品质量得到严格保证，有效减少废品率，提高生产效率和减轻工人劳动强度，有着非常好的经济效益和社会效益，其控制更为安全、可靠、方便、灵活，自动化程度更高。

任务描述

电镀生产线有三个槽，工件由装有可升降吊钩的行车带动，经过电镀、镀液回收、清洗等工序，实现对工件的电镀。工艺要求为：工件放入镀槽中，电镀 280 s 后提起，停放 28 s，让镀液从工件上流回镀槽，然后放入回收液槽中浸 30 s，提起后停 15 s，接着放入清水槽中清洗 30 s，最后提起停 15 s 后，行车返回原位，电镀一个工件的全过程结束。电镀工艺流程如图 3.1.1 所示。

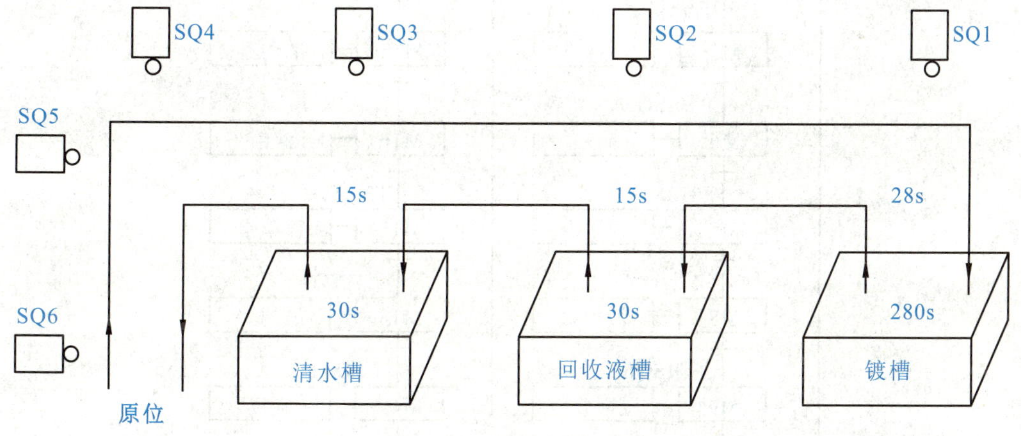

图 3.1.1　电镀工艺流程图

任务分析

电镀生产线动作过程如下所述。

吊钩上升：按下起动按钮 SB1，吊钩上升，当碰到上限位开关 SQ5 后，吊钩上升停止。

行车前进：在吊钩停止的同时，行车电动机正转前进。

吊钩下降：行车前进至压下限位开关 SQ1 时，行车停止前进，吊钩下降。

定时电镀：吊钩下降至下限开关 SQ6 时，吊钩停止下降，T0 开始计时，定时电镀 280 s。

吊钩上升：T0 定时到，吊钩上升。

定时滴液：吊钩上升至压下 SQ5 时，吊钩停止上升，同时 T1 开始计时，工件停留 28 s 滴液。

行车后退：T1 定时到，行车电动机反转后退，转入下一道工序。

停止时，按下 SB2 即可实现。

电镀工作流程图如图 3.1.2 所示。

图 3.1.2　电镀工作过程流程图

本任务要解决的问题是利用跳转指令实现电镀生产线的点动和自动控制，利用移位指令编程实现电镀工艺流程的控制。完成本任务需达成的目标如下。

序 号	类 别	目 标
1	知识	1. 熟悉 PLC 位元件与字元件 2. 掌握 PLC 程序流向控制指令 3. 掌握 PLC 传送与比较指令 4. 掌握 PLC 循环与移位指令
2	技能	1. 能对 PLC 系统熟练安装连线 2. 熟练应用编程软件 3. 利用跳转和移位功能指令编程 4. 具备程序编辑、修改、下传与调试能力 5. 正确选择与安装电气设备
3	职业素养	1. 相互沟通能力及团队协作精神 2. 良好的职业道德 3. 质量、成本、安全、环保意识

相关知识

PLC 的应用范围越来越广，特别是涉及模拟量、数字量信号处理，不仅在硬件构成上使 PLC 产品不断更新，促使各种特殊功能模块诞生，PLC 的运算速度更快，存储容量更大，而且由于程序中有大量的数据传送，数据处理以及数值运算等工作，应用程序结构也越来越复杂，要求 PLC 的系统程序功能更强，各种专用的功能子程序更丰富。FX_{2N} 系列 PLC 除了有 27 条基本指令、2 条步进指令外，还有丰富的功能指令。功能指令实际上就是许多功能不同的子程序调用，既能简化程序设计，又能完成复杂的数据处理、数值运算、提升控制功能和信息化处理能力。

一、位元件与字元件

1. 位元件

只具有接通(ON 或 1)或断开(OFF 或 0)两种状态的元件称为位元件。

2. 字元件

字元件是位元件的有序集合，FX 系列的字元件最少 4 位，最多 32 位，其范围如表 3.1.1所示。

表 3.1.1 字元件范围

符 号	表 示 内 容
KnX	输入继电器位元件组合的字元件，也称为输入位组件
KnY	输出继电器位元件组合的字元件，也称为输出位组件
KnM	辅助继电器位元件组合的字元件，也称为辅助位组件

续表

符　　号	表　示　内　容
KnS	状态继电器位元件组合的字元件，也称为状态位组件
T	定时器 T 的当前值寄存器
C	计数器 C 的当前值寄存器
D	数据寄存器
V、Z	变址寄存器

(1)位组件

多个位元件按一定规律的组合叫位组件，例如输出位组件 KnY0，K 表示十进制，n 表示组数，n 的取值为 1～8，每组有 4 个位元件，Y0 是输出位组件的最低位。KnY0 的全部组合及适用指令范围如表 3.1.2 所示。

表 3.1.2　KnY0 的全部组合及适用指令范围

指令适用范围		KnY0	包含的位元件 最高位～最低位	位元件个数
n 取值 1～8 适用于 32 位指令	n 取值 1～4 适用于 16 位指令	K1Y0	Y3～Y0	4
		K2Y0	Y7～Y0	8
		K3Y0	Y13～Y0	12
		K4Y0	Y17～Y0	16
	n 取值 5～8 只能适用于 32 位指令	K5Y0	Y23～Y0	20
		K6Y0	Y27～Y0	24
		K7Y0	Y33～Y0	28
		K8Y0	Y37～Y0	32

(2)数据寄存器 D、V、Z

数据寄存器的存储如图 3.1.3 所示，数据寄存器 D、V、Z 元件编号与功能如表 3.1.3所示。

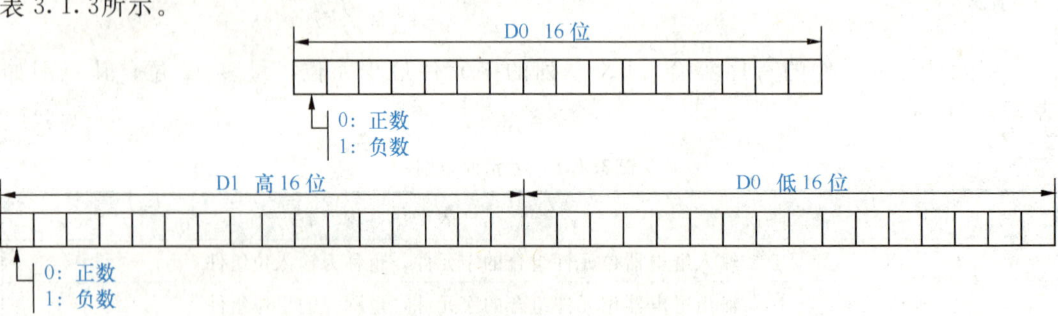

图 3.1.3　16 位与 32 位数据寄存器

表 3.1.3　数据寄存器 D、V、Z 元件编号与功能

通　　用	停电保持用（可用程序变更）	停电保持专用（不可变更）	特　殊　用	变　址　用
D0～D199 共 200 点	D200～D511 共 312 点	D512～D7999 共 7 488 点	D8000～D8195 共 196 点	V7－V0，Z7－Z0 共 16 点

16 位数据寄存器所能表示的有符号数的范围为：－32 768～32 767。

32 位数据寄存器所能表示的有符号数的范围为：－2 147 483 648～2 147 483 647。

二、程序流向控制功能指令(FNC00～FNC09 共 10 条)

1. 条件跳转指令 CJ、CJ(P)(FNC00)

该指令用于某种条件下跳过 CJ 指令和指针标号之间的程序，从指针标号处连续执行，以减少程序执行扫描时间。条件跳转指令 CJ 的使用说明如图 3.1.4 所示。CJ 指令的目标元件是指针标号，其范围是 P0～P63(允许变址修改)，该指令程序步为 3 步，标号占 1 步。

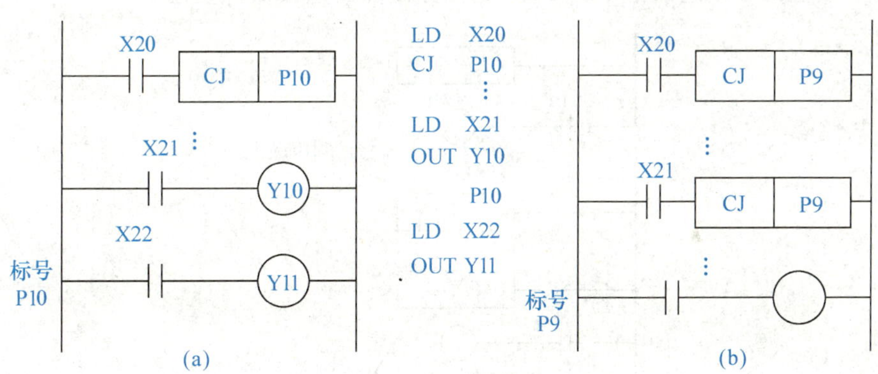

图 3.1.4　CJ 指令使用说明

2. 子程序调用指令与子程序返回指令

CALL 和 CALL(P)称为子程序调用功能指令，用于在一定条件下调用并执行子程序。该指令的目标操作元件是指针标号 P0～P62(允许变址修改)。图 3.1.5 是 CALL、CALL(P)指令的使用说明。

3. 中断指令

FX_{2N}系列 PLC 设置有 9 个中断点(每个中断点占 1 个程序步)，并有 3 条中断指令，即 IRET 中断返回指令，EI 允许中断指令，DI 禁止中断指令。中断信号从 X0～X5 输入，某些定时器也可作为中断源。图 3.1.6 是 3 条中断指令的使用说明。

PLC 通常处于禁止中断状态，而 EI 与 DI 指令之间的程序段为允许中断区间。

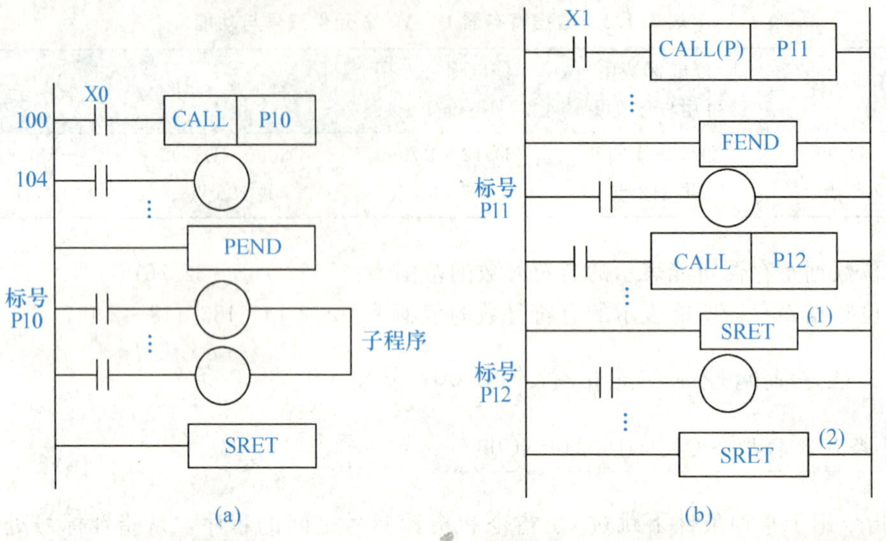

图 3.1.5　CALL、CALL(P)指令的使用说明

当程序扫描到该区间并且出现中断信号时，则停止执行主程序，转去执行相应的中断子程序，处理到中断返回指令 IRET，返回原断点，继续执行主程序。

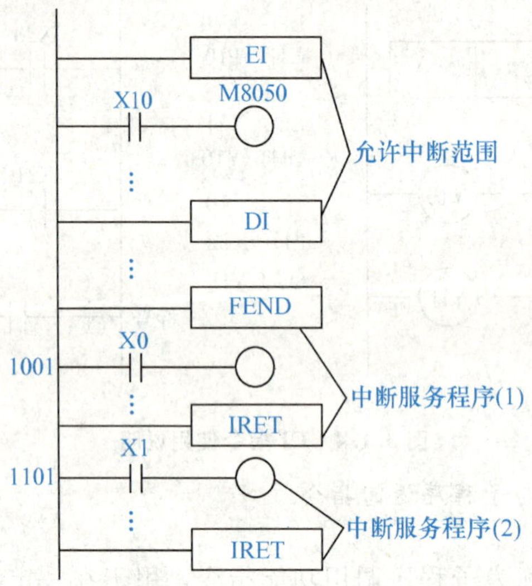

图 3.1.6　中断指令的使用说明

4. 主程序结束指令 FEND(FNC06)

FEND 指令表示主程序结束，是一步指令，无操作目标元件。

图 3.1.7 是 FEND 指令的使用说明，由图可见 CALL 和 CJ 指令的区别。

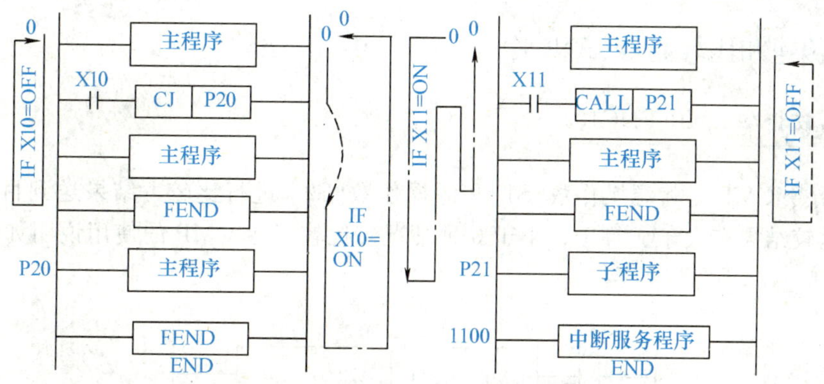

图 3.1.7 FEND 指令的使用说明

5. 警戒时钟指令 WDT(FNC07)

该指令也有连续型和脉冲执行型两种工作方式，如图 3.1.8 所示。

M8002
FNC12 MOV
K200
D8000
监视定时器时间200ms
FNC07 WDT

图 3.1.8 WDT 指令使用说明

6. 循环开始指令 FOR(FNC08)与循环结束指令 NEXT(FNC09)

PLC 程序运行中，需对某一段程序重复多次执行后再执行以后的程序，则需要循环指令。循环指令的循环开始指令(FOR)和循环结束指令(NEXT)必须成对使用，这一对指令的使用说明示于图 3.1.9 中。

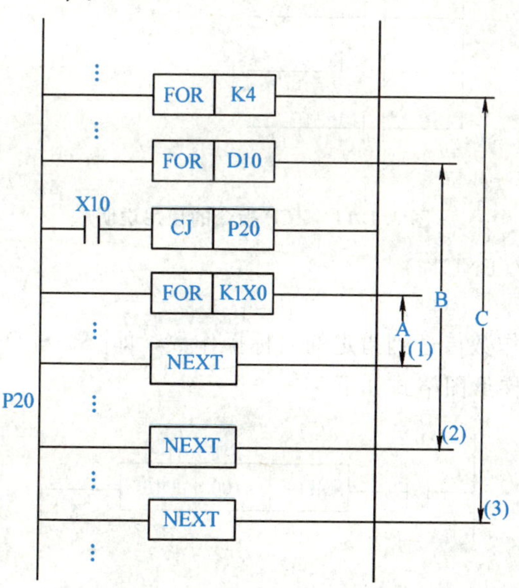

图 3.1.9 FOR、NEXT 指令

三、传送和比较指令(FNC10～FNC19 共 10 条)

1. 比较指令 CMP(FNC10)

比较指令 CMP 是将源操作数[S1]和源操作数[S2] 进行比较，结果送到目标操作数[D]中，比较结果有大于、等于、小于 3 种情况。比较指令 CMP 的使用说明如图 3. 1. 10 所示。

X0 [S1] [S2] [D]
CMP K100 C20 M0
M0 (C20)<K100 M0=ON
M1 (C20)=K100 M1=ON
M2 (C20)>K100 M2=ON

图 3. 1. 10 CMP 指令

2. 区间比较指令 ZCP(FNC11)

区间比较指令 ZCP 是将一个数据与两个源数据进行比较，该指令的使用说明如图 3. 1. 11所示。

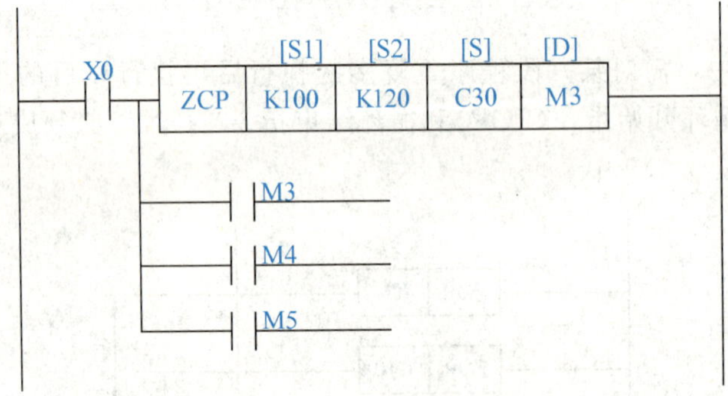

图 3. 1. 11 ZCP 指令的使用说明

3. 传送指令 MOV(FNC12)

传送指令是将源操作数传送到指定的目标操作数，即[S]→[D]。

传送指令 MOV 的梯形图格式如下

X0 [S] [D]
MOV K100 D10

4. 移位传送指令 SMOV(FNC13)

SMOV 指令格式如下

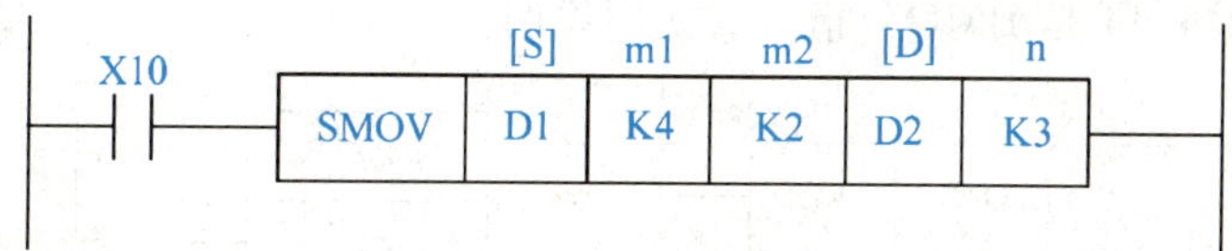

移位传送过程如图 3.1.12 所示。

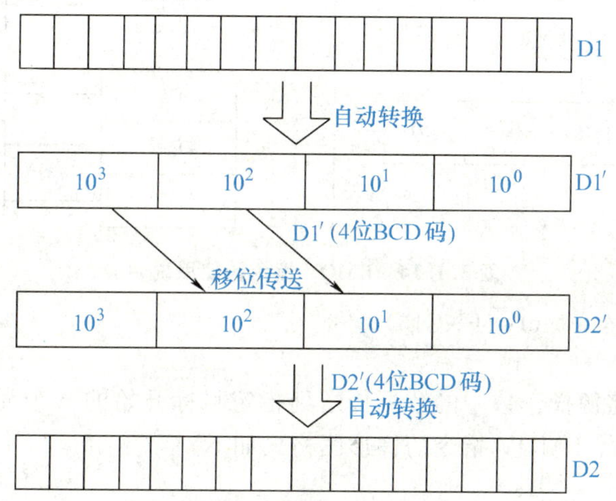

图 3.1.12 移位传送示意图

应用 SMOV 指令，可以方便地将不连续的若干输入端输入的数组合成一个数，其梯形图如图 3.1.13 所示。

M8000
FNC19 BIN | K2X20 | D2
FNC19 BIN | K2X40 | D1
FNC13 SMOV | D1 | K2 | K2 | D2 | K4

图 3.1.13 应用 SMOV 指令

5. 取反传送指令 CML(FNC14)

CML 指令的功能是将源操作数中的数据逐位取反并传送到指定目标操作数。CML 指令的梯形图格式如下

X0
[S] [D]
CML | D0 | K1Y0

6. 块传送指令 BMOV(FNC15)

BMOV 指令的功能是将源操作数指定元件开始的 n 个数据组成的数据块传送到指定的目标中去。图 3.1.14 是 BMOV 指令的使用说明。

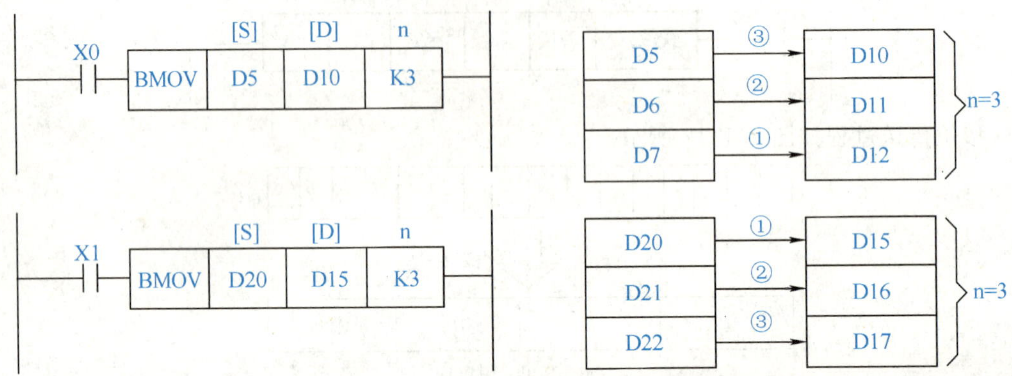

图 3.1.14　BMOV 指令的使用说明

7. 多点传送指令 FMOV(FNC16)

FMOV 指令是将源操作数中的数据传送到指定目标开始的 n 个元件中去，这 n 个元件中的数据完全相同。FMOV 指令的梯形图格式如下

X0 — FMOV | [S] K0 | [D] D0 | n K10

8. 数据交换指令 XCH(FNC17)

XCH 指令是将数据在指定的目标之间进行交换的功能，该指令的梯形图格式如下

X0 — XCH | [D1] D1 | [D2] D17

9. BCD 变换指令(FNC18)

BCD 变换指令是将源操作数中的二进制数转换成 BCD 码并送到目标操作数中去，BCD 变换指令的梯形图格式如下

X0 — BCD | [S] D12 | [D] K2Y0

10. BIN 变换指令(FNC19)

BIN 变换指令是将源元件中的 BCD 码转换成二进制数据送到目标元件中去，BIN 变换指令的梯形图格式如下

X0 [S] [D]
BIN D12 K2Y0

BIN 指令常用于将 BCD 数字开关串设定值输入到 PLC 中去。

传送比较指令的主要用途可以归纳为下面四点。

1)用以获得程序的初始工作数据：一个控制程序总归需要初始数据。

2)机内数据的存取和管理：PLC 运行时，机内有大量的数据的传送。

3)运算处理结果要向输出端口传送。

4)比较指令常用于建立控制点。

四、循环与移位指令(FNC30～FNC39 共 10 条)

1. 右循环移位指令 ROR(FNC30)、左循环移位指令 ROL(FNC31)

两条指令的梯形图格式如下

X10 [D] n
ROR D0 K2
X11 [D] n
ROL D1 K4

2. 带进位右循环移位指令 RCR(FNC32)、带进位左循环移位指令 RCL(FNC33)

这两条指令的梯形图格式如下

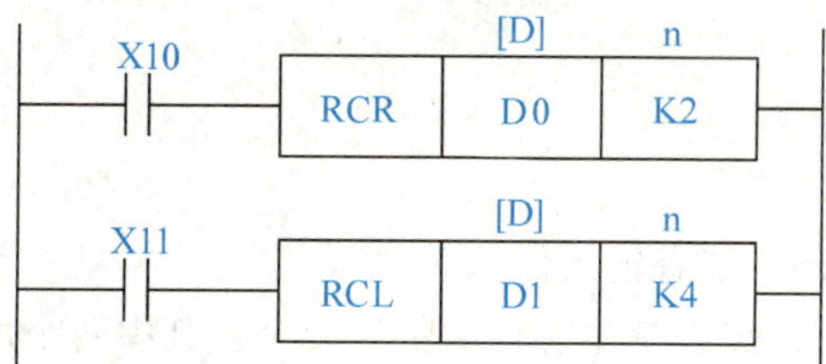

3. 位右移指令 SFTR(FNC34)、位左移指令 SFTL(FNC35)

这两条指令的梯形图格式如下

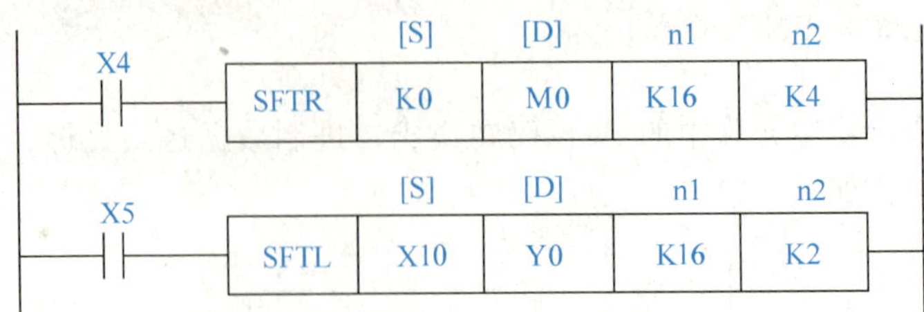

4. 字右移指令 WSFR(FNC36)、字左移指令 WSFL(FNC37)

这两条指令的梯形图格式如下

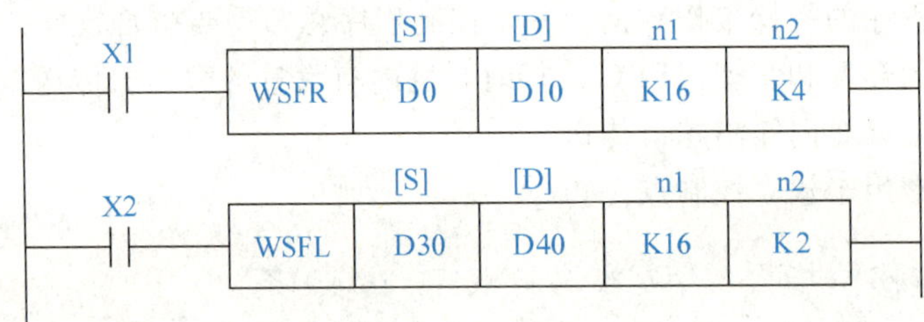

5. 先入先出写入指令 SFWR(FNC38)、先入先出读出指令 SFRD(FNC39)

这两条指令的梯形图格式如下

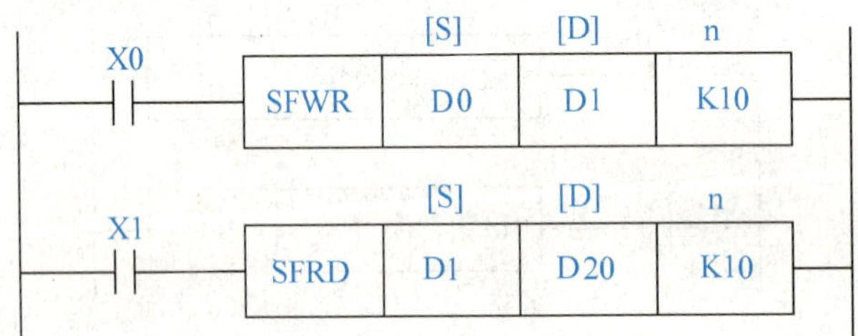

任务实施

一、硬件设计

1. 硬件选型

由于 PLC 组成的控制系统有输入信号 14 个，均为开关量。其中按钮开关 6 个，行程开关 6 个，选择开关 1 个。该系统中有输出信号 5 个，其中两个用于吊钩升降电动机正反转控制接触器 KM1 和 KM2，两个用于行车正反转控制接触器 KM3 和 KM4，1 个用于原位指示。控制系统选用 FX_{2N}-32MR，I/O 点数均为 16 点，满足控制要求，而且还有一定的余量。

2. 资源分配

根据控制要求，所用器件的资源分配如表3.1.4所示，相应的I/O接线图如图3.1.15所示。

表3.1.4　电镀生产线的I/O分配表

输入信号			输出信号		
名称	功能	编号	名称	功能	编号
SB1	起动	X000	HL	原位指示灯	Y000
SB2	停止	X001	KM1	吊钩提升电动机正转接触器	Y001
SB3	吊钩上升	X002	KM2	吊钩提升电动机反转接触器	Y002
SB4	吊钩下降	X003	KM3	行车电动机正转接触器	Y003
SB5	行车前进	X004	KM4	行车电动机反转接触器	Y004
SB6	行车后退	X005			
SA	选择开关(手动)	X006			
SA	选择开关(自动)	X007			
SQ1	行车限位(镀槽)	X011			
SQ2	行车限位(回收液槽)	X012			
SQ3	行车限位(清水槽)	X013			
SQ4	行车限位(原位)	X014			
SQ5	吊钩限位(上升)	X015			
SQ6	吊钩限位(下降)	X016			

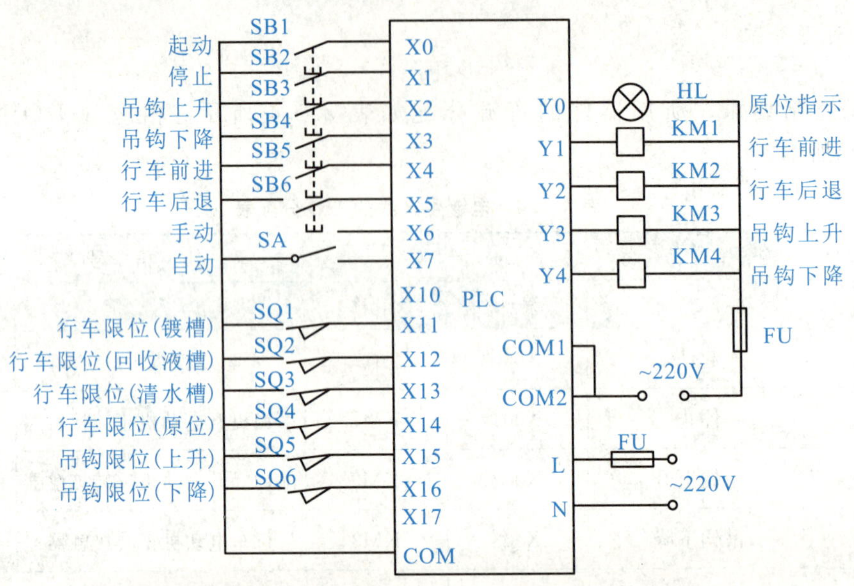

图 3.1.15　电镀生产线输入/输出接线图

二、软件设计

1. 软件编程

电镀生产线的 PLC 控制程序，包括点动操作和自动控制两部分。

(1)点动操作

设有行车的前进和后退操作，吊钩升、降操作。

(2)自动控制

通过状态流程图，可以得知生产线是典型的顺序控制，主要由单个序列构成，通常采用移位指令来实现控制要求会更方便。由于急停或停电后，可通过点动操作完成剩下的工序或者返回原位，因此辅助继电器采用了无断电保持的通电辅助继电器，定时器也采用了常规定时器。

电镀生产线控制的梯形图如图 3.1.16 所示。

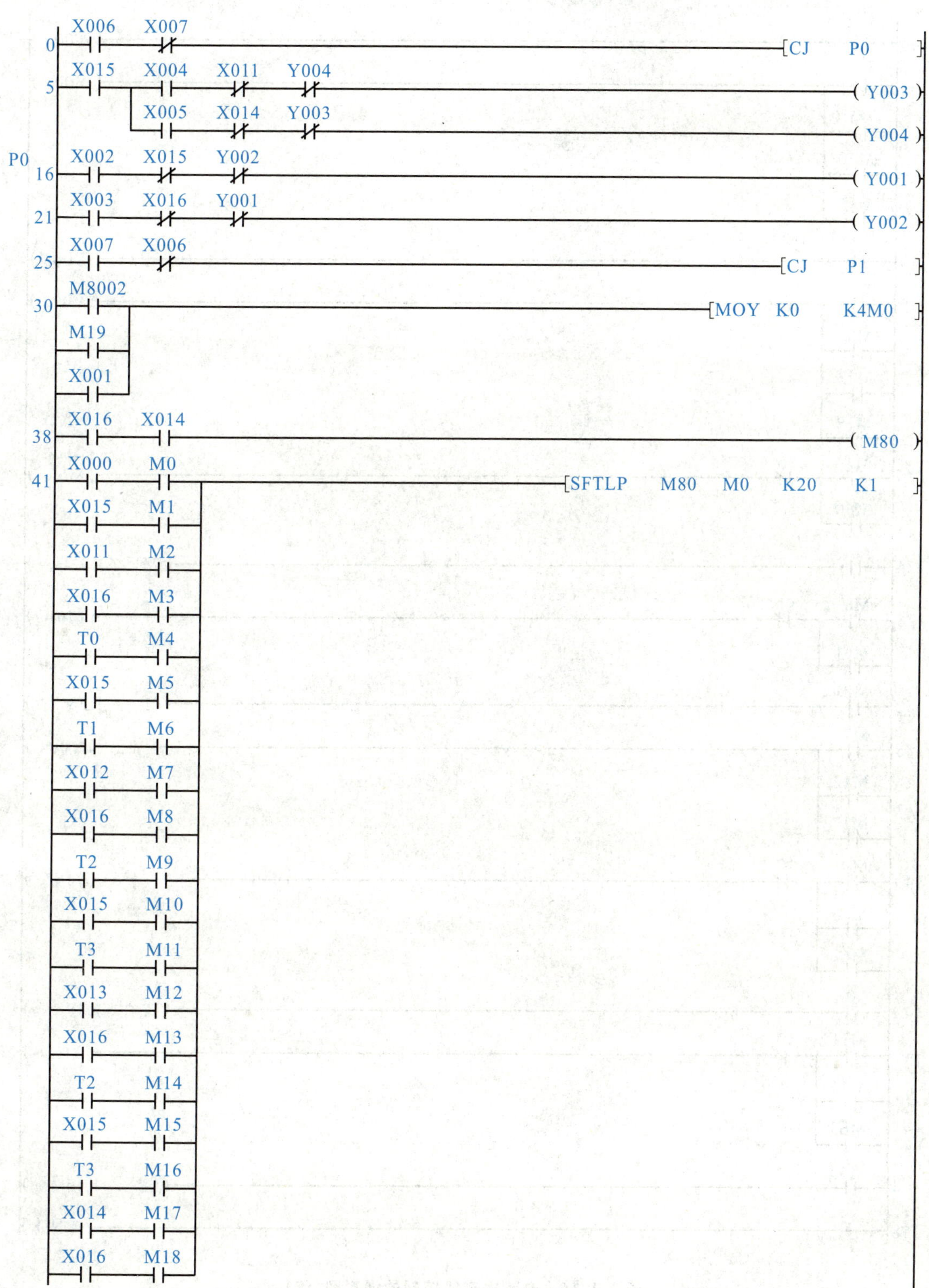

图 3.1.16　电镀生产线控制的梯形图

106 M0 (Y000)
108 M1 (Y001)
M5
M10
M15
113 M2 (Y003)
115 M3 (Y002)
M8
M13
M18
120 M4 T0 (M60)
M60
124 M60 (T0 K280)
128 M8 T1 (M61)
M61
132 M81 (T1 K28)
138 M7 (Y004)
M12
M17
140 M9 T2 (M62)
M14
M62
145 M62 (T2 K30)
149 M11 T3 (M63)
M16
M63
154 M63 (T3 K15)
158 [END]

图 3.1.16　电镀生产线控制的梯形图(续)

2. 程序调试

1)在断电状态下，连接好PC/PPI电缆。

2)将PLC运行模式选择开关拨到STOP位置，此时PLC处于停止状态，可以进行程序编写。

3)在作为编程器的计算机上，运行SWOPC-FXGP/WIN-C或GX Developer编程软件。

4)将图3.1.16所示的梯形图程序输入到计算机中。

5)执行"PLC"→"传送"→"写出"命令，将程序文件下载到PLC中。

6)将PLC运行模式的选择开关拨到RUN位置，使PLC进入运行方式。

7)按下起动按钮，对程序进行调试运行，观察程序的运行情况。

8)记录程序调试的结果。

总结评价

一、归纳总结

1)与基本逻辑指令只能完成一个特定的动作不同，功能指令能完成由数个动作组成的任务，从而使控制更加灵活、方便，程序更加精练和快捷。

2)在基本指令中通常只能对位元件进行操作，而在功能指令中主要对字元件进行操作，这种多位操作方式使程序简练。既能按位操作又能按字操作的元件主要有输入继电器X、输出继电器Y、辅助继电器M和状态继电器S。

3)使用基本指令编程仍沿用继电器控制模式，要考虑众多的联锁控制关系，程序结构较复杂。而功能指令编程应用逻辑模式，即把控制任务转化为解决逻辑问题，不需要考虑过多的联锁控制关系，程序结构清晰。

4)使用功能指令要考虑源、目的操作数的选用范围和使用方法，要注意许多功能指令只适合使用脉冲执行方式。

5)本任务只介绍了程序流向控制指令、传送和比较指令以及循环与移位指令，其他功能指令将在后续任务中陆续介绍。

二、检查评价

根据任务具体实施情况，依据下表各项内容逐项进行检查验收，评价赋分。

项目评价表	项目名称	特殊功能控制系统的设计与安装	项目承接人
	任务名称	电镀生产线的控制	

评价内容	标准分值	自我评分(30%)	教师评分(70%)
知识：(30)			
位元件与字元件	5		
程序流向控制指令	10		
传送和比较指令	5		
循环与移位指令	10		
技能：(30)			
电镀生产线控制系统硬件选型与安装	10		
电镀生产线控制程序编辑与调试	10		
电镀生产线控制程序方案选择	5		
是否在规定时间内独立完成	5		
方法：(20)			
工具使用方法	6		
系统安装及调试方法	7		
解决具体问题的方法	7		
素质：(10)			
质量成本意识	4		
安全环保意识	3		
团队责任意识	3		
评估：(10)			
描述本任务的目标	5		
有待改进之处及改进方法	5		
总分	100		

拓展提高

一、传送比较指令应用

(1)电动机的 Y-△起动控制

本例使用向输出端口送数的方式实现控制，其梯形图如图 3.1.17 所示。

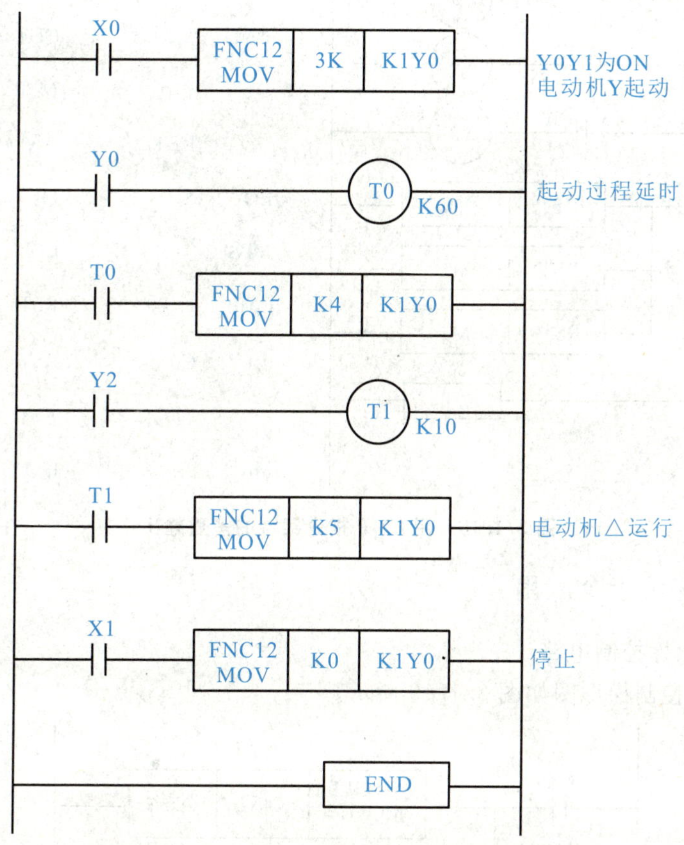

图 3.1.17　用 MOV 指令实现的电动机Y-△起动

(2)用 CMP 指令实现多重输出

用计数器和比较指令，实现按计数值多重输出的梯形图及指令语句表，如图 3.1.18 所示。

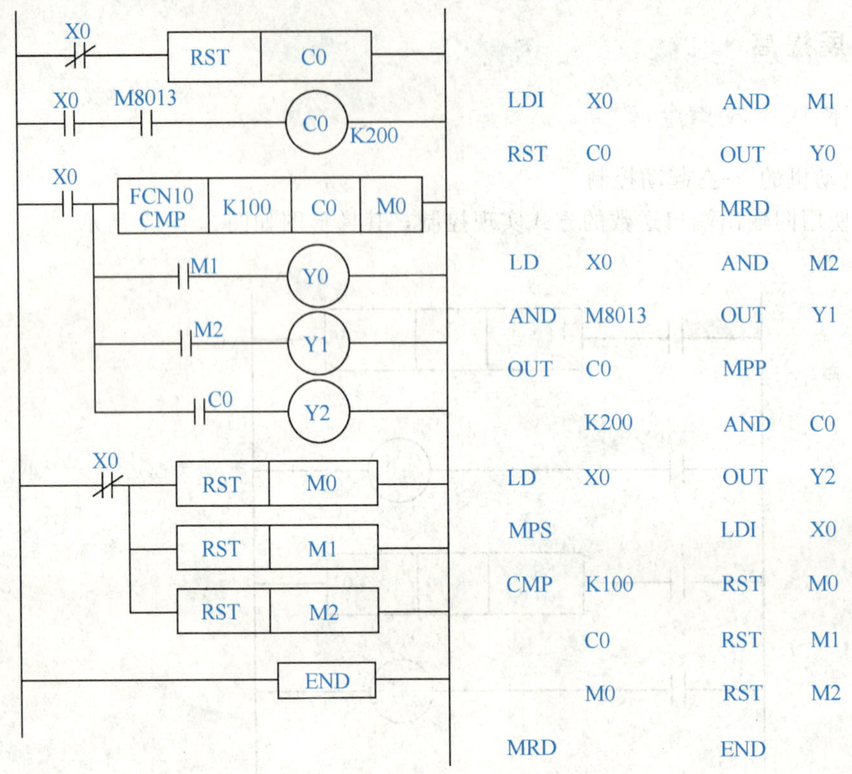

图 3.1.18 用 CMP 指令实现的多重输出

二、循环移位指令应用

(1)产品进出库控制电路

产品进出库控制梯形图如图 3.1.19 所示。

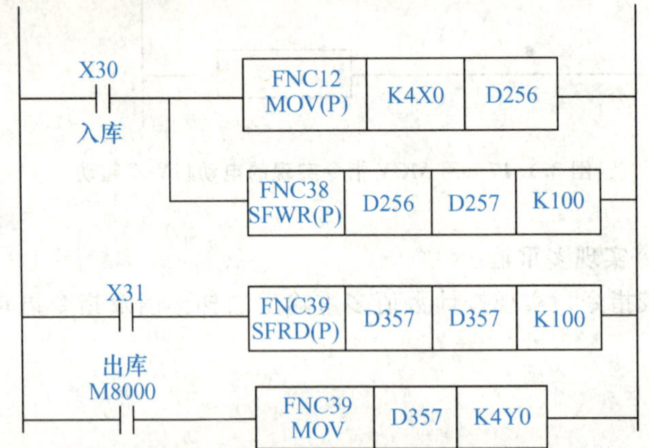

图 3.1.19 产品进出库控制梯形图

(2) 灯光控制电路

控制灯组的梯形图如图 3.1.20 所示。

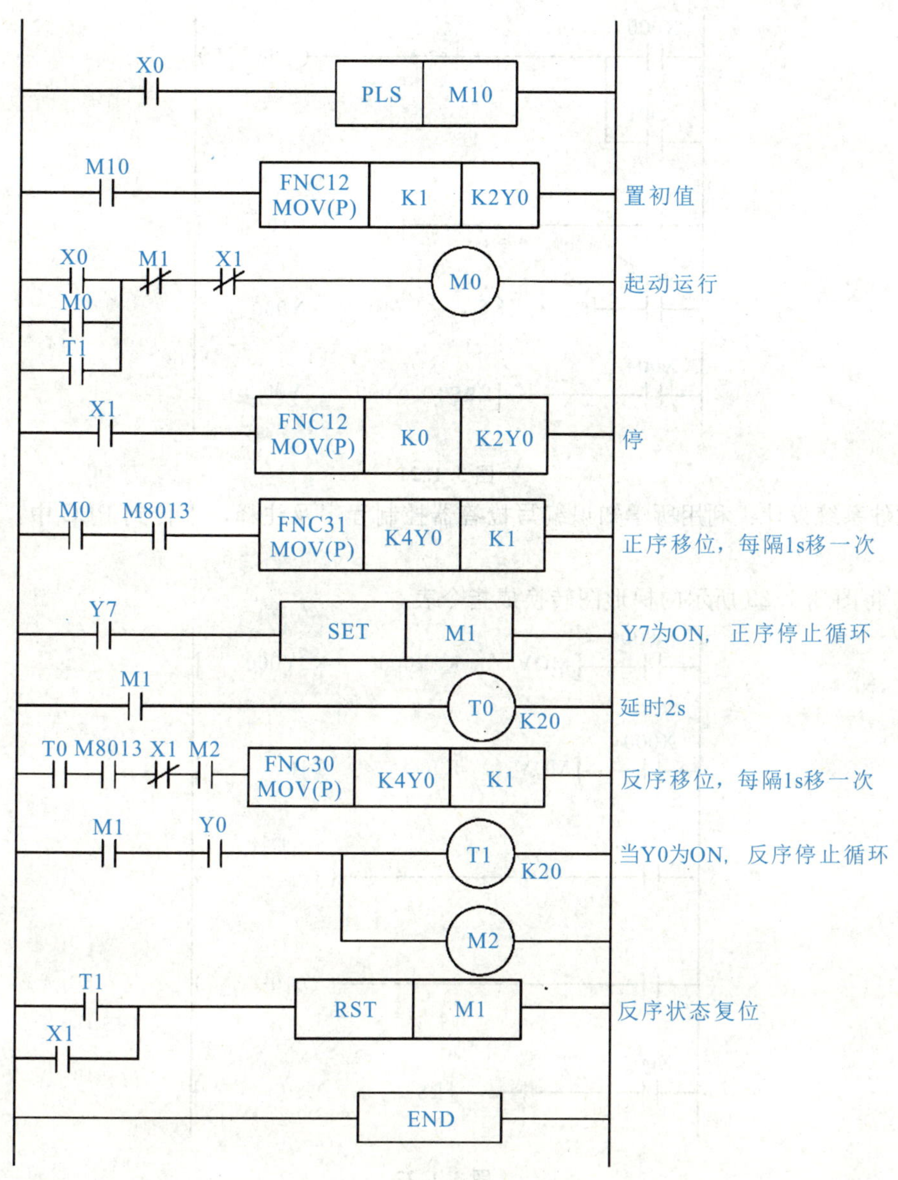

图 3.1.20　灯组移位控制电路梯形图

练习与实训

1. 将图 3.1.21 所示的梯形图转换成指令表，并分析其功能。

2. 设计程序实现下列功能：当 X001 接通时，计数器每隔 1 s 计数。当计数数值小于 50 时，Y010 为 ON，当计数数值等于 50 时，Y011 为 ON，当计数数值大于 50 时，Y012 为 ON。当 X001 为 OFF 时，计数器和 Y010～Y012 均复位。

硬件系统设计：首先对控制系统的 PLC、输入按钮、输出用指示灯进行选型，然后进行 I/O 地址分配，最后进行接线。

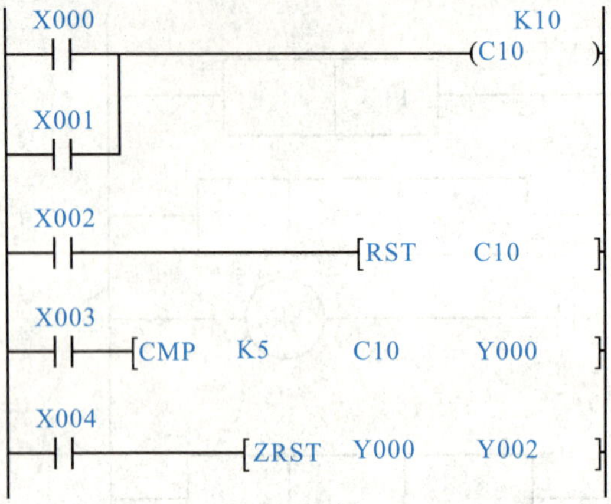

X000 K10 C10
X001
X002 RST C10
X003 CMP K5 C10 Y000
X004 ZRST Y000 Y002

图 3.1.21

软件系统设计：利用所学知识编写抢答器控制程序及注释，下传到 PLC 中，并进行调试。

3. 将图 3.1.22 所示的梯形图转换成指令表。

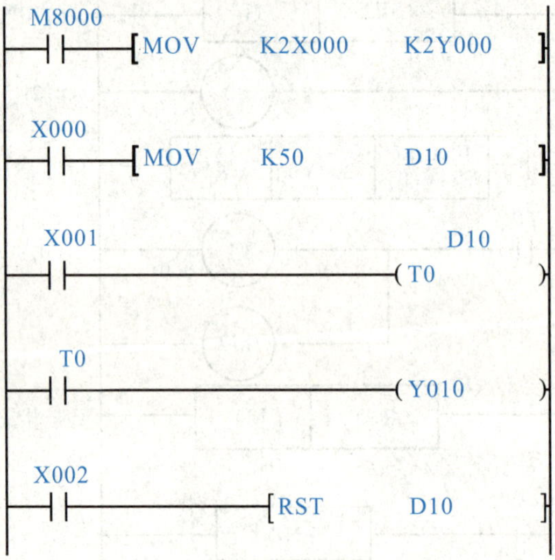

M8000 MOV K2X000 K2Y000
X000 MOV K50 D10
X001 D10 T0
T0 Y010
X002 RST D10

图 3.1.22

4. 将下列指令表转换成梯形图，并分析其功能。

```
LD     X000
ANI    T1
OUT    T0     K20
LD     T0
OUT    T1     K20
LDI    T0
AND    X000
MOVP   K85    K2Y000
```

```
LD      T0
AND     X000
MOVP    K170    K2Y000
END
```

任务2 机械手的控制

机械手是在机械化、自动化生产过程中发展起来的一种新型装置。近年来，随着电子技术的发展，特别是控制计算机的广泛应用，机器人的研制和生产已成为高新技术领域内迅速发展起来的一门新兴技术，它更加促进了机械手的发展，使得机械手能更好地实现与机械化和自动化的有机结合。

机械手虽然目前还不如人手那样灵活，但它具有能不断重复工作、不受环境限制、抓举力量大等特点，因此，机械手已受到许多部门的重视，在以下方面得到广泛应用。

1)机床加工工件的装卸，特别是在自动化车床、组合机床上使用较为普遍。

2)在装配作业中应用广泛，在电子行业中用来装配印制电路板，在机械行业中可以组装零部件。

3)可在劳动条件差，单调重复易于疲劳的工作环境工作，以代替人的劳动。

4)可在危险场合下工作，如军工品的装卸、危险品及有害物的搬运等。

5)宇宙及海洋的开发。

6)军事工程及生物医学方面的研究和试验。

任务描述

设计一个能将A工作台上的工件抓取，搬运到B工作台上的机械手控制系统，其结构示意图如图3.2.1所示。

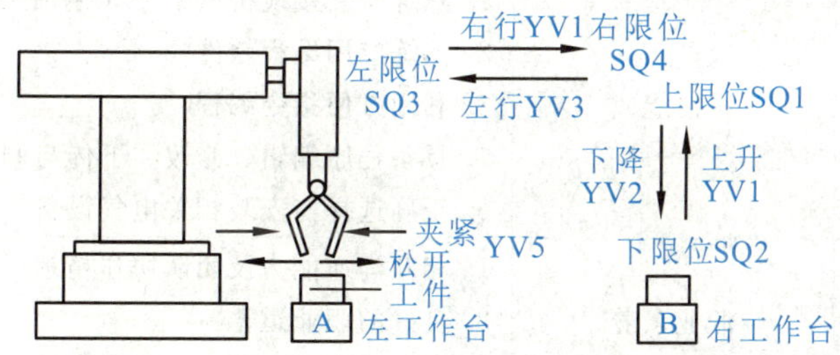

图3.2.1 机械手控制系统结构示意图

控制要求如下。

1)单步工作方式。每次按起动按钮，机械手前进一个工序。

2)单周期工作方式。在原点位置上，每次按起动按钮时，机械手进行一次循环的自动运行并在原位停止。

3)连续运行工作方式。在原点位置上，只要按起动按钮，机械手的动作将自动地、连续不断地周期性循环。若按停止按钮，则继续动作至原位后停止。

任务分析

根据机械手结构示意图和控制要求，将其工作流程表述于图 3.2.2 中。

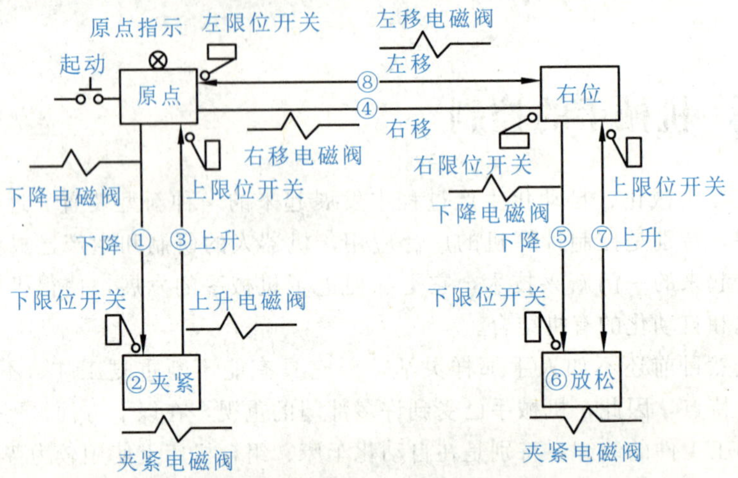

图 3.2.2 机械手工作流程示意图

本任务要解决的问题是利用状态初始化指令或跳转指令完成机械手的控制。完成本任务需达到的目标如下。

序 号	类 别	目 标
1	知识	1. 掌握 PLC 算术运算与逻辑运算指令 2. 掌握 PLC 数据处理指令 3. 熟悉 PLC 高速处理控制指令 4. 了解 PLC 方便指令
2	技能	1. 熟练安装接线机械手 PLC 控制系统 2. 熟练应用编程软件 3. 利用方便指令编程 4. 具备程序编辑、修改、下传与调试能力 5. 正确选择与安装相关电气设备
3	职业素养	1. 相互沟通能力及团队协作精神 2. 良好的职业道德 3. 质量、成本、安全、环保意识

相关知识

一、算术运算和逻辑运算功能指令(FNC20～FNC29 共 10 条)

数据运算指令共有 10 条，所有运算指令均为二进制代数运算。最常用的几种运算指令使用方法介绍如下。

1. 加法指令 ADD(FNC20)

ADD 指令是把两个源操作数[S1]、[S2]相加，结果存放到目标元件[D]中，ADD 加法指令的梯形图格式如下

X0　ADD　[S1] D10　[S2] D12　[D] D14

若源操作数元件和目标元件相同，而且采用连续执行的 ADD、(D)ADD 指令时，加法的结果在每个扫描周期都会改变，如下

X0　(D)ADD　D0　K1　D0　(D0)+1→(D0)

2. 减法指令 SUB(FNC21)

减法指令 SUB 的梯形图格式如下

X0　SUB　[S1] D10　[S2] D12　[D] D14

(D)SUB(P)指令执行结果与后述(D)DEC(P)指令的运算相似，区别仅在于前者可得到标志的状态，即

X1　(D)SUB(P)　D0　K1　D0　(D1,D0)−1→(D1,D0)

3. 乘法指令 MUL(FNC22)

MUL 指令是将两个源操作数[S1]、[S2]相乘，结果存放到目标操作数[D]中。16 位运算如下

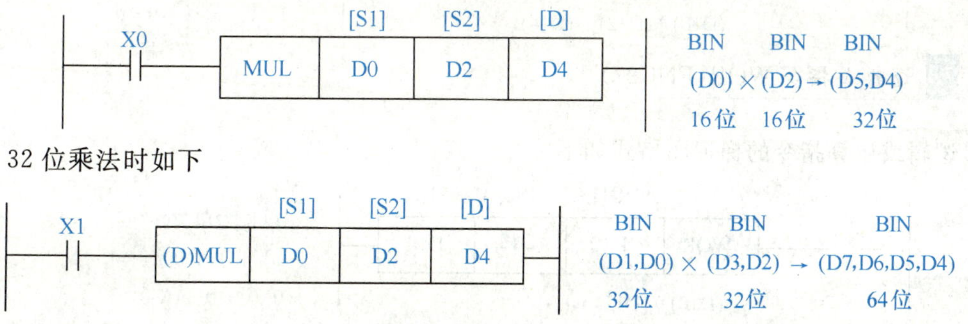

32 位乘法时如下

4. 除法指令 DIV(FNC23)

DIV 指令是将两数相除，结果存放到目标元件中。除法指令 DIV 16 位运算如下

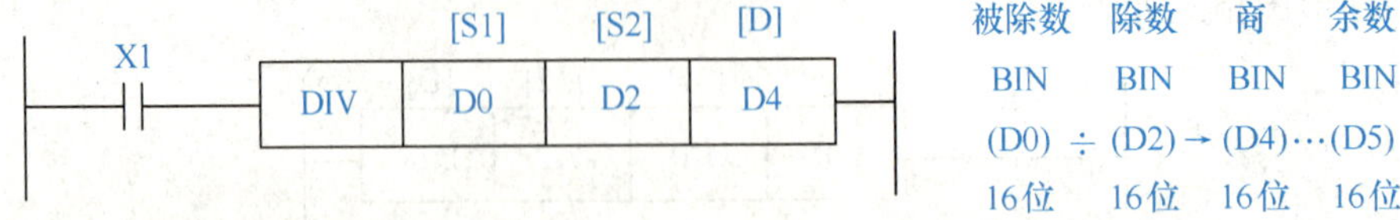

32 位数运算时如下

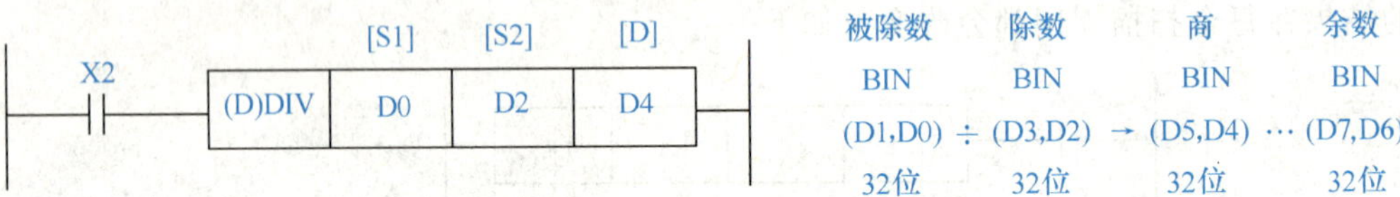

5. 加 1 指令 INC(FNC24)、减 1 指令 DEC(FNC25)

加 1 指令 INC 的梯形图格式如下

X0　INC　[D] D10　(D10)+1→(D10)

减 1 指令 DEC 的梯形图格式如下

X1　DEC　[D] D20　(D20)–1→(D20)

6. 逻辑与指令 WAND(FNC26)

WAND 指令的梯形图格式如下

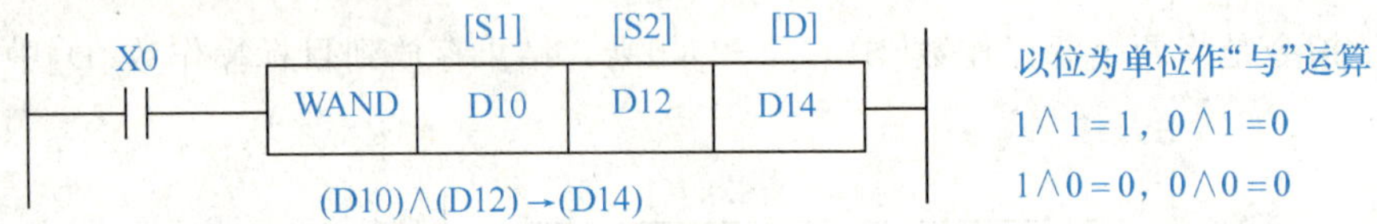

7. 逻辑或指令 WOR(FNC27)

逻辑或运算指令的梯形图格式如下

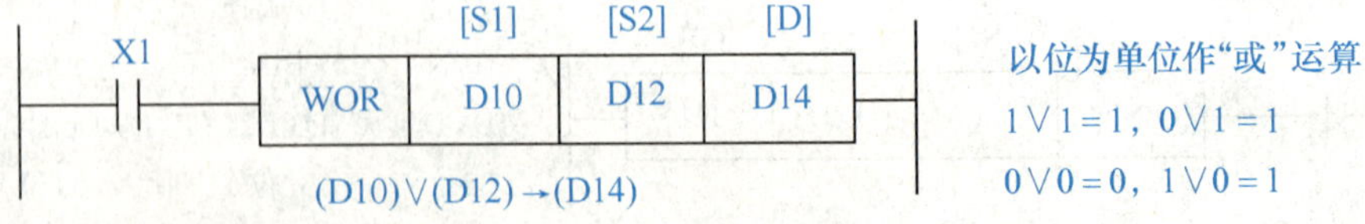

8. 逻辑异或指令 WXOR(FNC28)

逻辑异或指令 WXOR 的梯形图格式如下

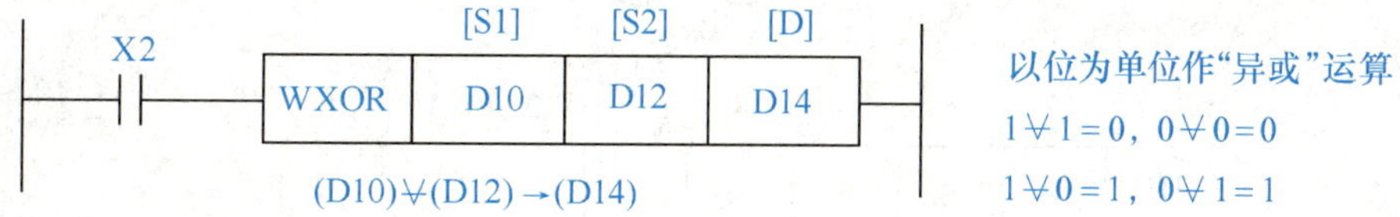

9. 求补指令 NEG(FNC29)

求补指令 NEG 的梯形图格式如下

X0　NEG　[D] D10　$\overline{(D10)}+1\rightarrow(D10)$

二、数据处理指令(FNC40～FNC49 共 10 条)

1. 区间复位指令 ZRST(FNC40)

ZRST 是同类元件的成批复位指令，也叫区间复位指令，其梯形图格式如下

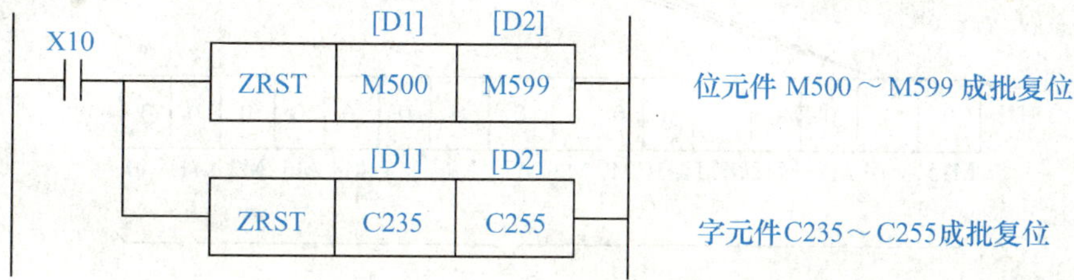

2. 译码指令 DECO(FNC41)

该指令的梯形图格式如下

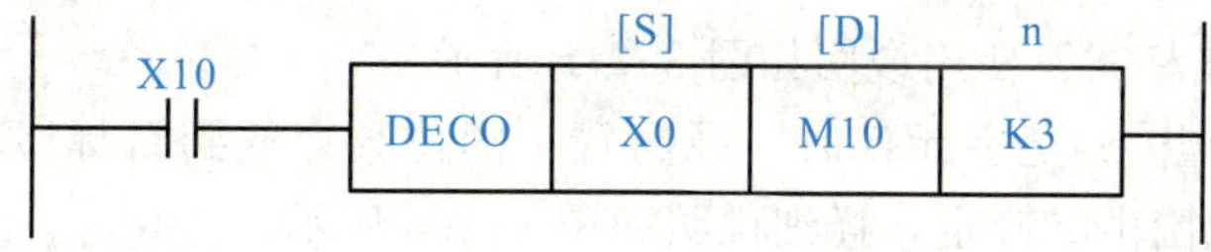

译码说明如图 3.2.3 所示。

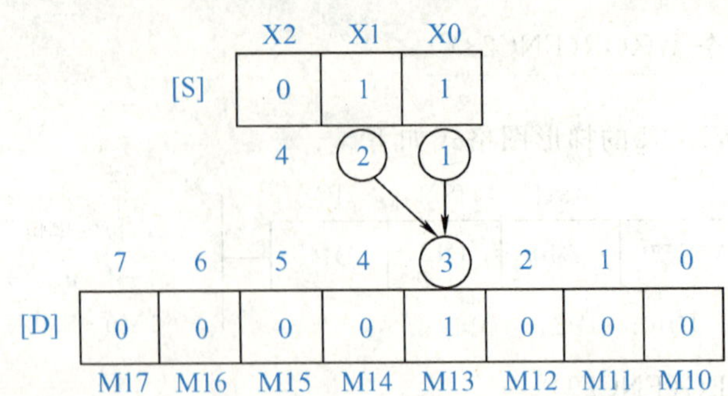

图 3.2.3　译码说明图

译码指令 DECO 的应用举例如图 3.2.4 所示。

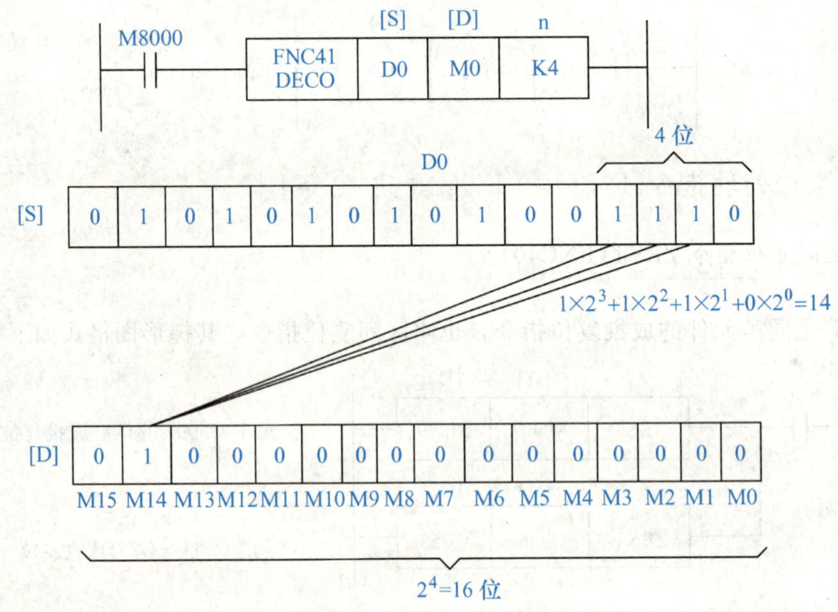

图 3.2.4　译码指令应用举例

3. 编码指令 ENCO(FNC42)

该指令的梯形图格式及使用说明如图 3.2.5 所示。

[S]为位元件。当[S]是字元件时，最高置 1 的位数存放到目标[D]所指定的元件中去，[D]中数值的范围由 n 确定，详细说明如图 3.2.6 所示。

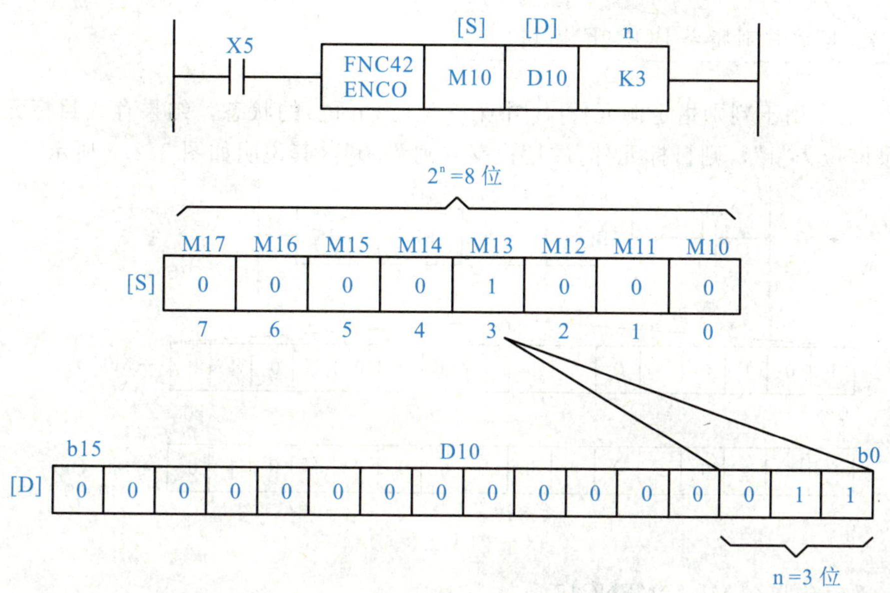

图 3.2.5　编码指令使用说明(一)

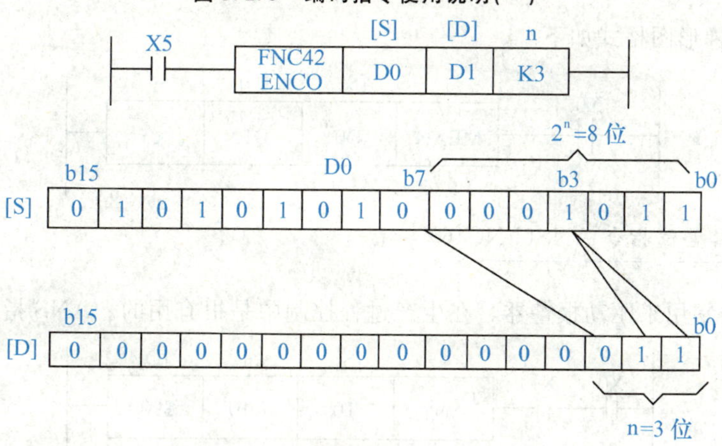

图 3.2.6　编码指令使用说明(二)

4. 置 1 位数总和指令 SUM(FNC43)

该指令的使用说明如图 3.2.7 所示。

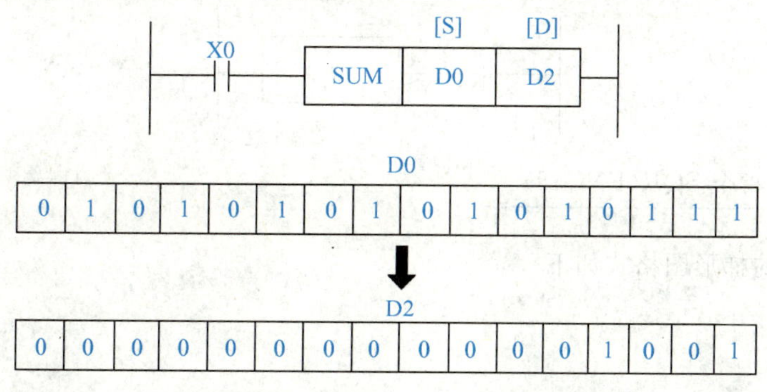

图 3.2.7

5. 置“1”位判别指令 BON(FNC44)

BON 指令用于判别指定源元件[S]中某一位(第 n 位)的状态，结果存入目标元件[D]中。如果该位为“1”，则目标元件置“1”；反之则置“0”，其说明如图 3.2.8 所示。

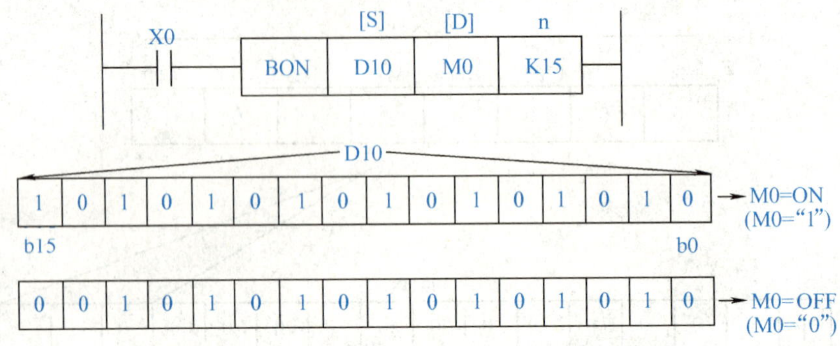

图 3.2.8

6. 平均值指令 MEAN(FNC45)

该指令的梯形图格式如下

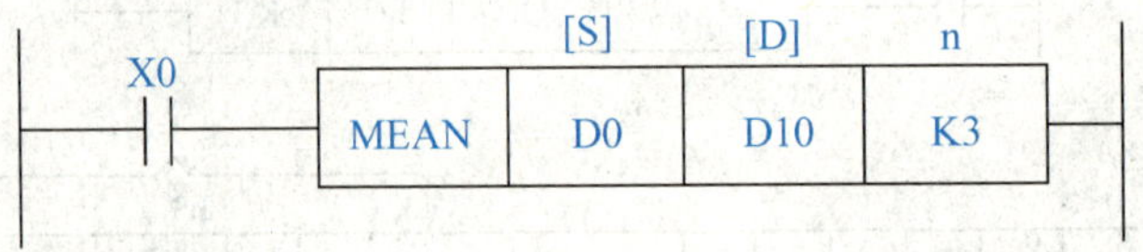

7. 报警器置位指令 ANS(FNC46)

ANS 指令常用来驱动报警器，在生产过程控制中是很有用的。ANS 指令使用如下

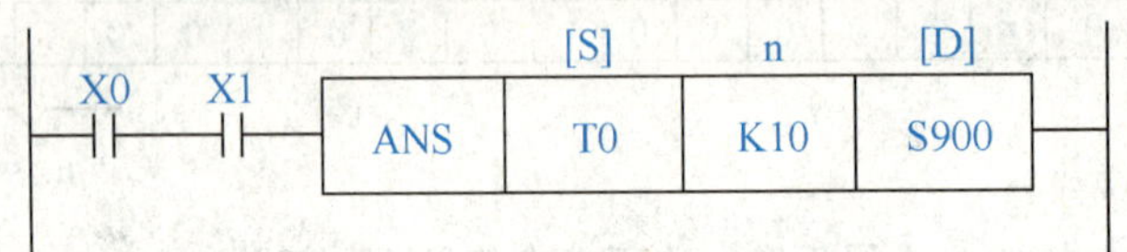

8. 报警器复位指令 ANR(FNC47)

ANR 指令使被驱动的报警器复位，它的梯形图格式如下

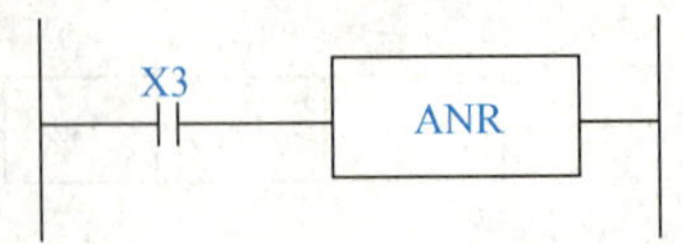

9. 平方根指令 SQR(FNC48)

SQR 指令的梯形图格式如下

X0	SQR	[S] D10	[D] D12

10. 浮点操作指令 FLT(FNC49)

该指令的梯形图格式如下

X0	FLT	[S] D10	[D] D12

三、高速处理指令共 10 条(FNC50～FNC59)

1. 输入输出刷新指令 REF(FNC50)

该指令的功能是：在 PLC 的运算过程中需要最新的输入信息以及希望立即输出运算结果时，可以使用该输入输出刷新指令。输入刷新指令的梯形图格式如下

X0	REF	[D] X10	n K8

输出刷新指令的梯形图格式如下

X1	REF	[D] Y0	n K24

2. 刷新和滤波时间调整指令 REFF(FNC51)

REFF 指令的梯形图格式如下

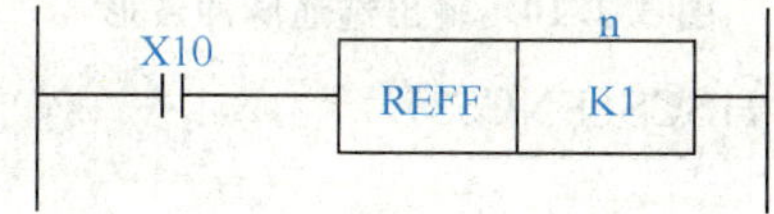

3. 矩阵输入指令 MTR(FNC52)

该指令的功能是扩展 PLC 的输入端，它的梯形图格式如下

X0	MTR	[S] X10	[D1] Y20	[D2] M30	n K3

其中，[S]为 X10，表示该矩阵输入为 X10～X17，n 为 3，表示矩阵为 3 行，而 [D1]为

Y20，即 Y20、Y21、Y22 分别为 3 行的选通输出端。[D2]为 M30，表示该矩阵中 8×3 个状态(24)分别存放在 M30～M37、M40～M47、M50～M57 中。

该矩阵输入的硬件接线图如图 3.2.9 所示。

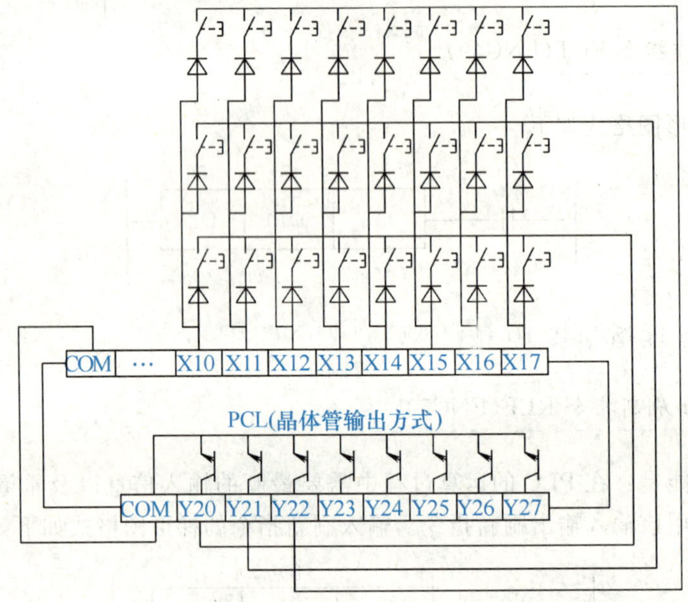

图 3.2.9　矩阵输入的硬件接线图

当 X0 闭合时，Y20、Y21 和 Y22 轮流接通 20ms，其波形图如图 3.2.10 所示。

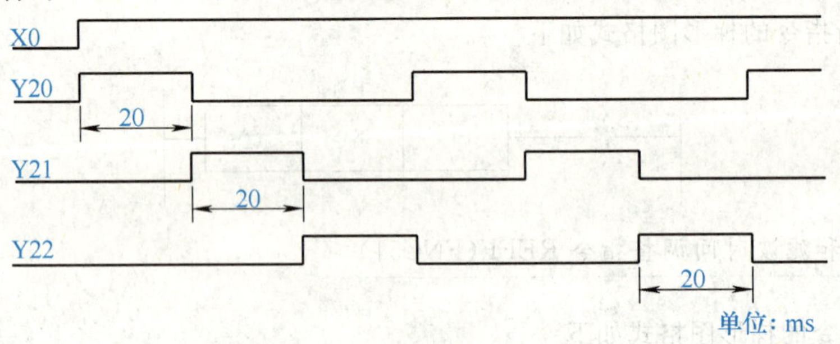

图 3.2.10　输出选通脉冲波形

4. 高速计数器置位指令 HSCS(FNC53)

该指令的梯形图格式如下

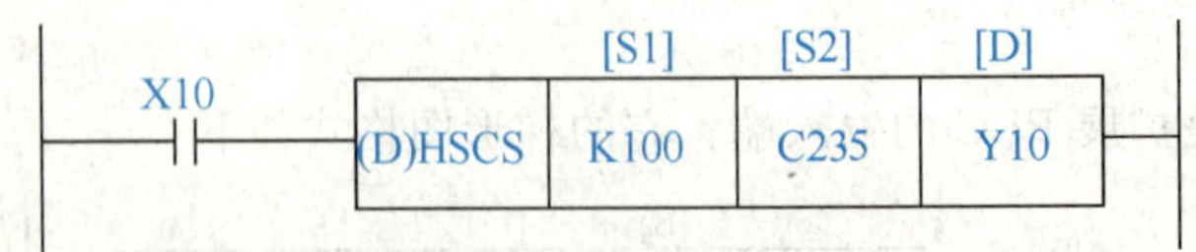

5. 高速计数器复位指令 HSCR(FNC54)

该指令的梯形图格式如下

M8000 (D)HSCR [S2] K200 [S2] C235 [D] Y10

6. 高速计数器区间比较指令 HSZ(FNC55)

该指令的功能是在规定区间用中断方式置“1”。HSZ 指令的梯形图格式如下

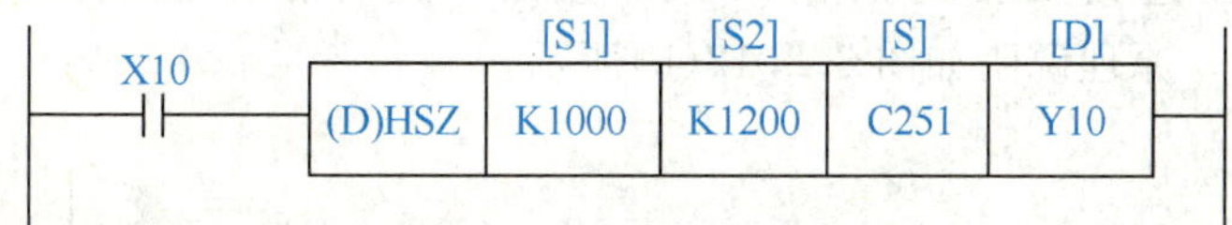

7. 转速测量指令 SPD(FNC56)

这是一条测量转速的指令，指令的梯形图格式如下

X10 SPD [S1] X0 [S2] K100 [D] D0

8. 脉冲输出指令 PLSY(FNC57)

PLSY 指令的梯形图格式如下

X10 PLSY [S1] K1000 [S2] D0 [D] Y0

9. 脉宽调制指令 PWM(FNC58)

脉宽调制指令 PWM 产生的脉冲宽度和周期是可以控制的。该指令的使用说明如图 3.2.11所示。

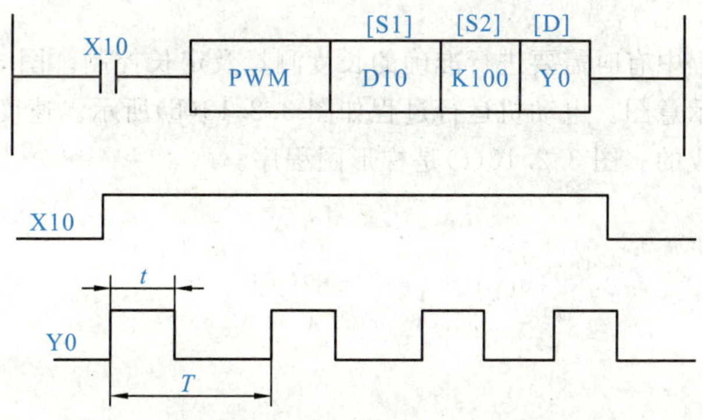

图 3.2.11 PWM 指令的使用说明

在图 3.2.11 中，当 X10 断开时，没有脉冲输出，输出 Y0 始终为“0”；当 X10 闭合

时，执行 PWM 指令，扫描到该梯形图时，就立即采用中断方式通过 Y0 输出占空比为 t/T的脉冲，其频率为 10 Hz，改变数据寄存器 D 内的数，使其在 0～100 的范围内变化，就能使输出脉冲的占空比在 0～100%之间变化。

10. 带加减速脉冲输出指令 PLSR(FNC59)

该指令是带加速减速功能的指定尺寸传送用的脉冲输出指令。针对指定的最高频率，进行指定加速，在达到所指定的输出脉冲数后，进行指定减速。其梯形图格式如图 3.2.12(a)所示，原理说明如图 3.2.12(b)所示。

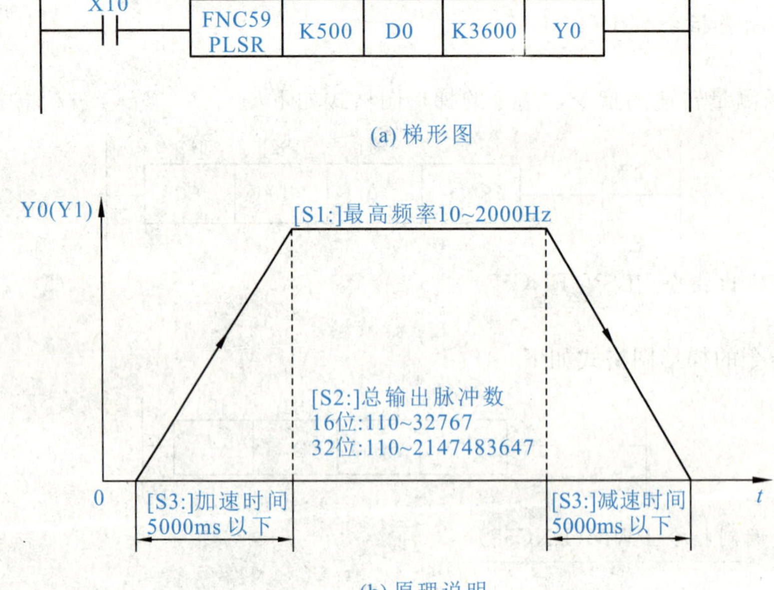

图 3.2.12 PLSR 指令使用说明

应用举例：工程中有时需要进行准确的长度测量及定长控制。图 3.2.13(a)是一个钢板冲剪流水线控制示意图。电动机运行过程如图 3.2.13(b)所示。速度图的实现则是使用高速计数器控制完成的。图 3.2.13(c)是梯形图程序。

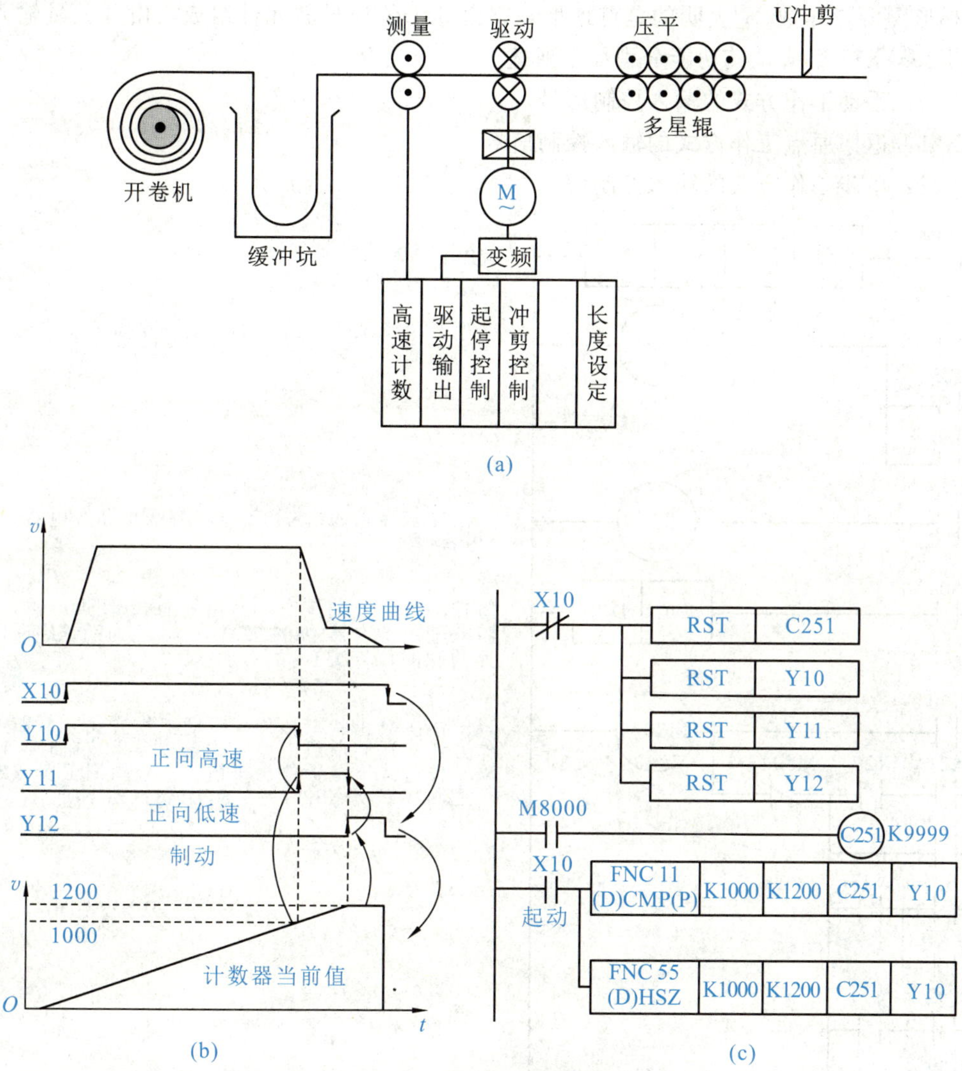

(a)

(b)　　(c)

图 3.2.13　钢板冲剪流水线的控制

四、方便指令(FNC60～FNC69)

利用最简单的顺控程序进行复杂控制的方便指令共有 10 条。

1. 初始状态指令 IST(FNC60)

该指令的梯形图格式如下

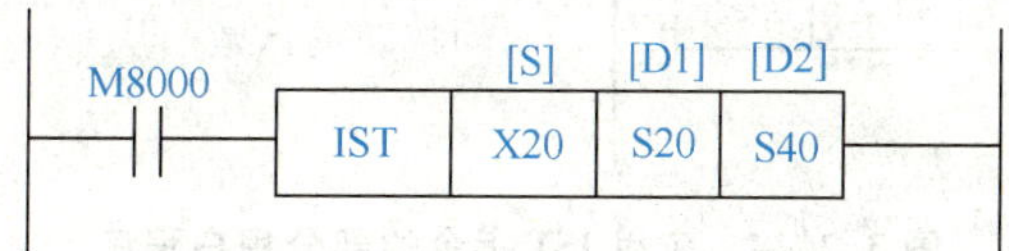

梯形图源操作数[S]表明的是首地址，它由 8 个位连号软元件组成，由开关量输入继电器 X20～X27 组成，其功能分别如下所述。

X20：手动工作方式的输入控制信号。

X21：返回原点工作方式的输入控制信号。

X22：单步工作方式的输入控制信号。

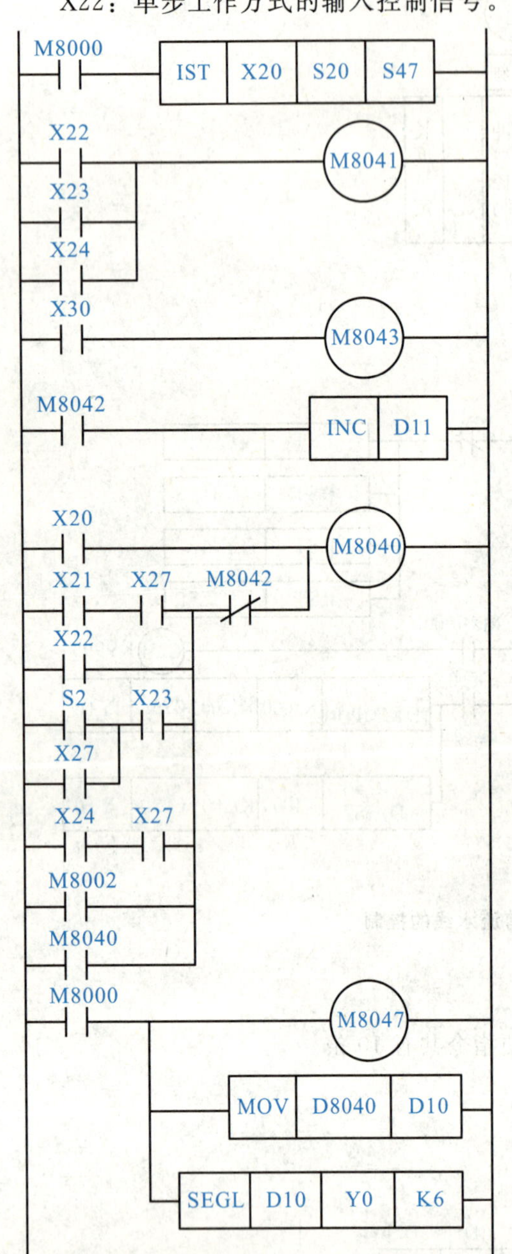

当PLC投入运行后，执行IST指令

当处在单步工作方式、单周期工作方式或自动工作方式时，将特殊辅助继电器M8041置1

返回原点后输入端X30闭合将特殊辅助继电器M8043置1

每按动一次起动按钮，即输入端X26闭合一下，特殊辅助继电器M8042产生1个脉宽为1个扫描周期的脉冲，将D11内的数加1

以下情况禁止状态转移：手动工作方式；单步工作方式；返回原点工作方式下按停止按钮时；自动工作方式下按下停止按钮时；单周期工作方式下返回起始状态S2时；从STOP转入RUN时

将M8047置1使D8040~D8047内的数分别为各个状态为1的地址

将D8040内的数装入D10内

在数码管上分别显示最低位状态为1的地址和按下起动按钮的次数

图 3.2.14　应用 IST 指令的部分用户程序

X23：单(一个)周期工作方式的输入控制信号。

X24：全自动工作方式的输入控制信号。

X25：返回原点的起动信号。

X26：进入自动工作方式的起动信号。

X27：停止信号 。

IST 指令梯形图的目的操作数[D1]和[D2]只能选用状态器 S，其范围为 S20～S899，其中[D1]表示在自动工作方式时所使用的最低位状态器，[D2]表示在自动工作时所使用的最高位状态器，即后者的地址号必须大于前者的地址号。

S0～S9 是初始状态器地址编号。S0 是各操作的初始状态，S1 是原点回归的初始状态，S2 是自动运行的初始状态。

图 3.2.14 是应用 IST 指令的一段用户程序。

2. 数据检索指令 SER(FNC61)

使用 SER 指令可以方便地查找一组数据中的指定数值数，最大数值数、最小数值数。数据检索指令 SEB 的梯形图格式如下

X17 —— FNC61 SER | [S1] D130 | [S2] D24 | [D] D35 | n K10

其中，n＝10，10 个数字进行检索。当 X17＝ON，并扫描到该梯形图时，检索表 D130～D138 中的数值，并与 D24 中的数值相比较，检索结果存放在 D35 为首地址的 5 个连号的数据寄存器(D35～D39)中，上面梯形图格式中已设定(D24)＝K100。

3. 绝对值凸轮控制指令 ABSD(FNC62)

该指令的梯形图格式如下

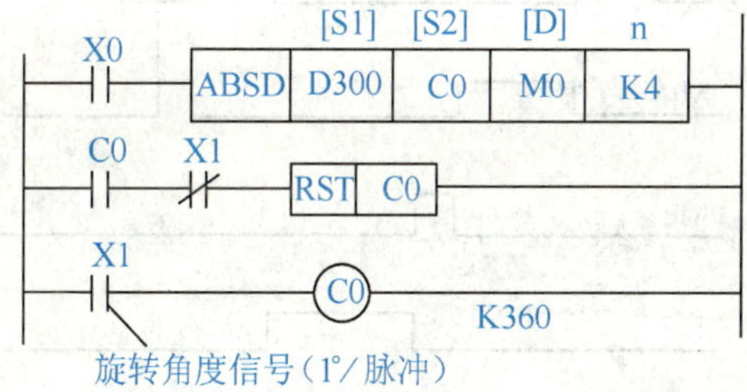

它产生一组对应于计数值变化的输出波形。其中，当执行条件 X0 由 OFF→ON 时，M0～M3 的状态变化如图 3.2.15 所示。

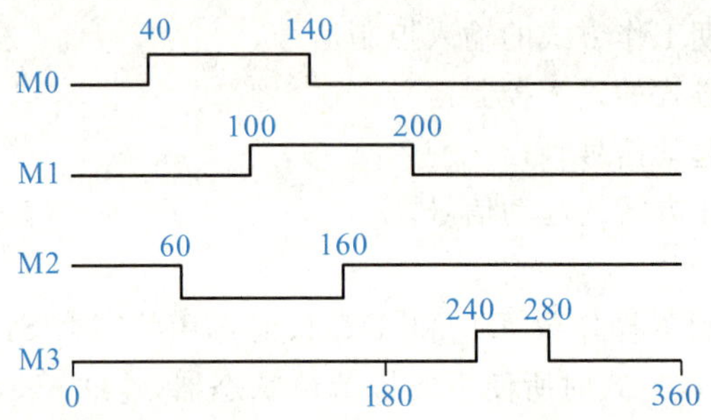

图 3.2.15　M0～M3 的状态变化

4. 增量凸轮控制指令 INCD(FNC63)

增量凸轮控制指令 INCD 是利用一对计数器产生一组变化的输出。INCD 指令的使用如下

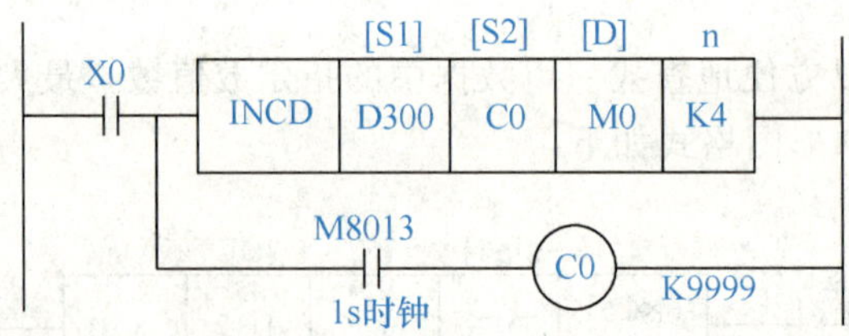

增量凸轮控制指令 INCD 的执行过程如图 3.2.16 所示。

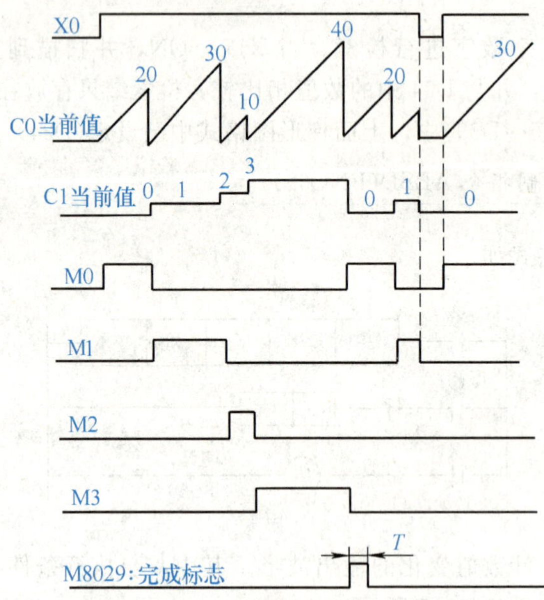

图 3.2.16　INCD 指令的执行过程

5. 示教定时器指令 TTMR(FNC64)

示教定时器指令 TTMR 可以将按钮按下的持续时间乘以系数后作为定时器的预置

值，监控信号的持续性。示教定时器指令 TTMR 的使用说明和波形图如图 3.2.17 所示。

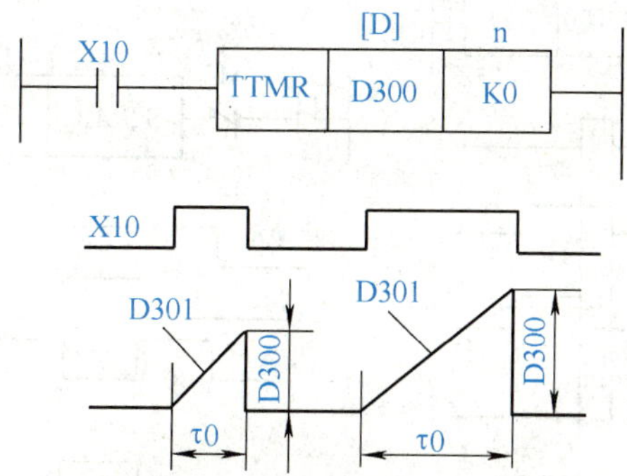

图 3.2.17　TTMR 指令使用说明

图 3.2.18 是一个 TTMR 指令应用实例。

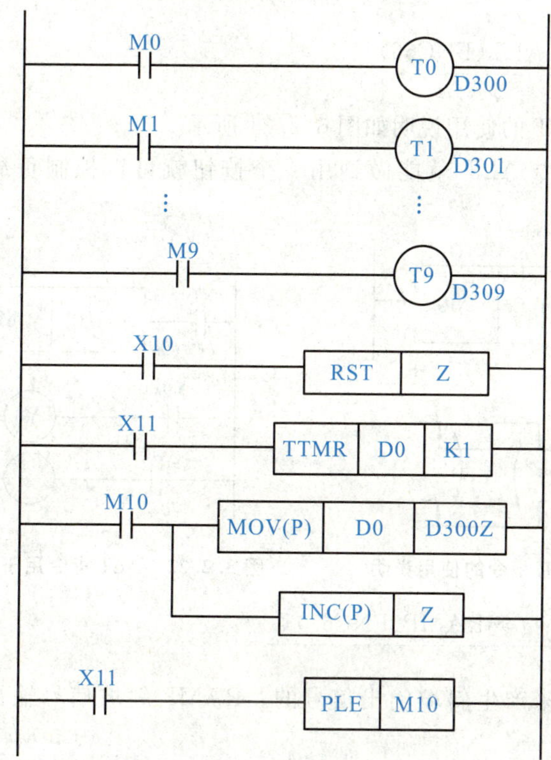

图 3.2.18　应用 TTMR 指令的例子

6. 特殊定时器指令 STMR(FNC65)

该指令是产生延迟关断、单脉冲、延迟接通和延迟关断等控制信号作用的。STMR 指令的使用说明如图 3.2.19 所示，图 3.2.20 是梯形图和波形图。

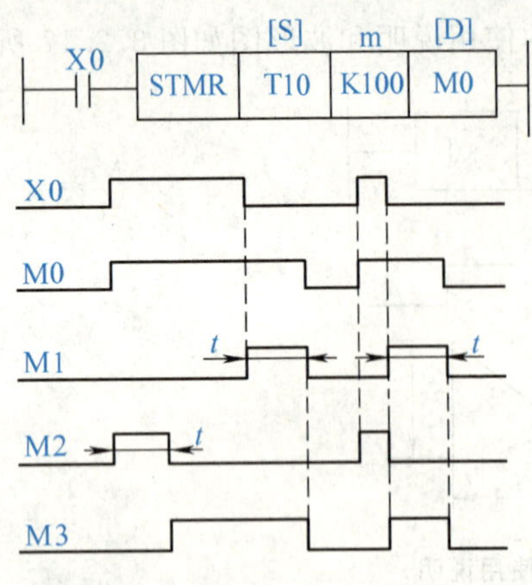

图 3.2.19　STMR 指令的使用说明

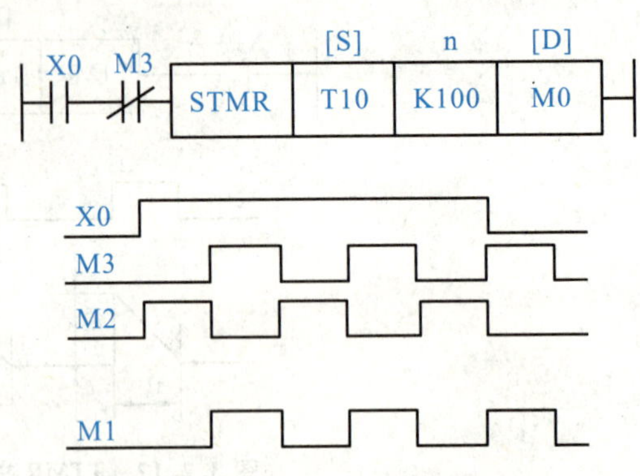

图 3.2.20　应用 STMR 指令的实例

7. 交替输出指令 ALT(FNC66)

交替输出指令 ALT 的使用说明如图 3.2.21 所示。

应用交替输出指令 ALT 就能做到用一个按钮就可以控制负载的起动和停止，如图 3.2.22所示。

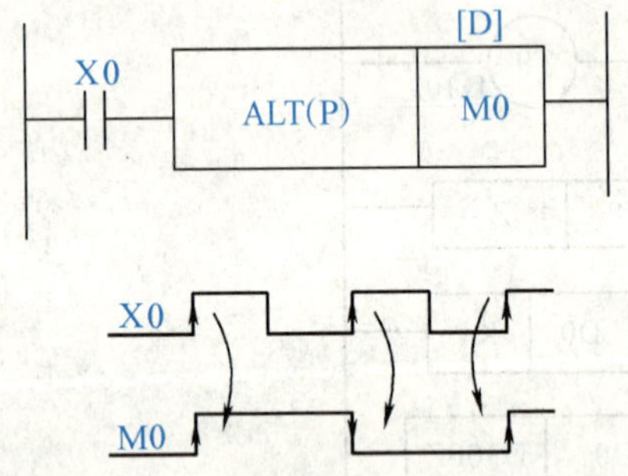

图 3.2.21　ALT 交替指令的使用说明

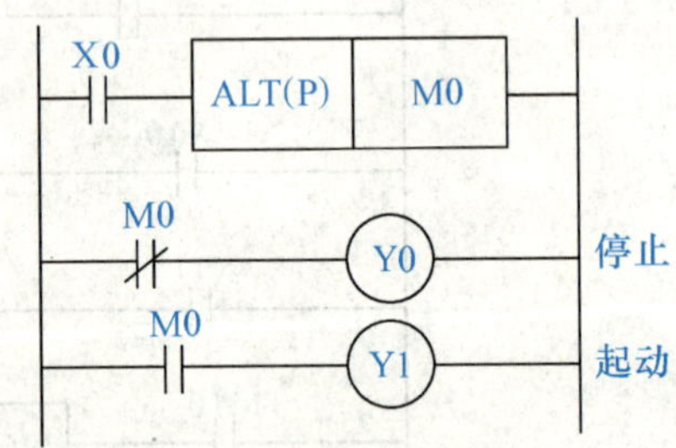

图 3.2.22　ALT 指令用于起动和停止控制

8. 斜坡信号输出指令 RAMP(FNC67)

RAMP 指令是用来产生斜坡输出信号的。RAMP 斜坡信号输出指令的使用说明如图 3.2.23所示。

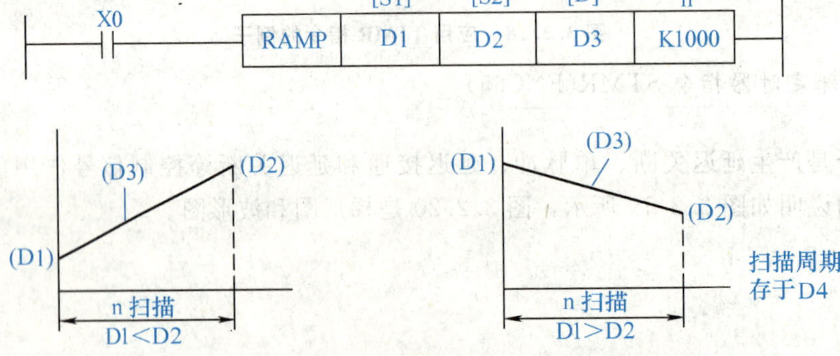

图 3.2.23　RAMP 斜坡输出指令的使用说明

斜坡输出指令的两种输出方式如图 3.2.24 所示。

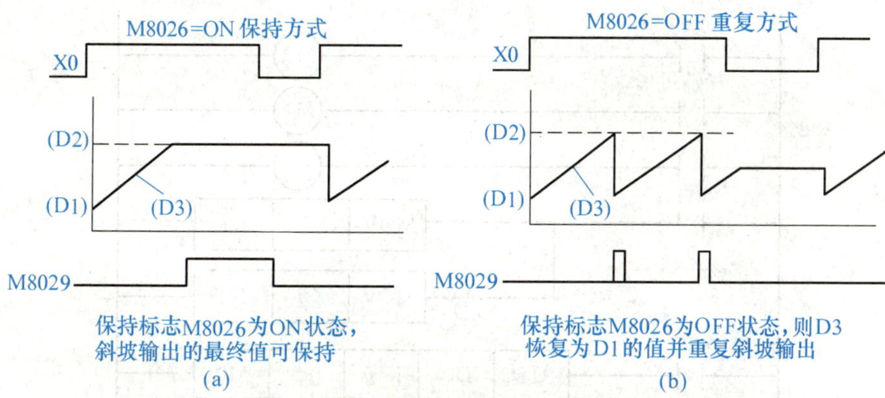

图 3.2.24 斜坡输出的两种方式

9. 旋转台控制指令 ROTC(FNC68)

旋转台控制指令 ROTC 梯形图格式如下

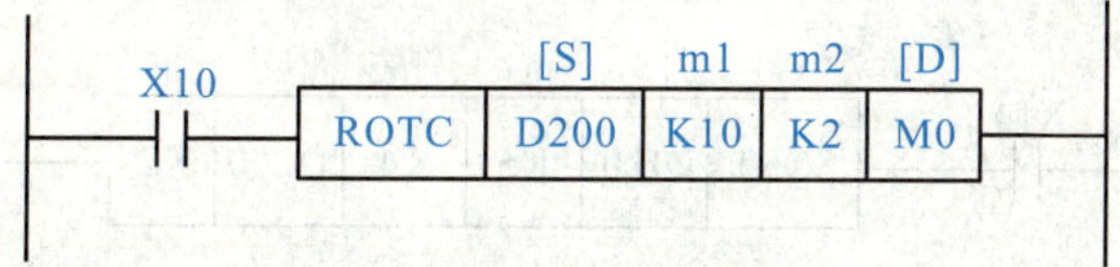

旋转工作台控制示意图如图 3.2.25 所示。

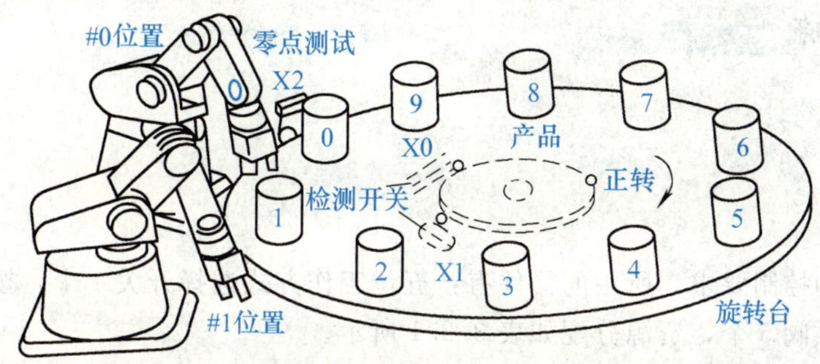

图 3.2.25 旋转工作台控制

当旋转台正转时，脉冲发生器产生的 A 相脉冲和 B 相脉冲的波形如图 3.2.26(a)所示；当旋转台反转时，脉冲发生器产生的 A 相脉冲和 B 相脉冲的波形如图 3.2.26(b)所示。

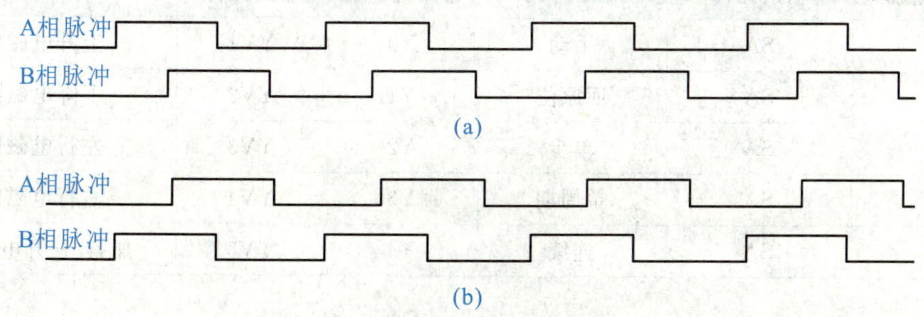

图 3.2.26 脉冲发生器产生的 A 相脉冲和 B 相脉冲波形

图 3.2.27 的梯形图是应用 ROTC 指令的实例。

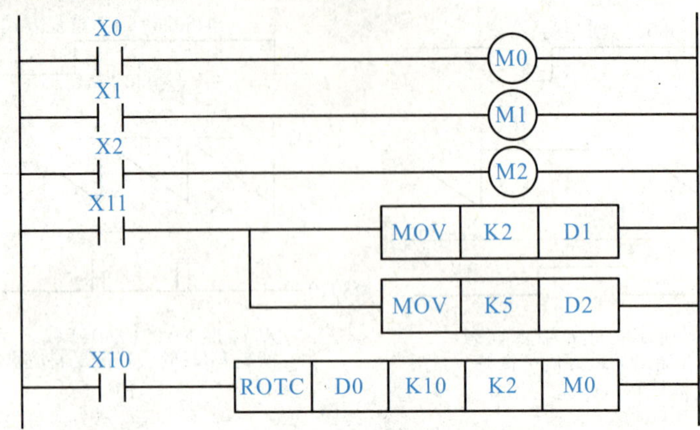

图 3.2.27 应用 ROTC 指令的例子

10. 数据排序指令 SORT(FNC69)

该指令作用是将数据编号、列表排序、记录数据有关内容。SORT 的梯形图格式如下

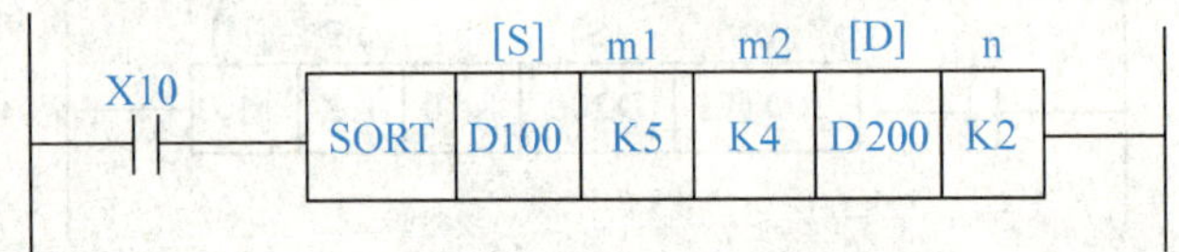

任务实施

一、硬件设计

1. 资源分配

根据任务的控制要求，所用的器件有：五位工作方式选择开关 1 个，按钮 9 个，限位开关 4 个，电磁阀 5 个，资源分配如表 3.2.1 所示。

表 3.2.1 机械手资源分配表

输入			输出		
输入继电器	输入元件	作用	输出继电器	输出元件	作用
X0	SA	手动	Y0	YV1	上升电磁阀
X1	SA	回原位	Y1	YV2	下降电磁阀
X2	SA	单步	Y2	YV3	左行电磁阀
X3	SA	单周期	Y3	YV4	右行电磁阀
X4	SA	连续	Y4	YV5	加紧/松开电磁阀

续表

输入			输出		
输入继电器	输入元件	作用	输出继电器	输出元件	作用
X5	SB1	回原位按钮			
X6	SB2	起动按钮			
X7	SB3	停止按钮			
X10	SB4	上升按钮			
X11	SB5	下降按钮			
X12	SB6	左行按钮			
X13	SB7	右行按钮			
X14	SB8	夹紧按钮			
X15	SB9	松开按钮			
X16	SQ1	上限位开关			
X17	SQ2	下限位开关			
X20	SQ3	左限位开关			
X21	SQ4	右限位开关			

2. 硬件安装

设计机械手操作面板如图 3.2.28 所示，相应的 I/O 接线图如图 3.2.29 所示。

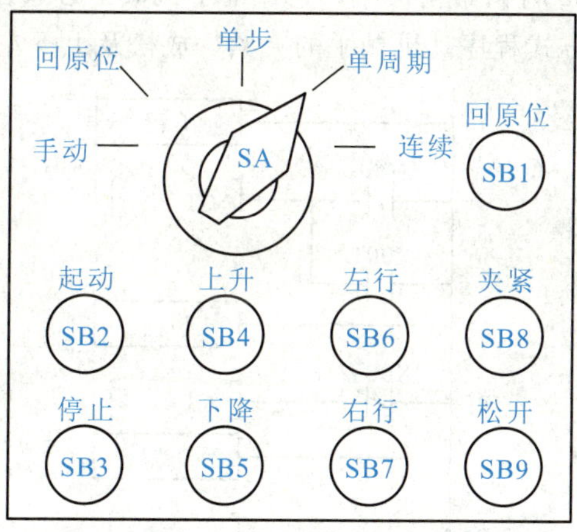

图 3.2.28 机械手操作面板示意图

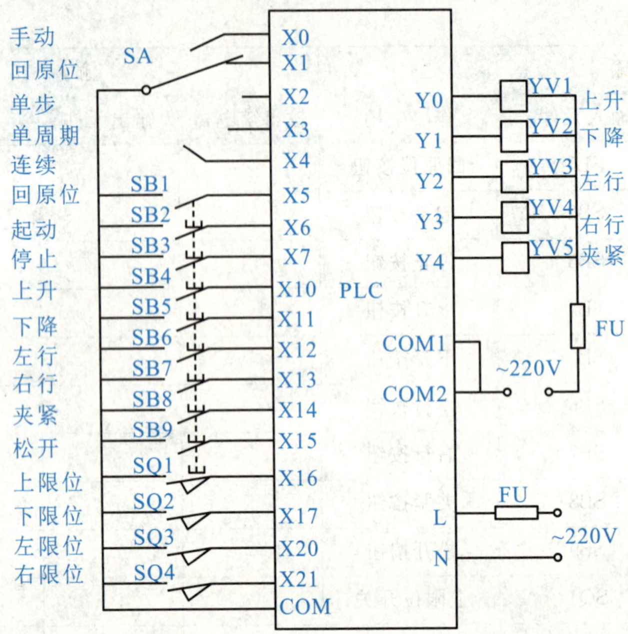

图 3.2.29　机械手 I/O 接线图

二、软件设计

1. 软件编程

利用基本指令、初始状态指令和步进指令混合编写的顺序控制程序如图 3.2.30～图 3.2.35所示。图 3.2.32 为初始化程序，它保证了机械手必须在原位才能进入自动工作方式；图 3.2.33 为手动方式程序，机械手的夹紧、放松及上下左右移动由相应的按钮完

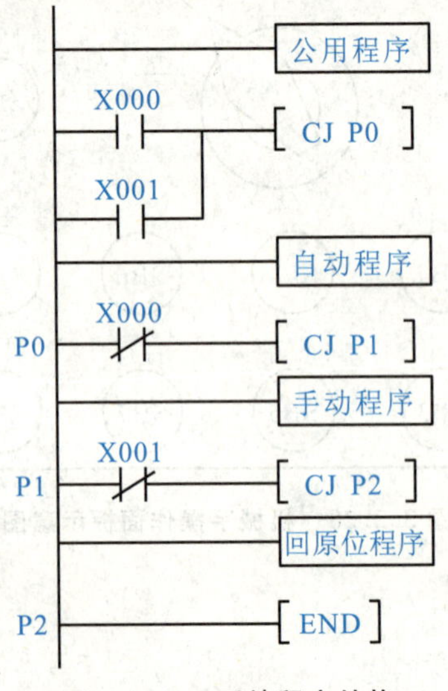

图 3.2.30　系统程序结构

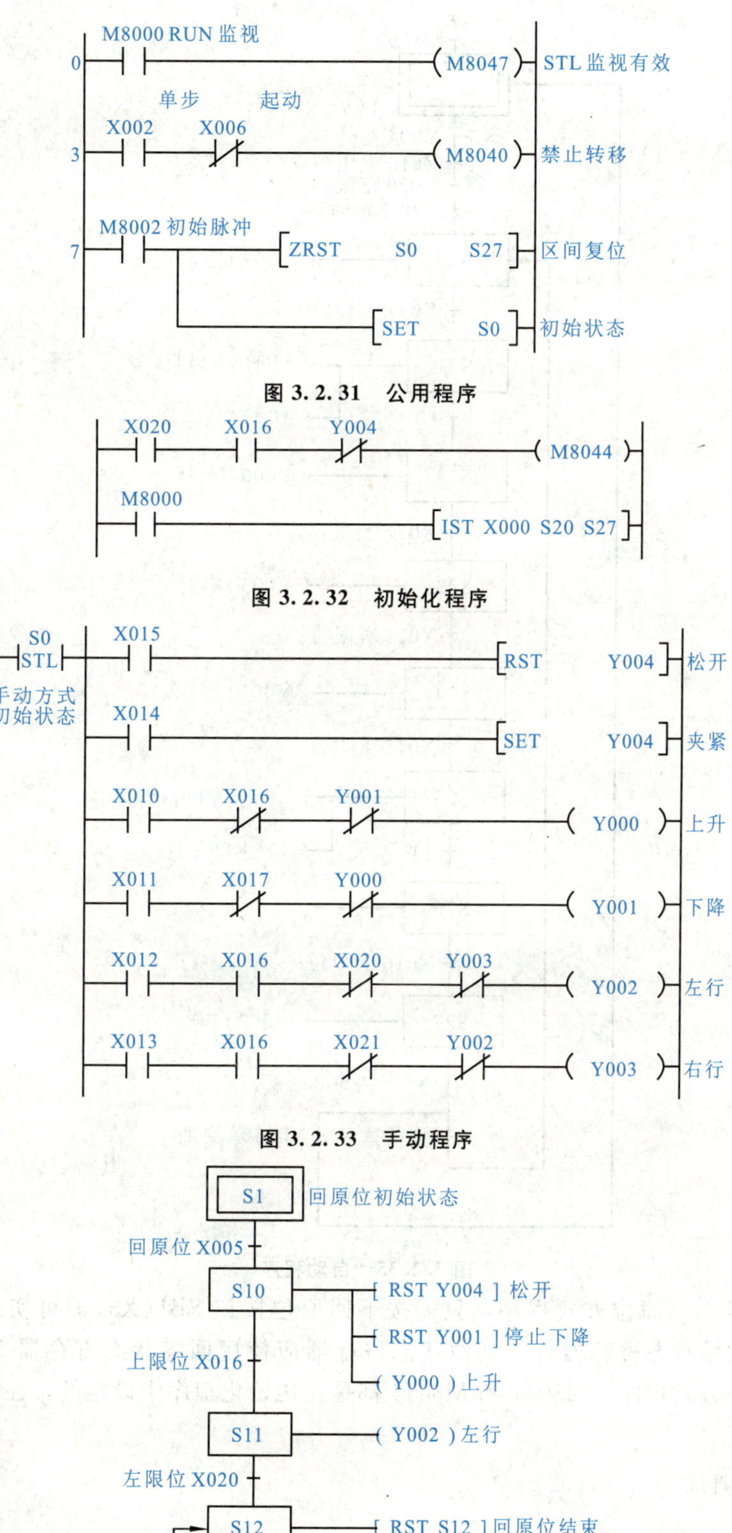

图 3.2.31　公用程序

图 3.2.32　初始化程序

图 3.2.33　手动程序

图 3.2.34　回原位程序

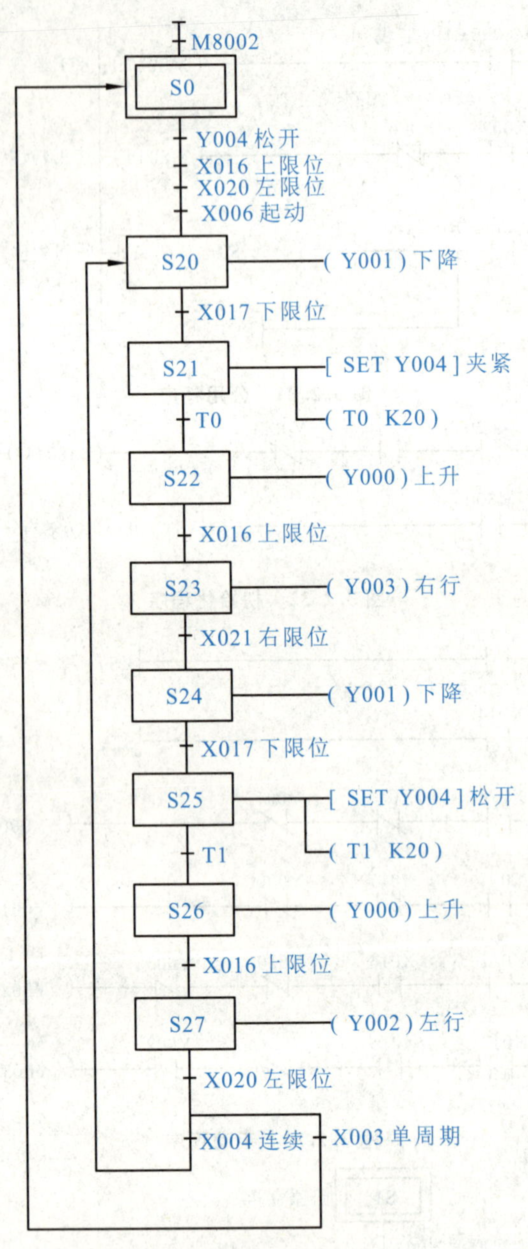

图 3.2.35 自动程序

成；图 3.2.34 为回原位方式程序，只需按下回原位按钮 SB1(X5)即可实现回原位；图 3.2.34 中除初始状态寄存器外，其他状态寄存器应使用回零状态寄存器 S10～S19；图 3.2.35 为自动方式程序，M8041 和 M8044 都是在初始化程序中设定的，在程序运行中不再改变。

2. 程序调试

1)在断电状态下，连接好 PC/PPI 电缆。

2)将 PLC 运行模式选择开关拨到 STOP 位置，此时 PLC 处于停止状态，可以进行程序编写。

3)在作为编程器的计算机上，运行 SWOPC-FXGP/WIN-C 或 GX Developer 编程软件。

4)将图 3.2.24～图 3.2.29 所示的梯形图程序输入到计算机中。

5)执行“PLC”→“传送”→“写出”命令，将程序文件下载到 PLC 中。

6)将 PLC 运行模式的选择开关拨到 RUN 位置，使 PLC 进入运行方式。

7)对程序进行调试运行，将转换开关 SA 分别旋转至“手动”、“回原位”、“单步”、“单周期”和“连续”挡，观察机械手运行情况。

8)记录程序调试的结果。

总结评价

一、归纳总结

1)与基本逻辑指令只能完成一个特定的动作不同，功能指令能完成由数个动作组成的任务，从而使控制更加灵活、方便，程序更加精练和快捷。

2)在基本指令中通常只能对位元件进行操作，而在功能指令中主要对字元件进行操作，这种多位操作方式大大简化了程序。既能按位操作又能按字操作的元件主要有输入继电器 X、输出继电器 Y、辅助继电器 M 和状态继电器 S。

3)使用基本指令编程仍沿用继电器控制模式，要考虑众多的联锁控制关系，程序结构较复杂。而功能指令编程应用逻辑模式，即把控制任务转化为解决逻辑问题，不需要考虑过多的联锁控制关系，程序结构清晰。

4)使用功能指令要考虑源、目的操作数的选用范围和使用方法，要注意许多功能指令只适合使用脉冲执行方式。

5)本任务只介绍了算术运算和逻辑运算指令、数据处理指令、高速处理指令以及方便指令，其他功能指令会在相关任务中陆续介绍。

二、检查评价

根据任务具体实施情况，依据下表各项内容逐项进行检查验收，评价赋分。

<table>
<tr><td rowspan="2">项　目
评价表</td><td>项　目　名　称</td><td colspan="2">特殊功能控制系统的设计与安装</td><td colspan="2">项目承接人</td></tr>
<tr><td>任　务　名　称</td><td colspan="2">机械手的控制</td><td colspan="2"></td></tr>
<tr><td colspan="3">评　价　内　容</td><td>标准分值</td><td>自我评分
(30%)</td><td>教师评分
(70%)</td></tr>
<tr><td colspan="6">知识：(30)</td></tr>
<tr><td colspan="3">算术运算和逻辑运算指令</td><td>8</td><td></td><td></td></tr>
</table>

续表

项目评价表	项目名称	特殊功能控制系统的设计与安装		项目承接人	
	任务名称	机械手的控制			
评价内容			标准分值	自我评分（30%）	教师评分（70%）
高速处理指令			7		
数据处理指令			7		
方便指令			8		
技能：(30)					
机械手控制系统硬件选型与安装			10		
机械手控制程序编辑与调试			10		
机械手控制程序方案选择			5		
是否在规定时间内独立完成			5		
方法：(20)					
工具使用方法			6		
系统安装及调试方法			7		
解决具体问题的方法			7		
素质：(10)					
质量成本意识			4		
安全环保意识			3		
团队责任意识			3		
评估：(10)					
描述本任务的目标			5		
有待改进之处及改进方法			5		
总　分			100		

拓展提高

一、算术运算和逻辑运算指令应用

1. 四则运算算式的实现

四则运算算式的实现如图 3.2.36 所示。

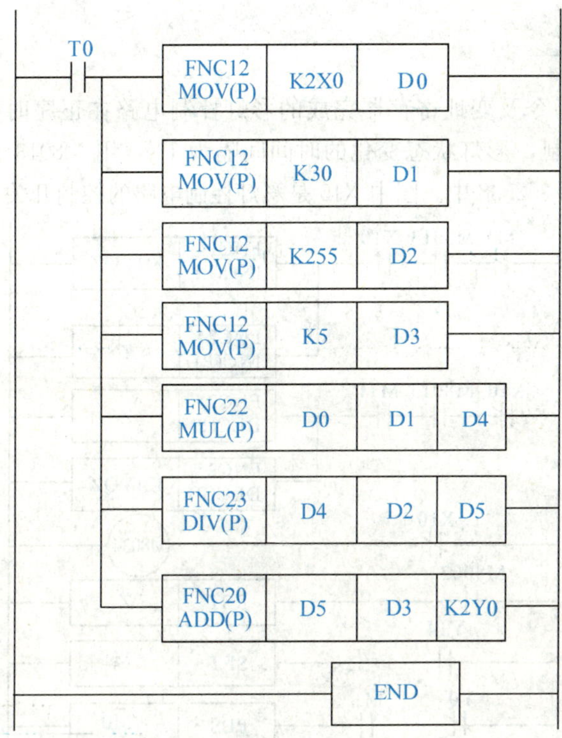

图 3.2.36

2. 利用乘除运算指令实现移位控制

利用乘除运算指令实现移位控制如图 3.2.37 所示。

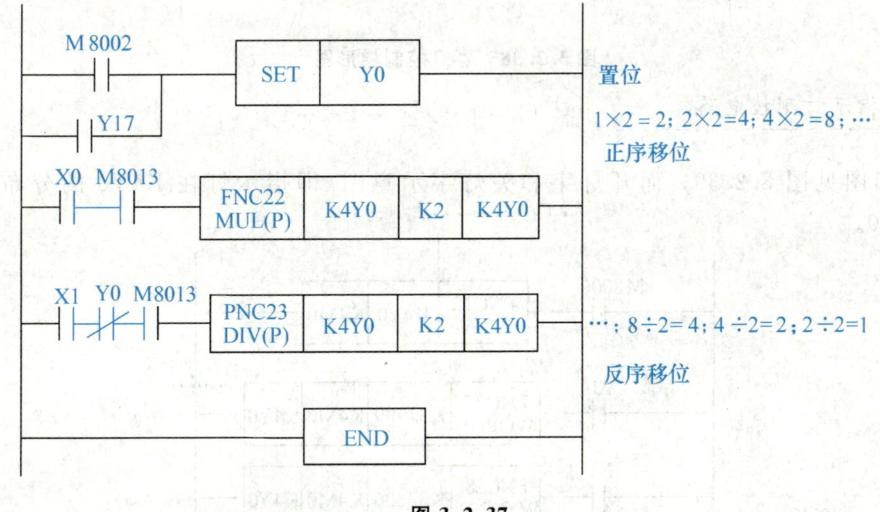

图 3.2.37

3. 彩灯控制电路

利用加 1、减 1 指令及变址寄存器完成的彩灯控制电路在正序时亮至全亮，反序时彩灯熄至全熄且循环控制，彩灯状态变化的时间间隔为 1 s，用 M8013 特殊辅助继电器实现。彩灯控制梯形图示在图 3.2.38 中。图中 X10 是彩灯控制电路的控制开关，彩灯共 12 盏。

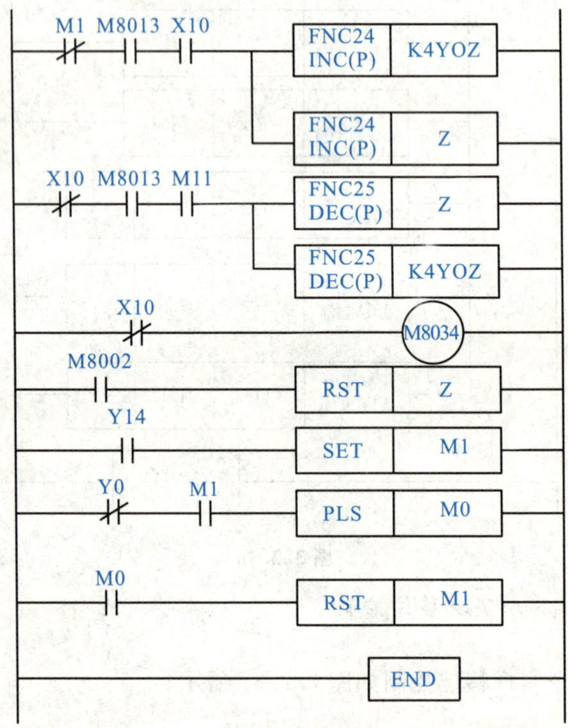

图 3.2.38 彩灯控制梯形图

4. 指示灯测控电路

梯形图见图 3.2.39，而开灯字和关灯字示意图(即指示灯在 K4Y0 的分布图)见图 3.2.40。

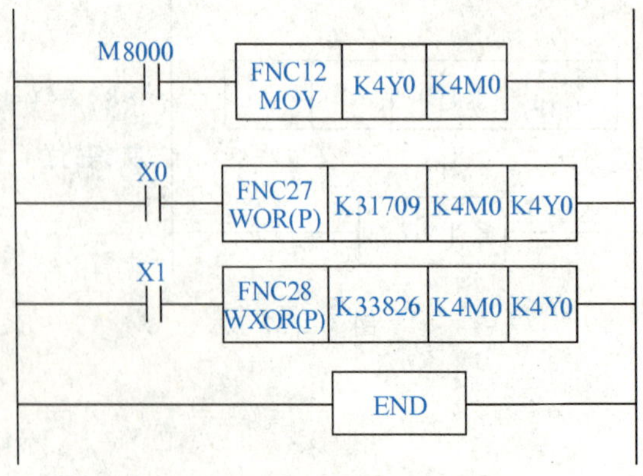

图 3.2.39 指示灯控制电路梯形图

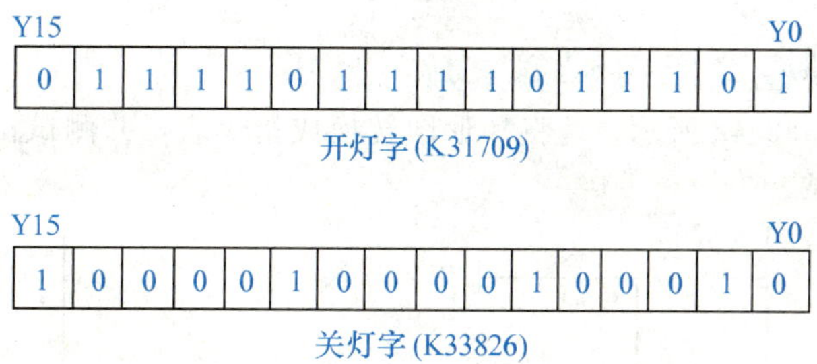

图 3.2.40　开灯字、关灯字示意图

二、译码指令应用

利用译码指令实现单按钮控制 5 台电动机的起停，按钮按数次，最后一次保持 1s 以上后，则号码与次数相同的电动机运行，再按按钮，该电动机停止。5 台电动机接于 Y0～Y4。用一只控制按钮控制 5 台电动机的梯形图见图 3.2.41。

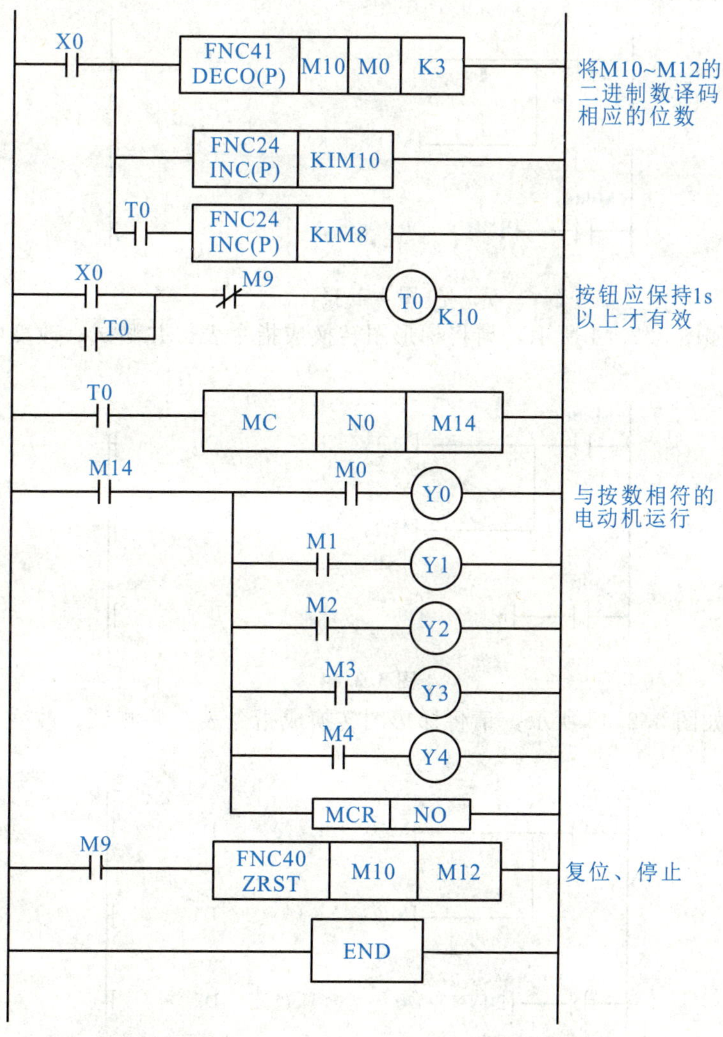

图 3.2.41　使用译码指令控制 5 台电动机的梯形图

练习与实训

1. 梯形图如图 3.2.42 所示，请将梯形图转换成指令表，并测试；改变 K6 和 K8 的数值，重新测试结果。

```
M8000
──┤├──┬──[MOV   K6    D0 ]
      └──[MOV   K8    D1 ]
M000
──┤├─────[ADD   D0   D1   D2 ]
```

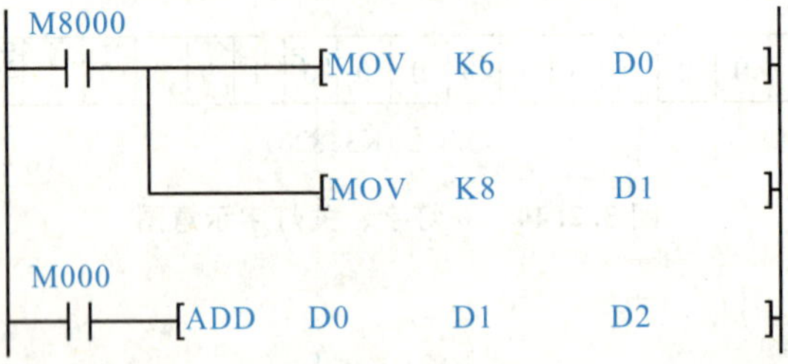

图 3.2.42

2. 梯形图如图 3.2.43 所示，请将梯形图转换成指令表，并测试；改变 K18 和 K8 的数值，重新测试结果。

```
M8000
──┤├──┬──[MOV   K18   D0 ]
      └──[MOV   K8    D1 ]
M000
──┤├─────[SUB   D0   D1   D2 ]
```

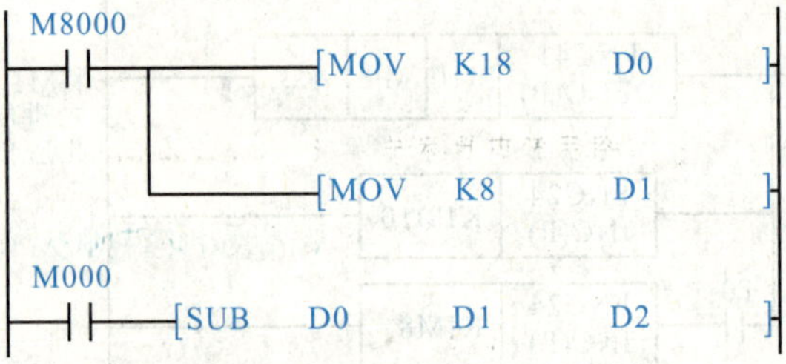

图 3.2.43

3. 梯形图如图 3.2.44 所示，请将梯形图转换成指令表，并测试；改变常数数值，重新测试结果。

```
M8000
──┤├──┬──[MOV   K55   D0 ]
      └──[MOV   K60   D1 ]
M000
──┤├─────[MUL   D0   D1   D2 ]
```

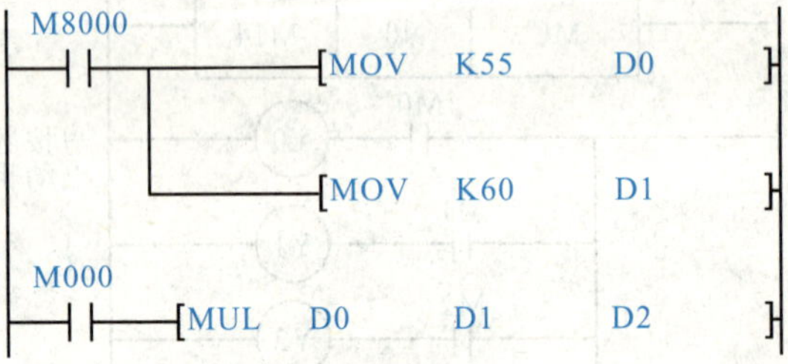

图 3.2.44

4. 梯形图如图 3.2.45 所示，请将梯形图转换成指令表，并测试；改变常数数值，重新测试结果。

```
M8000
──┤├──┬──[MOV   K-10  D0 ]
      └──[MOV   K3    D1 ]
X000
──┤├─────[DIV   D0   D1   D2 ]
```

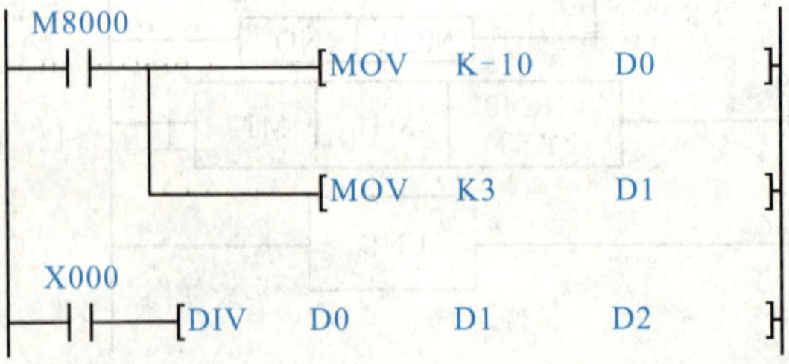

图 3.2.45

5. 编程实现如下的运算：Y＝18X/4－3。

6. 用乘除法指令实现灯组的移位循环。有一组灯共有15只，分别接于Y000～Y17，要求：当X000＝ON时，灯正序每隔1 s单个移位，并循环；当X001＝ON并且Y000＝OFF时，灯反序每隔1 s单个移位，至Y000为ON，停止。

任务3　步进电动机的控制

步进电动机作为执行元件，是机电一体化的重要产品之一。通过控制脉冲个数可以很方便地控制转过的角位移，且误差不积累，达到准确定位的目的。它还可以通过控制频率很方便地改变转速和加速度，达到任意调速的目的，因此广泛应用于各种开环控制系统中。

任务描述

步进电动机的控制系统由PLC和功率驱动器组成，控制系统中PLC用来产生控制脉冲；通过PLC编程输出一定数量的方波脉冲。步进电动机功率驱动器将PLC输出的控制脉冲放大，提高驱动能力。其中，①起动、停止和微调可利用按钮实现；②正反转控制、三种转速利用开关切换。

任务分析

步进电动机是一种专门用于位置和速度精确控制的特种电动机，由于其工作原理易学易用，成本低、电动机和驱动器不易损坏，近年来在各行业的控制设备中获得了越来越广泛的应用。图3.3.1为步进电动机外形。

图3.3.1　步进电动机外形

由于需要正反转控制，可利用子程序实现。

利用算术指令调整变量存储器的值以达到三挡转速控制。

用PLC实现本任务时，步进电动机要配功率驱动器，所以，PLC的输出实际是接在步进电动机驱动器上的。

本任务要解决的问题是如何采用PLC直接控制步进电动机。完成本任务需达成的目标如下。

序　号	类　别	目　　标
1	知识	1. 熟悉 PLC 浮点数功能指令 2. 了解 PLC 定位控制指令 3. 了解 PLC 触点比较指令 4. 掌握步进电动机工作原理
2	技能	1. 熟练进行步进电动机与 PLC 的安装接线 2. 熟练应用编程软件 3. 利用脉冲指令和移位指令编程 4. 具备步进电动机控制程序编辑、修改、下传与调试能力
3	职业素养	1. 相互沟通能力及团队协作精神 2. 良好的职业道德 3. 质量、成本、安全、环保意识

相关知识

一、步进电动机理论基础

步进电动机是由一组缠绕在电动机固定部件——定子齿槽上的线圈驱动的。绕在齿上的金属导线则叫做绕组。感应子式步进电动机与传统的反应式步进电动机相比，结构上转子加有永磁体，定子激磁只需提供变化的磁场，因此效率高、电流小、发热低。因永磁体的存在，该电动机具有较强的反电势，其自身阻尼作用比较好，使其在运转过程中比较平稳、噪声低、低频振动小。

1. 三相步进电动机的结构

步进电动机主要由定子、转子和外壳组成，图 3.3.2 为三相反应式步进电动机结构图。

定子、转子是用硅钢片或其他软磁材料制成的。定子的每对极上都绕有一对绕组，构成一相绕组，共三相称为 A、B、C 三相。

在定子磁极和转子上都开有齿分度相同的小齿，采用适当的齿数配合，当 A 相磁极的小齿与转子小齿一一对应时，B 相磁极的小齿与转子小齿相互错开 1/3 齿距，C 相则错开 2/3 齿距。

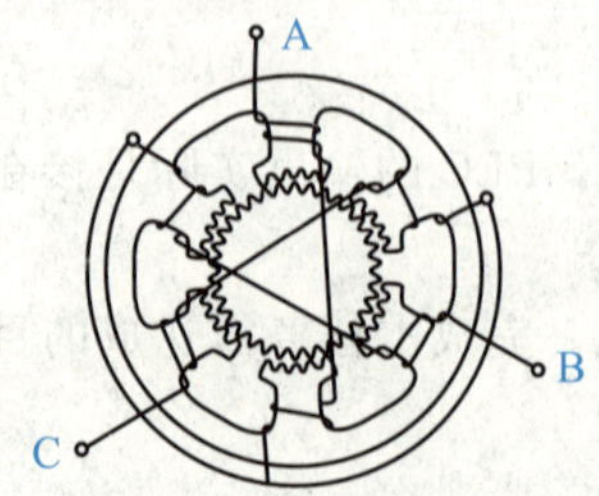

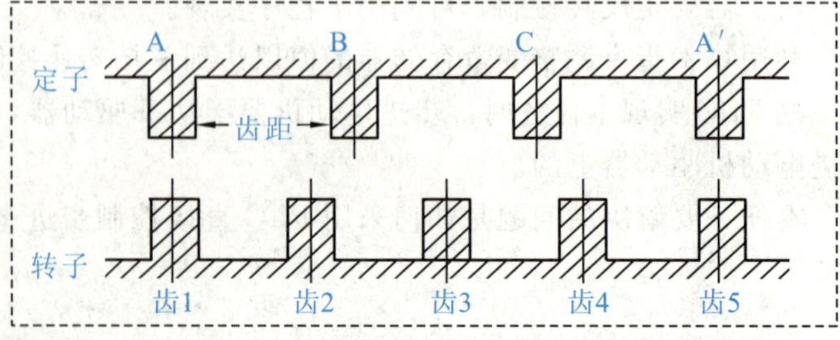

图 3.3.2　三相反应式步进电动机结构图

电动机的位置和速度由绕组通电次数（脉冲数）和频率成一一对应关系。而方向由绕组通电的顺序决定。

2. 三相步进电动机的特点

1）步进电动机必须加驱动才运转，驱动信号必须为脉冲信号，没有脉冲时电动机静止，如果加入适当的脉冲信号，就会以一定的角度转动。转动的速度和脉冲的频率成正比，即具有变频特性。

2）步进电动机具有瞬间起动和急速停止的优越特性。

3）改变脉冲的顺序，可以方便的改变转动的方向。

4）步进电动机低速时可以正常运转，但若高于一定速度就无法起动。如果要使电动机达到高速转动，脉冲频率应该有加速过程。

3. 三相步进电动机控制原理

1）三相单三拍，若通电顺序 A→B→C→A…为正转，则 A→C→B→A…为反转，三拍为一个循环。

2）三相单双六拍，若通电顺序 A→AB→B→BC→C→CA→A…为正转，则 A→AC→C→CB→B→BA→A…为反转，六拍为一循环。

（1）转速控制

步进电动机的转速由输入脉冲的频率，也就是周期来决定，如下

（2）正反转控制

通过调换相序，即改变 Y0、Y1 和 Y2 接通的顺序，以实现步进电动机的正反转控制，如下

（3）步数控制

通过脉冲计数器，控制脉冲的个数，实现对步进电动机步数的控制。

二、浮点数功能指令

1. 二进制浮点比较指令 ECMP（FNC110）

该指令的梯形图格式如下

X1 FNC10 (D)ECMP [S1] D10 [S2] D20 [D] M0

M0 (D11,D10)>(D21,D20) M0 = ON

M1 (D11,D10) = (D21,D20) M1 = ON

M2 (D11,D20)<(D21,D20) M2 = ON

2. 二进制浮点区间比较指令 EZCP(FNC111)

该指令对两个二进制浮点值的大小进行比较的指令，其梯形图格式如下

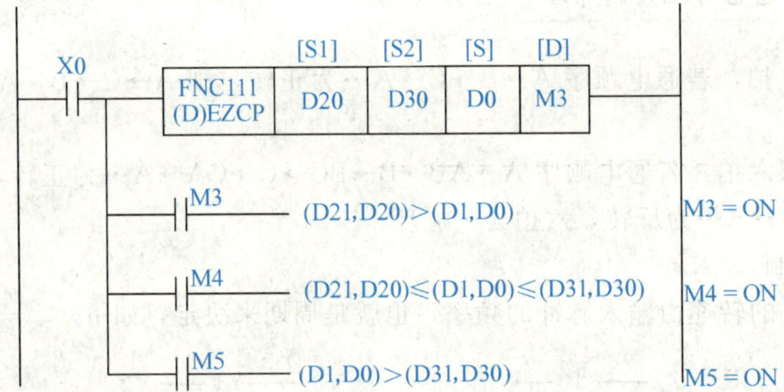

3. 二—十进制转换指令

二进制浮点到十进制浮点转换指令 EBCD(FNC118)，十进制浮点到二进制浮点转换指令 EBIN(FNC119)，两条指令的梯形图格式如下

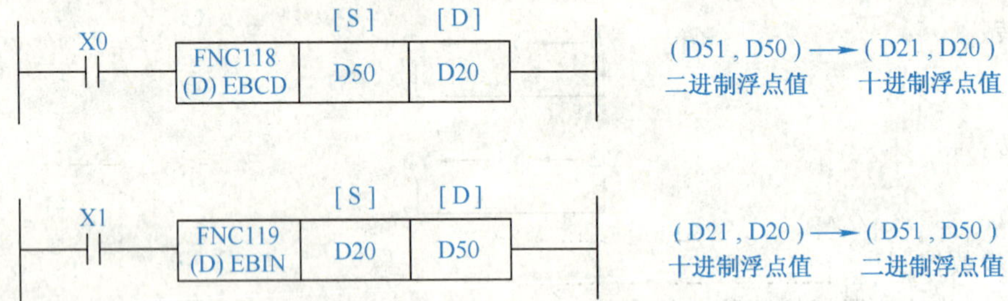

图 3.3.3 是 EBIN 指令的应用实例，把含有小数点的数值 3.14 直接转换为二进制浮点值。

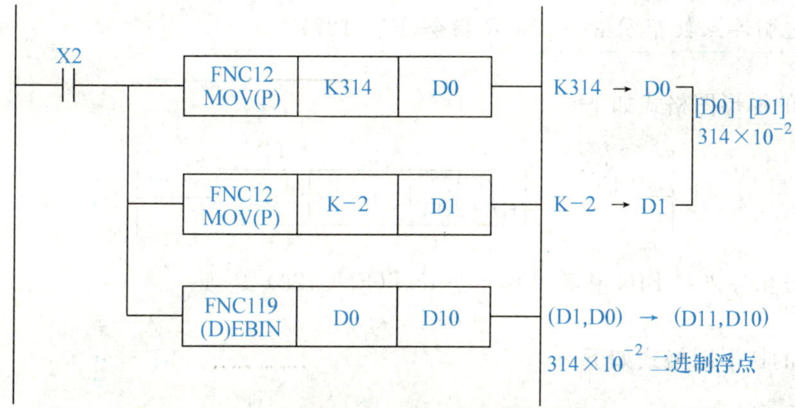

图 3.3.3　EBIN 指令的应用

4. 二进制浮点加法指令 EADD(FNC120)

二进制浮点加法指令的梯形图格式如下

X1 ─┤├─ [FNC120 (D) EADD | [S1] D10 | [S2] D20 | [D] D50]

5. 二进制浮点减法指令 ESUB(FNC121)

该指令的梯形图格式如下

X2 ─┤├─ [FNC121 (D) ESUB | [S1] D10 | [S2] D20 | [D] D50]

6. 二进制浮点乘法指令 EMUL(FNC122)

二进制浮点数乘法指令 EMUL 的梯形图格式如下

X0 ─┤├─ [FNC122 (D) EMUL | [S1] D10 | [S2] D20 | [D] D50]

7. 二进制浮点除法指令 EDIV(FNC123)

EDIV 指令的梯形图格式如下

X1 ─┤├─ [FNC123 (D) EDIV | [S1] D10 | [S2] D20 | [D] D50]

8. 二进制浮点数开方指令 ESOR 指令(FNC127)

该指令的梯形图格式如下

[S] [D]
X0
FNC127 (D) ESOR | D10 | D20

9. 二进制浮点到 BIN 整数变换指令 INT(FNC129)

该指令的梯形图格式如下

[S] [D]
X0
FNC129 (D) INT | D10 | D20

10. 浮点 SIN 运算指令 SIN(FNC130)

该指令的梯形图格式如下

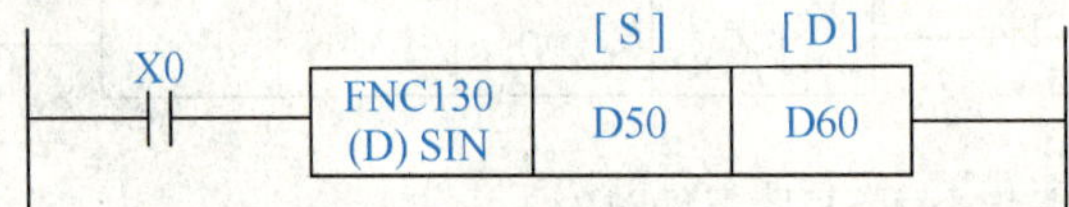

当 X0 闭合时，执行(D)SIN 指令，源元件(D51，D50)中所指定的角度(RAD)的 SIN 值(以二进制浮点表示)，传送到目标元件(D61，D60)中去，也是以二进制浮点值表示。

图 3.3.4 是一个浮点 SIN 指令应用实例。

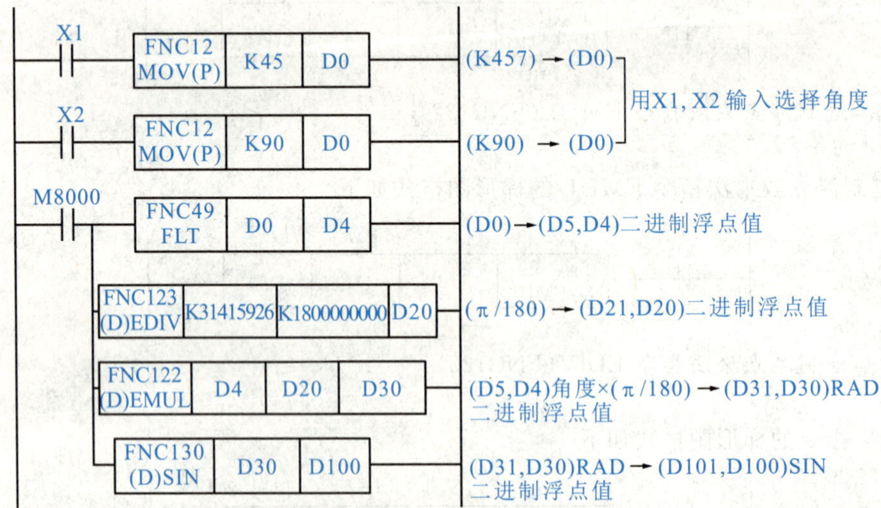

图 3.3.4 SIN 指令应用举例

11. 浮点 COS 运算指令 COS(FNC131)

COS 指令的梯形图格式如下

X0　FNC131 (D) COS　[S] D50　[D] D60

12. 浮点 TAN 运算指令 TAN(FNC132)

TAN 指令的梯形图格式如下

X0　FNC132 (D) TAN　[S] D50　[D] D60

三、数据处理(浮点)指令(FNC140～FNC149)

目前这一组指令主要开发了一条上下字节变换指令 SWAP(FNC147)，该指令能处理 16 位数据，也能处理 32 位数据；既能连续执行，也能脉冲执行。SWAP 指令的梯形图格式如下

当 X0 闭合时，执行 SWAP 指令，低 8 位与高 8 位交换，即

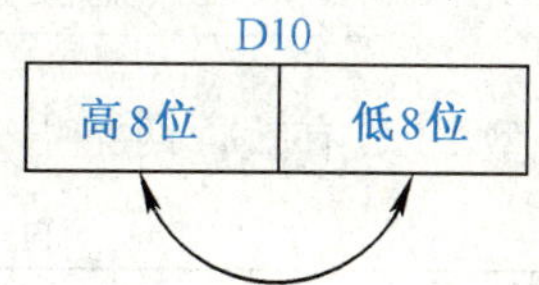

SWAP 指令处理 32 数据时，各个低 8 位与高 8 位交换，即

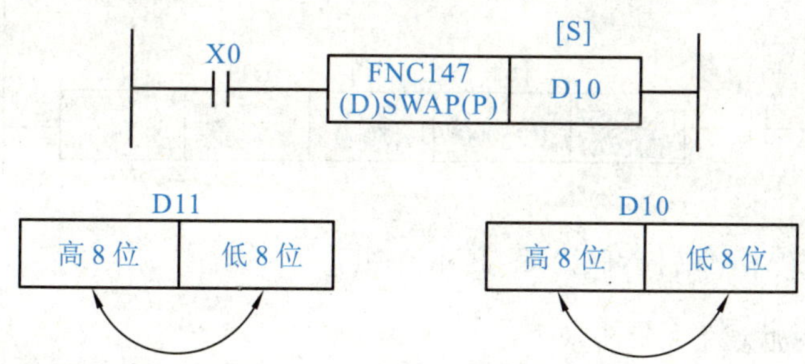

四、定位控制指令(FNC150～FNC159)

1. ABS 当前值读取指令 ABS(FNC155)

这是一条连续执行的处理 32 位数据的指令，它的梯形图格式如下

M0 — FNC155 (D) ABS | [S] X0 | [D1] Y4 | [D2] D8140

2. 原点回归指令 ZRN(FNC156)

这是一条仅对 FX_{1S}和 FX_{1N}型 PLC 有效的指令，它的梯形图格式如下

M0 — FNC156 ZRN | [S1] K1000 | [S2] K100 | [S3] X3 | [D] Y0

3. 可变速脉冲输出指令 PLSV(FNC157)

这一条指令仅对 FX_{1S}和 FX_{1N}型 PLC 有效，它的梯形图格式如下

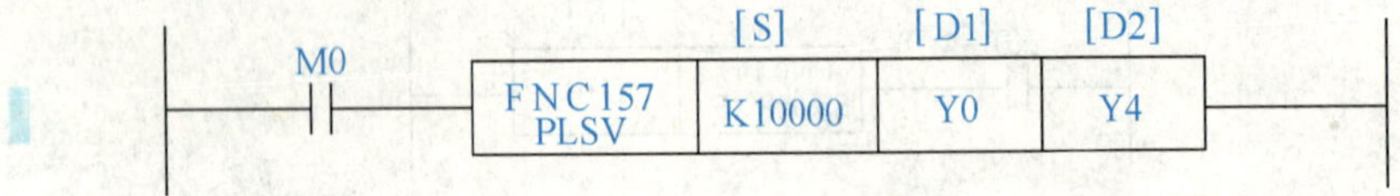

4. 相对位置控制指令 DRVI(FNC158)和绝对位置控制指令 DRVA(FNC159)

这两条指令仅对 FX_{1S}和 FX_{1N}型 PLC 有效，两条指令的梯形图格式如下

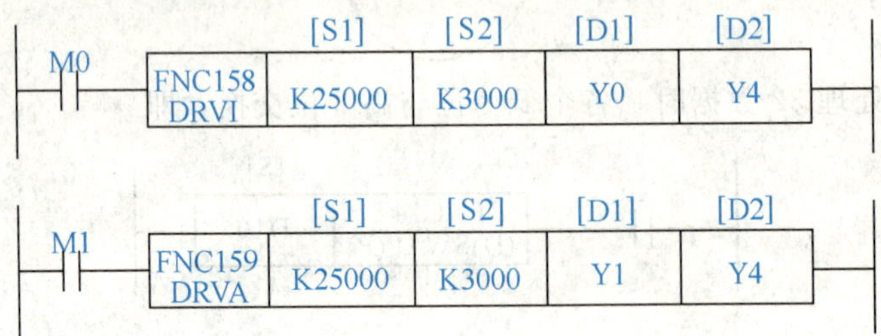

五、触点比较指令(FNC224～FNC246)

触点比较指令如表 3.3.1 所示。

表 3.3.1　触点比较指令表

FNC NO	指令助记符	指令名称及功能
224	LD＝	触点比较指令运算开始，(S1)＝(S2)时导通
225	LD＞	触点比较指令运算开始，(S1)＞(S2)时导通
226	LD＜	触点比较指令运算开始，(S1)＜(S2)时导通
228	LD＜＞	触点比较指令运算开始，(S1)≠(S2)时导通
229	LD≤	触点比较指令运算开始，(S1)≤(S2)时导通
230	LD≥	触点比较指令运算开始，(S1)≥(S2)时导通
232	AND＝	触点比较指令串联连接，(S1)＝(S2)时导通
233	AND＞	触点比较指令串联连接，(S1)＞(S2)时导通
234	AND＜	触点比较指令串联连接，(S1)＜(S2)时导通
236	AND＜＞	触点比较指令串联连接，(S1)≠(S2)时导通
237	AND≤	触点比较指令串联连接，(S1)≤(S2)时导通
238	AND≥	触点比较指令串联连接，(S1)≥(S2)时导通
240	OR＝	触点比较指令并联连接，(S1)＝(S2)时导通
241	OR＞	触点比较指令并联连接，(S1)＞(S2)时导通
242	OB≤	触点比较指令并联连接，(S1)＜(S2)时导通
244	OR＜＞	触点比较指令并联连接，(S1)≠(S2)时导通
245	OR≤	触点比较指令并联连接，(S1)≤(S2)时导通
246	OR≥	触点比较指令并联连接，(S1)≥(S2)时导通

1. 触点比较指令介绍

LD＝(FNC224)、LD＞(FNC225)、LD＜(FNC226)、LD＜＞(FNC228)、LD≤(FNC229)、LD≥(FNC230)，这 6 条指令都是连续执行型，即可进行 16 位二进制数运算(5 步)，又可进行 32 位二进制数运算(9 步)。每条指令有两个源操作数[S1]、[S2]，它们的取值范围如下

[S1][S2]								
K,H	KnX	KnY	KnM	KnS	T	C	D	V,Z

触点比较指令的梯形图格式如图 3.3.5所示。

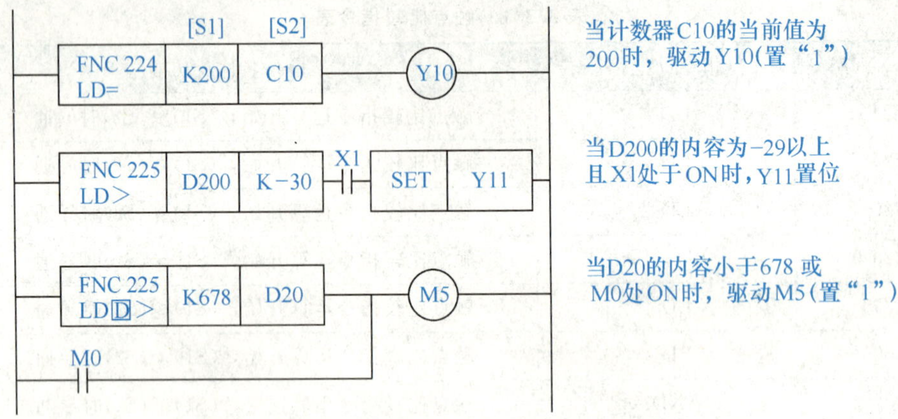

图 3.3.5 触点比较指令的梯形图

2. 触点比较串联指令介绍

AND=(FNC232)、AND>(FNC233)、AND<(FNC234)、AND<>(FNC236)、AND≤(FNC237)、AND≥(FNC238)，这 6 条触点比较串联指令的梯形图格式如图 3.3.6 所示。

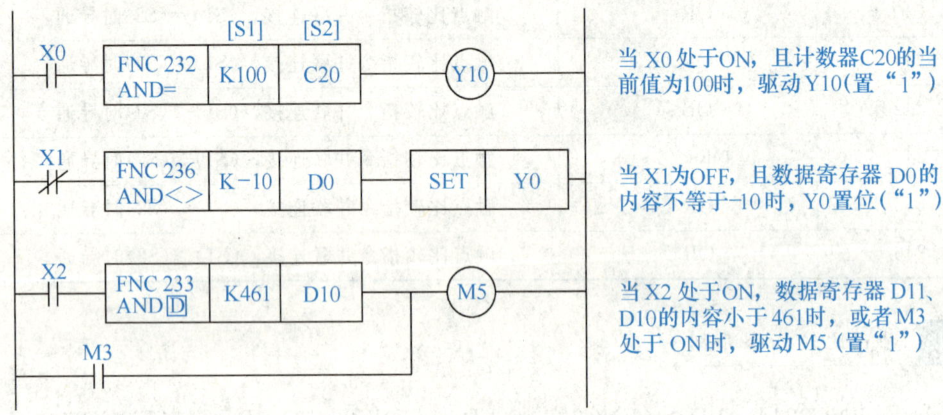

图 3.3.6 触点比较串联指令的梯形图

3. 触点比较并联指令介绍

OR=(FNC240)、OR>(FNC241)、OR<(FNC242)、OR<>(FNC244)、OR≤(FNC245)、OR≥(FNC246)，这 6 条触点比较并联指令的梯形图格式如图 3.3.7 所示。

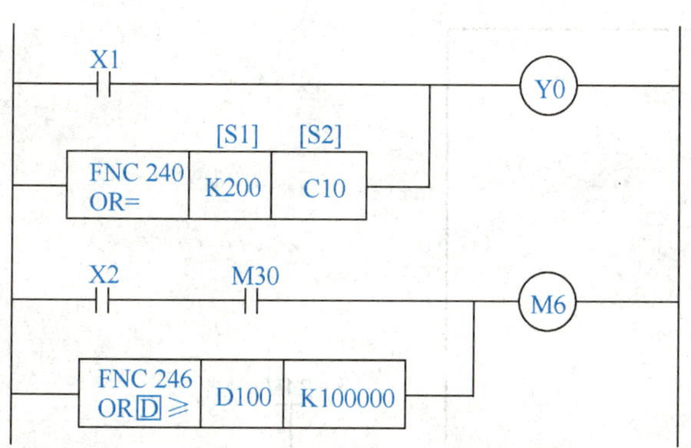

当X1处于ON时，或计数器 C10 的当前值为 200时，驱动 Y0(置“1”)

当X2和M30处于ON时，或者数据寄存器D101,D100的内容为100000以上时，驱动M6 (置“1”)

图 3.3.7　触点比较并联指令的梯形图

任务实施

一、硬件设计

1. 资源分配

资源分配如表 3.3.2 所示。

表 3.3.2　三相步进电动机 PLC 控制系统输入/输出(I/O)端口地址分配表

输　入			输　出		
设备名称	代号	输入点编号	设备名称	代号	输出点编号
起动按钮	SB0	X0	接触器	KM1	Y0
慢速	SB1	X1	接触器	KM2	Y1
中速	SB2	X2	接触器	KM3	Y2
快速	SB3	X3			
正转	SB4	X4			
反转	SB5	X5			
单步	SB6	X6			
8 步	SB7	X7			
停止	SB8	X10			

2. I/O 接线

I/O 接线如图 3.3.8 所示。

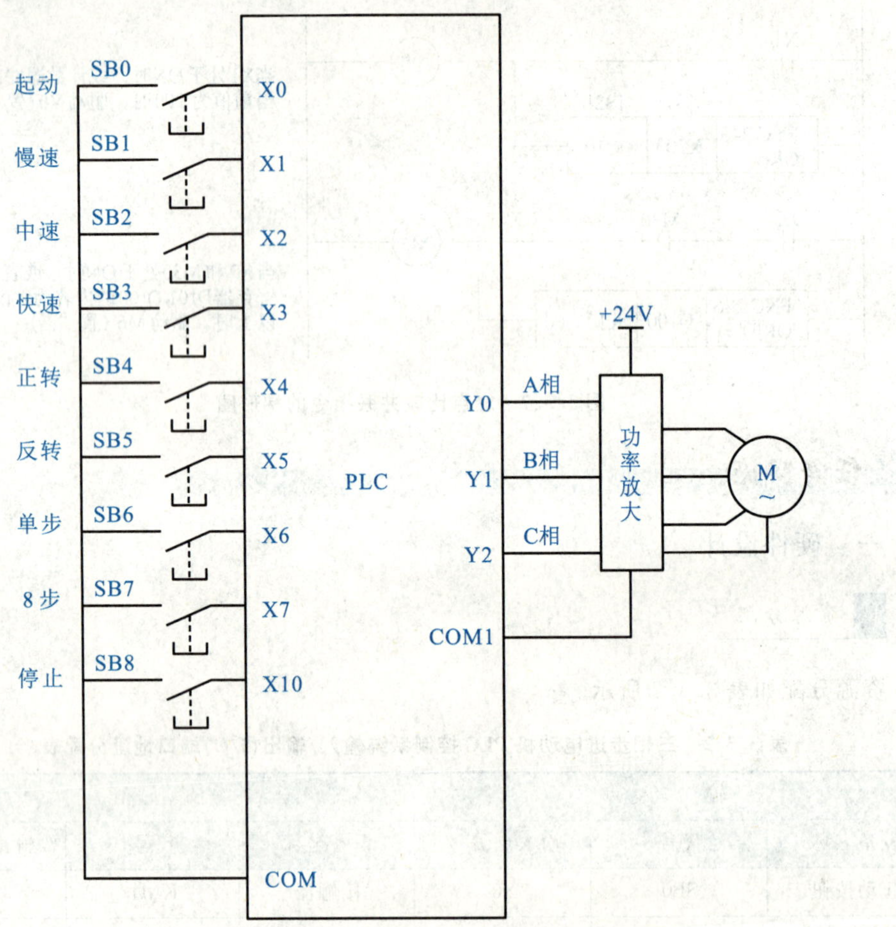

图 3.3.8　三相步进电动机的 PLC 控制接线示意图

二、软件设计

1. 软件编程

1)用移位寄存器 M0～M2 产生三拍时序脉冲。

2)由 Y0、Y1 和 Y2 实现正反转驱动控制。

3)由 M11、T0、T1、T2 和 M20 组成脉冲控制器。

4)由计数器 C0 实现步数控制。

相应梯形图如图 3.3.9 所示。

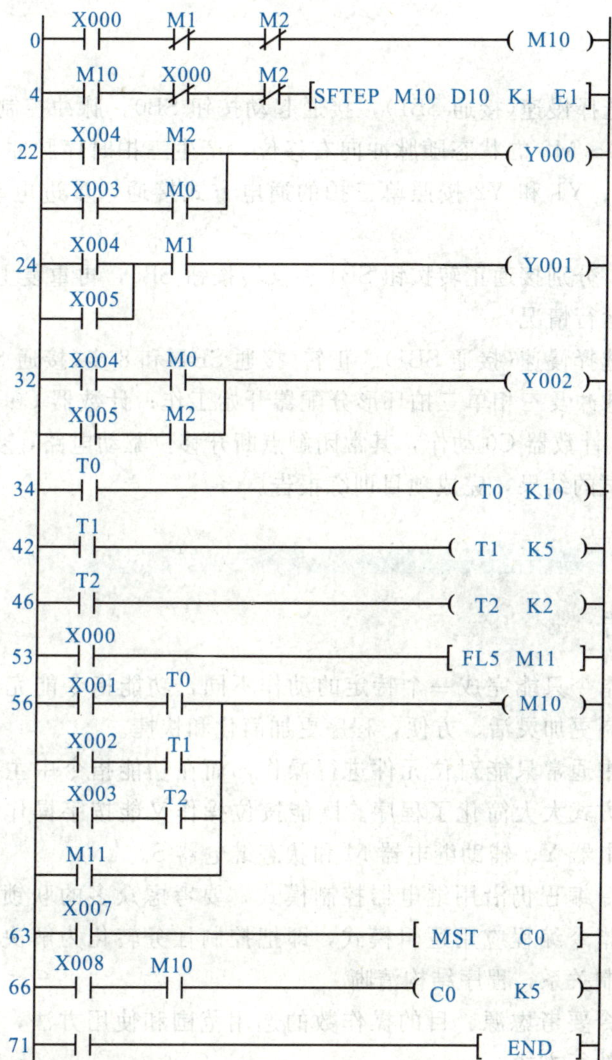

图 3.3.9　三相步进电动机控制梯形图

程序中所用各继电器的状态如表 3.3.3 所示。

表 3.3.3　PLC 各继电器的状态表

拍数	M0	M1	M2	X4 闭合(正转)			X5 闭合(反转)		
				Y0	Y1	Y2	Y0	Y1	Y2
				A 相	B 相	C 相	A 相	B 相	C 相
第 1 拍	0	0	1	1	0	0	0	0	1
第 2 拍	0	1	0	0	1	0	0	1	0
第 3 拍	1	0	0	0	0	1	1	0	0

2. 程序调试

1)转速控制。选择慢速(接通 SB1)，接通起动按钮 SB0。脉冲控制器产生周期为 1 s 的控制脉冲，使 M0～M2 的状态随脉冲向右移位，产生三拍时序脉冲，并通过三相单三拍环形分配器使 Y0、Y1 和 Y2 按照单三拍的通电方式接通，步进电动机开始慢速步进运行。

2)正反转控制。分别接通正转按钮 SB4 和反转按钮 SB5，再重复上述转速控制操作，观察步进电动机的运行情况。

3)步数控制。选择慢速(接通 SB1)、正转(接通 SB4)和 8 步(接通 SB7)，接通起动按钮 SB0。三拍时序脉冲及三相单三拍环形分配器开始工作；计数器 C0 开始计数。当走完预定步数(8 步)时，计数器 C0 动作，其常闭触点断开移位驱动电路，步进电动机停转。

4)记录程序调试的结果，完成项目训练报告。

总结评价

一、归纳总结

1)与基本逻辑指令只能完成一个特定的动作不同，功能指令能完成由数个动作组成的任务，从而使控制更加灵活、方便，程序更加简化和快捷。

2)在基本指令中通常只能对位元件进行操作，而在功能指令中主要对字元件进行操作，这种多位操作方式大大简化了程序。既能按位操作又能按字操作的元件主要有输入继电器 X、输出继电器 Y、辅助继电器 M 和状态继电器 S。

3)使用基本指令编程仍沿用继电器控制模式，要考虑众多的联锁控制关系，程序结构较复杂。而功能指令编程应用逻辑模式，即把控制任务转化为解决逻辑问题，不需要考虑过多的联锁控制关系，程序结构清晰。

4)使用功能指令要考虑源、目的操作数的选用范围和使用方法，要注意许多功能指令只适合使用脉冲执行方式。

5)本任务只介绍了浮点数功能指令、定位控制指令和触点比较指令，其他功能指令会在相关任务中陆续介绍。

6)步进电动机时自动化控制中常用的位置控制元件，采用 PLC 控制可方便、准确地控制各种机械设备，所以，步进电动机与 PLC 的硬件连接和编程非常重要。

二、检查评价

根据任务具体实施情况，依据下表各项内容逐项进行检查验收，评价赋分。

项 目 评价表	项 目 名 称	特殊功能控制系统的设计与安装	项目承接人	
	任 务 名 称	步进电动机的控制		
评 价 内 容		标准分值	自我评分 （30%）	教师评分 （70%）
知识：（30）				
浮点数功能指令		5		
步进电动机结构、工作原理		10		
定位控制、触点比较指令		5		
步进电动机控制方法		10		
技能：（30）				
步进电动机控制系统硬件选型与安装		10		
步进电动机控制程序编辑与调试		10		
步进电动机控制程序方案选择		5		
是否在规定时间内独立完成		5		
方法：（20）				
工具使用方法		6		
系统安装及调试方法		7		
解决具体问题的方法		7		
素质：（10）				
质量成本意识		4		
安全环保意识		3		
团队责任意识		3		
评估：（10）				
描述本任务的目标		5		
有待改进之处及改进方法		5		
总 分		100		

拓展提高

步进电动机驱动器简介

一、步进电动机驱动器的功能

常见步进电动机驱动器如图 3.3.10 所示，其主要功能如下。

1)具有脉冲发生器的功能，可以产生可调频率，可以准确计数控制的脉冲串。

2)具有脉冲分配功能，可以将脉冲发生器送来的脉冲依一定的规律分配给电动机的各个绕组。

3)具有脉冲放大功能，可以将脉冲发生器送来的脉冲放大到电动机所需的功率。

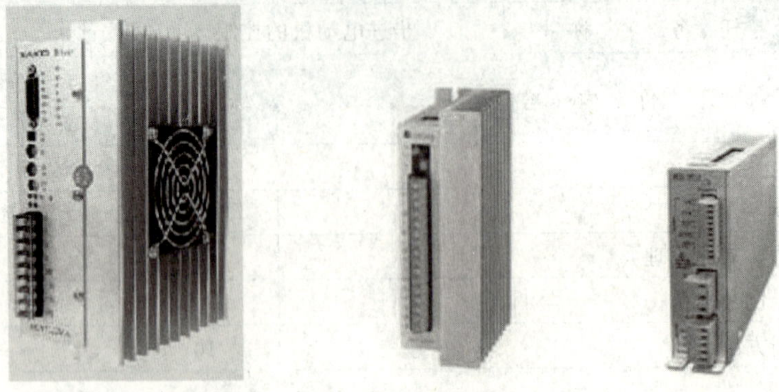

图 3.3.10　步进电动机驱动器外形

二、驱动器接口及功能

DSP-565 细分型步进电动机驱动器接口如图 3.3.11 所示，其引脚功能见表 3.3.4。

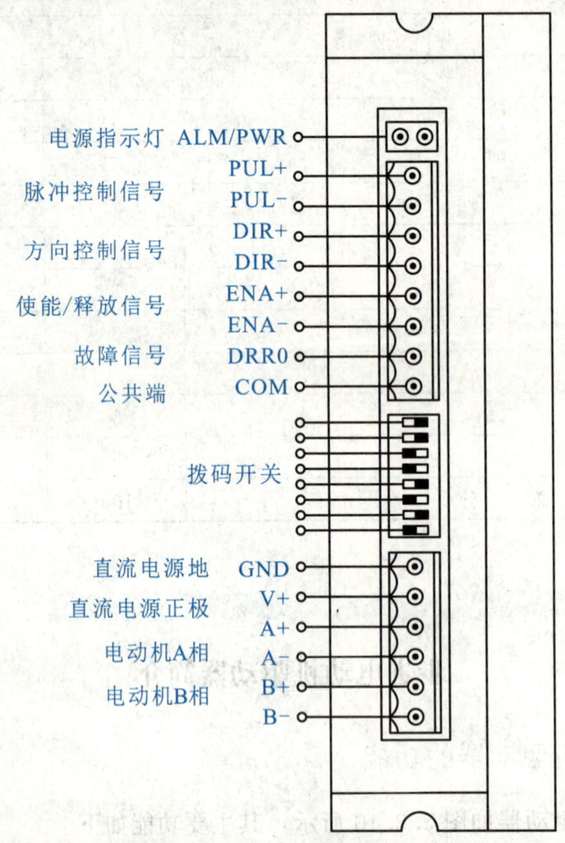

图 3.3.11　DSP-565 细分型步进电动机驱动器接口示意图

表 3.3.4　引脚功能说明

引脚	功能	说　　明
PUL＋	脉冲控制信号	上升沿有效，每次脉冲信号由低变高时，电动机运行一步，PUL 高电平时 5 V，低电平时 0～0.5 V。
PUL－		
DIR＋	方向控制信号	高/低电平状态，高电平时 5 V，低电平时 0～0.5 V，对应电动机运转的两个方向。若改变信号状态，电动机运转方向也随之发生变化，电动机的初始运转方向取决于电动机的接线，互换任意一相可改变电动机的初始运转方向。
DIR－		
ENA＋	使能/释放信号	用于释放电动机，当 ENA＋接＋5 V，ENA－接低电平时，驱动器将切断电动机各相电源而处于自由状态，步进脉冲信号将不被响应，此时，驱动器和电动机的发热和温升将降低。不用时，将电动机释放信号悬空。
ENA－		
GND	直流电源地	
＋V	直流电源正极	介于供电电压 20～50 V 之间，推荐 36 V。
A＋，A－	电动机 A 相	互换 A＋和 A－，可改变电动机运转方向。
B＋，B－	电动机 B 相	互换 B＋和 B－，可改变电动机运转方向。

三、PLC、驱动器和步进电动机的接线

以两相步进电动机为例，其接线图如图 3.3.12 所示。

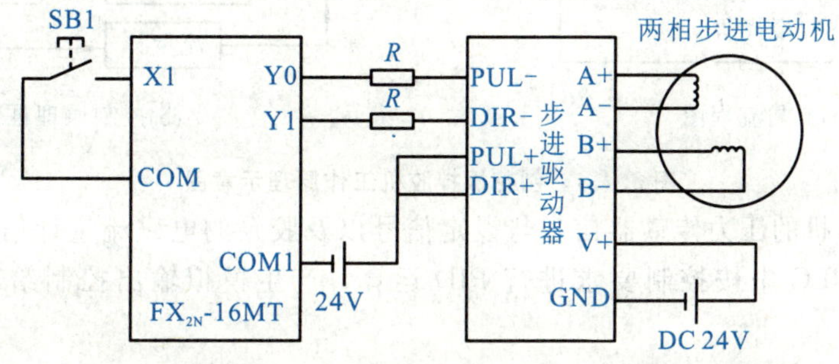

图 3.3.12　PLC、步进驱动器和步进电动机的接线图

练习与实训

交通灯控制：闭合控制开关，东西方向绿灯亮 4 s 闪烁 3 s 后灭，接着黄灯亮 2 s 后灭，随后红灯亮 9 s 后灭，然后循环；在开关闭合的同时，南北方向红灯亮 9 s 后灭，接着绿灯亮 4 s 闪烁 3 s 后灭，随后黄灯亮 2 s 后灭，然后进行循环。断开控制开关，交通灯停止运行。用触点比较指令实现。

要求：进行 I/O 分配，编写梯形图，硬件接线，上机调试。

任务4 MISSION 4 刨花板生产线拌胶机的控制

目前广泛使用在刨花板生产线上的拌胶机，大都采用 PLC 控制系统。通过 PLC 的控制，实现精准的刨花给料和胶泵施胶计量，以及强制循环冷却和雾化施胶新结构，从根本上改变了施胶不均，粘胶、烧胶等现象，提高了施胶质量和产品生产率，节约了用胶量，降低了产品成本。

任务描述

刨花板拌胶机主要由螺旋给料机、胶泵和搅拌机组成。刨花由螺旋给料机供给，压力传感器检测刨花量；胶由胶泵抽给，用电磁流量计检测胶流量；刨花和胶要按一定的比例送到搅拌机内搅拌均匀，然后将混料供给下一道工序蒸压成型。刨花板拌胶机的工艺流程及控制原理如图 3.4.1 所示。

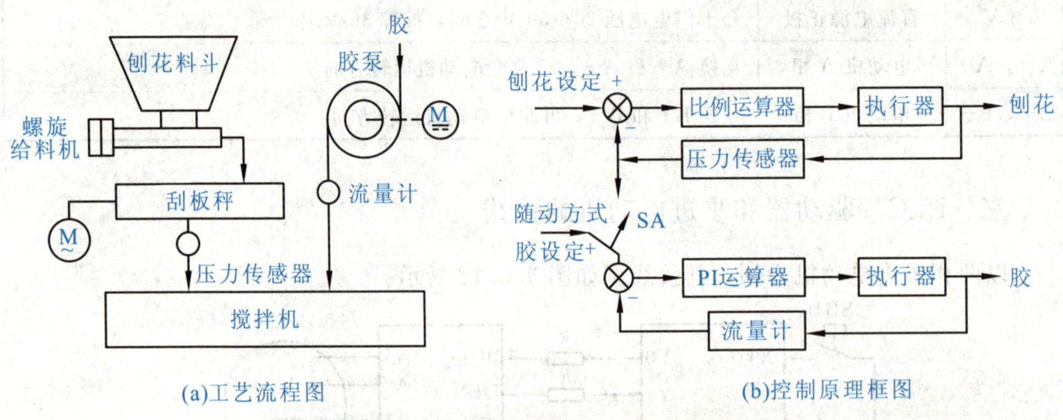

图 3.4.1 刨花板拌胶机工作原理示意图

将螺旋给料机的压力传感器信号与设定信号以及胶泵的电磁流量计信号与设定信号送入 PLC，在 PLC 中按控制要求进行 PID 运算，产生模拟输出控制给料机和胶泵的运转。

任务分析

根据控制要求，刨花回路采用比例控制，胶回路采用 PI 控制，选择开关 SA 用于随动方式/胶设定方式的转换。

通过本任务的实施，能够熟悉 PLC 的模拟量控制功能，解决实际的工程任务。完成本任务需达成的目标如下

序　号	类　别	目　　标
1	知识	1. 熟悉 PLC 外围设备指令 2. 掌握 PLC 时钟运算指令 3. 掌握三菱 PLC 模拟量控制模块
2	技能	1. 熟悉 PLC 与模拟量控制模块的安装接线 2. 熟练应用编程软件 3. 利用外围设备指令编程 4. 具备 PID 控制程序编辑、修改、下传与调试能力
3	职业素养	1. 相互沟通能力及团队协作精神 2. 良好的职业道德 3. 质量、成本、安全、环保意识

相关知识

一、外围设备 I/O 功能指令(FNC70～FNC79)

1. 十键输入指令 TKY(FNC70)

十键输入指令 TKY 是用 10 个键输入十进制数的功能指令。该指令的梯形图格式如下

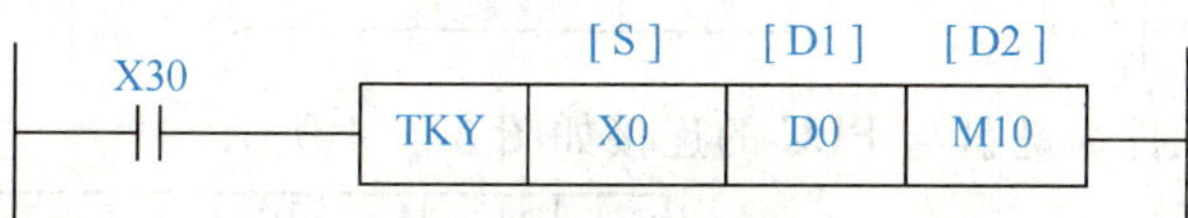

输入键与 PLC 的连接如图 3.4.2 所示。

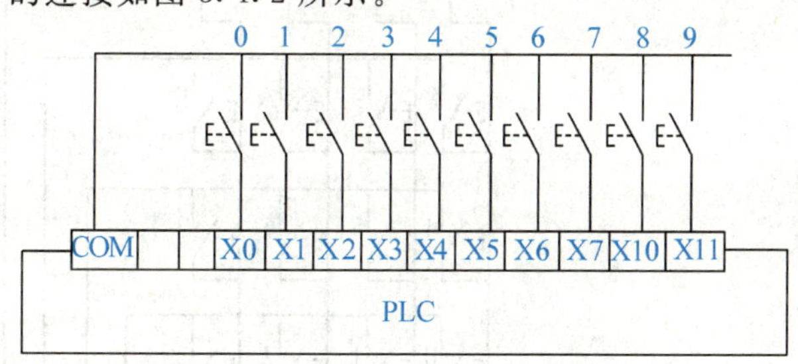

图 3.4.2　输入键与 PLC 的连接

键输入及其对应的辅助继电器的动作时序如图 3.4.3 所示。

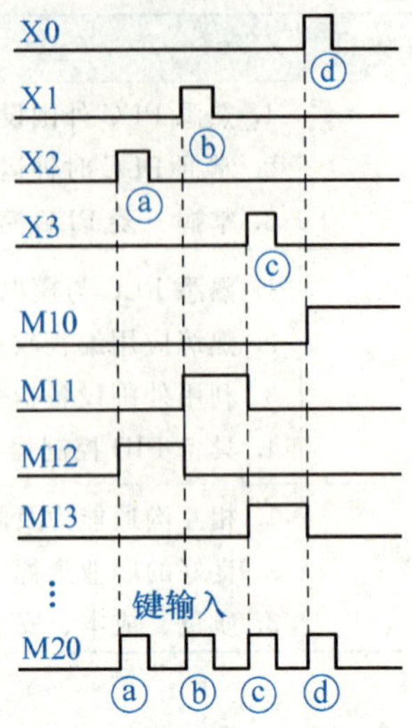

图 3.4.3　动作时序

2. 十六键输入指令 HKY(FNC71)

十六键输入指令 HKY 能通过键盘上数字键和功能键输入的内容来完成输入的复合运算过程。HKY 指令的梯形图格式如下

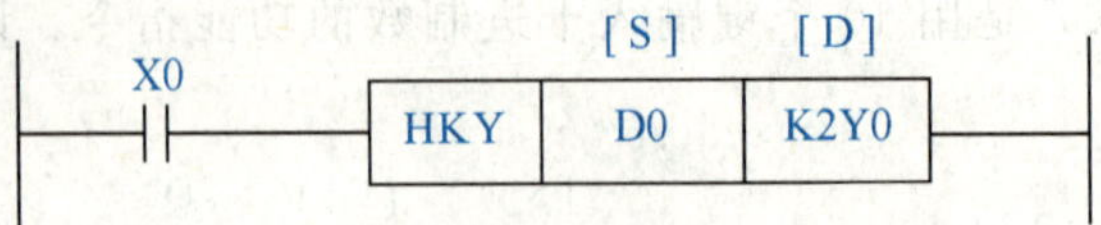

[D3]指定读出元件。键盘与 PLC 的连接如图 3.4.4 所示。

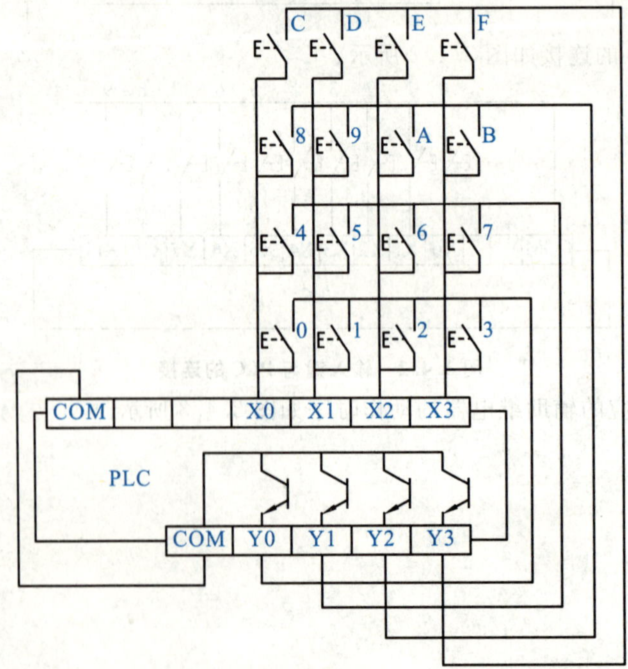

图 3.4.4　十六进制键与 PLC 的连接

十六键输入分为数字键和功能键。

1)数字键。输入的0～9 999数字以BIN码存于[D2]，即D0中，大于9 999的数溢出，如图3.4.5所示。

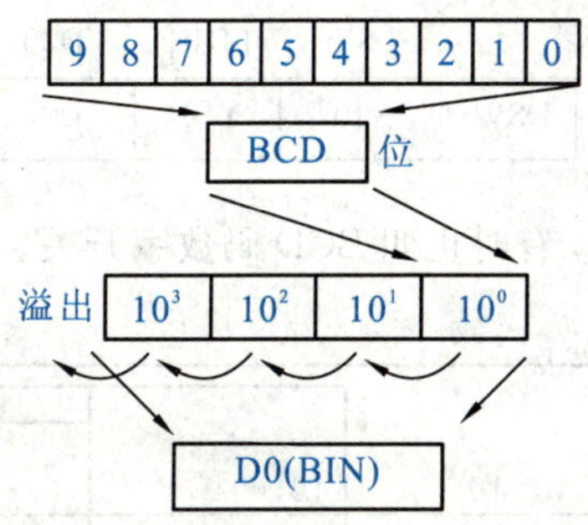

图3.4.5

2)功能键。功能键A～F与M0～M5的关系如图3.4.6所示。

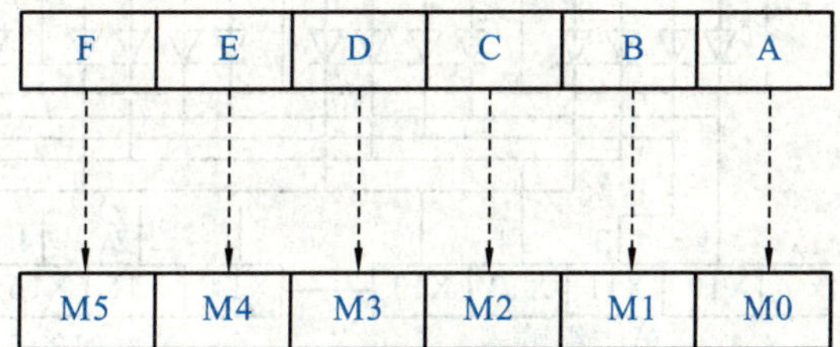

图3.4.6

3)键扫描输出。图3.4.7是使用时间中断程序中用十六键指令HKY来加速输入响应的梯形图。

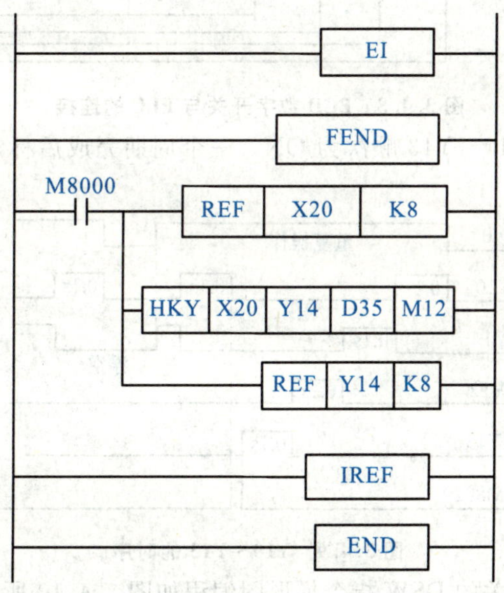

图3.4.7　HKY指令中使用时间中断

3. 数字开关指令 DSW(FNC72)

DSW 指令的梯形图格式如下

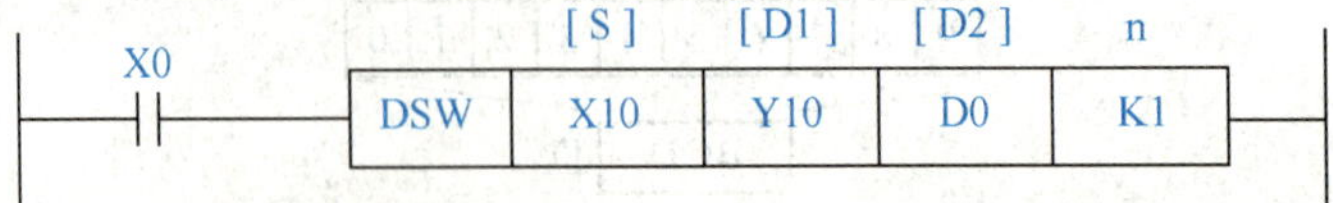

每组开关由 4 个拨盘组成，有时也叫 BCD 码数字开关。BCD 码数字开关与 PLC 的接线图如图 3.4.8 所示。

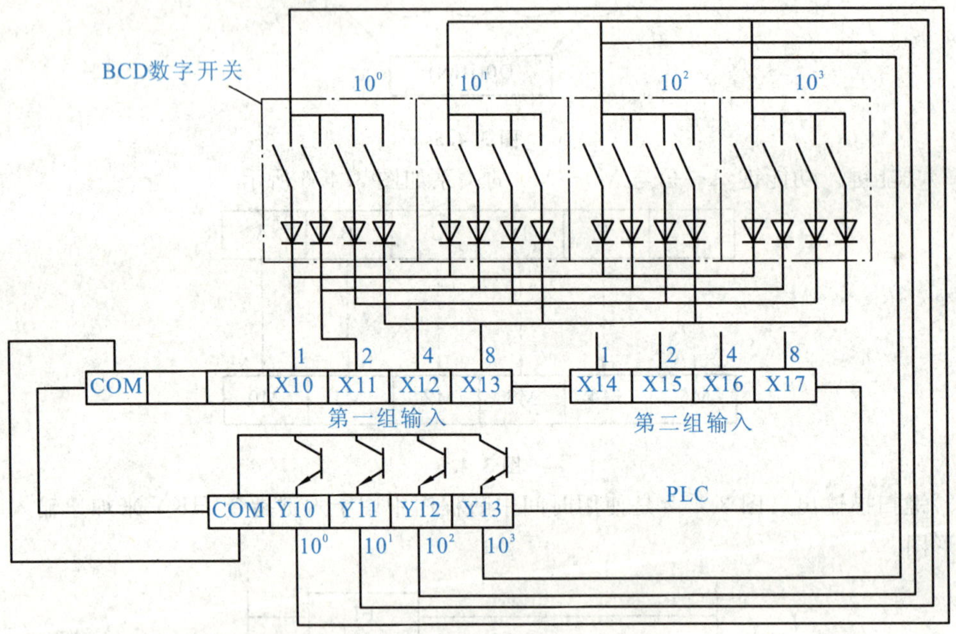

图 3.4.8　BCD 数字开关与 PLC 的连接

当 X0 为 ON 时，Y10～Y13 顺次为 ON，一个周期完成后标志位 M8029 置 1，其时序如图 3.4.9 所示。

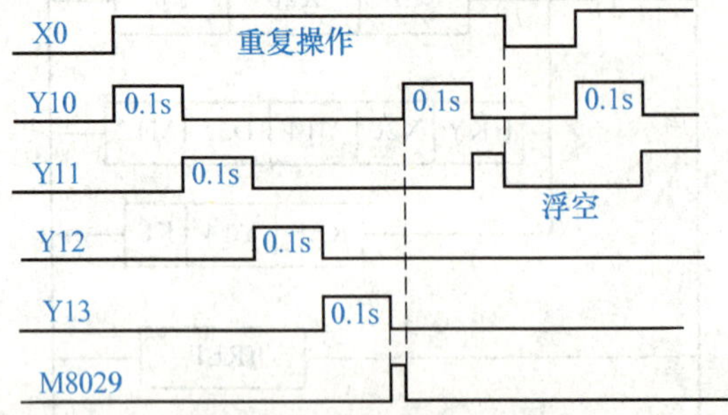

图 3.4.9　Y10～Y13 的时序

使用 1 组 BCD 码开关的 DSW 指令梯形图编程如图 3.4.10 所示。

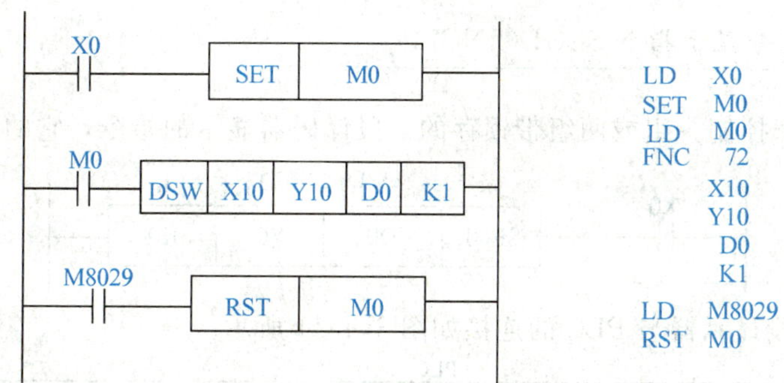

图 3.4.10　DSW 指令的使用说明

4. 七段译码指令 SEGD(FNC73)

七段译码指令 SEGD 是显示十六进制数的指令，其梯形图格式如下

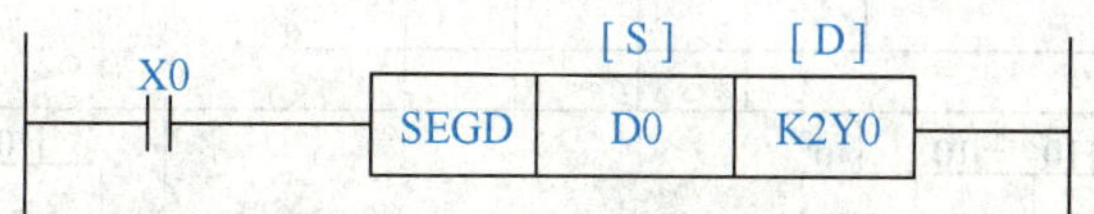

在梯形图格式中，当 X0 断开时，不执行 SEGD 指令的操作；当常开触点 X0 闭合时，每扫描一次该梯形图，就将数据寄存器 D0 中 16 位二进制数的低 4 位所表示的十六进制数，译码成驱动与输出端 Y0～Y7 相连接的七段数码管的控制信号，其中 Y7 始终为 0，其译码表如表 3.4.1 所示。

表 3.4.1　译码表图

源操作数		七段数码管	目标操作数[D]								显示数据
十六进制	二进制		Y7	Y6	Y5	Y4	Y3	Y2	Y1	Y0	
0	0000		0	0	1	1	1	1	1	1	0
1	0001		0	0	0	0	0	1	1	0	1
2	0010		0	1	0	1	1	0	1	1	2
3	0011		0	1	0	0	1	1	1	1	3
4	0100		0	1	1	0	0	1	1	0	4
5	0101		0	1	1	0	1	1	0	1	5
6	0110	Y0 Y5 Y6 Y1 Y4 Y2 Y3	0	1	1	1	1	1	0	1	6
7	0111		0	0	0	0	0	1	1	1	7
8	1000		0	1	1	1	1	1	1	1	8
9	1001		0	1	1	0	1	1	1	1	9
A	1010		0	1	1	1	0	1	1	1	A
B	1011		0	1	1	1	1	1	0	0	b
C	1100		0	0	1	1	1	0	0	1	C
D	1101		0	1	0	1	1	1	1	0	d
E	1110		0	1	1	1	1	0	0	1	E
F	1111		0	1	1	1	1	0	0	1	F

5. 七段码时分显示指令 SEGL(FNC74)

SEGL 是用于控制一组或两组带锁存的七段译码器显示的指令，它的梯形图格式如下

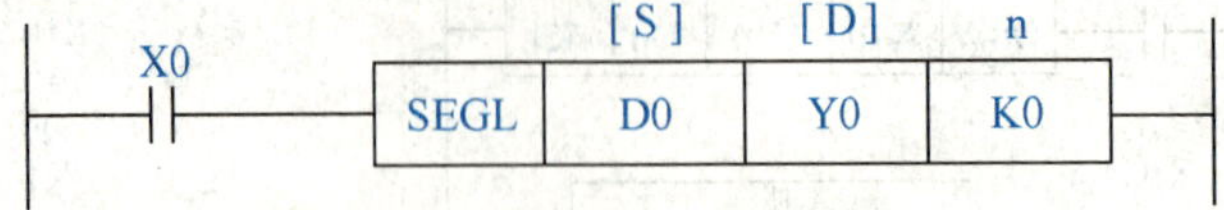

带锁存的七段显示器与 PLC 的连接如图 3. 4. 11 所示。

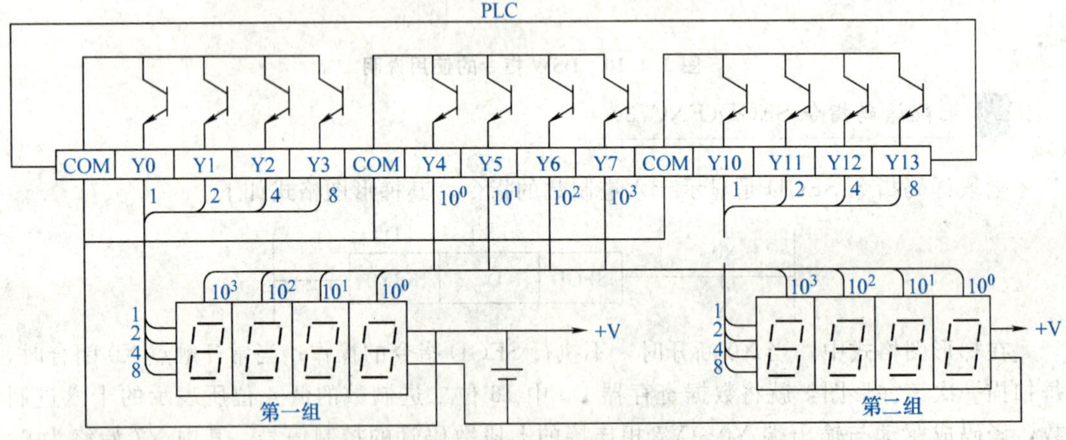

图 3. 4. 11　带锁存的七段显示器与 PLC 连接

6. 方向开关指令 ARWS(FNC75)

ARWS 指令用于方向开关的输入和显示。该指令的梯形图格式如下

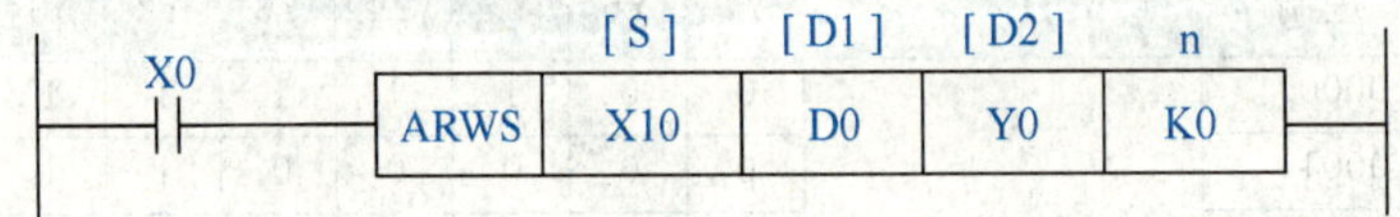

方向开关有 4 个，显示器与 PLC 输出端的连接如图 3. 4. 12 所示。

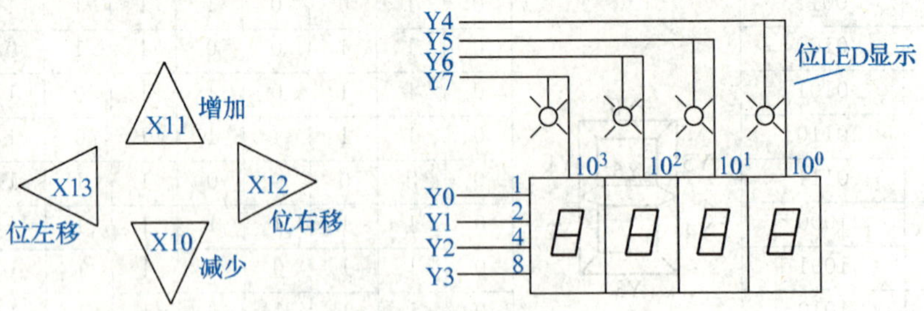

图 3. 4. 12　方向开关及显示器与 PLC 输出端的连接

7. ASCII 码转换指令 ASC(FNC76)

ASCII 码转换指令是将字符变换成 ASCII 码并存放在指定元件中。该指令的梯形图格式如下

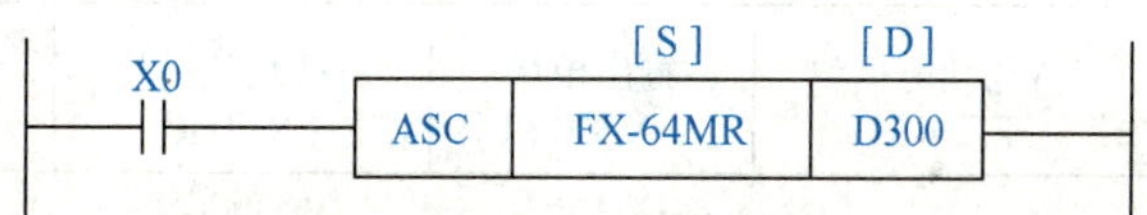

当X0由OFF→ON，ASCⅡ指令将FX-64MR！变换成ASCⅡ码并送到D300～D303中。D300～D303所存放的ASCII码如图3.4.13所示。

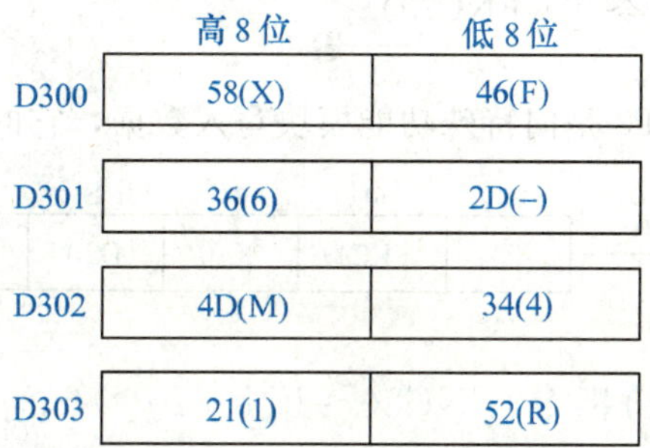

	高8位	低8位
D300	58(X)	46(F)
D301	36(6)	2D(-)
D302	4D(M)	34(4)
D303	21(!)	52(R)

图3.4.13　ASCⅡ码的存放

8. 打印输出指令PR(FNC77)

PR指令是ASC码打印输出用。另外PR指令和ASC指令配合使用，能把出错信息用外部显示单元显示。PR指令的梯形图格式如下

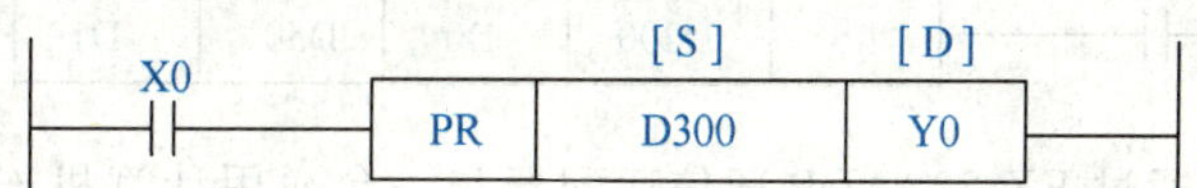

当X0由OFF→ON，PR指令执行，执行过程如图3.4.14所示。

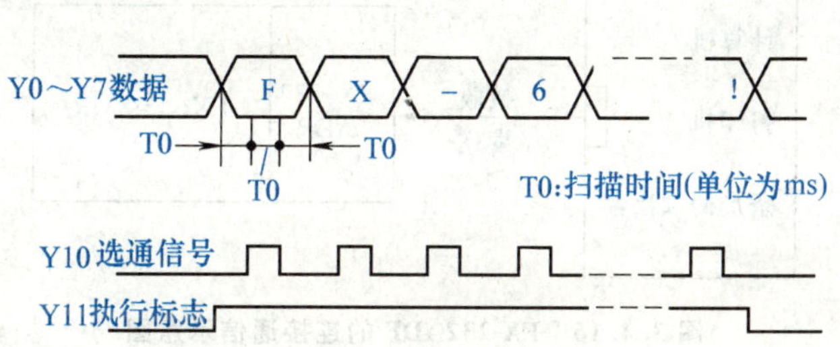

图3.4.14　PR指令的执行过程

9. 读特殊功能模块指令FROM(FNC78)

读特殊功能模块指令FROM的梯形图格式如下

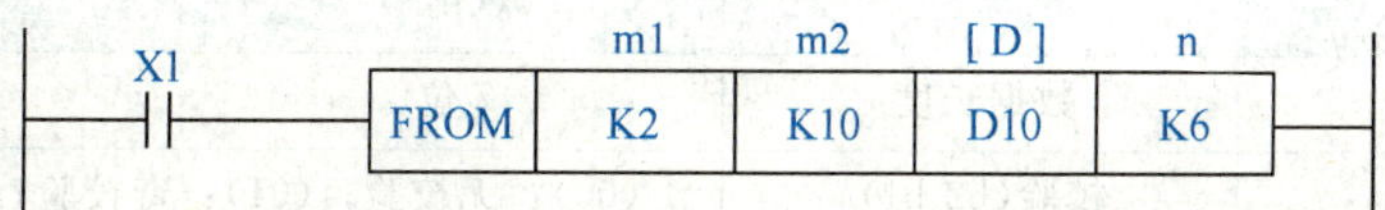

接在FX_{2N}基本单元右边扩展总线上的功能模块(例如模拟量输入单元、模拟量输出单元、高速计数器单元等)，从最靠近基本单元处开始顺次编为0～7号，如图3.4.15所示。

基本单元 FX-80MR	特殊功能模块 FX-4AD	输出模块 FX-8EYT	特殊功能模块 FX-1HC	特殊功能模块 FX-2DA
	#0		#1	#2

图 3.4.15　功能模块联接编号

10. 写特殊功能模块指令 T0(FNC79)

写特殊功能模块指令 T0 是向特殊功能模块写入数据，它的梯形图格式如下

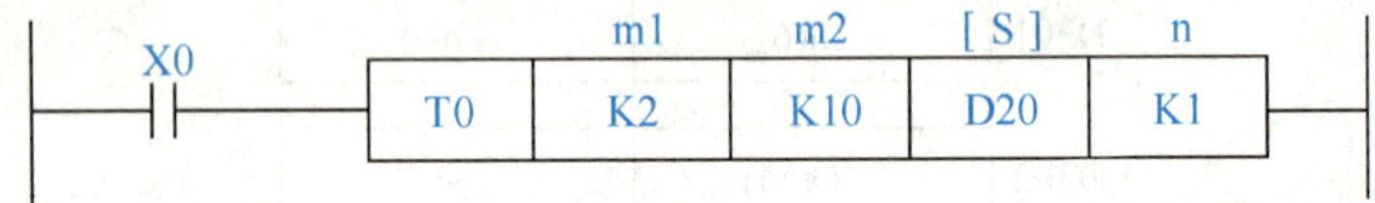

二、外围设备(SER)指令(FNC80～FNC89)

1. 串行通信指令 RS(FNC80)

该指令为使用 RS-232C 及 RS-485 功能扩展板及特殊适配器 FX-232ADP，进行发送接收串行数据的指令。RS 指令的梯形图格式如下

X0	RS	[S] D200	m D0	[D] D500	n D1

FX_{2N}系列 PLC 通过 FX-232ADP 通信适配器与一台通用计算机连接进行通信的示意图如图 3.4.16 所示。

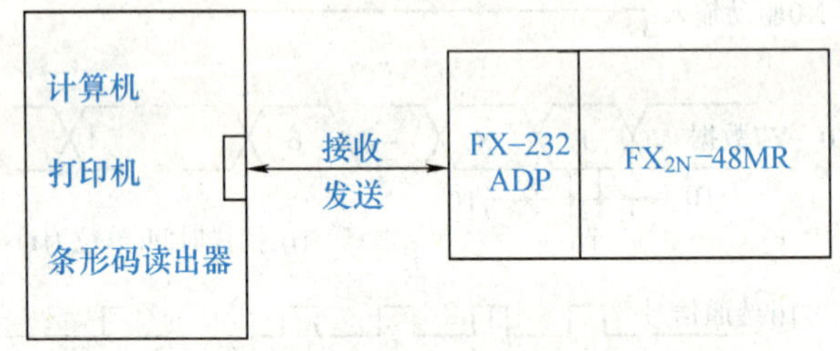

图 3.4.16　FX-232ADP 的连接通信示意图

通信参数的设置如表 3.4.2 所示。

表 3.4.2　通信模式设置

D8120 的位	说　明	位　状　态	
		0(OFF)	1(ON)
b0	数据长度	7 位	8 位
b1 b2	校验(b2 b1)	(00)：无校验；(01)：奇校验；(11)：偶校验	
b3	停止位	1 位	2 位

续表

D8120 的位	说　明	位 状 态	
		0(OFF)	1(ON)
b4　b5　b6　b7	波特率(b7 b6 b5 b4)	(0011)：300b/s；(0100)：600b/s；(0101)：1200b/s；(0110)：2400b/s；(0111)：4800b/s；(1000)：9600b/s；(1001)：19200b/s	
b8	起始字符	无	D8124
b9	结束字符	无	D8125
b10	控制线	无顺序用	
b11	控制线	常规与计算机通信设定	
b12	不可使用		
b13～b15	计算机链接通信连接时的设定项目		

RS 指令自动定义的软元件如表 3.4.3 所示。

表 3.4.3　RS 指令自动定义的软元件表

数据元件	说　明	操作标志	说　明
D8120	存放通信参数。详细介绍见通信参数设置	M8121	为 ON 表示传送被延迟，直到目前的接收操作完成
D8122	存放当前发送的信息中尚未发出的字节	M8122	该标志置 ON 时，用来触发数据的传送
D8123	存放接收信息中已收到的字节数	M8123	该标志为 ON 时，表示一条信息已被完整接收
D8124	存放表示一条信息起始字符串的 ASCII 码，默认值为“STX”，(02)	M8124	载波检测标志，主要用于采用调制解调器的通信中
D8125	存放表示一条信息结束字符串的 ASCII 码，默认值为“ETX”，(03)	M8161	8 位或 16 位操作模式。ON：8 位操作模式，在各个源或目标元件中只有低 8 位有效；OFF：16 位操作模式，在各个源或目标元件中全部 16 位有效

应用举例：将数据寄存器 D100～D105 中的数据按 16 位通信模式传送出去；并将接收来的数据转存在 D300～D309 中。

有关梯形图及注释如图 3.4.17 所示。

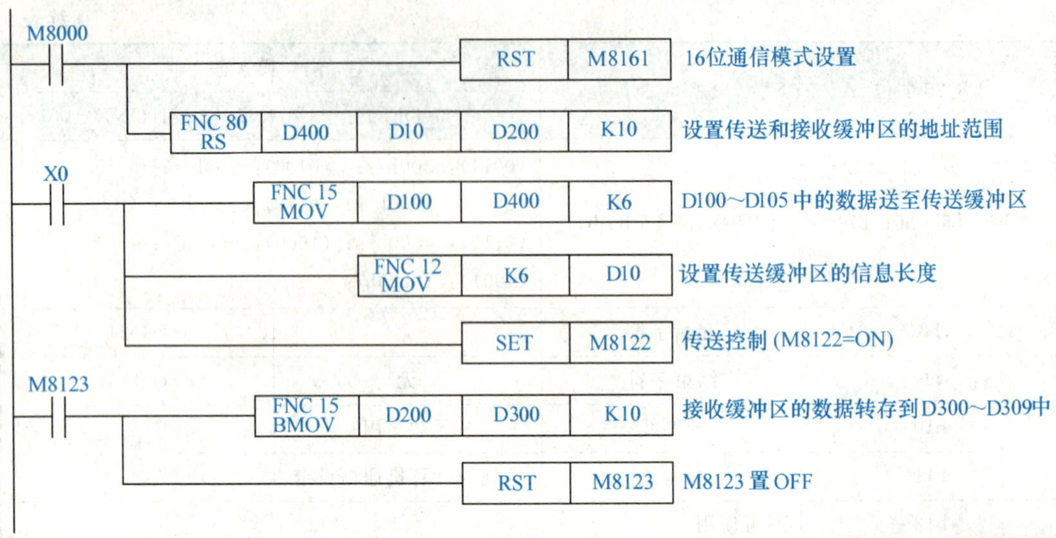

图 3.4.17　梯形图

2. 并行数据传送指令 PRUN(FNC81)

PRUN 指令用于两台 FX_{2N} 系列 PLC 并行运行，它的梯形图格式如下

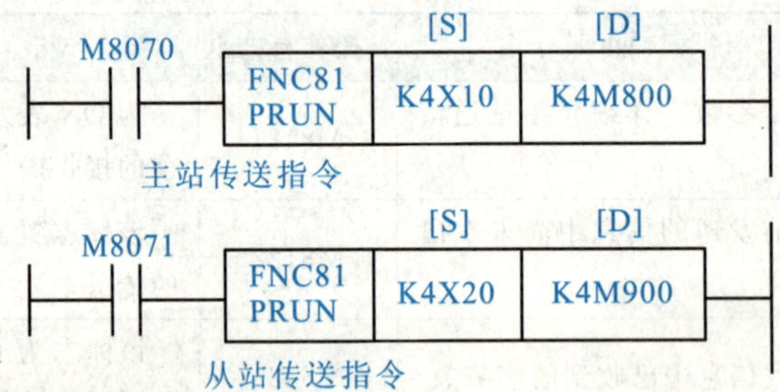

利用 PRUN 指令后，主站的输入数据可以在从站的辅助继电器 M800～M899 中指定的位元件区域读到。同理，从站的输入数据可以在主站的辅助继电器 M900～M999 中指定的位元件区域读到。元件号以八进制为单位，如把 K4X10 的状态传送到 K4M800，对应传送过程如图 3.4.18 所示。

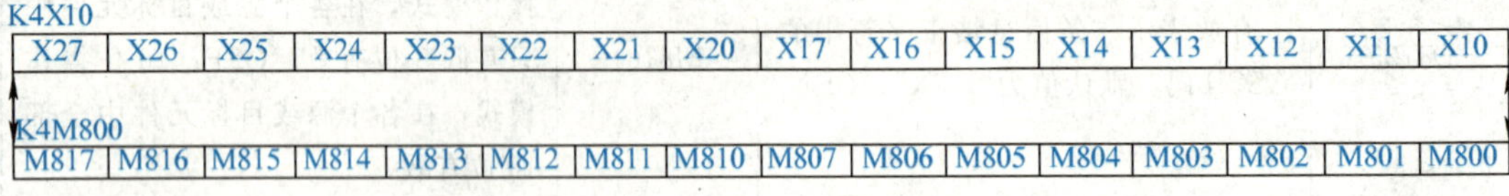

图 3.4.18　X 与 M 对应图

图 3.4.19 是采用 FX_{2N}-40AP 通信适配器，实现两台 FX 系列 PLC 并行连接运行的通信示意图。

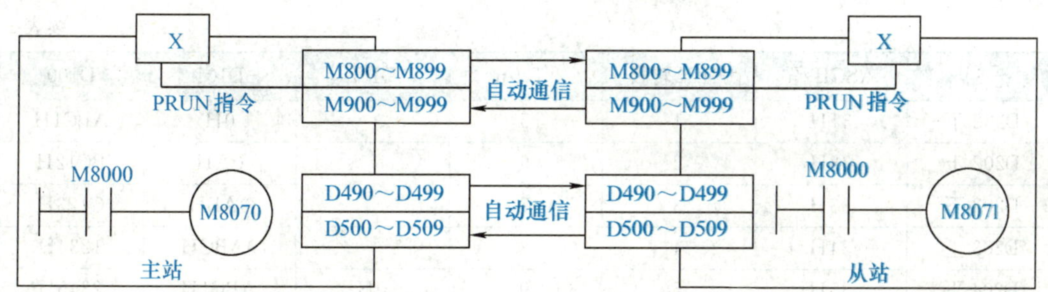

图 3.4.19　并行数据通信

3. ASCI 变换指令(FNC82)

ASCI 指令是把十六进制数值(HEX)转换成 ASCII 码的机能，ASCI 指令的梯形图格式如下

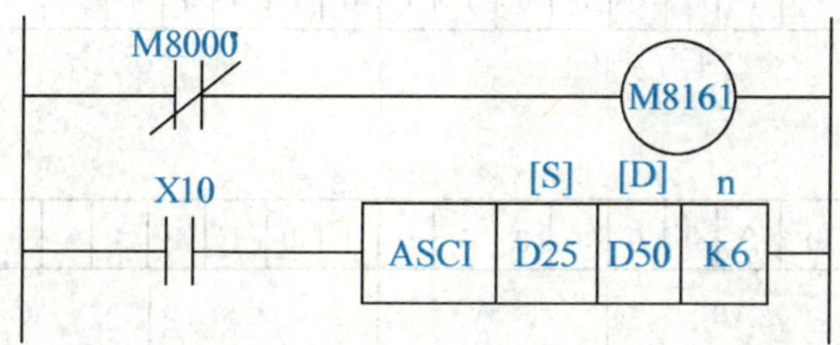

4. 十六进制转换指令 HEX(FNC83)

HEX 指令的作用是将 ASCII 码表示的信息转换成用十六进制表示的信息，它刚好和 ASCI 指令相反。HEX 指令的梯形图格式如下

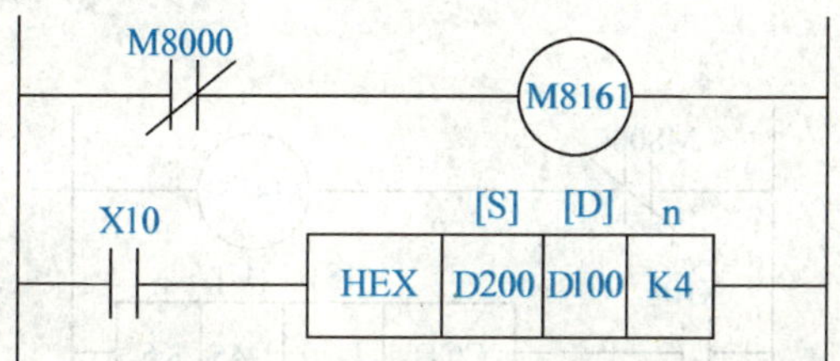

通过和串行通信模块 FX-232ADP 相结合，可以把数据传到更多外围设备中去，为主机和外围设备间的通信提供了更多便利。梯形图中源元件和目标元件中的 ASCII 码和十六进制数的对应关系如表 3.4.4 和图 3.4.20 所示。

表 3.4.4　ASCII 码与 HEX 对应表

[S]	ASCII 码	HEX 转换	[D] n	D102	D101	D100
D200 下	30H	0	1			0H
D200 上	41H	A	2			0AN
D201 下	42H	B	3			0ABH
D201 上	43H	C	4			0ABCH

续表

[S]	ASCII 码	HEX 转换	[D] n	D102	D101	D100
D202 下	31H	1	5		0H	ABC1H
D202 上	32H	2	6		0AH	BC12H
D203 下	33H	3	7		0ABH	C123H
D203 上	34H	4	8		0ABCH	1234H
D204 下	35H	5	9	0H	ABC1H	2345H

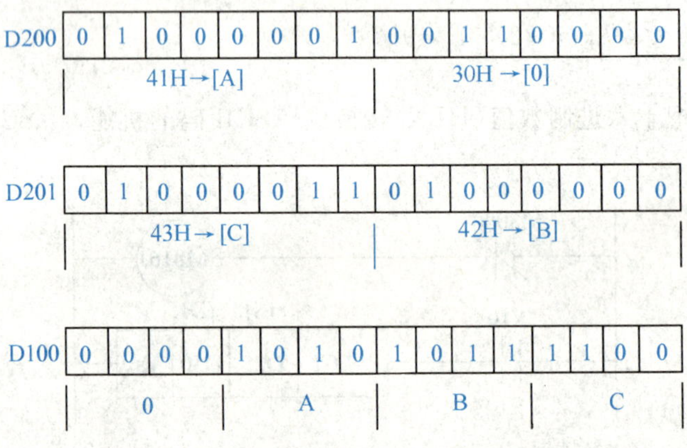

图 3.4.20　n=K4 时源与目标转换对应示意图

5. 校验码指令 CCD(FNC84)

CCD 指令的功能是对一组数据寄存器中的十六进制数进行奇偶校验和总校验，该指令的梯形图格式如下

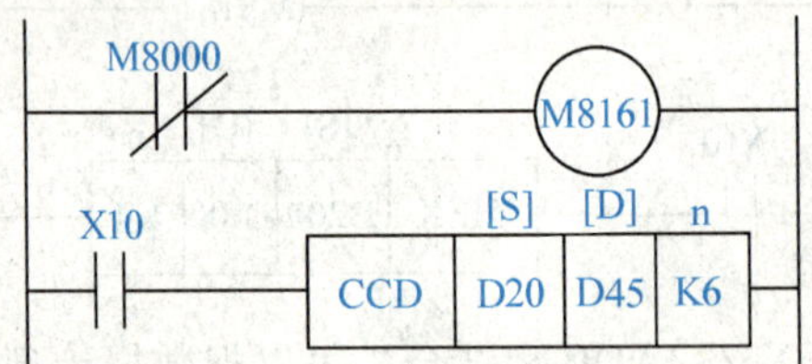

6. 读变量指令 VRRD(FNC85)

VRRD 指令也叫电位器值读出指令，其梯形图格式如下

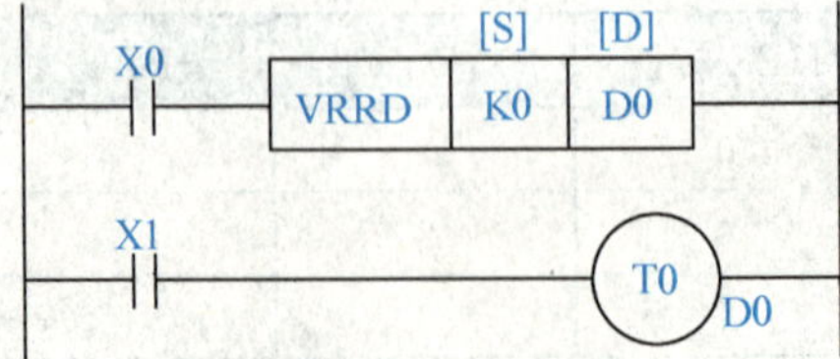

应用实例：图 3.4.21 是电位器值顺序读出的梯形图。

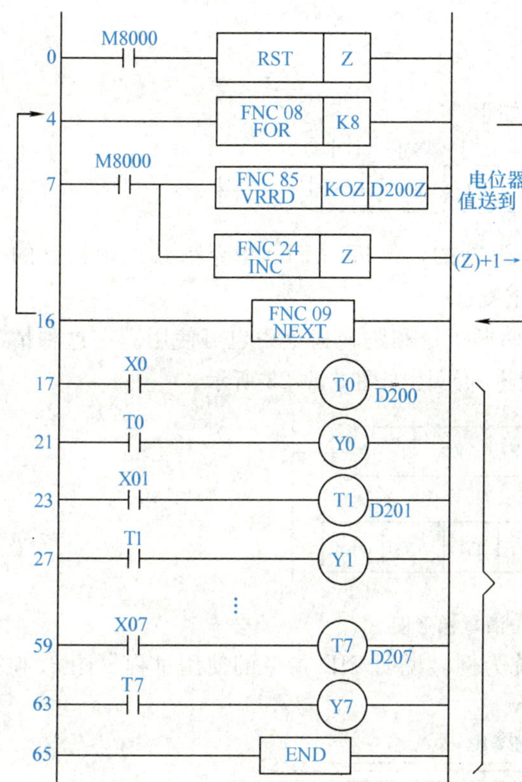

图 3.4.21　VRRD 指令应用实例

7. 变量整标指令 VRSC(FNC86)

VRSC 指令也叫电位器刻度指令，该指令的作用是从内附 8 点电位器的适配器 FX-8AV 的设定值读出并取整值，这一条指令的梯形图格式如下

X0	VRSC	[S] K1	[D] D1

图 3.4.22 是 VRSC 指令应用实例。

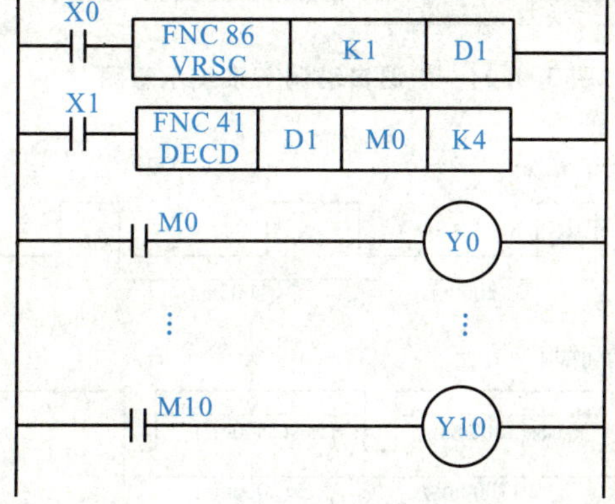

图 3.4.22　VRSC 指令应用实例

8. 比例积分微分控制指令 PID(PNC88)

这是一条新开发的指令，其梯形图格式如下

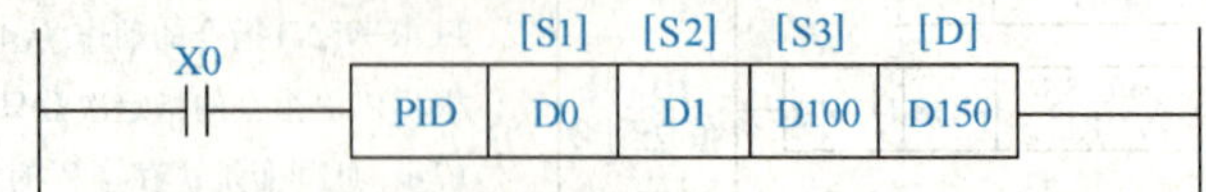

一个程序中用到 PID 指令的多少是没有限制的，但每一 PID 指令都必须用独立的一组数据寄存器，即[S3]和[D]软元件号不要重复。

PID 指令在定时器中断、子程序、步进梯形指令和跳转指令中也可使用。在这种情况下，执行 PID 指令前清零[S3]后再使用。清零梯形图如图 3.4.23 所示。

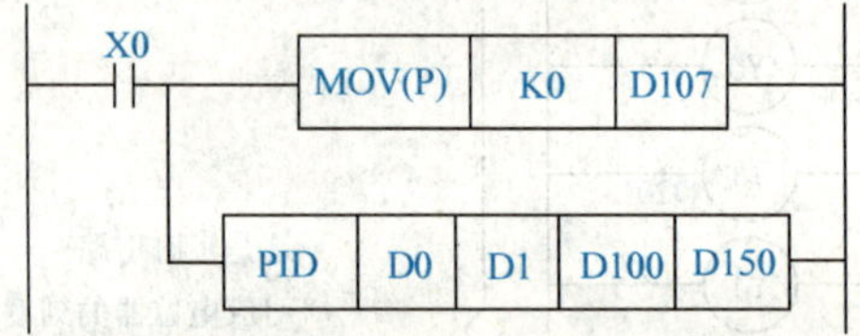

图 3.4.23　清零梯形图

下面以图 3.4.24 所示炉温自动调节系统为例，说明 PID 指令的使用过程。图 3.4.25 是系统中电加热控制器的动作规律示意。

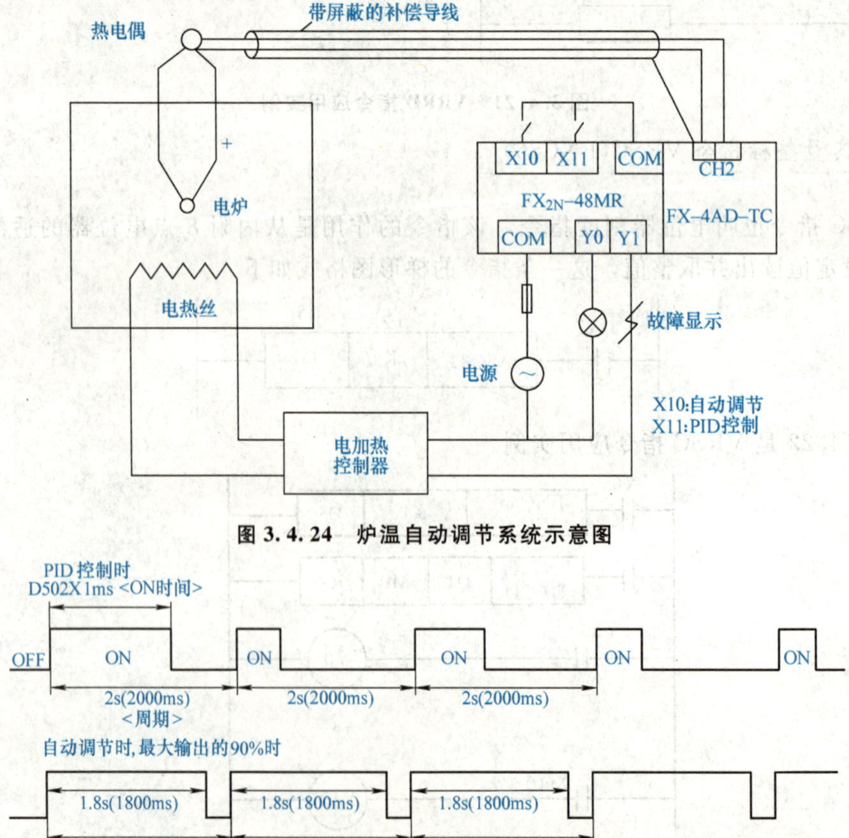

图 3.4.24　炉温自动调节系统示意图

图 3.4.25　电加热控制器动作示意图

图 3.4.26 是仅执行自动调节的梯形图程序。

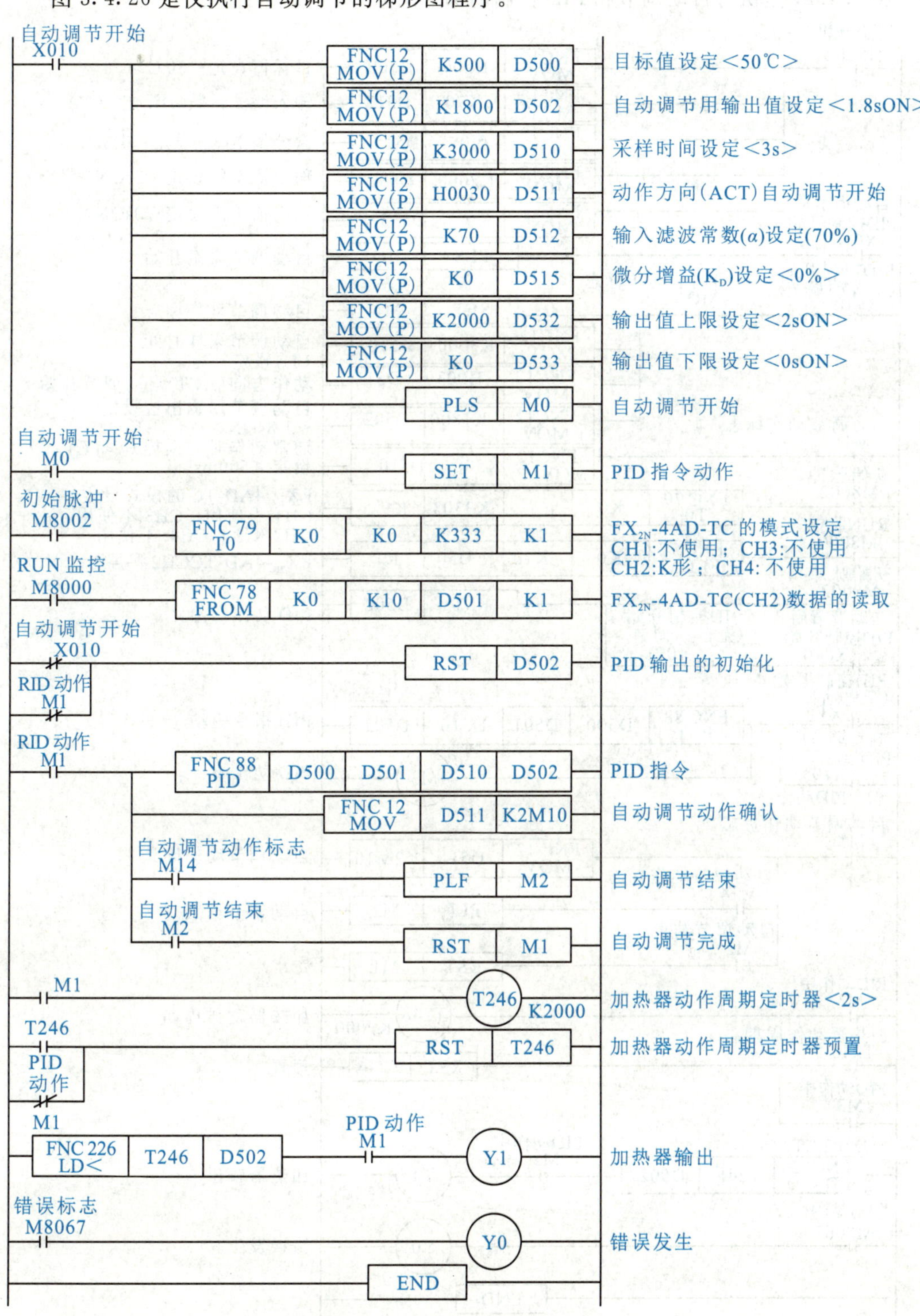

图 3.4.26　仅执行自动调节的梯形图

图 3.4.27 是执行自动调节和 PID 控制的梯形图。

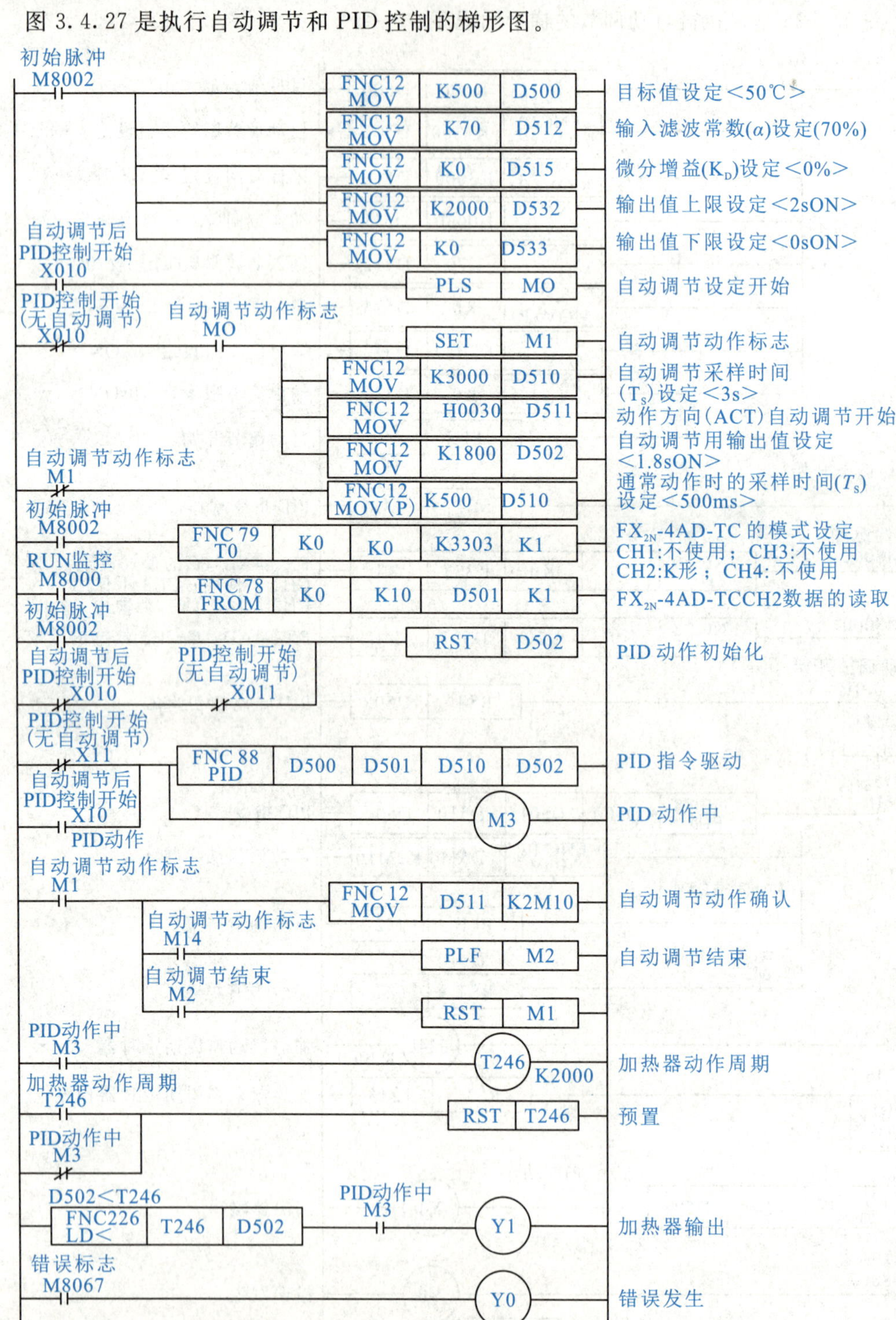

图 3.4.27　执行自动调节和 PID 控制的梯形图

三、时钟运算指令(FNC160～FNC169)

1. 时钟数据比较指令 TCMP(FNC160)

TCMP 指令的功能是将指定时间与时间数据进行划、比较，它的梯形图格式如图 3.4.28所示。

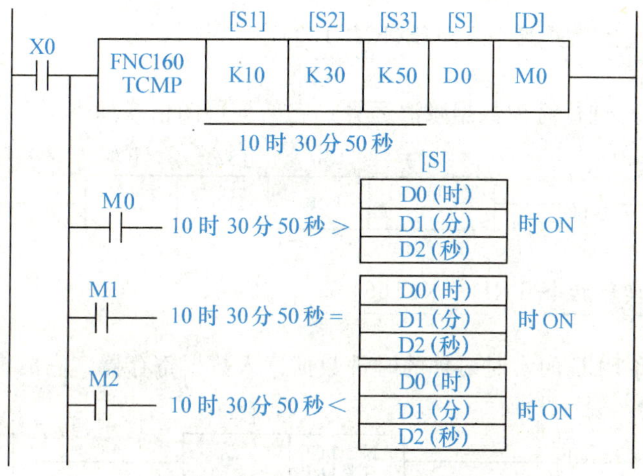

图 3.4.28　TCMP 指令使用说明

2. 时钟数据区域比较指令 TZCP(FNC161)

TZCP 指令的功能是将指定的时间区域与时间数据进行大小比较，它的梯形图格式如图 3.4.29 所示。

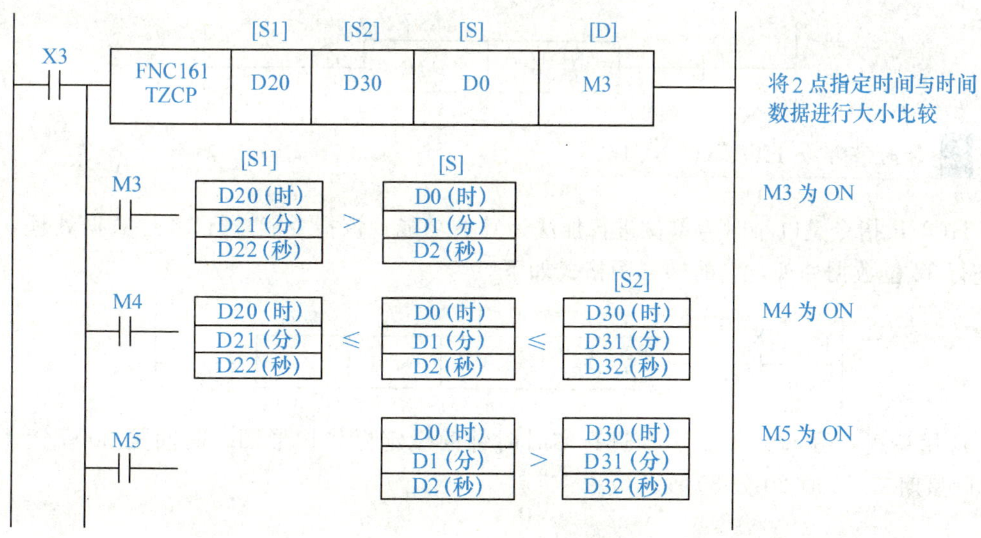

图 3.4.29　TZCP 指令使用说明

3. 时钟数据加法指令 TADD(FNC162)

该指令的功能是进行时钟数据加法运算，它的梯形图格式如下

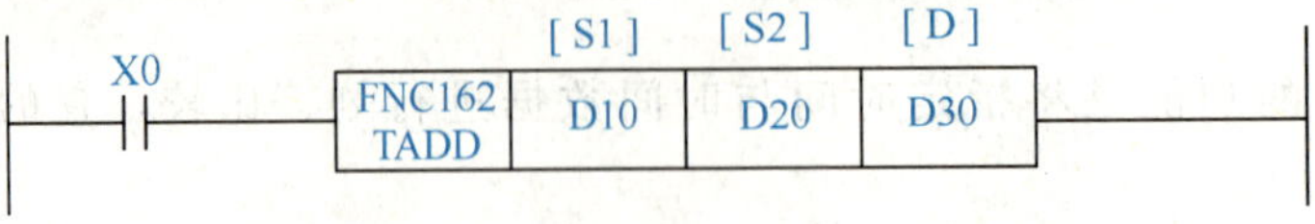

4. 时钟数据减法运算指令 TSUB(FNC163)

该指令的功能是进行时钟数据减法运算，它的梯形图格式如下

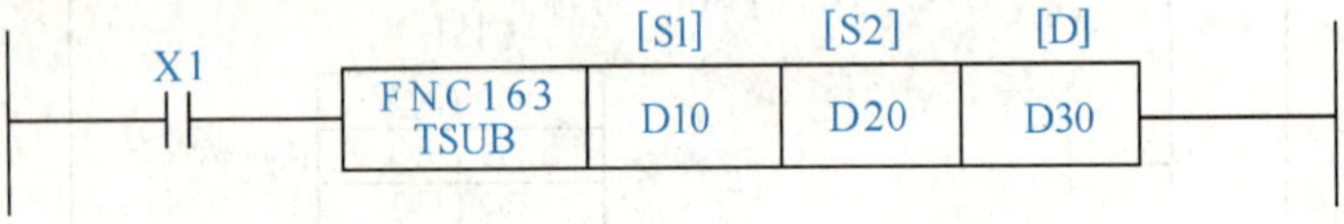

5. 时钟数据读取指令 TRD(FNC166)

TRD 指令是将 PLC 的实时时钟的时钟数据读入数据寄存器，它的梯形图格式如下

6. 时钟数据写入指令 TWR(FNC167)

TWR 指令是 TRD 指令的逆运算，是将时钟数据写入 PLC 的实时时钟的指令，它的梯形图格式如下

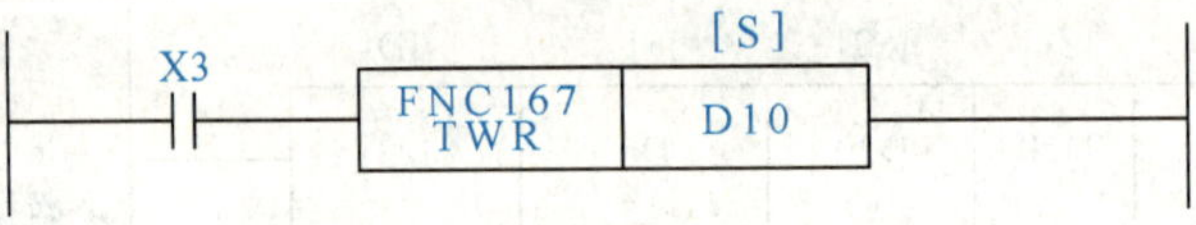

7. 计时表指令 HOUR(FNC169)

HOUR 指令是以小时为单位进行加法运算的功能，该指令能进行 16 位数据处理，也能进行 32 位数据处理，它的梯形图格式如下

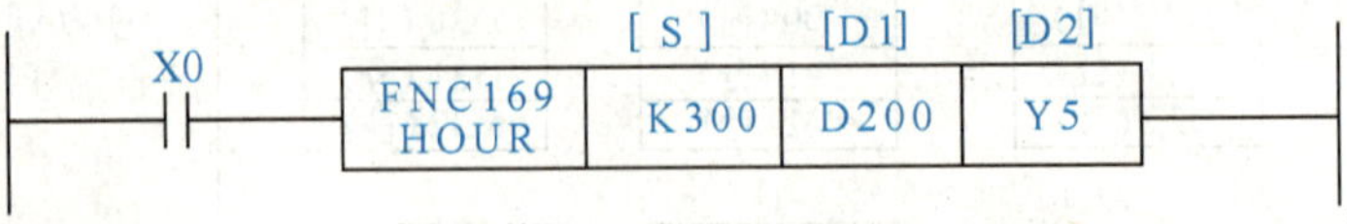

应用举例：图 3.4.30 是一个进行实时时钟的设定操作梯形图。时间是 2000 年 4 月 25 日(星期二)15 时 20 分 30 秒。

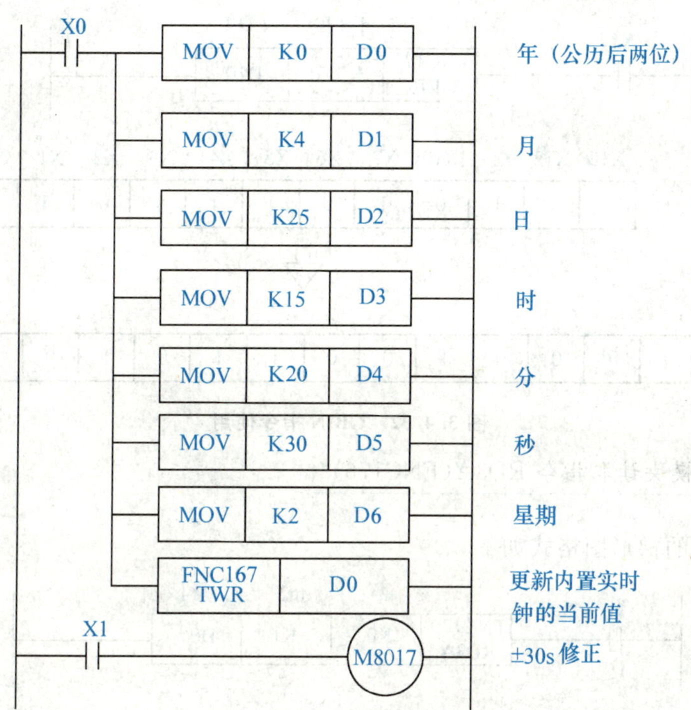

图 3.4.30　TWR 指令应用举例

四、外围设备指令(FNC170～FNC171)

1. 格雷码转换指令 GRY(FNC170)

当控制系统中要用绝对型旋转编码器进行二进制数到格雷码转换时就要用 GRY 指令，该指令使用如图 3.4.31 所示。

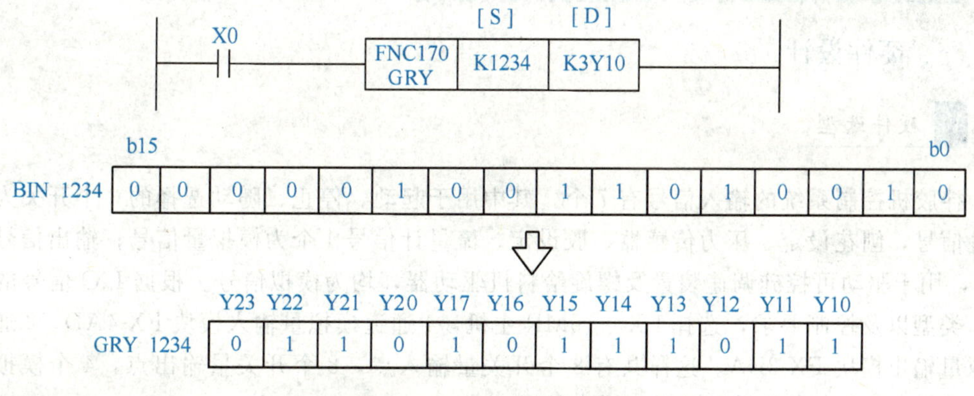

图 3.4.31　GRY 指令使用

2. 格雷码逆转换指令 GBIN(FNC171)

GBIN 指令是 GRY 指令的逆运算，它的使用如图 3.4.32 所示。

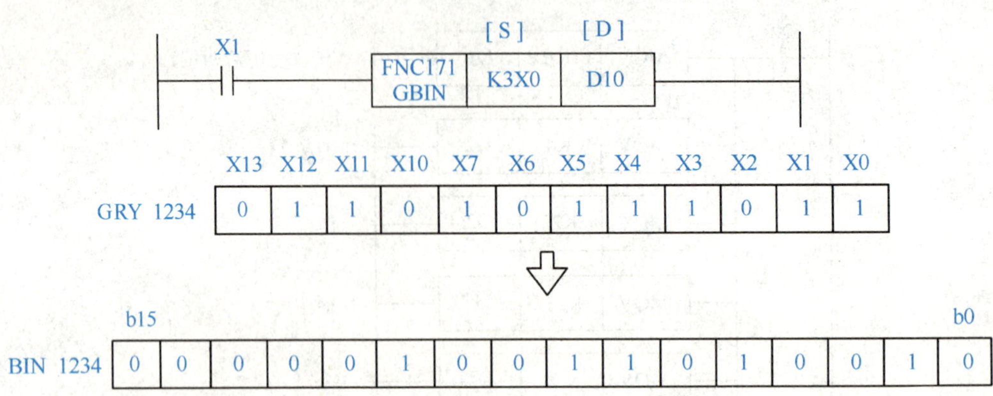

图 3.4.32 GBIN 指令使用

3. 模拟量模块读取指令 RD3A(FNC176)

RD3A 指令的梯形图格式如下

X0 — [FNC176 RD3A | m1 K0 | m2 K1 | [D] D0]

4. 模拟量模块写入指令 WR3A(FNC177)

WR3A 指令是用于向 FX_{0N}-3A 模拟量模块写入数据的功能，它的梯形图格式如下

X0 — [FNC177 WR3A | m1 K0 | m2 K1 | [S] D2]

任务实施

一、硬件设计

1. 硬件选型

拌胶机控制系统的输入信号有 7 个，其中用于起动、停止、随动选择的 3 个开关为开关量信号，刨花设定、压力传感器、胶设定、流量计信号 4 个为模拟量信号；输出信号有 2 个，用于驱动可控硅调速装置及螺旋给料机驱动器，均为模拟信号。根据 I/O 信号的数量、类型以及控制要求，选择 FX_{2N}-16MR 主机，4 通道模拟量输入模块 FX-4AD，2 通道模拟量输出模块 FX-2DA。这样共有 8 个开关量输入点，8 个开关量输出点，4 个模拟量输入通道，2 个模拟量输出通道，满足控制要求。

2. 资源分配

根据拌胶机的控制要求，所用输入输出设备的资源分配如表 3.4.5 所示，相应的 I/O

接线图如图 3.4.33 所示。

表 3.4.5 拌胶机资源分配表

输入信号			输出信号		
名称	功能	编号	名称	功能	编号
SB0	起动按钮	X000	01	螺旋给料机驱动器	CH11
SB1	停止按钮	X001	02	胶泵调速器	CH12
SA	随动转换开关	X002	HL0	模拟量输入正常指示灯	Y000
U1	刨花设定	CH1	HL1	模拟量输出正常指示灯	Y001
U2	压力传感器	CH2			
U3	胶设定	CH3			
U4	流量计	CH4			

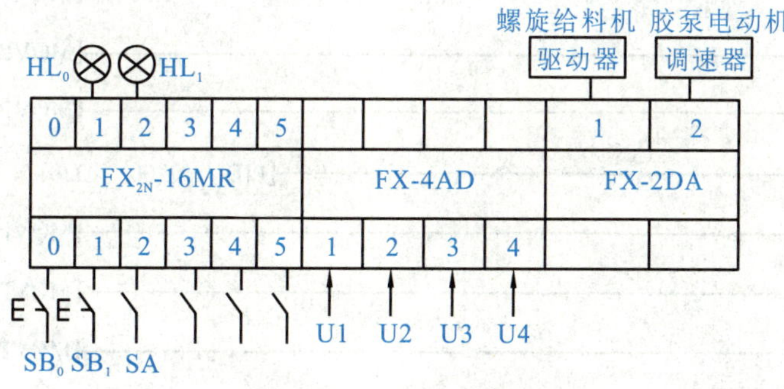

图 3.4.33 PLC 输入/输出接线图

二、软件设计

1. 软件编程

根据控制要求编写的拌胶机控制梯形图如图 3.4.34 所示。

2. 程序调试

1)在断电状态下，连接好 PC/PPI 电缆。

2)将 PLC 运行模式选择开关拨到 STOP 位置，此时 PLC 处于停止状态，可以进行程序编写。

3)在作为编程器的计算机上运行 SWOPC-FXGP/WIN-C 或 GX Developer 编程软件。

4)将梯形图程序输入到计算机中。

5)执行“PLC”→“传送”→“写出”命令，将程序文件下载到 PLC 中。

6)将 PLC 运行模式的选择开关拨到 RUN 位置，使 PLC 进入运行方式。

7)按下起动按钮，对程序进行调试运行，观察程序的运行情况。

8)记录程序调试的结果。

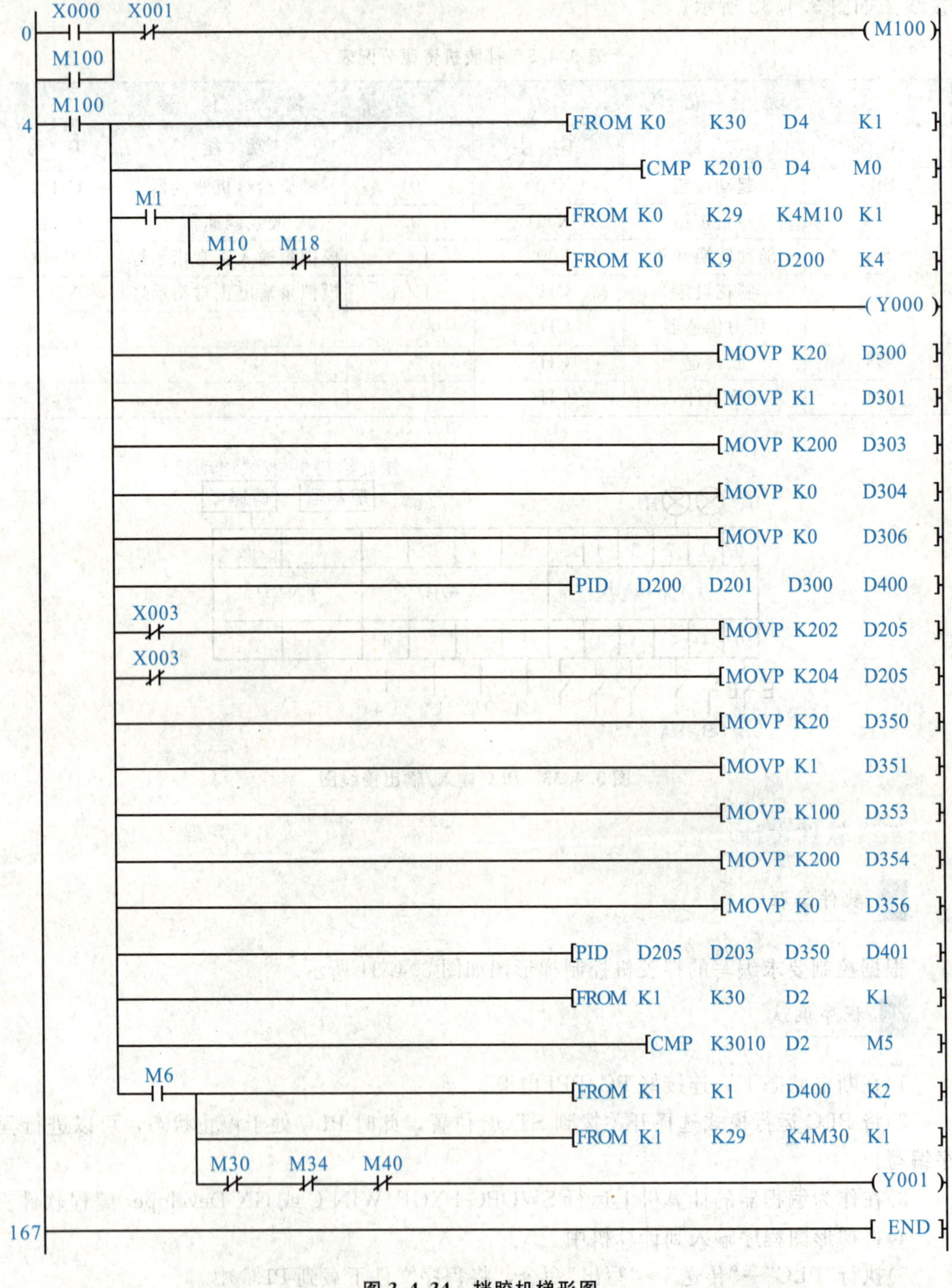

图 3.4.34 拌胶机梯形图

总结评价

一、归纳总结

1)与基本逻辑指令只能完成一个特定的动作不同，功能指令能完成由数个动作组成的任务，从而使控制更加灵活、方便，程序更加精练和快捷。

2)在基本指令中通常只能对位元件进行操作，而在功能指令中主要对字元件进行操作，这种多位操作方式大大简化了程序。既能按位操作又能按字操作的元件主要有输入继电器 X、输出继电器 Y、辅助继电器 M 和状态继电器 S。

3)使用基本指令编程仍沿用继电器控制模式，要考虑众多的联锁控制关系，程序结构较复杂。而功能指令编程应用逻辑模式，即把控制任务转化为解决逻辑问题，不需要考虑过多的联锁控制关系，程序结构清晰。

4)使用功能指令要考虑源操作数与目的操作数的选用范围和使用方法，要注意许多功能指令只适合使用脉冲执行方式。

5)本任务只介绍了外围设备功能指令和始终运算指令，其他功能指令在前述任务中已陆续介绍。

6)PID 指令在模拟量控制中得到了广泛应用，使用 PID 指令可以方便的构成闭环控制系统。

二、检查评价

根据任务具体实施情况，依据下表各项内容逐项进行检查验收，评价赋分。

项目评价表	项目名称	特殊控制系统的设计与安装	项目承接人	
	任务名称	刨花板生产线拌胶机的控制		
评价内容		标准分值	自我评分（30%）	教师评分（70%）
知识：(30)				
PLC 外围设备指令		5		
PLC 模拟量控制模块		10		
PLC 时钟运算指令		5		
PLC 与特殊功能模块的连接		10		
技能：(30)				
拌胶机控制系统硬件选型与安装		10		
拌胶机控制程序编辑与调试		10		
拌胶机控制程序方案选择		5		
是否在规定时间内独立完成		5		

续表

项目评价表	项目名称	特殊控制系统的设计与安装	项目承接人	
	任务名称	刨花板生产线拌胶机的控制		
评价内容		标准分值	自我评分（30%）	教师评分（70%）
方法：（20）				
工具使用方法		6		
系统安装及调试方法		7		
解决具体问题的方法		7		
素质：（10）				
质量成本意识		4		
安全环保意识		3		
团队责任意识		3		
评估：（10）				
描述本任务的目标		5		
有待改进之处及改进方法		5		
总分		100		

拓展提高

一、FX_{2N}的特殊功能模块

FX_{2N}系列 PLC 配有多种特殊功能模块供用户选用，以适应不同场合控制的需要，这些功能模块的名称及型号(部分)如表 3.4.6 所示。

表 3.4.6　FX_{2N}特殊功能模块

名称	型号	名称	型号
模拟量输入模块	FX_{2N}-2DA	高速计数模块	FX_{2N}-1HC
模拟量输入模块	FX_{2N}-4AD	脉冲发生器模块	FX_{2N}-1PG
模拟量输入模块	FX_{2N}-8AD	定位控制单元	FX_{2N}-10GM
温度输入模块	FX_{2N}-4AD-PT	定位控制单元	FX_{2N}-20GM
温度输入模块	FX_{2N}-4AD-TC	通信接口	FX_{2N}-232-BD
模拟量输出模块	FX_{2N}-2DA	通信接口	FX_{2N}-485-BD
模拟量输出模块	FX_{2N}-4DA	通信接口	FX_{2N}-422-BD
温度控制模块	FX_{2N}-2LC	接口模块	FX_{2N}-2321F RS-232C

二、可编程控制器通信网络

1. 通信方式

PLC联网的目的是在PLC之间或者PLC与计算机之间进行通信，进行数据交换，所以，数据交换即通信方式必须明确。

(1)串行数据传送与并行数据传送

并行数据传输中有多个数据位，同时在两个设备之间传输。发送设备将这些数据位通过对应的数据线传送给接收设备，还可附加一位数据校验位。接收设备可同时接收到这些数据，不需要做任何变换就可直接使用。并行方式主要用于近距离通信。计算机内的总线结构就是并行通信的例子。这种方法的优点是传输速度快，处理简单。

串行数据传输时，数据是一位一位在通信线上传输的，先由具有几位总线的计算机内的发送设备，将几位并行数据经并—串转换硬件转换成串行方式，再逐位经传输线到达接收站的设备中，并在接收端将数据从串行方式重新转换成并行方式，以供接收方使用。串行数据传输的速度要比并行传输慢得多，但可以实现远距离数据传输。

串行通信线路的工作方式又有单工通信、半双工通信、全双工通信三种形式，如图3.4.35所示。

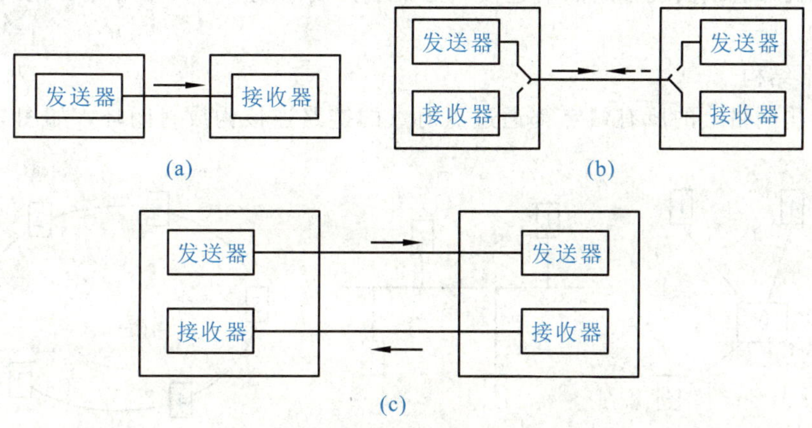

图3.4.35　串行通信工作方式

(2)异步方式与同步方式

异步方式：异步通信方式所采用的数据格式是由一组不定“位数”数组组成。

同步方式：同步传送就是要在传送数据的同时还要传送时钟信号。接收方在接收数据的同时也接收时钟信号，并依时钟给定的时刻采集数据。

2. 通信访问控制协议

通信访问控制协议有多种，PLC用到的有下面三种。

(1)具有冲突检测的多点数据通信方法(CSMA/CD)

（略）

(2)令牌(Token)方法

这是一种控制权分散的网络访问方法。所谓令牌，实质上是一个二进制代码，它依次在站间传送，一个站只有令牌，才能控制总线，也才有权传送数据，当传送数据完毕后，再把令牌向下传。

(3)令牌环(Token Ring)方法

该方法用于环形拓扑结构的网络，它靠令牌环传送控制权，令牌也是循环在各站点传送。

3. 网络拓扑结构

网络的拓扑结构是指各站点连接起来形成网络的形式。把两个站点通过通信接口和通信介质连起来的形式叫链接结构，比较简单。而多站点的联网形式有星形结构、总线结构和环形结构之分。

(1)星形结构

该结构有中心站点，网络上各站点都分别与中心站点连接。图 3.4.36(a)是星形结构的示意图。

(2)总线结构

这种结构靠总线实现各站点的连接，是集散控制系统(DCS)中常用的网络形式，如图 3.4.36(b)所示。

(3)环形结构

环形结构网络上的所有站点都通过点对点的链路连接构成封闭环，如图 3.4.36(c)所示。

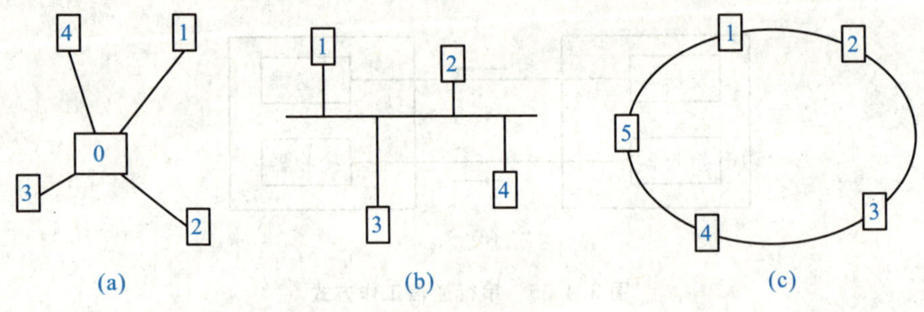

图 3.4.36　网络结构

4. 网络协议

PLC 与计算机联网后要实现通信就要按规定进行，这些规定的综合就是网络协议。OSI 的参考模型是一个多层次结构，七层的功能分别简述如下。

物理层：网络的最底层，规定了使用电路的类型、功能、电气特性以及连接器的配置等。

数据链路层：建立在物理层之上，规定了对各信息基本单元的封装格式，以便在站点间进行数据传送。

网络层：在数据链路层之上，涉及在信息传输过程中如何高效地穿越网络路径的问题。

传输层：在网络层提供的信道上，传送信息或根文，确保数据无差错、不丢失地依次传送。

会话层：主要作用是协调、同步对话，包括会话的初始化、执行及终止。

表示层：规定有关代码、字符、语法及其他方面的转换，以确保信息能正确地表示。

应用层：协议的最高层，它与用户的应用程序密切相关。

图 3.4.37 为 OSI 的七层结构情况，图中的虚线表示站点间的虚拟通信，它可在同层间进行信息交换。但其通信是间接的，只有物理层才是实在的通信。

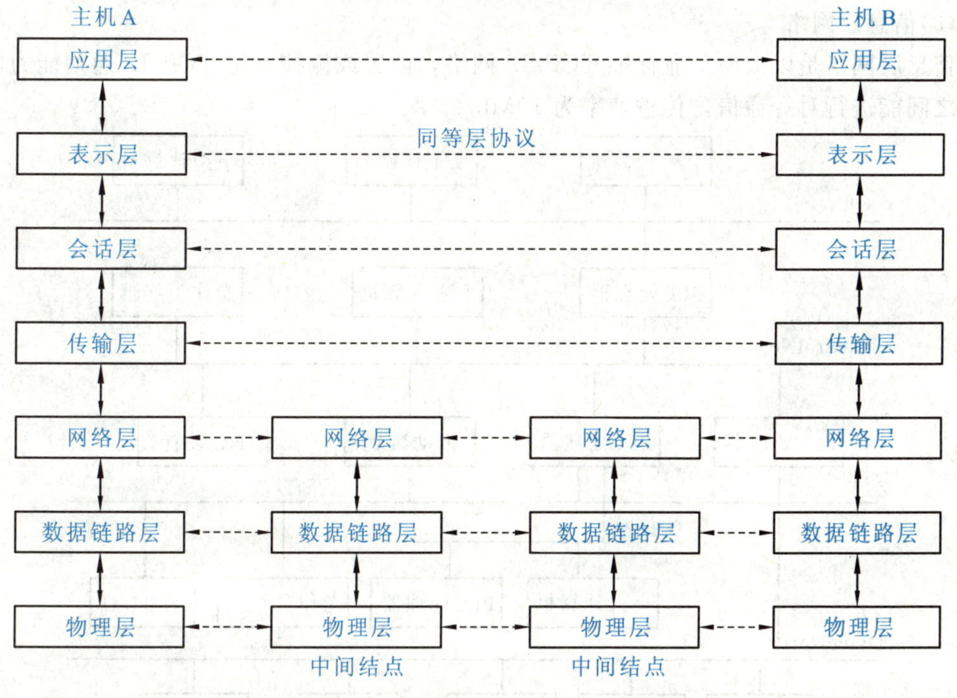

图 3.4.37　OSI 的七层结构示意图

三、可编程控制器的典型网络

1. 通信模块

大中型 PLC 中都配置数据通信模块，许多小型 PLC 也配置了通信接口。PLC 的数据通信模块相当于局域网络的网络接口(结点)。编程器可直接插在通信模块上对其编程。每种 PLC 都不止一种数据通信模块。不同的通信模块中执行的通信协议不同，可连接的 PLC 的规格不同，可挂接的 PLC 网络的层次、类型不同。

2. 典型网络结构

一个开放式自动化系统结构见图 3.4.37。通常包含有三个网络层：即设备层、控制层及信息层。

(1)设备层网络

设备层网络是基于现场总线技术的工业标准开放网络或 PLC 厂家各自推出的总线网络，用于提供低层工业装置(传感器、拖动装置、阀门等)与高层设备(计算机、PLC)之间的连接。

(2)控制层网络

控制层网络是基于 PLC 工业网络和现场总线技术的开放或半开放网络。

(3)信息层网络

信息层网络是以太网工业标准 TCP/IP 网络，内置或侧挂具有 TCP/IP 通信能力的处理器之间能进行对等通信，传输速率为 10Mb/s。

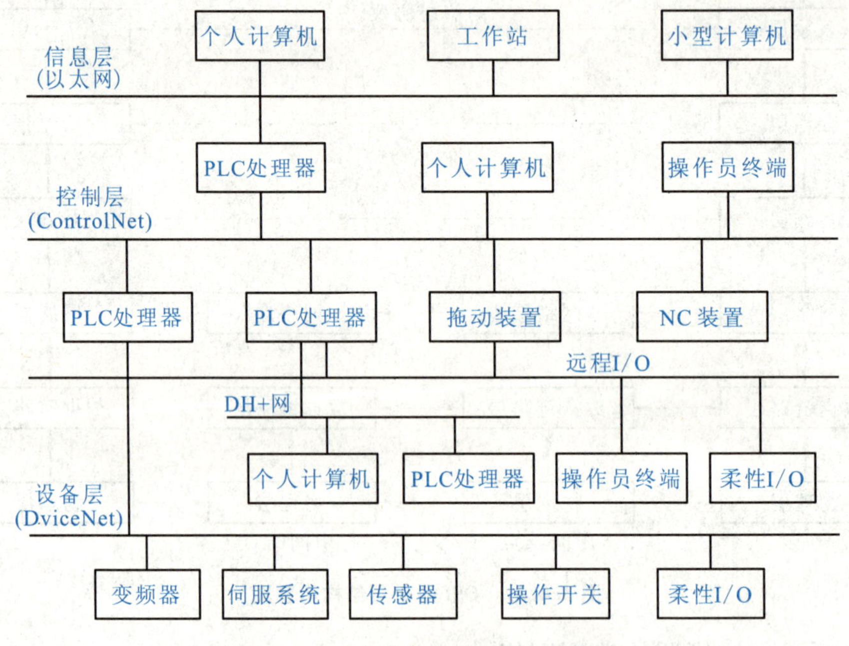

图 3.4.38　开放式自动化系统结构图

3. 典型网络介绍

(1)PLC 厂家典型通信及网络产品介绍

1)西门子公司。西门子公司的 S5 系列、S7 系列 PLC 在各行业应用相当广泛，其网络产品也相当丰富，三层结构分述如下。

工业以太网(1EEE802.3)用于区域和单元联网的国际标准。

Profibus(EN50170)用于车间级和现场级的国际标准。

AS-i 接口(EN50295)完成传感器、执行器与 PLC 之间的通信。

2)欧姆龙公司。欧姆龙(OMRON)公司的 PLC 网络也采用三层网络结构。

信息层网络采用工业以太网(Ethernet)支持 TCP/IP、UDP/IP、FINS 指令。

控制层网络采用 SYSMAC Link 和 Controller Link 两种。

设备层网络采用 CompoBus/D 和 CompoBus/s。

3)A-B 公司。A-B 公司的 PLC 网络产品结构也可归纳为三层结构。

信息层采用以太网(Ethenrnet)用于全厂的数据采集和程序维护，控制器互锁和报文传送。

在控制层采用 DH+，用于 PLC、操作员面板及编程器等的连接。

在设备层采用设备网(Device Net)或远程 I/O 链，用于底层设备的低成本、高效率信息集成。

4)三菱电动机公司。三菱电动机公司 PLC 网络有主从式全 PLC 网络、MELSEC NET/10 网络、MELSEC NET/II 和 MELSEC NET/B 网络以及 MELSEC NET/MINI-S3 网络。

(2)主从式全 PLC 网络

当一个控制系统全部选用同一厂家的 PLC 产品时，构成主从式全 PLC 网络是一种常见的 PLC 网络应用形式。

1)PLC 的连接。三菱电动机公司的 A 系列全 PLC 网络是通过 AJ71C24 通信模块连接在一起的。图 3.4.39 表示了它们之间的连接。

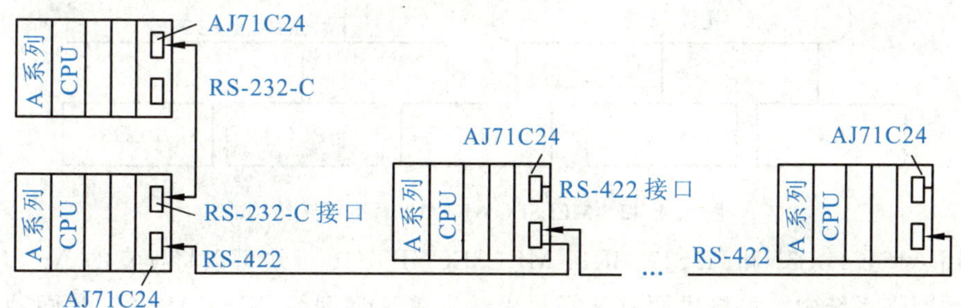

图 3.4.39 A 系列全 PLC 网络连基恩

若用 N：N 网络形式，通过 FX-485ADP 通信模块连接在一起，主站和从站之间用 RS-232C 通信电缆连接在一起，从站和从站之间用 RS-422 通信电缆连接，最多可以连接 8 个从站，主站和从站间最远距离为 500 m，图 3.4.40 表示了它们之间连接。

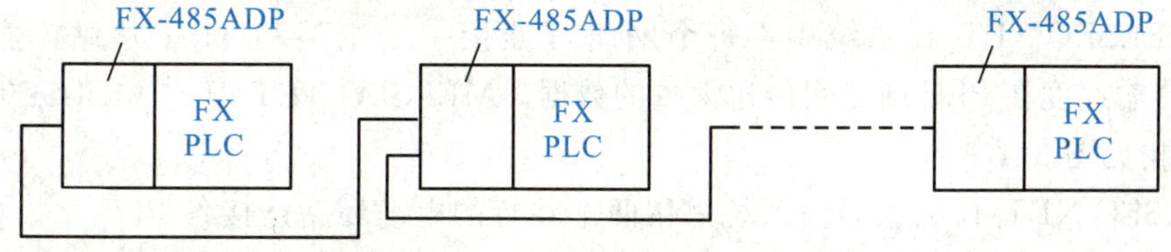

图 3.4.40 FX 系列 PLC 网络连接

2)通信模块的设定。全 PLC 网络的组成必须通过通信模块连接，要使联网的 PLC 之间实现通信，必须对相关的通信模块进行设置，使所有模块的下列参数符合规定。

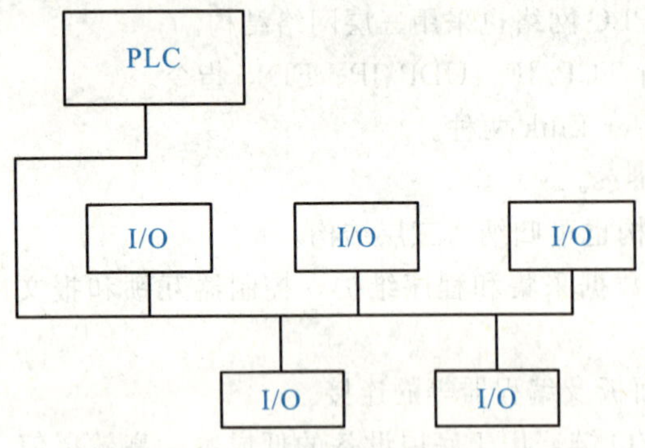

图 3.4.41 MELSEC-I/O 通信系统结构

3)通信程序的编制。众所周知，主从式PLC 网络系统由主站发起通信，控制通信。

4)MELSEC-I/O 通信网络。MELSEC-I/O通信网络是一种高速分布系统。系统结构如图 3.4.41 所示。它具有以下特点：无须附加，多达 128 个 I/O 分布，高速 I/O，成本低廉，接线方便。

(3)三菱专用 PLC 网络

目前，许多生产 PLC 的公司都推出了自己的专用 PLC 网络，这种专用的网络，只允许把自己公司的 PLC 及相关产品互联成网。

1)MELSEC NET/10 网络。MELSEC NET/10 是一种高速网络系统，它的通信性能远远优于 NELSEC NET/II 网络系统，系统结构见图 3.4.42。它具有以下特点：10 Mb/s 传输速度，光缆或同轴电缆连接，高冗余，灵活性好，网络通信软元件大量增加，诊断功能。

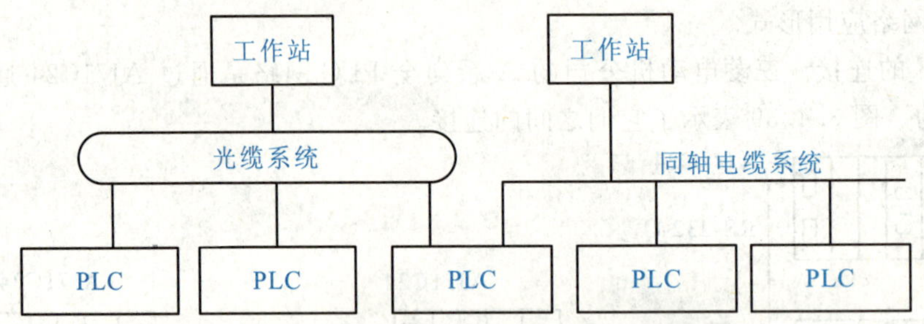

图 3.4.42 MELSEC NET/10 网络系统结构

使用 A1SJ71LP21 和 A1SJ71BR11 MELSECNET/10 模块可以将任意的 An SCPU 模块挂接到网络系统中。可提供两种选择：光缆令牌环型网络(S1SJ71LP21)和同轴电缆令牌总线网络(A1SJ71BR11)。

2) MELSEC NET/II 和 MELSEC NET/B 网络。MELSEC NET/II 和 MELSEC NET/B 网络具有以下特点：最多可连接 32 个或 65 个站，环路回送，通信检测及自动诊断功能，循环传输功能，数据通信性能。

在 MELSEC NET/II 系统中，每个网络可挂接一个主站和 64 个从站，能以 1.25 Mb/s 的传输速度在 PLC 站之间传送大量的数据。MELSEC NET/II 与 MELSEC NET/B 的系统结构见图 3.4.43。

MELSEC NET/II 数据通信系统采用两个并行的电缆环路连接各 PLC 站。如果两个环路均断裂或者均脱节，在仍然连接的站之间，仍保持数据通信，如图 3.4.44 所示。

3)MELSEC NET/MINI-S3 网络。MELSEC NET/MIN-S3 是一种高速的远程I/O网络系统，系统结构见图 3.4.45。

MELSEC NET/MINI-S3 网络系统有下面的特点：最多 512 个远程 I/O 点，

MELSEC NET/MINI-S3 I/O 模块，A2C I/O 模块，RS-232 接口模块，A/Z 系列变频器和 FX 系列 PLC FREQROL，操作终端，A1SJ71PT32-S3、A1SJ71T32-S3 主控模块。

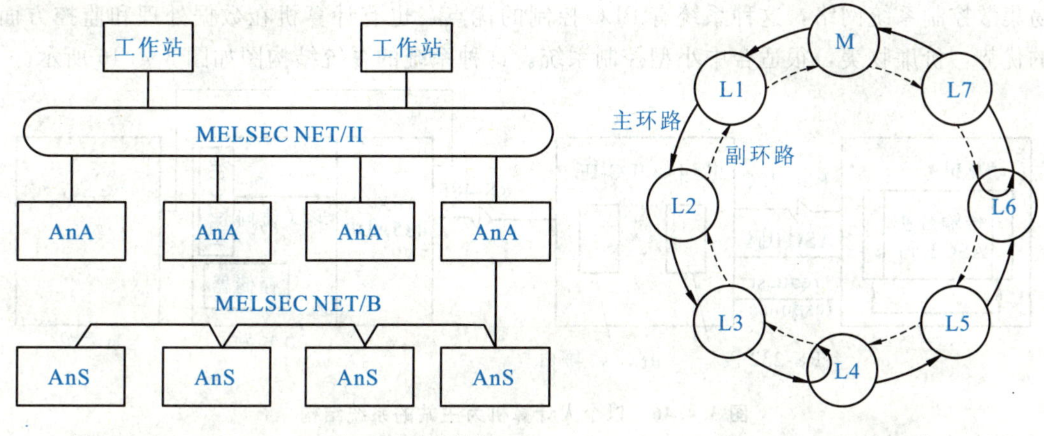

图 3.4.43　MELSEC NET/II、B 系统结构　　　　图 3.4.44　环路回送

A1SJ71PT32-S3 可以用在光缆系统中，也可以用在双绞线系统中，A1SJ71T32-S3 只可用在双绞线网络中，其性能指标表示在表 3.4.7 中。

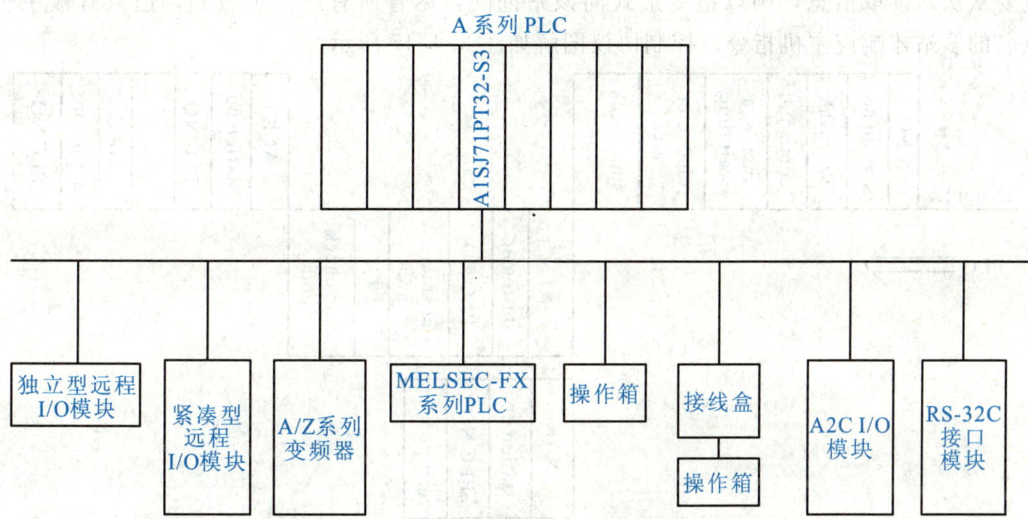

图 3.4.45　MELSEC NET/MINI-S3 网络结构

表 3.4.7　A1SJ71PT32-S3 和 A1SJ71T32-S3 技术规格

型号	A1SJ71PT32-S3	A1SJ71T32-S3	型号	A1SJ71PT32-S3	A1SJ71T32-S3
电缆类型	光缆或双绞线	双绞线	通信速度	1.5 Mb/s	
远程 I/O 点数	64		站间最大距离	光缆：50 m，双绞线：100 m（总距离无限制）	
I/O 点数	512		占用 I/O 点数	32	
I/O 刷新时间	3.2～18 ms(全部 64 个站 18 ms)		电耗量(DC5V)	0.35 A	0.3 A

(4)以个人计算机作为操作站的 PLC 网络

1)系统结构。以个人计算机为主站(上位机)、多台同型号的 PLC 为从站，可组成简易集散控制系统网络，这种系统有 PLC 控制的优点，也有计算机在数据处理和监控方面的优势，价廉物美，很适合中小型控制系统。这种系统的系统结构图如图 3.4.46 所示。

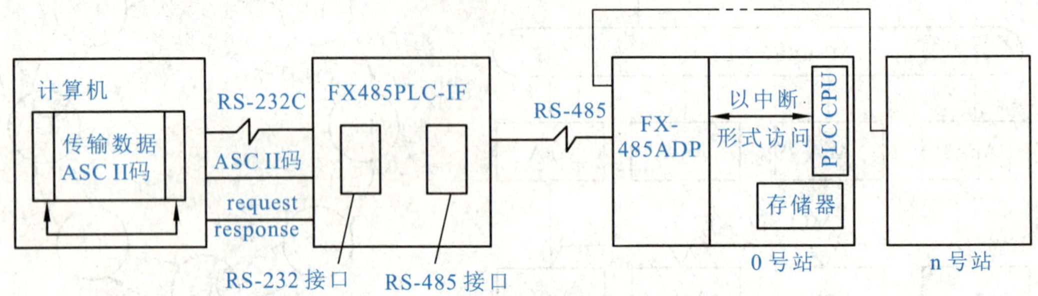

图 3.4.46　以个人计算机为主站的系统结构

在该系统中，通过 FX485PLC-IP 将串行口输出的 RS-232C 信号转换为 RS-485 信号，支持全双工通信，上位机与从站连接只需一对通信线。

2)监控系统通信模式。以个人计算机作为操作站的 PLC 网络系统的监控系统通信模式常常采用主从式系统的 Request/Response 存取控制方式，主动权在上位机。如果上位机要从从站读取信息，则以指令形式向该站询问，尽管所有站都可收到，但只有被主机点名的多站才响应主机指令。控制协议图解如图 3.4.47 所示。

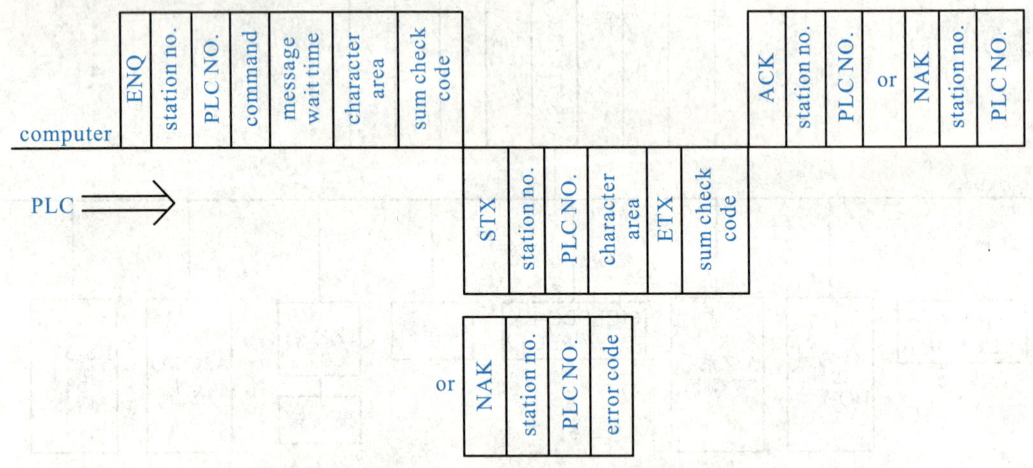

图 3.4.47　主站读取从站数据的传输协议图解

如果主机有数据要写入某一从站，主机向从站发出询问信号(ENQ)，看它是否作好接收数据的准备。对于校验正确的数据予以肯定应答(ACK)，对于校验出错的数据给予否定应答(NAK)。控制协议图解如图 3.4.48 所示。

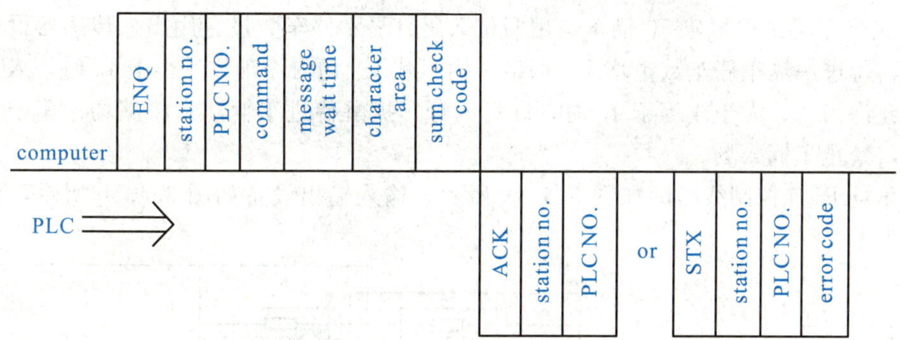

图 3.4.48　主站写入从站数据的传输协议图解

练习与实训

1. 设马路照明灯由 PLC 输出端口 Y0、Y1 各控制一半。每年夏季(7～9 月)每天 19 时 0 分至次日 0 时 0 分灯全部开，0 时 0 分至 5 时 30 分开一半灯。其余季节每天 18 时 0 分至次日 0 时 0 分灯全部开，0 时 0 分至 7 时 0 各开一半灯。请设计编制梯形图。

时钟专用的特殊辅助继电器和特殊数据寄存器如表 3.4.8 和表 3.4.9 所示。

表 3.4.8　特殊辅助继电器功能

特殊辅助继电器	作　　用	功　　能
M8015	时钟停止和改写	=1 时钟停止，改写时钟数据
M8016	时钟显示停止	=1 停止显示
M8017	秒复位清 0	上升沿时修正秒数
M8018	内装 RTC 检测	平时为 1
M8019	内装 RTC 错误	改写时间数据超出范围时=1

表 3.4.9　特殊数据寄存器功能

特殊数据寄存器	作　　用	范　　围
D8013	秒	0～59
D8014	分	0～59
D8015	时	0～23
D8016	日	1～31
D8017	月	1～12
D8018	年	公历 4 位
D8019	星期	0～6(周日～周六)

2. 某停车场最多可停 50 辆车，用两位数码管显示停车数量。用出入传感器检测进出车辆数，每进一辆车停车数量增 1，每出一辆车减 1。场内停车数量小于 45 时，入口处绿灯亮，允许入场；大于或等于 45 时，绿灯闪烁，提醒待进车辆注意将满场；等于 50 时，红灯亮，禁止车辆入场。

停车场 PLC 控制线路图如图 3.4.49 所示，输入输出设备如图 3.4.50 所示，请编制控制程序。

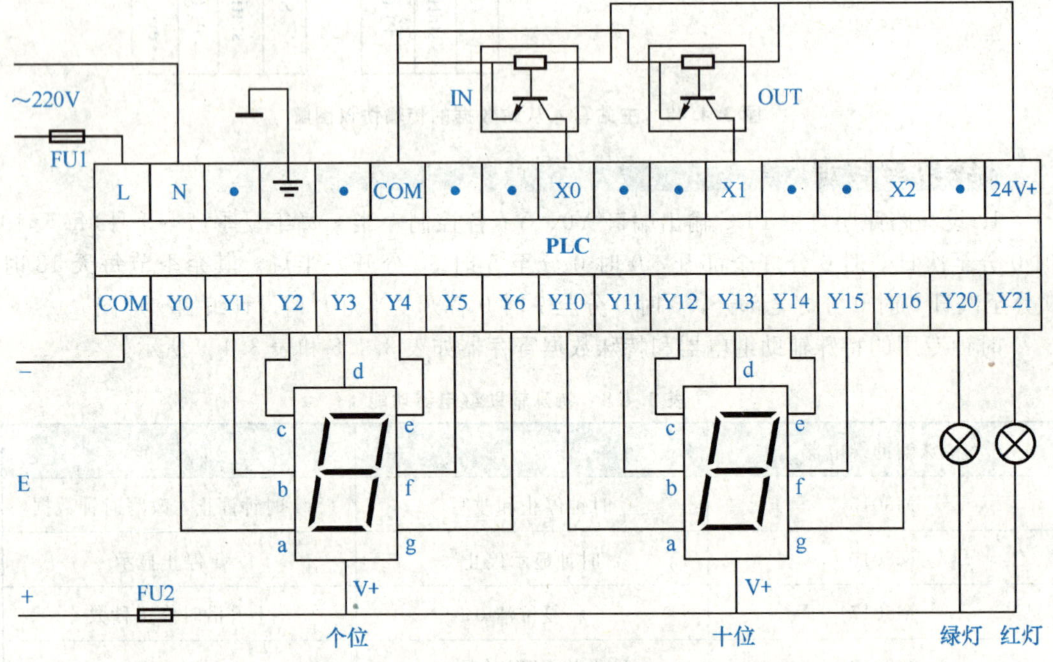

图 3.4.49 停车场控制线路图

图 3.4.50 停车场输入/输出设备位置示意图

复杂控制系统的设计与安装

任务 1 PLC 与触摸屏的综合控制

触摸屏，又称人机界面，是操作人员和机器设备之间双向沟通的桥梁。在触摸屏上用户可以自由组合文字、按钮、图形、数字等，来处理或监控随时可能发生变化的设备信息。触摸屏作为一种新型的人机界面，从一出现就受到关注，利用触摸屏技术，用户只需用手指轻轻触碰计算机显示屏上的图符或文字就能实现对主机的操作，摆脱了用键盘和鼠标操作，使人机交互更为直接。

任务描述

采用 PLC 和触摸屏联合控制一个抢答器系统，控制要求如下：

1)儿童 2 人、学生 1 人、教授 2 人共 3 组抢答，竞赛者若要回答主持人所提出的问题时，需抢先按下桌上的按钮。

2)为了给参赛儿童组一些优待，儿童 2 人中任一个人按下按钮时均可抢得，抢答指示灯 HL1 都亮。

3)若在主持人按下开始按钮后 10 s 内有人抢答，则幸运彩灯点亮表示庆贺，同时触摸屏右上角显示“抢答成功”，否则，10 s 后右上角显示“无人抢答”，再过 3 s 后返回原显示界面。

4)触摸屏可完成比赛开始、题目介绍、返回、清零、加分和抢答指示灯显示等功能，并可显示各组的总得分。

任务分析

实现本任务需要熟练掌握触摸屏与 PLC 的硬件接线和软件编程工作，为此，先学习有关触摸屏的基本知识，包括硬件识别与连接、软件使用与编程，然后将触摸屏与 PLC 有机结合，构成控制系统。

本任务要解决的问题是如何利用 PLC 和触摸屏共同完成抢答器的控制。完成本任务需达成的目标如下。

序　号	类　别	目　　标
1	知识	1. 了解触摸屏结构与工作模式 2. 掌握触摸屏编程软件使用 3. 熟练掌握编制用户画面

续表

序　号	类　别	目　　标
2	技能	1. 能熟练进行 PLC 与触摸屏的连接与安装 2. 熟练应用触摸屏编程软件 3. 具备用户画面的编制能力 4. 具备系统程序的编辑、修改、下传与调试能力
3	职业素养	1. 相互沟通能力及团队协作精神 2. 良好的职业道德 3. 质量、成本、安全、环保意识

相关知识

MITSUBISHI F940GOT 人机界面

一、产品简介

5.7 in STN 液晶体显示器——阔示角、高速回应、功能齐备、性能可靠。

简易的背景光灯更换：背景光灯的寿命长达 25 000 h，更换方便，而且带有自动熄灯功能。

优良的耐酸环境：具有相当于 IP65F 的防尘、防水、耐油性等环境性能。

具有所有操作面板应有的功能：通过菜单设定可显示日文、英文、韩语及中文汉字，可以改变每 1 点的键尺寸大小，显示系统画面。

保密功能：根据操作人员的级别来进行画面显示，保护那些只可看、不用操作的画面。针对普通操作人员、生产线主管、保养人员、系统设计人员等不同的使用用途，可以限制所显示的画面。

图 4.1.1　触摸屏示意图

数据传送：可以减少使用 PLC 的数据寄存器，机械的加工数据，定位的移动距离等的初期设定。保存 PLC 的运算结果。

时钟功能：可以指定某时段中使指定的设备为 ON。

打印机输出：在 F940GOT 上的 RS-232C 接口上接上打印机，可打印出采样结果和警报记录。

密码：为了保护 PLC 的程序，可以设定密码，可以输入禁止读出，禁止读/写口令。

触摸屏示意图见图 4.1.1。

二、性能及基本工作模式

1. F940GOT 的基本功能

三菱 F940GOT 的显示画面为 5.7in，规格具有 F940GOT-BWD-C（双色）、

F940GOT-LWD-C(黑白)、F940GOT-SWD-C(彩色)3 种型号，其双色为蓝白 2 色，黑白为黑白 2 色，彩色为 8 色，其他性能指标类似，屏幕硬件规格如表 4.1.1 所示，功能概要如表 4.1.2 所示。

表 4.1.1　三菱 F940GOT 屏幕硬件规格

项　目		规　　格
显示元件		F940GOT-BWD-C：STN 液晶，双色(蓝色和白色) F940GOT-LWD-C：STN 液晶，黑白 F940GOT-SWD-C：STN 液晶，8 色彩色
分辨率		320×240(点)，20 字符×15 行
点间距		0.36 mm 水平×0.36 mm 垂直
有效显示尺寸		115 mm×86 mm：6(5.7)in
液晶寿命		大约 50 000 h，运行环境温度 25℃，保证期 1 年
背灯		冷阴极管
背灯寿命		50 000 h(BWD，不能更换)，10 000 h(LWD，SWD)或更长，运行环境温度 25℃，保证期 1 年
触摸键		最大 50 触摸键/画面，20×12 矩阵键，ENT 键
接口	RS-422	符合 RS422232C(COM01)，单通道，用于 PLC 通信
	RS-232C	符合 RS232C(COM1)，单通道，用于画面传送和 PLC 通信
画面数目		用户画面：500 个画面或更少，NO.1～NO.500；系统画面：指定画面 NO.1001～NO.1030
用户内存		快闪内存 512 KB(内置)

表 4.1.2　F940GOT 功能概要

模式	功　能	功　能　概　要
用户画面模式	字符显示	显示字母和数字
	绘图	显示直线、图和长方形
	灯显示	屏幕上指定区域根据 PLC 中位元件的 ON/OFF 状态反转显示
	图形显示	可以以棒图、线性图和仪表面板的形式显示 PLC 中字元件的设定值和当前值
	数据显示	可以以数字的形式显示 PLC 中字元件的设定值和当前值
	数据改变功能	可以改变 PLC 中字元件的设定值和当前值
	开关功能	控制的形式可以是瞬时、交替和置位/复位
	画面切换	可以用 PLC 或触摸键切换显示画面

续表

模式	功 能	功 能 概 要
用户画面模式	数据成批传送	触摸屏中的数据可以被传送到 PLC
	安全功能	只有在输入正确密码以后才能显示画面(本功能在系统画面中也可以使用)
HPP(手持式编程器)模式	程序菜单*	可以以指令程序的形式读、写和监视程序
	参数*	可以读写程序容量、锁存寄存器范围等参数
	软元件监视	可以用元件编号和注释连续表达式监测字元件的 ON/OFF 状态及字元件的设定值和当前值
	设定值/当前值改变	可以用元件编号和注释连续表达式改变 PLC 中字元件的设定值和当前值
	强制 ON/OFF	PLC 中的位元件可以强制变为 ON/OFF
	动作状态监视	处于 ON 状态时，状态 S 的编号被自动显示用于监视(仅在连接 MELSEC FX 系列时可以使用)
	缓冲存储器监视*	可以监视 FX 系列 PLC 特殊模块的缓冲存储器(BFW)，也可以改变它们的设定值
	PLC 诊断*	读取和显示 PLC 错误信息
采样模式	设定条件	多达 1 个要采样元件的条件，设置采样开始/停止时间等
	结果显示	以清单或图形形式显示采样结果
	数据清除	清除采样结果
报警模式	显示状态	在清单中以发生的顺序显示当前报警
	报警历史	报警历史和事件时间(以时间顺序)一起被存储在清单中
	报警频率	存储每个报警的事件数量
	清除记录	删除报警历史
监测模式	画面清单	以画面变好的顺序显示用户画面
	数据文件	改变在配方功能(数据文件传送功能)中使用的数据
	调试	监测操作，看显示的用户画面上键操作、画面改变等是否被正确执行
	通信监测	显示和连接的 PLC 的通信状态

续表

模式	功　能	功　能　概　要
其他模式	设定时间开关	在指定时间将指定元件设为 ON/OFF
	数据传送	可以在触摸屏和画面创建元件之间传送画面数据、数据采样结果和报警历史
	打印输出	可以将数据采样结果和报警历史输出到打印机
	关键字	可以登记保护 PLC 中程序的密码
	设定模式	可以指定系统语言、连接的 PLC 类型、串行通信参数、标题画面、主菜单调用键、当前日期和时间、背光熄灭时间、蜂鸣音量、LCD 对比度、画面数据清除等初始设置

* 表示只有连接了 FX_{2N} 系列 PLC 时有效。

(1)画面显示功能

系统主菜单画面如图 4.1.2 所示。

[选择菜单]	终止
用户屏模式 HPP模式 采样模式 报警模式 测试模式 其他模式	

图 4.1.2　系统主菜单画面状态

(2)画面操作功能

实际使用时，操作者可以通过触摸屏上设计的操作键来切换 PLC 的位元件，也可以通过设计的键盘输入及更改 PLC 数字元件的数据。在触摸屏处于 HPP(手持式编程)状态时，还可以作为编程器对与其连接的 PLC 进行程序的读写、编辑、软元件的监视，以及对软元件的设定值和当前值的显示及修改。

(3)检测监视功能

触摸屏可以进行用户画面显示，操作者可以通过画面监视 PLC 内位元件的状态及数据寄存器中数据的数值，并可对位元件执行强制 ON/OFF 状态，可以对数据文件的数据进行编辑，也可以进行触摸键的测试和画面的切换等操作。

(4)数据采样功能

可以设定采样周期，记录指定的数据寄存器的当前值，通过设定采样的条件，将收集到的数据以清单或图表的形式显示或打印这些数值。

(5)报警功能

触摸屏可以指定 PLC 的位元件(可以是 X、Y、M、S、T、C，但最多 256 个）与报警信息相对应，通过这些位元件的 ON/OFF 状态来给出报警信息，并可以记录最多1 000

个报警信息。

(6)其他功能

触摸屏具有设定时间开关、数据传送、打印输出、关键字、动作模式设定等功能，在动作模式设定中可以进行设定系统语言、连接PLC的类型、串行通信参数、标题画面、主菜单调用键、当前日期和时间等设定功能。

2. 触摸屏的基本工作模式及与计算机、PLC的连接

作为PLC的图形操作终端，触摸屏必须与PLC联机使用，通过操作人员手指与触摸屏上的图形元件的接触发出PLC的操作指令或显示PLC运行中的各种信息。计算机与触摸屏的连接如图4.1.3所示，触摸屏与PLC的连接如图4.1.4所示。触摸屏上的通信接口如图4.1.5所示。

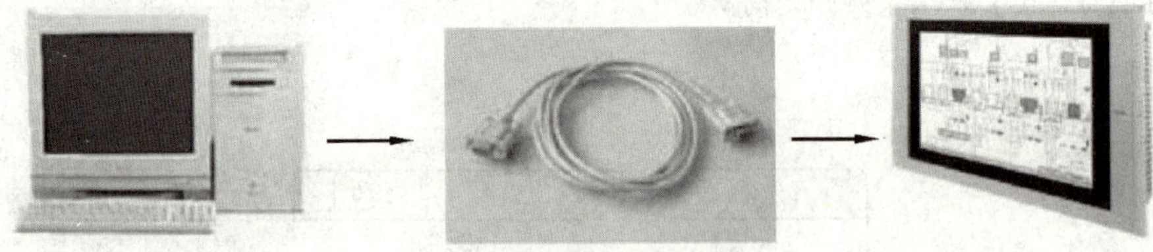

图4.1.3　计算机与触摸屏的连接

图4.1.4　触摸屏与PLC的连接

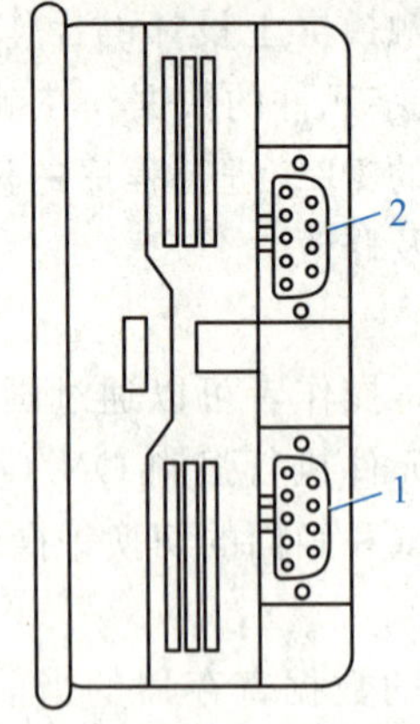

图4.1.5　触摸屏机箱上的通信接口

1—RS-422接口；2—RS-232接口

三、绘制用户画面软件 GT-Designer 简介和使用

1. 软件的主界面

GT-Designer 软件安装完毕后，单击快捷方式图标即可进入软件的主界面，如图 4.1.6所示，主界面由标题栏、菜单栏、工具栏及应用窗口等部分组成。

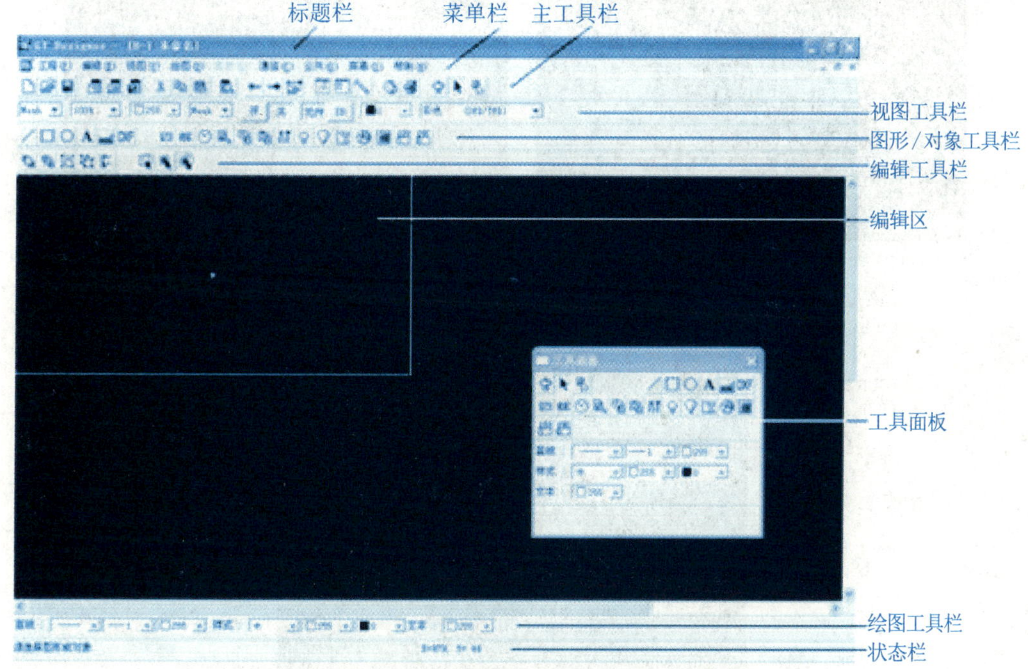

图 4.1.6 GT-Designer 软件的主界面

2. 用户画面的制作

现以小车往返运行控制系统为例介绍软件的使用方法。具体控制要求如下。

1)单击触摸屏上的“开始前进”按钮，小车开始前进运行(电动机正转)；单击“开始后退”按钮，小车开始后退运行(电动机反转)。

2)小车前进运行、后退运行或停止时均有文字显示。

3)具有小车的运行时间设置及运行时间显示功能。

4)单击“停止”按钮或运行时间到，小车即停止运行。

用户画面制作步骤及方法如下所述。

(1)软元件分配及系统接线图

系统接线如图 4.1.7 所示。

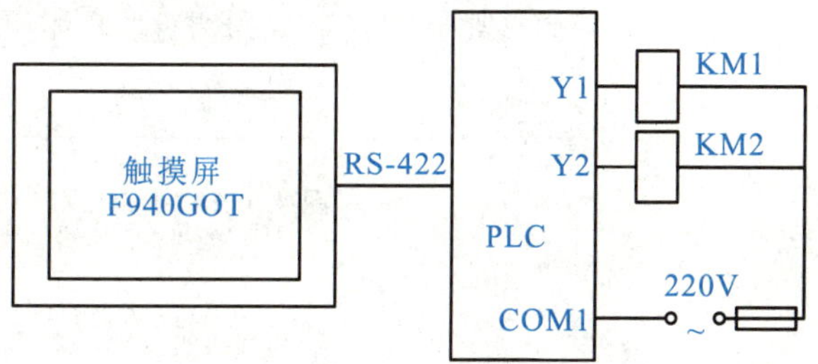

图 4.1.7 系统接线示意图

(2)触摸屏画面设计

根据系统的控制要求及触摸屏的软元件分配，触摸屏的画面如图 4.1.8 和图 4.1.9 所示。

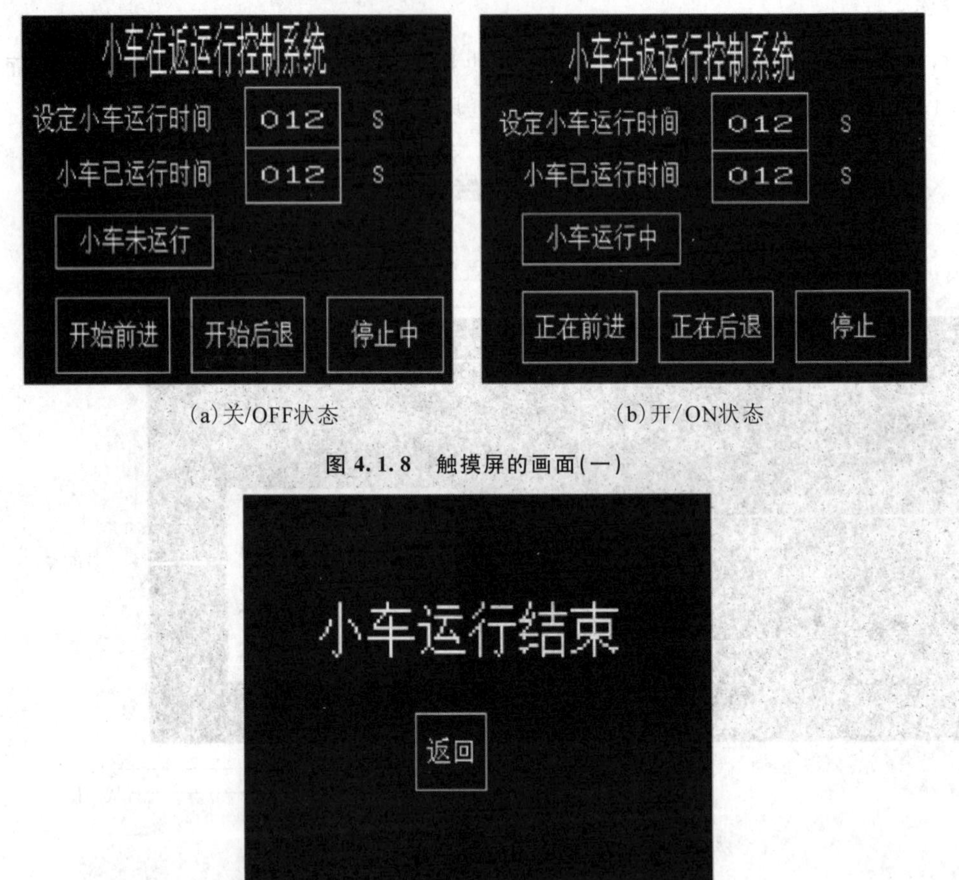

(a)关/OFF状态　　(b)开/ON状态

图 4.1.8　触摸屏的画面(一)

图 4.1.9　触摸屏的画面(二)

触摸屏画面设计过程如图 4.1.10～图 4.1.23 所示。

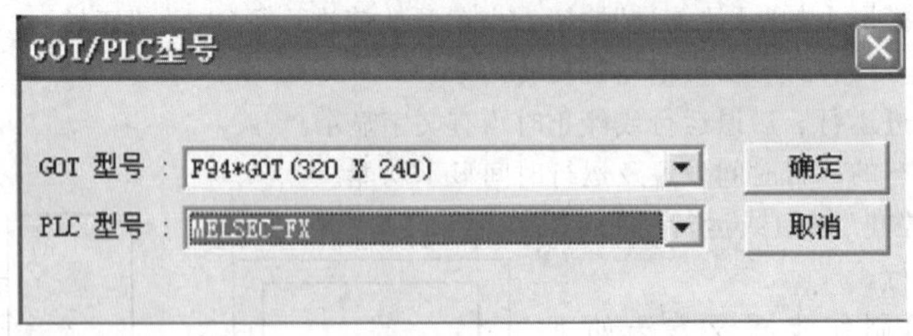

图 4.1.10　【GOT/PLC 型号】对话框

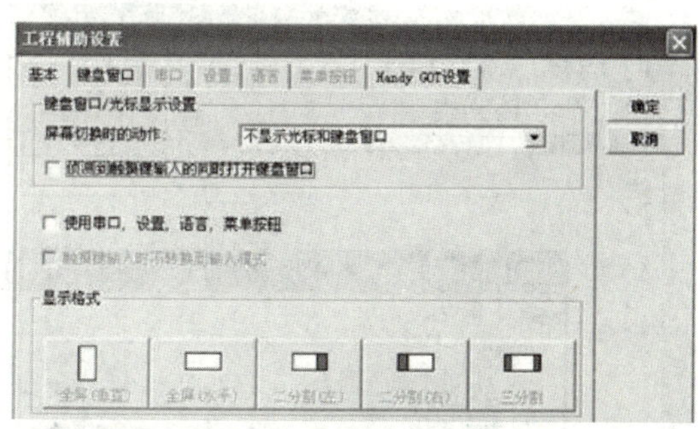

图 4.1.11　【工程辅助设置】对话框

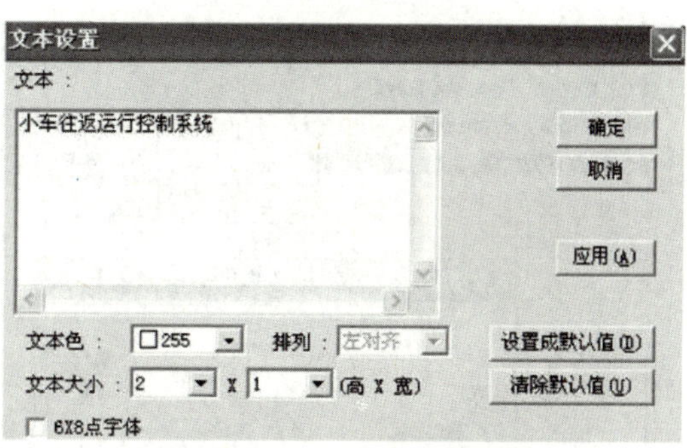

图 4.1.12　【文本设置】对话框

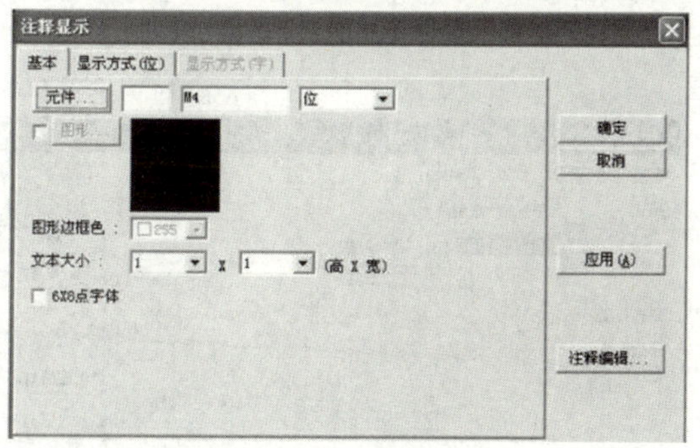

图 4.1.13　【注释显示】对话框(一)

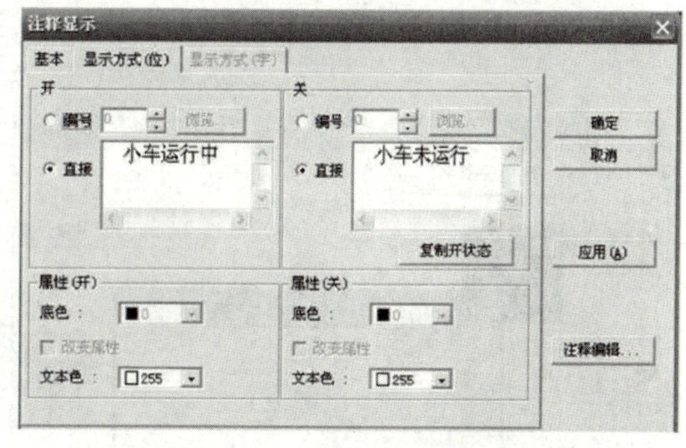

图 4.1.14　【注释显示】对话框(二)

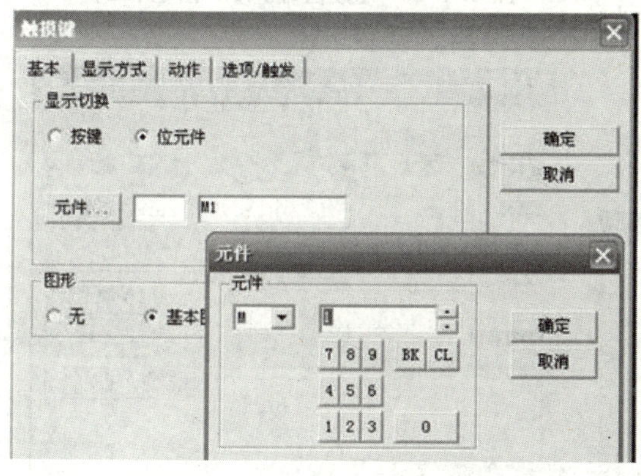

图 4.1.15　【触摸键】对话框(一)

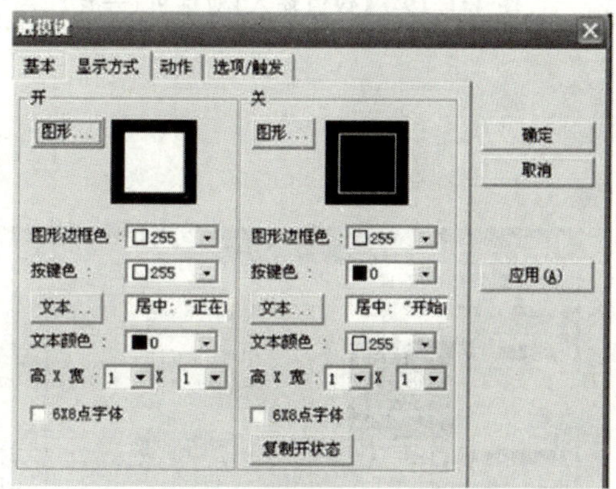

图 4.1.16　【触摸键】对话框(二)

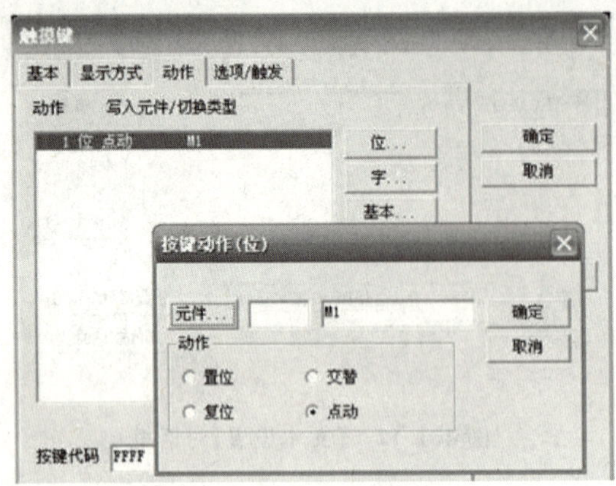

图 4.1.17 【触摸键】对话框(三)

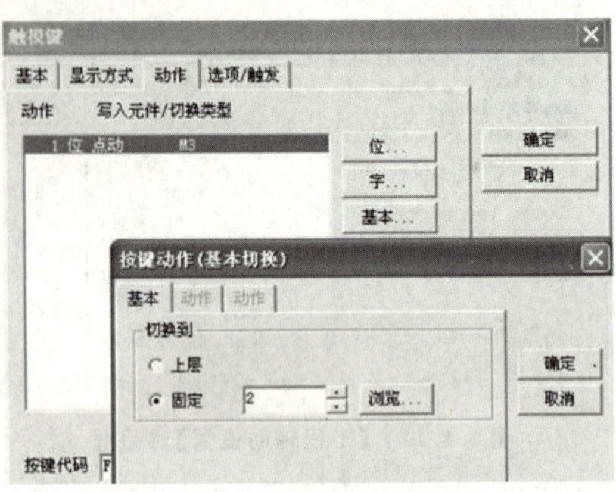

图 4.1.18 【触摸键】对话框(四)

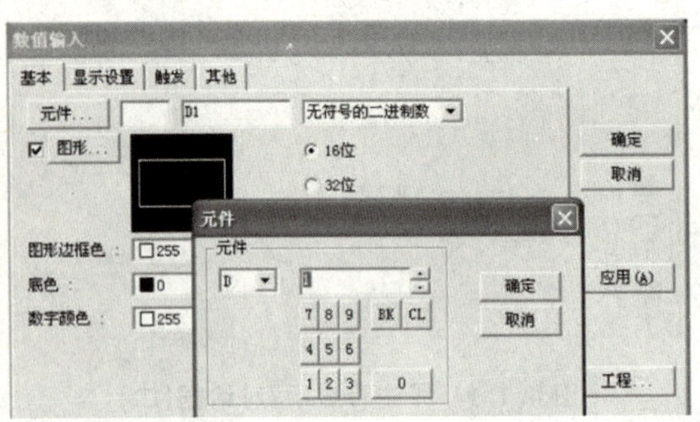

图 4.1.19 【数值输入】对话框(一)

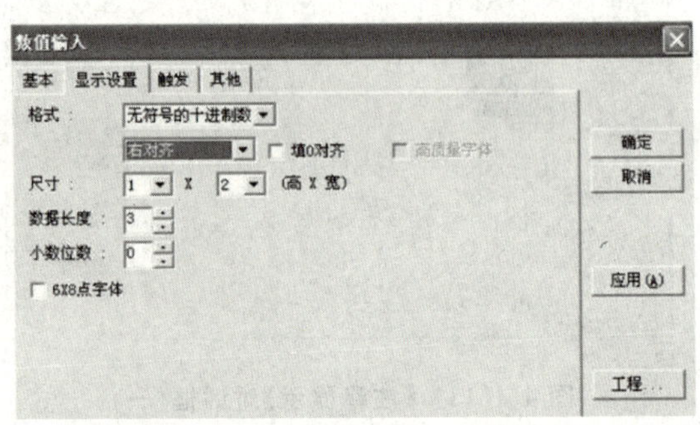

图 4.1.20 【数值输入】对话框(二)

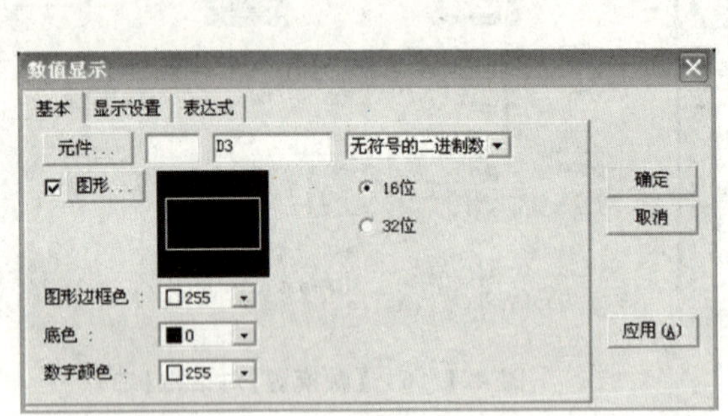

图 4.1.21 【数值显示】对话框

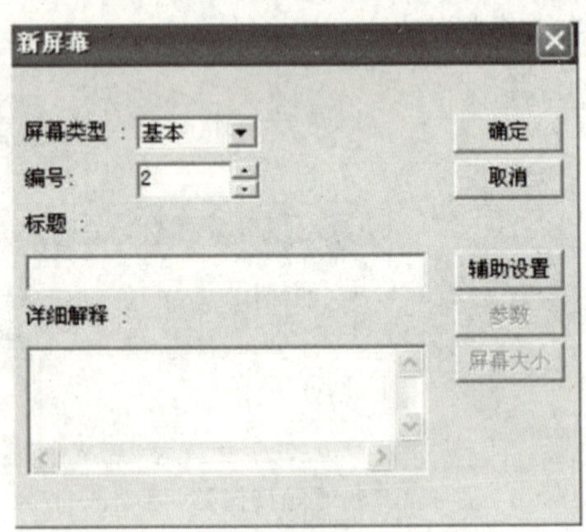

图 4.1.22 【新屏幕】对话框

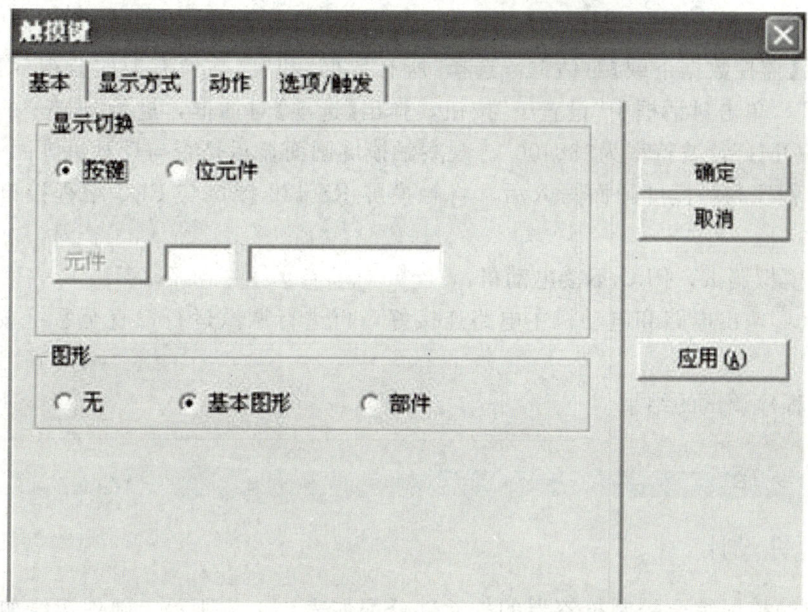

图 4.1.23　【触摸键】对话框“返回”的设置

(3)PLC 程序

PLC 梯形图程序如图 4.1.24 所示。

```
0   ─┤M1├──┬─┤/M3├──┤/T1├──┤/Y002├──────────────(Y001)─
    ─┤Y001├┘
6   ─┤M2├──┬─┤/M3├──┤/T1├──┤/Y001├──────────────(Y002)─
    ─┤Y002├┘
12  ─┤Y001├┬────────────────────────────────(T1    D2)─
    ─┤Y002├┴────────────────────────────────────(M4)─
18  ─┤M8000├┬──────────────────[MUL    D1    K10    D2]─
            └──────────────────[DIV    T1    K10    D3]─
33  ───────────────────────────────────────────[END]─
```

图 4.1.24　PLC 梯形图程序

(4)程序下载和系统调试

1)将 PLC 梯形图程序写入 PLC。

2)写入触摸屏画面程序具体步骤如下。

① 将触摸屏 RS232 接口与计算机 RS232 接口用通信电缆连接好，选择“通信”→“下

载至 GOT”→“监控数据”，进行数据下载。

② 弹出【监控数据下载】对话框，选择“所有数据”和“删除所有旧的监视数据”，核对“GOT 类型”，单击对话框中“设置…”按钮，弹出【选项】对话框，进行“通信”的设置，选择端口为“COM1”，波特率为“38400”。观察触摸屏画面显示是否与计算机画面一致。

3)PLC 程序和触摸屏画面写入后，将触摸屏 RS-422 接口与 PLC 编程接口用通信电缆连接。

4)进行模拟调试，PLC 不接电动机。

5)将 PLC 输出电路和电动机主电路连接好，再进行调试运行，直至系统按要求正常工作。

6)记录程序调试的结果。

任务实施

一、硬件设计

PLC 与触摸屏综合控制抢答器的软元件分配如表 4.1.3 所示，硬件接线如图 4.1.25 所示。

表 4.1.3　PLC 和触摸屏软元件分配表

输入			输出		
设备名称	代号	软元件编号	设备名称	代号	软元件编号
儿童抢答按钮	SB1	X1	儿童抢答指示灯	HL1	Y0/M11
儿童抢答按钮	SB2	X2	学生抢答指示灯	HL2	Y1/M12
学生抢答按钮	SB3	X3	教授抢答指示灯	HL3	Y2/M13
教授抢答按钮	SB4	X4	幸运彩灯	HL4	Y3
教授抢答按钮	SB5	X5	比赛开始		M21
儿童得分		D11	介绍题目		M22
学生得分		D12	加分		M23
教授得分		D13	清零		M24
应答时间		T1	画面组合用存储单元		D1
无人应答显示时间		T2	画面组合用存储单元		D2
主持人开始继电器		M100	画面组合用存储单元		D3

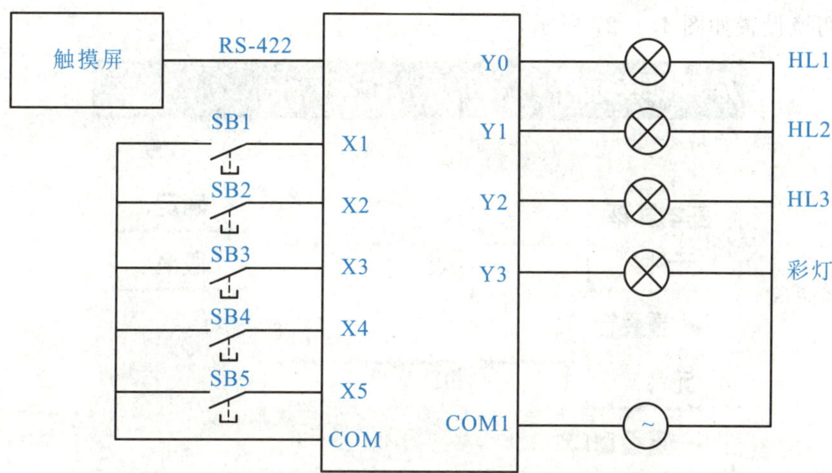

图 4.1.25　PLC、触摸屏系统接线示意图

二、软件设计

1. 软件编程

(1)触摸屏画面设计

触摸屏画面如图 4.1.26 所示。

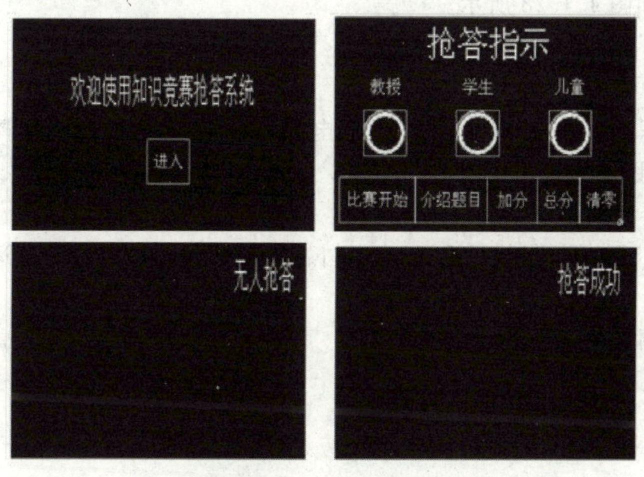

(a)

(b)

图 4.1.26　触摸屏画面

屏幕切换设置如图 4.1.27 所示。

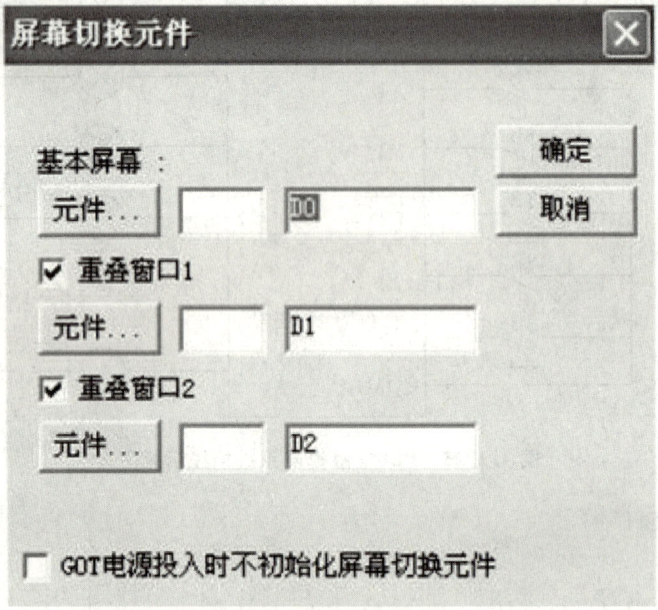

图 4.1.27 【屏幕切换元件】对话框的设置

(2)PLC 梯形图设计

PLC 梯形图如图 4.1.28 所示。

2. 程序调试

1)在断电状态下，连接好 PC/PPI 通信电缆，将 PLC 运行模式选择开关拨到 STOP 位置，将 PLC 梯形图程序写入 PLC。

2)写入触摸屏画面程序。

3)按图 4.1.25 连接好触摸屏和 PLC 的外部电路，对程序进行调试运行，观察程序的运行情况。

4)记录程序调试的结果。

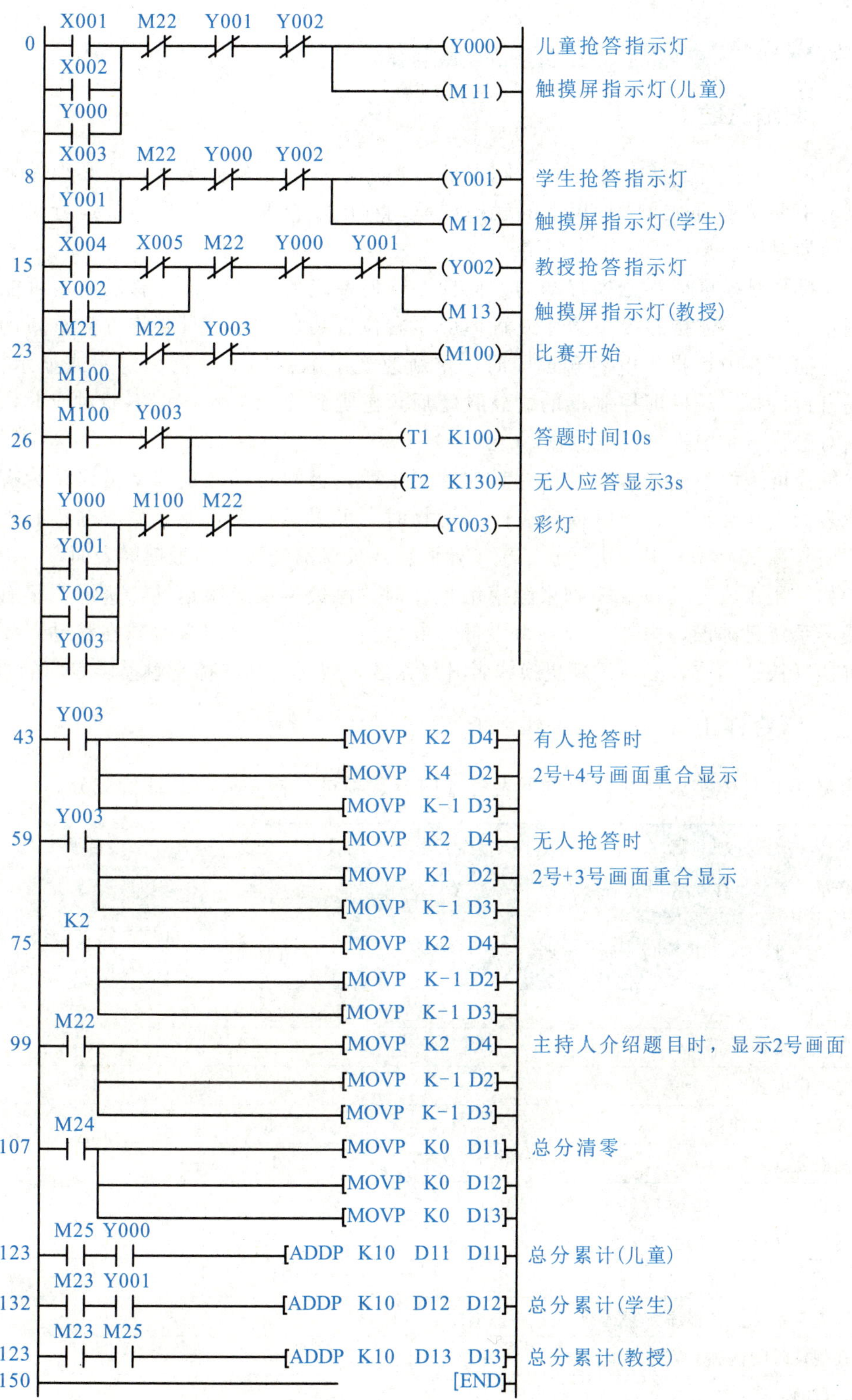

图 4.1.28　PLC 梯形图

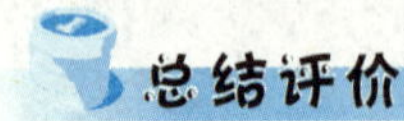

总结评价

一、归纳总结

1)为保证触摸屏系统正常工作，除保证触摸屏软件的正确安装外，还必须保证在一台主机上不要安装两种或两种以上的触摸屏驱动程序，否则容易导致系统运行时发生冲突，从而使触摸屏系统无法正常使用。

2)在操作触摸屏时，触摸移动的方向向左，但系统的光标却向右移动时，可能是由于控制盒与触摸屏连接的接头接反或触摸屏左右位置装反，此时只要将方向重新调换一下即可。如果在中途操作电容触摸屏时，重新改变了触摸屏显示器分辨率或显示模式，或者是自行调整了触摸屏控制器的刷新频率后，感觉到光标与触摸点不能对应时，都必须重新对触摸屏系统进行校准操作。

3)触摸屏表面不能有水滴或粘有其他软的东西，否则触摸屏很容易错误认为有手触摸造成表面声波屏不准。当触摸屏表面有污物时，可用柔软干布或者清洁剂小心地从屏幕中心向外擦拭，或者用一块干软布蘸工业酒精或玻璃清洗液清洁触摸屏表面。

4)如果用手或者其他触摸物来触摸触摸屏时，触摸屏反应很迟钝，这说明很有可能是触摸屏系统已陈旧，内部时钟频率太低，或是由于触摸屏表面有水珠在移动，要想让触摸屏恢复快速响应，必须重新更换或者升级系统，或者用抹布擦干触摸屏表面的水珠。

二、检查评价

根据任务具体实施情况，依据下表各项内容逐项进行检查验收，评价赋分。

<table>
<tr><td rowspan="2">项　目
评价表</td><td>项　目　名　称</td><td colspan="2">复杂控制系统的设计与安装</td><td colspan="2">项目承接人</td></tr>
<tr><td>任　务　名　称</td><td colspan="2">PLC 与触摸屏的综合控制</td><td colspan="2"></td></tr>
<tr><td colspan="3">评　价　内　容</td><td>标准分值</td><td>自我评分
(30%)</td><td>教师评分
(70%)</td></tr>
<tr><td colspan="6">知识：(30)</td></tr>
<tr><td colspan="3">触摸屏产品系列</td><td>5</td><td></td><td></td></tr>
<tr><td colspan="3">触摸屏工作模式</td><td>10</td><td></td><td></td></tr>
<tr><td colspan="3">触摸屏编程软件使用</td><td>5</td><td></td><td></td></tr>
<tr><td colspan="3">用户画面编制</td><td>10</td><td></td><td></td></tr>
<tr><td colspan="6">技能：(30)</td></tr>
<tr><td colspan="3">触摸屏控制系统硬件选型与安装</td><td>10</td><td></td><td></td></tr>
<tr><td colspan="3">用户画面编制与调试</td><td>10</td><td></td><td></td></tr>
<tr><td colspan="3">触摸屏控制系统控制程序方案选择</td><td>5</td><td></td><td></td></tr>
<tr><td colspan="3">是否在规定时间内独立完成</td><td>5</td><td></td><td></td></tr>
<tr><td colspan="6">方法：(20)</td></tr>
</table>

续表

项　目 评价表	项　目　名　称	复杂控制系统的设计与安装	项目承接人
	任　务　名　称	PLC 与触摸屏的综合控制	
评　价　内　容	标准分值	自我评分（30%）	教师评分（70%）
工具使用方法	6		
系统安装及调试方法	7		
解决具体问题的方法	7		
素质：(10)			
质量成本意识	4		
安全环保意识	3		
团队责任意识	3		
评估：(10)			
描述本任务的目标	5		
有待改进之处及改进方法	5		
总　　分	100		

拓展提高

触摸屏使用和维护注意事项

触摸屏的使用和维护影响着触摸屏的使用寿命，现将一些使用和维护触摸屏过程中应该注意的事项进行了列举，希望能对大家有帮助。

一、触摸屏的使用

1)触摸屏膜面为触摸面，即产品正面；玻璃面为非触摸面，即产品背面。

2)触摸屏部分为玻璃制品，玻璃边角较锋利，请在装配时戴手套(指套)作业。

3)触摸屏部分为玻璃易碎品，装配时不要对触摸屏施加大力冲击。

4)避免直接取引线拿起触摸屏，避免对引出线部位有拉扯动作。

5)引出线加强板部位不能进行弯折动作。

6)引出线任何部位不允许有对折现象，装配过程中弯折半径须 $R>1.5$ mm。

7)引出线在装配时，须水平插入，不可在加强板根部对折插入。

8)取放产品时需单片操作，轻拿轻放，避免产品互相碰撞而划伤产品表面。

9)清洁产品表面时，请用柔软性布料(鹿皮)蘸石油醚擦拭。

10)不可使用带腐蚀性的有机溶剂，如抹机水、工业酒精等擦拭触摸屏膜表面。

11)擦拭触摸屏“金手指”时，请顺着“金手指”方向擦拭，不可横向擦拭“金手指”部位。

12)勿堆叠放置触摸屏。

13)固定触摸屏的边框的支柱须在触摸屏的可视区以外。

14）框边须在触摸屏的操作区以外，框边在可视区到操作区间不能有压力动作。

15）建议固定触摸屏的材料为塑胶材料，接触触摸屏正面部分垫有软性材料。

16）不要用带腐蚀性的胶粘贴在触摸屏的表面。

二、触摸屏的日常维护

由于技术上的局限性和环境适应能力较差，触摸屏幕也同普通机器一样需要定期保养维护。由于触摸屏是多种电器设备高度集成的触控一体机，所以在使用和维护时应注意以下的一些问题。

1）每天在开机之前，用干布擦拭屏幕。

2）水滴或饮料落在屏幕上，会使软件停止反应，这是由于水滴和手指具有相似的特性，需把水滴擦去。

3）触摸屏控制器能自动判断灰尘，但积尘太多会降低触摸屏的敏感性，只需用干布把屏幕擦拭干净。

4）应用玻璃清洁剂清洗触摸屏上的脏指印和油污。

5）严格按规程开、关电源，即开启电源的顺序是：显示器、音响、主机。关闭电源则以相反的顺序进行。

6）硬盘上产生大量临时文件，如果经常断电或者不退出 Windows 就直接关机，很快就会导致硬盘错误。因此，需要定期运行 ScanDisk 扫描硬盘错误，应用程序中最好能设置秘密方式退出应用程序和 Windows 再断电，例如：四角按规定次序点一下。

7）纯净的触摸屏程序是不需要鼠标光标的，光标只会使用户注意力不集中。

8）应选择足够应用程序使用的最简单的防鼠标模式，因为复杂的模式需要牺牲延时和系统资源。

9）视环境恶劣情况，定期打开机头清洁触摸屏的反射条纹和内表面。具体的方法是：在机内两侧打开盖板，可以找到松开扣住机头前部锁舌的机关，打开机关即可松开锁舌。抬起机头前部，可以看到触摸屏控制卡，拔下触摸屏电缆，向后退机头可卸下机头和触摸屏。仔细看清楚固定触摸屏的方法后，卸下触摸屏清洗，注意不要使用硬纸或硬布，不要划伤反射条纹。最后，按相反顺序和原结构将机头复原。

练习与实训

设计一个用 PLC 和触摸屏综合控制的交通灯系统，系统控制要求和条件自定，设计要求如下。

硬件系统设计：首先对控制系统的 PLC、触摸屏、输入按钮、输出用指示灯进行选型，然后进行 I/O 地址分配，最后进行接线。

软件系统设计：编写 PLC 控制程序及触摸屏用户画面程序，下传到 PLC 中，进行调试。

任务2 MISSION PLC 与变频器的综合控制

三相交流异步电动机的转速可通过变极、变转差率和变频进行调节，其中，变频调速具有调速范围宽，调速平滑性好，机械特性硬的特点。可以认为，在转差率 s 变化不大的情况下，电动机的转速 n 与电源频率 f_1 大致成正比，若均匀地改变电源频率 f_1，则能平滑地改变电动机的转速 n。

任务描述

某纺织厂纺纱设备电气控制系统使用 PLC 和变频器，控制要求如下。

1)为了防止起动时断纱，要求起动过程平稳。

2)纱线到预定长度时停车。使用霍尔传感器将输出纱线机轴的旋转圈数转换成高速脉冲信号，送入 PLC 进行计数，达到定长值(16 000 转)后自动停车。

3)在纺纱过程中，随着纱线在纱管上的卷绕，纱管直径逐步增粗。为了保证纱线张力均匀，卷绕电动机将逐步降速。

4)中途停车后再次开车，应保持停车前的速度状态。

任务分析

为实现上述控制功能，卷绕电动机由 PLC 和变频器综合控制，实现多段速控制目的，如表 4.2.1 所示。

表 4.2.1　变频器多段速的 PLC 控制

工艺多段速	1	2	3	4	5	6	7
变频器设置的多段速	1	2	6	3	5	4	7
RL-Y2	0	0	0	1	1	1	1
RM-Y1	0	1	1	0	0	1	1
RH-Y0	1	0	1	0	1	0	1
变频器输出频率/Hz	50	49	48	47	46	45	44

注：表中“0”表示断开，“1”表示接通。

变频器多段速运行曲线如图 4.2.1 所示。

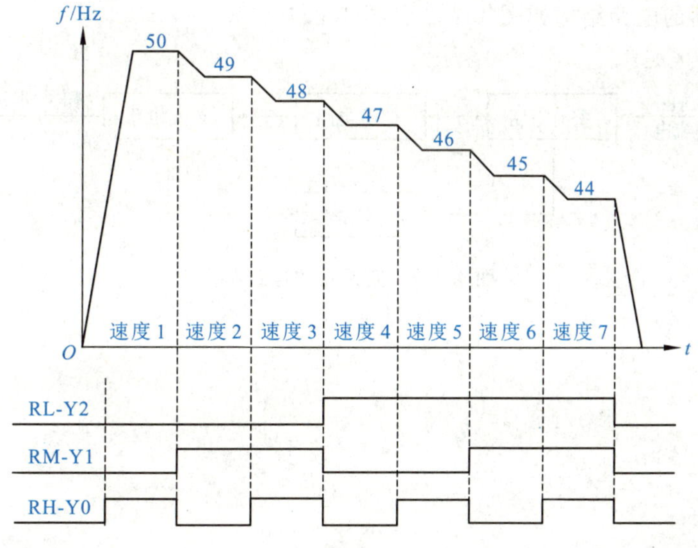

图 4.2.1　变频器多段速运行曲线

用 PLC 和变频器实现本任务时，需要用到高速计数指令，并熟练掌握变频器的用法。完成本任务需达成的目标如下。

序　号	类　别	目　　标
1	知识	1. 掌握 PLC 高速计数指令 2. 掌握变频器结构、接线与原理 3. 掌握变频器参数设定
2	技能	1. 熟练进行变频器参数的设定与修改 2. 会利用高速计数指令编程 3. 具备程序编辑、修改、下传与调试能力 4. 正确选择与安装变频器
3	职业素养	1. 相互沟通能力及团队协作精神 2. 良好的职业道德 3. 质量、成本、安全、环保意识

相关知识

一、变频器基本知识

1. 变频器的用途

使用变频器的电动机大大降低了起动电流，起动和停机过程平稳，减少了对设备的冲击力，延长了电动机及生产设备的使用寿命。除此之外，使用变频器还可以做到：①平滑调速；②节能；③提高自动化控制水平。

2. 通用变频器的结构

通用变频器的电路结构如图 4.2.2 和图 4.2.3 所示。

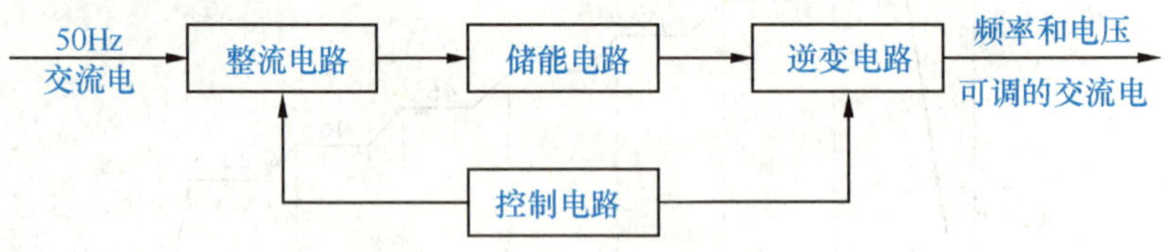

图 4.2.2　变频器的电路结构

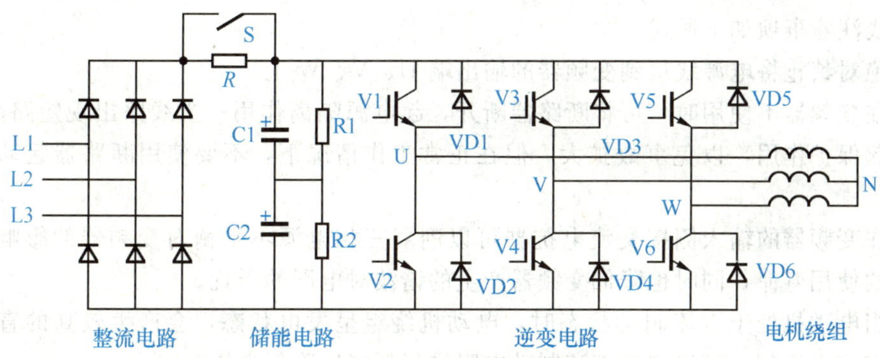

图 4.2.3　变频器主电路结构

3. 变频调速控制方式

(1)u/f 控制方式

u/f 曲线如图 4.2.4 所示。

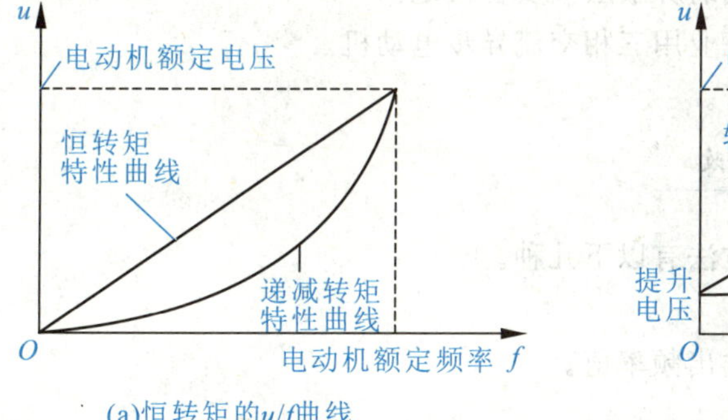

(a)恒转矩的u/f曲线

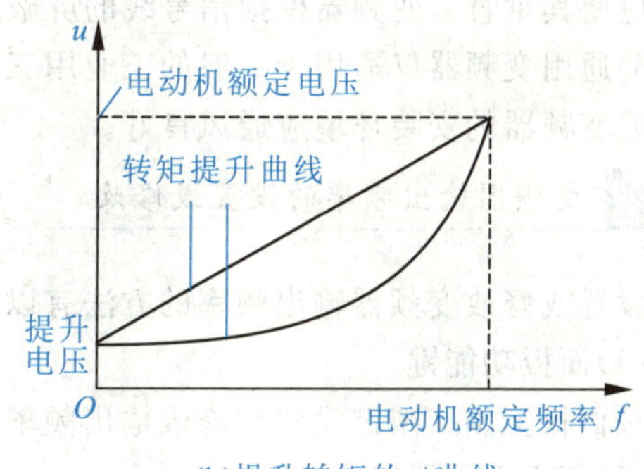

(b)提升转矩的u/f曲线

图 4.2.4　u/f 曲线

(2)矢量控制方式

矢量控制方式是变频器的高性能控制方式，特别是低频转矩性能优于 u/f 控制方式。

4. 变频器电路配线与注意事项

变频器的主电路配线如图 4.2.5 所示。

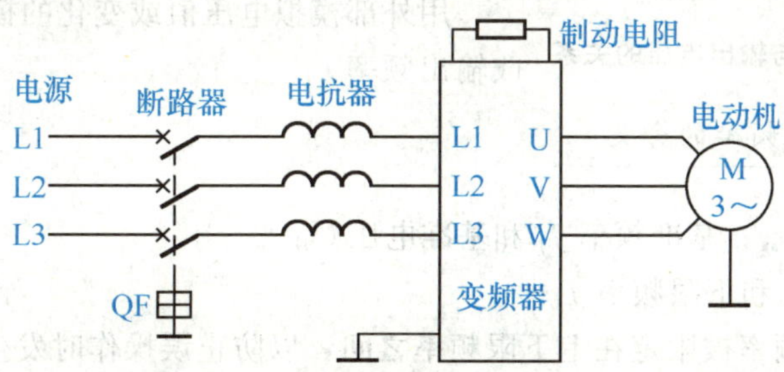

图 4.2.5　变频器主电路配线

配线注意事项如下所述。

1)绝对禁止将电源线接到变频器的输出端U、V、W上。

2)在变频器不使用时，可将断路器断开，起电源隔离作用；当线路出现短路故障时，断路器起保护作用，以免事故扩大。但在正常工作情况下，不要使用断路器起动和停止电动机。

3)在变频器的输入侧接交流电抗器可以削弱三相电源不平衡对变频器的影响，延长变频器的使用寿命，同时也降低变频器产生的谐波对电网的干扰。

4)当电动机处于直流制动状态时，电动机绕组呈发电状态，会产生较高的直流电压反送至直流电压侧。可以连接直流制动电阻进行耗能以降低高压。

5)由于变频器输出的是高频脉冲波，所以禁止在变频器与电动机之间加装电力电容器件。

6)变频器和电动机必须可靠接地。

7)变频器的控制线应与主电路动力线分开布线，平行布线应相隔10 cm以上，交叉布线时应使其垂直。变频器模拟信号线的屏蔽层应妥善接地。

8)通用变频器仅适用于一般的工业用三相交流异步电动机。

9)变频器的安装环境应通风良好。

5. 变频器输出频率的设置或修改

设置或修改变频器输出频率的方法有以下几种。

(1)面板功能键

按面板上增、减键设置或修改输出频率值。

(2)面板电位器

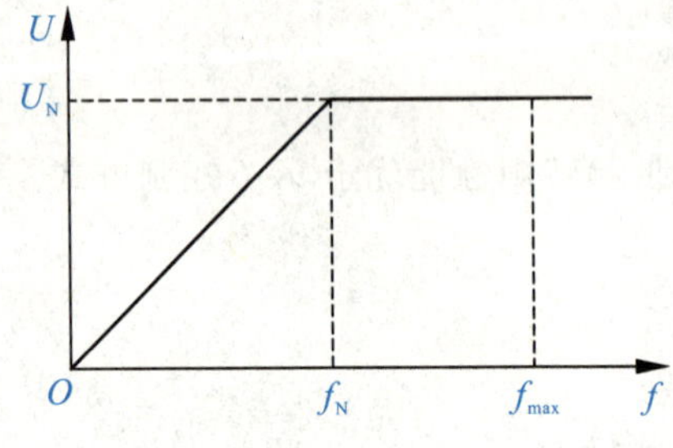

图 4.2.6 输出频率与输出电压的关系

旋动面板电位器旋钮可以设置或修改连续变化的输出频率值。

(3)外部接点端子

用外部高速、中速、低速或多段速接点端子的通断来改变输出频率。

(4)外部模拟信号端子

用外部模拟电压值或变化的模拟电流值设置或修改输出频率。

6. 变频器输出频率的含义

(1)最大频率 f_{max}、基准频率 f_N 和基准电压 U_N。

(2)上限频率 f_H 和下限频率 f_L

变频器的输出频率被限定在上下限频率之间，以防止误操作时发生失误。

(3)起动频率

起动信号为ON的开始频率，通常出厂设定值为0.5 Hz。

(4)点动频率

点动操作时的频率，通常出厂设定值为几Hz。

(5)跳跃频率

跳跃频率是指运行时避开某个频率。如果电动机在某个频率下运行时生产设备发生机械谐振，则要避开这个频率。

(6)多段速频率

在调速过程中，有时需要多个不同的速度阶段，通常可设置为3～15段不同的输出频率。

(7)制动频率

当变频器停止输出时，频率下降到进行直流制动的频率。在生产工艺需要准确定位停机时，需要设置制动频率、制动时间和制动电压。例如，三菱变频器FR-E540-0.75K-CHT的出厂设定值分别为3 Hz、0.5 s和电源电压的6%。

(8)输入最大模拟量时的频率

指输入模拟电压5 V(10 V)或模拟电流20 mA时的频率值，通常出厂设定值为50 Hz。

(9)载波频率

载波频率偏低，电动机运行时会产生噪声；载波频率偏高，工作损耗增大。变频器出厂时已设置了较好的载波频率，一般不需要重新设定。

二、通用变频器FR-E500的使用

通用变频器FR-E500的外形与端子板如图4.2.7所示。

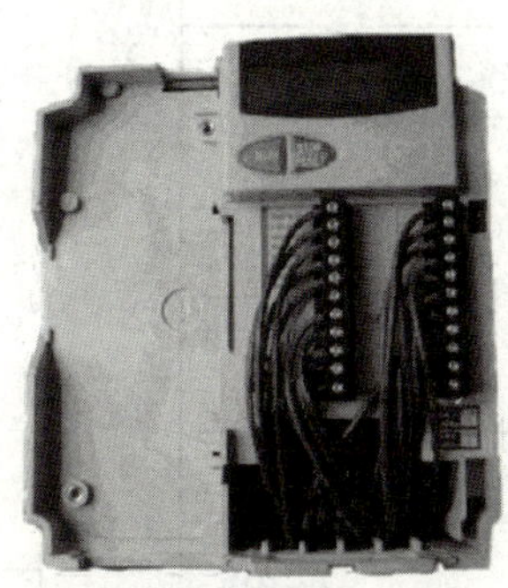

图4.2.7　变频器FR-E500外形与端子板

三菱通用变频器FR-E540-0.75K-CHT的容量和输入/输出参数如表4.2.2所示。

表4.2.2　通用变频器FR-E540-0.75K-CHT容量和输入/输出参数

变频器的型号	额定容量	额定输出电流	适配电机功率	输入参数		输出参数	
				电　压	频　率	电　压	频　率
FR-E540-0.75K-CHT	2 kVA	2.6A	0.75 kW	380～480 V	50/60 Hz	380～480 V	0～400 Hz

1. 变频器的配线图与端子板

(1)变频器的基本配线图

三菱变频器 FR-E500 基本配线如图 4.2.8 所示。

(2)主电路端子

主电路端子如图 4.2.9(a)所示，主电路端子符号与功能说明如表 4.2.3 所示。

(3)控制电路端子

控制电路端子如图 4.2.9(b)所示，控制电路端子符号与功能说明如表 4.2.4 所示。

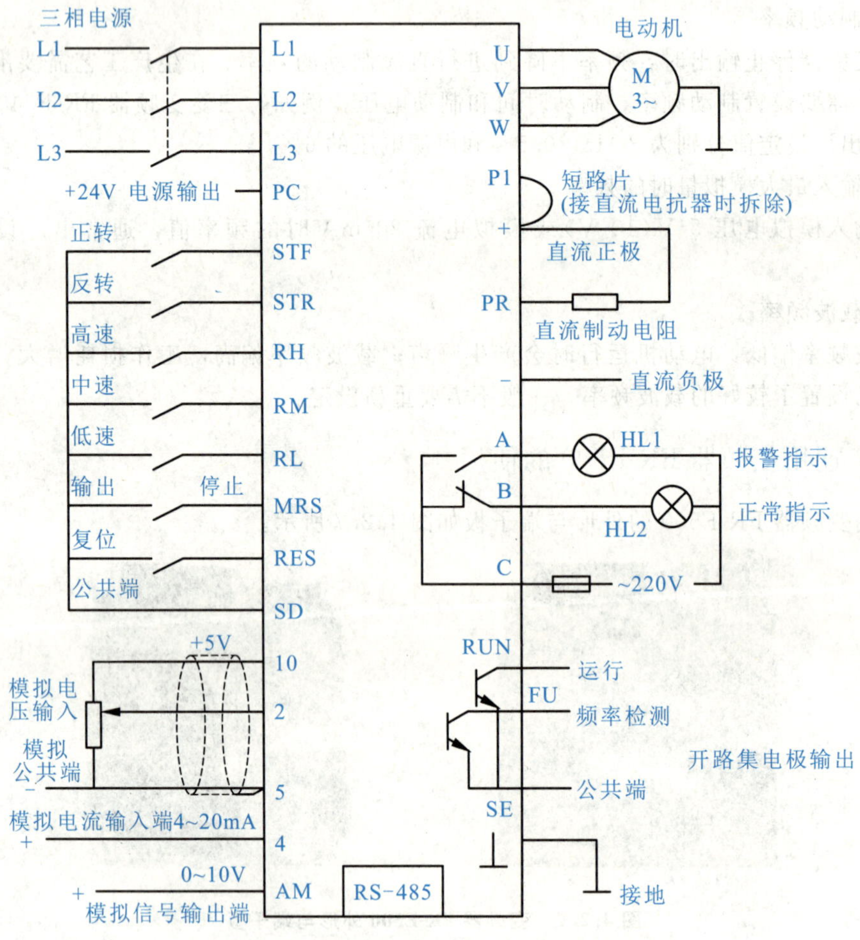

图 4.2.8 三菱变频器 FR-E500 基本配线图

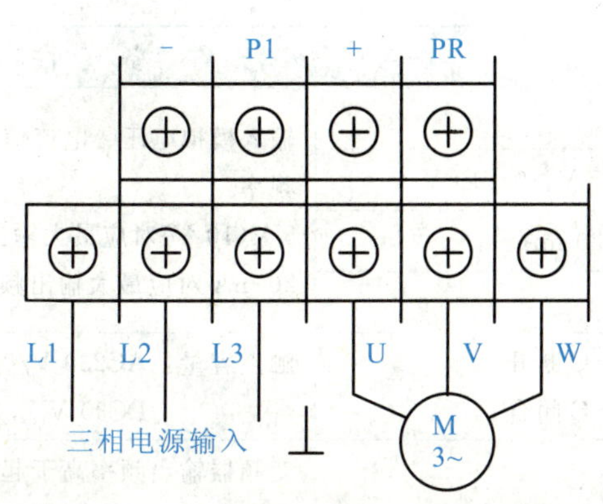

(a)主电路端子

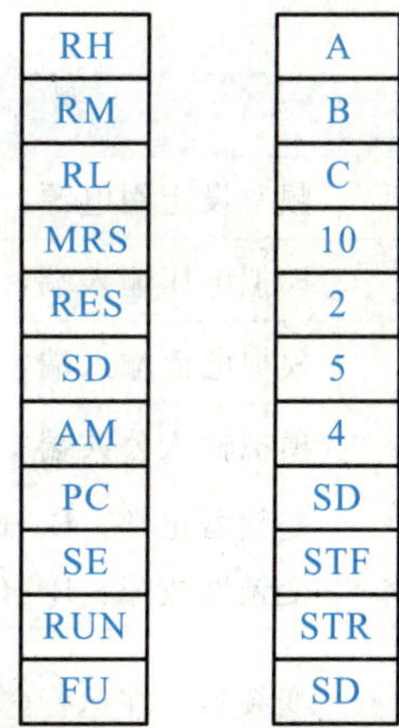

(b)控制电路端子

图 4.2.9　变频器主电路、控制电路端子

表 4.2.3　主电路端子符号与功能说明

端子符号	端 子 功 能 说 明
⊥、E	接地端。变频器外壳必须可靠接地
+、-	连接制动单元
+、PR	在+、PR 间可接直流制动电阻
+、P1	拆除短路片后，可接直流电抗器，将电容滤波改为 LC 滤波，以提高滤波效果和功率因数
L1、L2、L3	三相电源输入端。接电网三相交流电源
U、V、W	变频器输出端。接三相交流异步电动机

表 4.2.4　控制电路端子符号与功能说明

端子符号	端子功能说明	备　注
STF	正转控制命令端	输入信号端与 SD 端子闭合有效
STR	反转控制命令端	
RH、RM、RL	高、中、低速及多段速度选择控制端	
MRS	输出停止端	
RES	复位端	
PC	DC 24 V 负极，外部晶体管公共端的接点(源型)	
SD	DC 24 V 正极，输入信号公共端(漏型)	与 PC 之间输出直流 24 V、0.1 A

续表

端子符号	端子功能说明	备　注
10	频率设定用电源、直流 5 V	输入模拟电压、电流信号来设定频率 5 V(10 V)对应最大输出频率 20 mA 对应最大输出频率
2	模拟电压输入端，可设定 0～5 V、0～10 V	
4	模拟电流输入端，可设定 4～20 mA	
5	模拟输入公共端	
A、B、C	变频器正常：B—C 闭合，A—C 断开 变频器故障：B—C 断开，A—C 闭合	触点容量：AC230 V/0.3 A DC30 V/0.3 A
RUN	变频器正在运行(集电极开路)	变频器输出频率高于起动频率时为低电平，否则为高电平
FU	频率检测(集电极开路)	变频器输出频率高于设定的检测频率时为低电平，否则为高电平
SE	RUN、FU 的公共端(集电极开路)	
AM	模拟信号输出端(从输出频率、输出电流、输出电压中选择一种监视)，输出信号与监视项目内容成比例关系	输出电流 1 mA，输出直流电压 0～10 V。5 为输出公共端
RS-485	PU 通信端口	最长通信距离 500 m

2. 变频器操作面板与参数设定

变频器的操作面板如图 4.2.10 所示，相关按键与指示灯说明如表 4.2.5 所示。

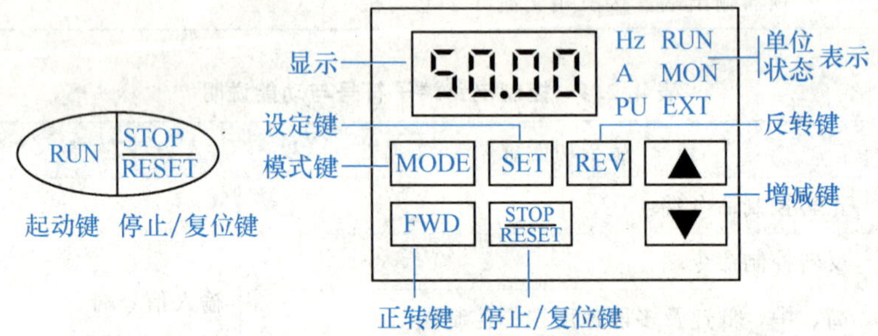

图 4.2.10　变频器操作面板

表 4.2.5　按键与状态指示灯说明

按键	说　明
RUN	起动键
STOP/RESET	停止/复位键。用于停止运行和保护动作后复位变频器
MODE	模式键。用于选择操作模式或设定模式
SET	选择/设定键。用来选择或确定频率和参数的设定

续表

按键	说　明
FWD、REV	正转、反转键。用来给出正转、反转指令
▲▼	增减键。连续增、减频率，或连续增减参数值
Hz 灯	表示输出频率时，灯亮
A 灯	表示输出电流时，灯亮
RUN 灯	变频器运行时灯亮，正转/灯亮，反转/闪烁
MON 灯	监视模式时灯亮
PU 灯	面板操作模式(PU 模式)时灯亮
EXT 灯	外部操作模式时灯亮
PU 灯、EXT 灯	两灯同时亮，表示面板操作和外部操作的组合模式 1 或组合模式 2

(1)变频器面板操作模式

操作内容：由面板【▲】、【▼】键设定输出频率；由面板按键完成正转、反转、停止控制。控制电路基本接线图如图 4.2.11 所示。

操作步骤如下。

1)按图 4.2.11 接线，检查无误后接通电源。

2)恢复变频器出厂设定值。有关出厂设定值如下。

参数“1=120”，上限频率为 120 Hz。

参数“2=0”，下限频率为 0 Hz。

参数“3=50”，基准频率为 50 Hz。

参数“7=5”，起动加速时间为 5 s。

参数“8=5”，停止减速时间为 5 s。

参数“79=0”，外部操作模式，【EXT】显示点亮。

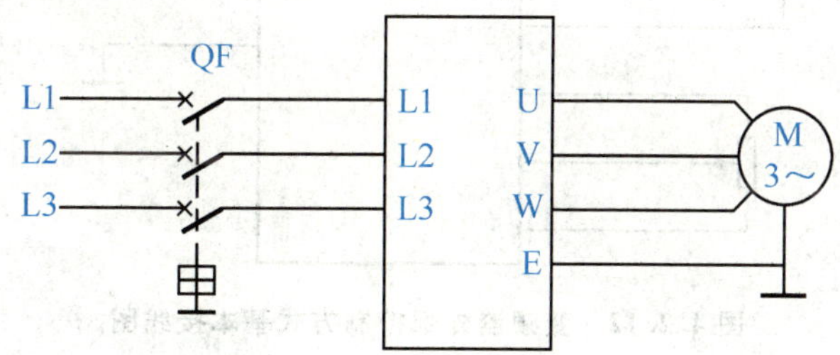

图 4.2.11　变频器面板操作运行基本接线图

3)修改不符合控制要求的出厂设定值。修改参数“79=1”，选择面板操作模式，【PU】灯点亮。

4)设定输出频率。用【MODE】键选择【频率设定模式】，用【▲】、【▼】键设定频率值为 50 Hz，用【SET】键写入。

5)正转。按【FWD】键，电动机加速起动，显示输出频率。【RUN】灯点亮。

6)反转。按【REV】键，电动机加速起动，显示输出频率。【RUN】灯闪烁。

7)停止。按【STOP/RESET】键，电动机减速停止。【RUN】灯灭。

8)切断电源。

(2)变频器外部操作模式

操作内容：由外部模拟电压信号端设定输出频率；由外部开关完成正转、反转、停止控制。控制电路基本接线图如图 4.2.12 所示。

操作步骤如下。

1)按图 4.2.12 接线，接线无误后接通电源。

2)恢复变频器出厂设定值。有关出厂设定值如下。

参数“1=120”，上限频率为 120 Hz。

参数“2=0”，下限频率为 0 Hz。

参数“3=50”，基准频率为 50 Hz。

参数“7=5”，起动加速时间为 5 s。

参数“8=5”，停止减速时间为 5 s。

参数“38=50”，5 V(10 V)输入时频率为 50 Hz。

参数“73=0”，选择 5 V 的输入电压。

参数“79=0”，外部操作模式，【EXT】显示点亮。

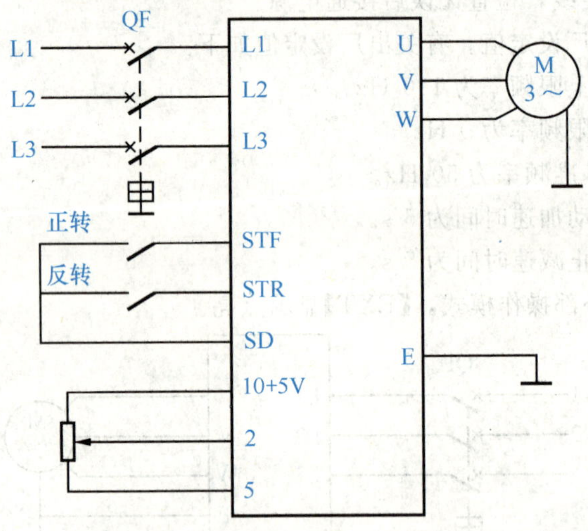

图 4.2.12 变频器外部控制方式基本接线图

3)把外接电位器逆时针旋转到底，输出频率设定为 0。把外接电位器慢慢顺时针旋转到底，输出频率逐步增大到 50 Hz。

4)正转。接通 STF-SD，【RUN】灯亮，输出频率逐步增大到 50 Hz。

5)反转。接通 STR-SD，【RUN】灯闪烁，输出频率逐步增大到 50 Hz。

6)停止。断开 STF、STR。

7)切断电源。

(3)变频器组合操作模式

操作内容：由面板设定输出频率；由外部开关完成正转、反转、停止控制。

控制电路基本接线图如图 4.2.13 所示，操作步骤如下。

1)按图 4.2.13 接线，接线无误后接通电源。

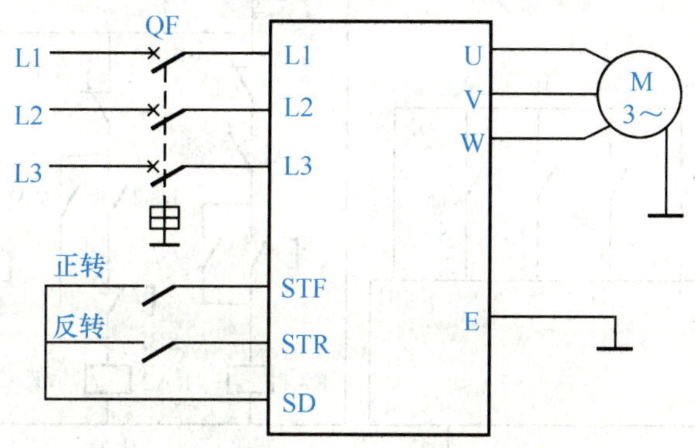

图 4.2.13 变频器组合操作控制方式基本接线图

2)恢复变频器出厂设定值。有关出厂设定值如下。

参数“1=120”，上限频率为 120 Hz。

参数“2=0”，下限频率为 0 Hz。

参数“3=50”，基准频率为 50 Hz。

参数“7=5”，起动加速时间为 5 s。

参数“8=5”，停止减速时间为 5 s。

参数“79=0”，外部操作模式，【EXT】显示点亮。

3)修改不符合控制要求的出厂设定值。修改参数“79=3”，外部与面板组合操作模式，【PU】和【EXT】两灯亮。

4)设定输出频率。用【MODE】键选择【频率设定模式】，用【▲】、【▼】键改变设定值为 50 Hz，用【SET】键写入。

5)正转。接通 STF-SD，【RUN】灯亮，输出频率逐步增大到 50 Hz。

6)反转。接通 STR-SD，【RUN】灯闪烁，输出频率逐步增大到 50 Hz。

7)停止。断开 STF、STR。

8)切断电源断路器。

(4)继电器控制的变频器调速电路

控制要求：用继电器控制电动机低速起动，中、高速运行，控制原理图如图 4.2.14 所示。

各按钮名称及动作如下。

SB1：低速起动按钮。按下 SB1 电动机以 10 Hz 频率低速起动。

SB2：中速运行按钮。按下 SB2 电动机以 30 Hz 频率中速运行。

SB3：高速运行按钮。按下 SB3 电动机以 50 Hz 频率高速运行。

SB4：停机按钮。按下 SB4 电动机减速停止。

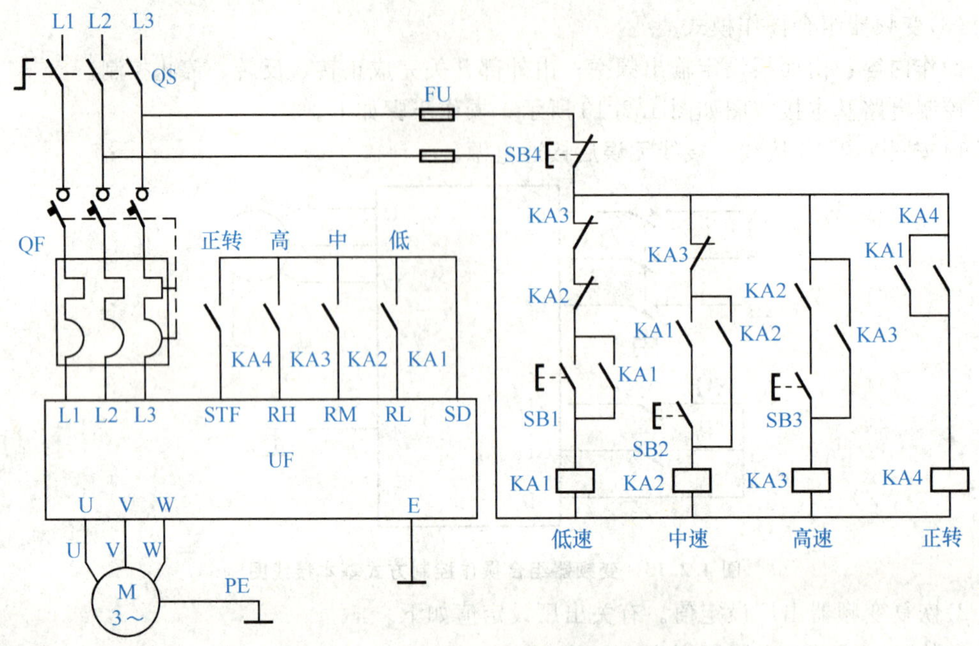

图 4.2.14 变频器 3 速控制方式原理图

注意：各速运行频率(参数 4、参数 5、参数 6)可以修改。3 速设定的场合，2 速以上同时被选中时，低速设定的频率优先。

低速起动，中速、高速运行曲线如图 4.2.15 所示。

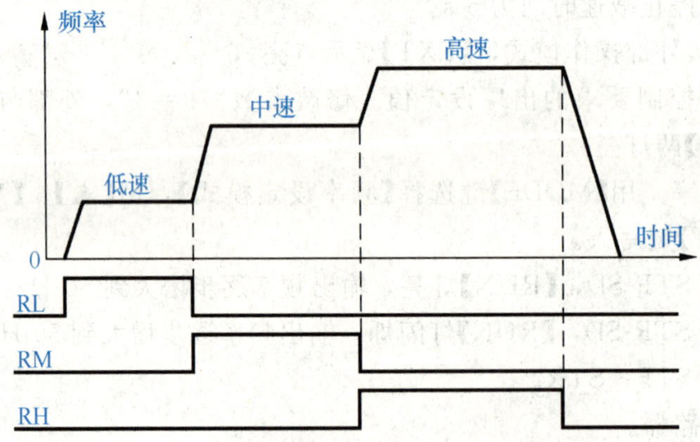

图 4.2.15 低速起动，中速、高速运行曲线

操作步骤如下。

1)按图 4.2.14 接线，接线无误后接通电源。

2)恢复变频器出厂设定值。有关出厂设定值如下。

参数“1=120”，上限频率为 120 Hz。

参数“2= 0”，下限频率为 0 Hz。

参数“3=50”，基准频率为 50 Hz。

参数“4=50”，高速频率为 50 Hz。

参数“5＝ 30”，中速频率为 30 Hz。

参数“6＝ 10”，低速频率为 10 Hz。

参数“7 ＝ 5”，起动加速时间为 5 s。

参数“8 ＝ 5”，停止减速时间为 5 s。

参数“79 ＝ 0”，外部操作模式，【EXT】显示点亮。

3)低速起动。按下低速起动按钮 SB1，中间继电器 KA1 通电自锁，RL-SD 接通。KA4 通电自锁，STF-SD 接通，电动机以 10 Hz 频率低速运行。

4)中速运行。按下中速运行按钮 SB2，中间继电器 KA2 通电自锁，RM-SD 接通，电动机以 30 Hz 频率中速运行。KA1 联锁断电。

5)高速运行。按下高速运行按钮 SB3，中间继电器 KA3 通电自锁，RH-SD 接通，电动机以 50 Hz 频率高速运行。KA2 联锁断电。

6)停机。按下停止按钮 SB4，KA1～KA4 断电，电动机减速停机。

7)切断电源。

3. 变频器日常维护

(1)维护和检查时的注意事项

1)变频器断开电源后不久，储能电容上仍然剩余有高压电。进行检查前，先断开电源，过 10 min 后用万用表测量，确认变频器主回路正负端子两端电压在直流几伏以下后再进行检查。

2)用兆欧表测量变频器外部电路的绝缘电阻前，要拆下变频器所有端子上的电线，以防止测量高电压加到变频器上。控制回路的通断测试应使用万用表(高阻挡)，不要使用兆欧表。

3)不要对变频器实施耐压测试，如果测试不当，可能会使电子元器件损坏。

(2)日常检查项目

1)变频器是否按设定参数运行，面板显示是否正常。

2)安装场所的环境、温度、湿度是否符合要求。

3)变频器的进风口和出风口有无积尘和堵塞。

4)变频器是否有异常振动、噪声和气味。

5)是否出现过热和变色。

(3)定期检查项目

1)定期检查除尘。除尘前先切断电源，待变频器充分放电后打开机盖，用压缩空气棒或软毛刷对积尘进行清理。除尘时要格外小心，不要触及元器件和微动开关。

2)定期检查变频器的主要运行参数是否在规定的范围。

3)检查固定变频器的螺丝和螺栓，是否由于振动、温度变化等原因松动。导线是否连接可靠，绝缘物质是否被腐蚀或破损。

4)定期检查变频器的冷却风扇、滤波电容，当达到使用期限后及时进行更换。

三、高速计数指令

一般情况下PLC的普通计数器只能接收频率为几十Hz以下低频脉冲信号，对于大多数控制系统来说，已能满足控制要求。只能接收低频(速)信号的原因有两点：一是与PLC输入端连接的按钮开关或继电器的簧片在接通或断开瞬间会产生连续脉冲的抖动信号，为了消除抖动信号的影响，PLC的系统程序为输入端设置了10 ms的延迟时间；二是因为PLC的周期性扫描工作方式的影响，PLC只在输入采样阶段接收外部输入信号。一般PLC用户程序的扫描周期在几十至数百ms之间，小于扫描周期的信号不能有效地接收。

但有时在实际生产中，PLC可能要处理几kHz以上的高速信号。例如，常见机械设备的主轴转速可高达上千r/min，PLC对主轴转速进行测速、计数和调速控制。为此，FX系列PLC专门设置了21个高速计数器。使用高速计数器时相关输入端的延迟时间自动由10 ms调整为50 μs，同时为了不受PLC周期性扫描工作方式的影响，高速计数程序采用中断处理方式(中断是指PLC中止正常的程序扫描周期，优先处理高速信号)。

高速计数器的地址编号为C235～C255，都是32位断电保持型双向计数器，计数范围为－2147483648～＋2147483647。高速计数器分为单相单计数输入、单相双计数输入和双相双计数输入三类。

1. 单相单计数输入的高速计数器

单相单计数输入的高速计数器共有11个，如表4.2.6所示。

表4.2.6 单相单计数输入的高速计数器

计数输入	无复位/开始计数端						无复位/开始计数端				
	C235	C236	C237	C238	C239	C240	C241	C242	C243	C244	C245
X0	U/D						U/D			U/D	
X1		U/D					R			R	
X2			U/D					U/D			U/D
X3				U/D				R			R
X4					U/D				U/D		
X5						U/D			R		
X6										S	
X7											S

注：U—增计数；D—减计数；R—复位输入；S—开始计数输入。

高速计数器C235～C255的说明如下。

1)高速计数器使用X0～X7，但只有X0～X5能用于计数脉冲输入端，并且不能重复在高速计数器C235～C255使用，因此，高速计数器最多只能使用6个。

2)使用某个高速计数器后，相应的输入端自动被占用。例如，使用 C235 后，X0 被占用；使用 C245 后，X2、X3、X7 被占用。

3)高速计数器在程序中必须先定义后使用，即高速计数器的线圈保持 ON 状态。

4)高速计数器 C235～C245 的功能是增计数还是减计数由特殊辅助继电器 M8235～M8245 的状态决定，M8235～M8245ON 状态是减计数，OFF 状态或者程序中不出现 M8235～M8245 是增计数。

高速计数器 C235 的使用如图 4.2.16 所示。在图 4.2.16 所示的 PLC 程序中，M8000 接通是定义使用高速计数器 C235，达到设定值 K100 时，C235 动作，输出 Y0 状态 ON。系统自动分配 X0 为 C235 的计数信号输入端。X1 断开是增计数，接通是减计数。X2 接通 C235 复位。

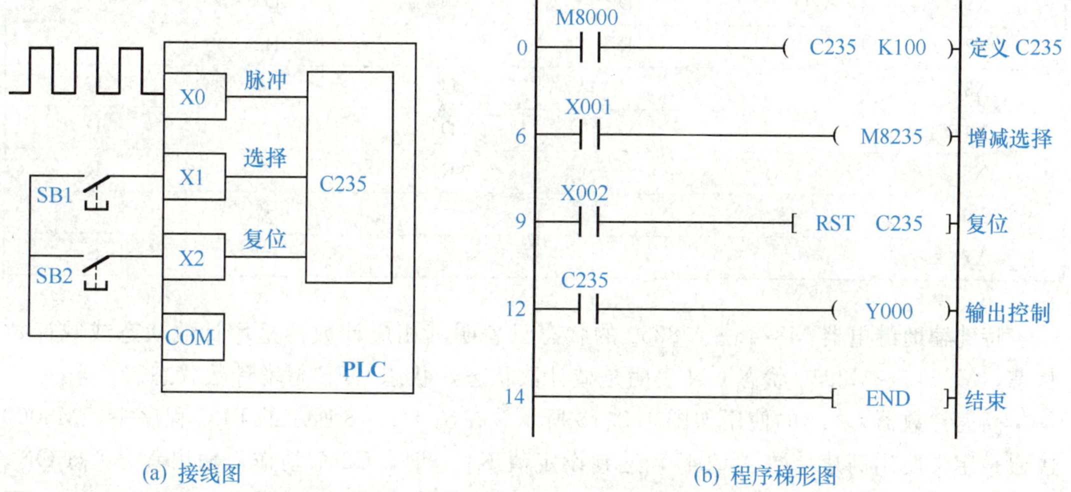

(a) 接线图　　(b) 程序梯形图

图 4.2.16　使用高速计数器 C235

高速计数器 C245 的使用如图 4.2.17 所示。在图 4.2.17 所示的 PLC 程序中，M8000

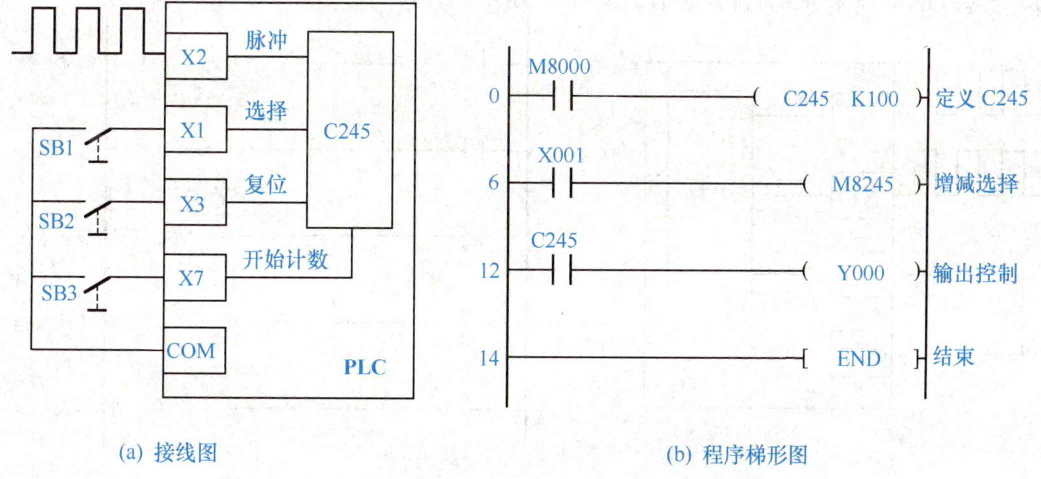

(a) 接线图　　(b) 程序梯形图

图 4.2.17　使用高速计数器 C245

接通是定义使用高速计数器 C245，达到设定值 K100 时，C245 动作，输出 Y0 状态 ON。系统自动分配 X2 为 C245 的计数信号输入端，X3 为 C245 复位端，X7 为 C245 开始计数控制端。X1 断开是增计数，接通是减计数。

2. 单相双计数输入的高速计数器

单相双计数输入的高速计数器共有 5 个，如表 4.2.7 所示。

表 4.2.7 单相双计数输入的高速计数器

计数输入	C246	C247	C248	C249	C250
X0	U	U		U	
X1	D	D		D	
X2		R		R	
X3			U		U
X4			D		D
X5			R		R
X6				S	
X7					S

特殊辅助继电器 M8246～M8250 的状态只表明其相应计数器是增计数状态或减计数状态，M8246～M8250 状态 ON 表明是减计数状态，状态 OFF 是增计数状态。

高速计数器 C247 的使用如图 4.2.18 所示。在图 4.2.18 所示的 PLC 程序中，M8000 接通是定义使用高速计数器 C247，达到设定值 K100 时，C247 动作，输出 Y0 状态 ON。系统自动分配 X0、X1 为 C247 的增、减计数信号输入端，X2 为 C247 的复位端。用 M8247 的状态表示增、减状态，当 C247 为增计数时，M8247 不动作，其常闭接点闭合，Y1 状态 ON；当 C247 为减计数时，M8247 动作，其常开接点闭合，Y2 状态 ON。

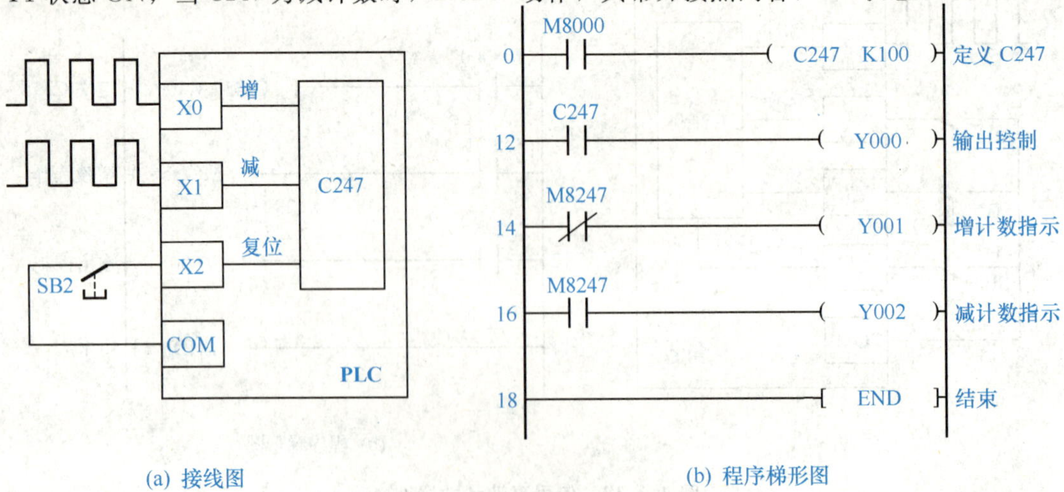

(a) 接线图　　(b) 程序梯形图

图 4.2.18 使用高速计数器 C247

3. 双相双计数输入的高速计数器

双相双计数输入的高速计数器共有5个，如表4.2.8所示。

高速计数器C251～C255的说明如下。

表4.2.8 双相双计数输入的高速计数器

计数输入	C251	C252	C253	C254	C255
X0	A	A		A	
X1	B	B		B	
X2		R		R	
X3			A		A
X4			B		B
X5			R		R
X6				S	
X7					S

注：A—A相输入；B—B相输入；R—复位输入；S—开始计数输入。

1)特殊辅助继电器M8251～M8255的状态只表明其相应计数器是增计数状态或减计数状态。M8251～M8255状态ON表明是减计数状态，状态OFF是增计数状态。

2)双相计数器的两个脉冲端子是同时工作的，增、减计数方式由两相脉冲间的相位所决定。如图4.2.19所示。在A相导通期间，B相从0变成1(即上升沿)，此时高速计数器的功能是增计数；在A相导通期间，B相从1变成0(即下降沿)，此时高速计数器的功能是减计数。

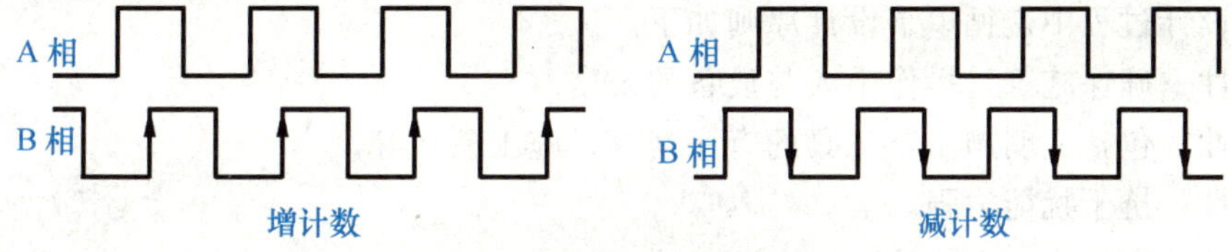

图4.2.19 双相计数波形图

高速计数器C252的使用如图4.2.20所示。在图4.2.20所示的PLC程序中，M8000接通时，定义使用高速计数器C252，达到设定值K100时，C252动作，输出Y0状态ON。系统自动分配X0、X1为C252的A相、B相信号输入端，X2为C252的复位端。用M8252的状态指示增、减状态，当C252为增计数时，Y1状态ON；当C252为减计数时，Y2状态ON。

4. 高速计数器的响应频率

使用单个高速计数器的响应频率如下。

C235，C236，C246(单相)：最高60 kHz；

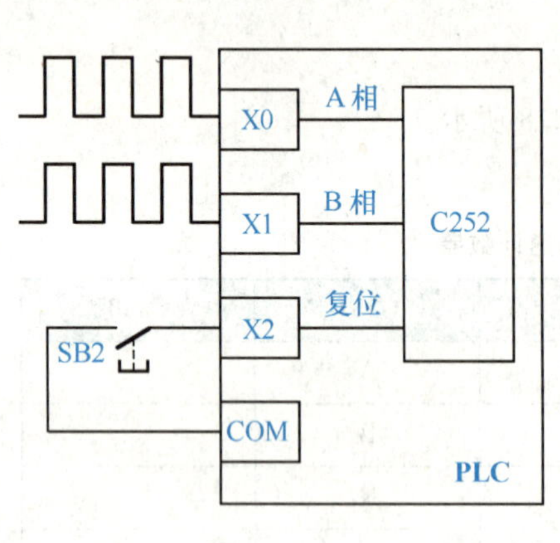

(a) 接线图

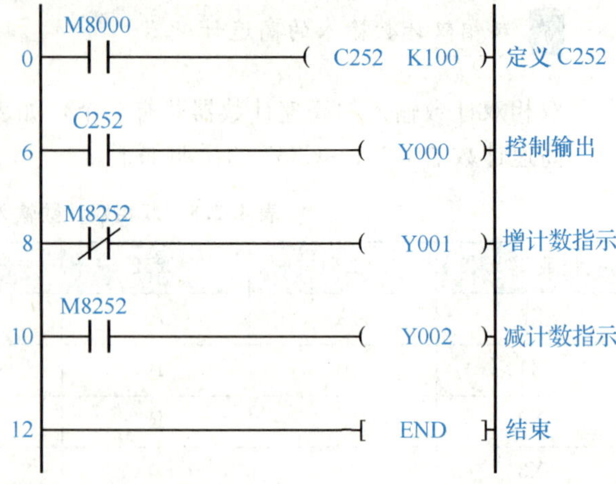

(b) 程序梯形图

图 4.2.20　使用高速计数器 C252

C251(双相)：最高 30 kHz；

C237～C245，C247～C250(单相)：最高 10 kHz；

C252～C255(双相)：最高 5 kHz。

使用多个高速计数器时，综合频率不要超过 60kHz；程序中使用高速指令 FNC53、FNC54 时，综合频率不要超过 30kHz。双相信号的频率应乘以 2。

例如，在不使用高速指令 FNC53～FNC55 时，使用 C235 输入 30 kHz，C237 输入 10 kHz，C253 输入 5kHz 时的综合频率为 30＋10＋2×5 ＝ 50 kHz。

小于 60 kHz，满足系统要求。

任务实施

系统设计过程中遵循以下设计原则如下。

安全性：确保施工、操作中人与设备的安全。

环保性：包括文明施工，工具的有序摆放，施工秩序等。

可靠性：抗干扰能力强。

经济性：有较高的性价比。

一、硬件设计

1. 硬件选型

(1)PLC 与变频器选型

由于控制对象单一，控制过程简单，I/O 点数很少，系统没有其他特殊要求，故本任务 PLC 选用三菱 FX_{2N}-32MR，采用 220 V、50 HZ 的交流电源供电，接在 L、N 端，变频器选用三菱通用变频器 FR-E540-0.75K-CHT。

(2)输入电路

输入电路由起动按钮 SB1、停止按钮 SB2 和霍尔传感器组成，采用 24 V 直流电源，由 PLC 本身供电。

(3)输出电路

PLC 输出电路有 4 个，分别接变频器的 RH、RM、RL 和 STF，卷绕电动机接于变频器的 U、V、W 端。

2. 资源分配

资源分配如表 4.2.9 所示，相应的 I/O 接线图如图 4.2.21 所示。

表 4.2.9　PLC 输入/输出端口分配和控制变频器端子

输　　入			输出控制变频器	
输入继电器	输 入 元 件	作　　用	输出继电器	变　频　器
X0	B0	输入传感器信号	Y0	RH、调速控制 1
X1	SB1	起动按钮	Y1	RM、调速控制 2
X2	SB2	停止按钮	Y2	RL、调速控制 3
			Y4	STF、正转控制

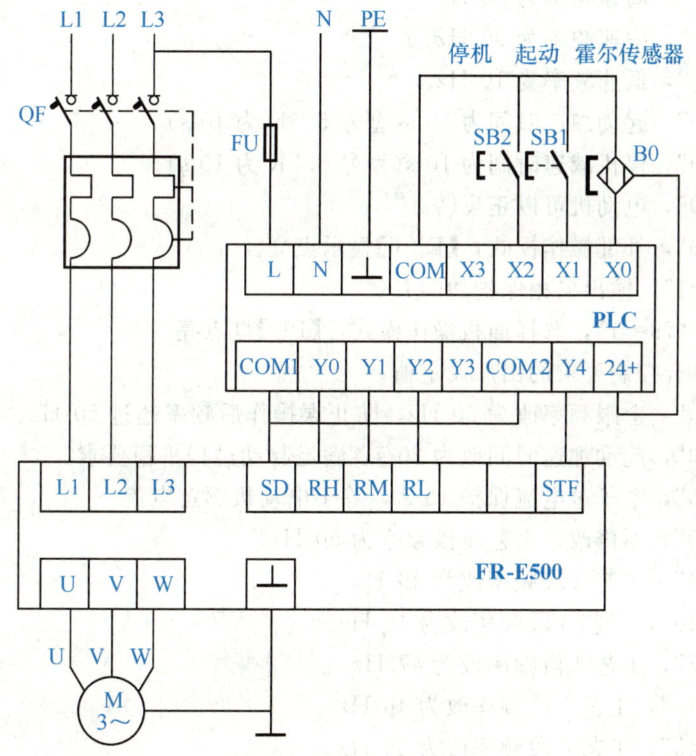

图 4.2.21　高速计数与变频调速控制线路

3. 霍尔传感器与输出纱线机轴的安装

霍尔传感器有三个端子，分别是正极(接 PLC 的 24V+)、负极(接 PLC 的输入公共端 COM)和信号端(接 PLC 的输入端 X0)。当机轴旋转，磁钢经过霍尔传感器时，产生脉冲信号送入 X0，由于机轴转速高达上千 r/min，所以使用高速计数器 C235 对 X0 的脉冲信号计数。霍尔传感器与输出纱线机轴的安装示意图 4.2.22 所示。

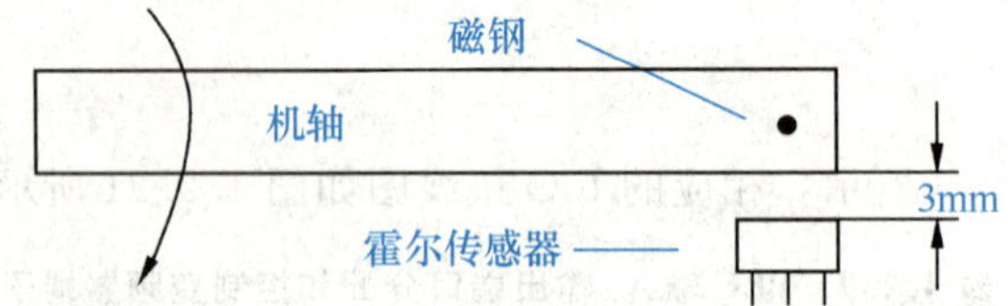

图 4.2.22　霍尔传感器与输出纱线机轴的安装示意图

4. 变频器的参数调节

1)恢复出厂设定值，有关出厂设定值如下。

参数“1=120”，上限频率为 120 Hz。

参数“2=0”，下限频率为 0 Hz。

参数“3=50”，基准频率为 50 Hz。

参数“4=50”，高速频率为 50 Hz。

参数“5=30”，中速频率为 30 Hz。

参数“6=10”，低速频率为 10 Hz。

参数“7=10”，起动加速时间为 10 s(型号 5.5K 为 10 s)。

参数“8=10”，停机减速时间为 10 s(型号 5.5K 为 10 s)。

参数“78=0”，电动机可以正反转。

参数“79=0”，外部操作模式，【EXT】显示点亮。

参数“251=1”，输出欠相保护功能有效。

2)修改参数“79=1”，选择面板操作模式，【PU】灯点亮。

3)修改不符合控制要求的出厂设定值。

参数“1=50”，上限频率改为 50 Hz，防止误操作后频率超过 50 Hz。

参数“7=20”，起动加速时间改为 20 s，满足起动过程平稳要求。

参数“9=10”，电子过电流保护 10 A，等于电动机额定电流。

参数“4=50”，不修改，工艺 1 段频率为 50 Hz。

参数“5=49”，工艺 2 段频率改为 49 Hz。

参数“26=48”，工艺 3 段频率改为 48 Hz。

参数“6=47”，工艺 4 段频率改为 47 Hz。

参数“25=46”，工艺 5 段频率改为 46 Hz。

参数“24=45”，工艺 6 段频率改为 45 Hz。

参数“27=44”，工艺 7 段频率改为 44 Hz。

参数“78＝1”，电动机不可以反转。

4)修改参数“79＝0”，外部操作模式，【EXT】显示点亮。

二、软件设计

1. 软件编程

PLC 控制程序梯形图如图 4.2.23 所示。

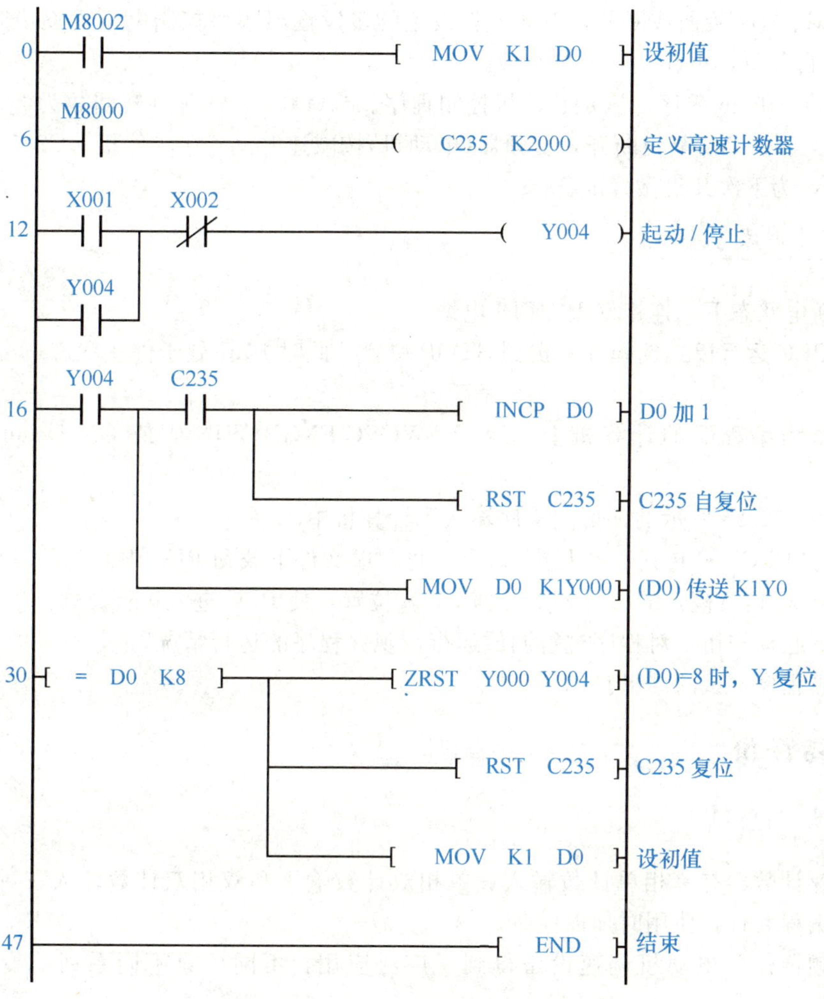

图 4.2.23　高速计数、多段速运行的 PLC 控制程序

工作原理如下所述。

中途停车后，再次开车时为了保持停车前的速度状态，使用数据寄存器 D0 保存中途停车时的状态数据，并用 D0 控制输出位组件 K1Y0。

1)步 0～步 5 程序，为 D0 设初值 K1，即开机时 Y0 状态 ON，变频器输出 50 Hz。

2)步 6～步 11 程序，定义使用高速计数器 C235。程序运行时特殊辅助继电器 M8000

接点始终闭合，程序自动占用 X0 为增计数信号输入端，纱线机轴每旋转一圈，输入到 X0 一个脉冲信号，C235 对高速脉冲信号计数。

3)步 12～步 15 程序，典型的自锁控制程序。X1 接起动按钮，X2 接停机按钮，Y4 接变频器正转控制端 STF。按下起动按钮时，STF 接通，变频器按加速时间(20 s)起动至 50 Hz 的运转频率。

4)步 16～步 29 程序，计数控制程序。C235 从 0 计数到设定值(2000)时，C235 接点闭合，D0 做加 1 运算，(D0)传送到 K1Y0，使 Y2、Y1、Y0 分别控制变频器多段速控制端 RL、RM、RH 接通或断开，变频器按设定的多段输出频率控制电动机逐步降速运行。同时 C235 自复位，重新从 0 开始计数。

5)步 30～步 46 程序，满足长停机控制程序。当(D0)＝ 8(总旋转圈数为 2 000×8 ＝16 000 转)，Y4～Y0 复位断开，变频器(电动机)按减速时间(10 s)停机，C235 复位，D0 设初值 K1，为下次开机做好准备。

2. 程序调试

1)在断电状态下，连接好 PC/PPI 电缆。

2)将 PLC 运行模式选择开关拨到 STOP 位置，此时 PLC 处于停止状态，可以进行程序编写。

3)在作为编程器的计算机上，运行 SWOPC-FXGP/WIN-C 或 GX Developer 编程软件。

4)将图 4.2.23 所示的梯形图程序输入到计算机中。

5)执行“PLC”→“传送”→“写出”命令，将程序文件下载到 PLC 中。

6)将 PLC 运行模式的选择开关拨到 RUN 位置，使 PLC 进入运行方式。

7)按下起动按钮，对程序进行调试运行，观察程序的运行情况。

8)记录程序调试的结果。

总结评价

一、归纳总结

1)高速计数器有单相单计数输入、单相双计数输入和双相双计数输入三种，占用不同的内部编程元件，使用时加以注意。

2)变频器作为电动机调速设备得到了广泛应用，不同厂家不同系列的变频器有所不同。

3)变频器输入和输出电源一定不要接反，否则会损坏变频器。

4)运行变频器之前，要先设定好变频器的各项参数，以保证系统的正常运行。

5)PLC 与变频器控制端子的连接十分重要，应熟练掌握。

二、检查评价

根据任务具体实施情况，依据下表各项内容逐项进行检查验收，评价赋分。

<table>
<tr><td rowspan="2">项　目
评价表</td><td>项　目　名　称</td><td colspan="2">复杂控制系统的设计与安装</td><td colspan="2">项目承接人</td></tr>
<tr><td>任　务　名　称</td><td colspan="2">PLC 与变频器的综合控制</td><td colspan="2"></td></tr>
<tr><td colspan="3">评　价　内　容</td><td>标准分值</td><td>自我评分
（30%）</td><td>教师评分
（70%）</td></tr>
<tr><td colspan="6">知识：（30）</td></tr>
<tr><td colspan="3">变频器结构、原理</td><td>5</td><td></td><td></td></tr>
<tr><td colspan="3">变频器接线与注意事项</td><td>10</td><td></td><td></td></tr>
<tr><td colspan="3">高速计数器分类、原理</td><td>5</td><td></td><td></td></tr>
<tr><td colspan="3">变频器参数设定</td><td>10</td><td></td><td></td></tr>
<tr><td colspan="6">技能：（30）</td></tr>
<tr><td colspan="3">PLC 与变频器的接线方法</td><td>10</td><td></td><td></td></tr>
<tr><td colspan="3">变频器参数设定与调整方法</td><td>10</td><td></td><td></td></tr>
<tr><td colspan="3">变频器主电路与控制电路端子识别</td><td>5</td><td></td><td></td></tr>
<tr><td colspan="3">是否在规定时间内独立完成</td><td>5</td><td></td><td></td></tr>
<tr><td colspan="6">方法：（20）</td></tr>
<tr><td colspan="3">工具使用方法</td><td>6</td><td></td><td></td></tr>
<tr><td colspan="3">系统安装及调试方法</td><td>7</td><td></td><td></td></tr>
<tr><td colspan="3">解决具体问题的方法</td><td>7</td><td></td><td></td></tr>
<tr><td colspan="6">素质：（10）</td></tr>
<tr><td colspan="3">质量成本意识</td><td>4</td><td></td><td></td></tr>
<tr><td colspan="3">安全环保意识</td><td>3</td><td></td><td></td></tr>
<tr><td colspan="3">团队责任意识</td><td>3</td><td></td><td></td></tr>
<tr><td colspan="6">评估：（10）</td></tr>
<tr><td colspan="3">描述本任务的目标</td><td>5</td><td></td><td></td></tr>
<tr><td colspan="3">有待改进之处及改进方法</td><td>5</td><td></td><td></td></tr>
<tr><td colspan="3">总　　分</td><td>100</td><td></td><td></td></tr>
</table>

拓展提高

电位器与拨码开关

一、内置电位器

在 PLC 面板上，有两个模拟电位器 VR1、VR2，两个电位器的模拟电压值变成数字信号分别存储于特殊数据寄存器 D8030 和 D8031 中，数值范围为 0～+255。

【例 4.1】设 X0 接通 0～25 s 内 Y0 状态 ON，延时时间用电位器 VR1 进行调节，编写相应的 PLC 程序。

解 PLC 程序如图 4.2.24 所示，用数据寄存器 D8030 的值作为定时器 T0 的设定值。调节电位器 VR1 时，设定值变化范围。

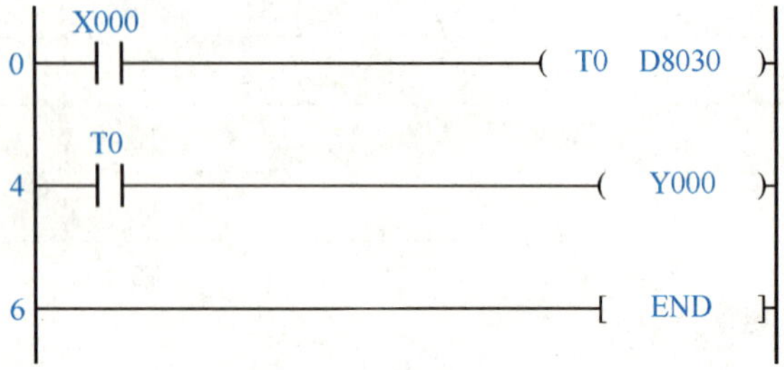

图 4.2.24 使用模拟电位器定时

【例 4.2】要求 X0 接通 120～150 s 内 Y0 状态 ON，延时时间用电位器 VR1 进行调节，编写相应的 PLC 程序。

解 定时时间为 120～150 s，T0 定时器的设定值应为 1 200～1 500，计算公式为 1 200+(D8030)×12/10。

计算结果存储在 D2 中，作为 T0 的设定值。电位器逆时针旋转到底时，(D8030)=0，设定值为 1 200，定时时间为 120 s，监控程序如图 4.2.25(a)所示。电位器顺时针旋转到底时，(D8030)=255，设定值为 1506，定时时间为 150.6 s，监控程序如图 4.2.25(b)所示。

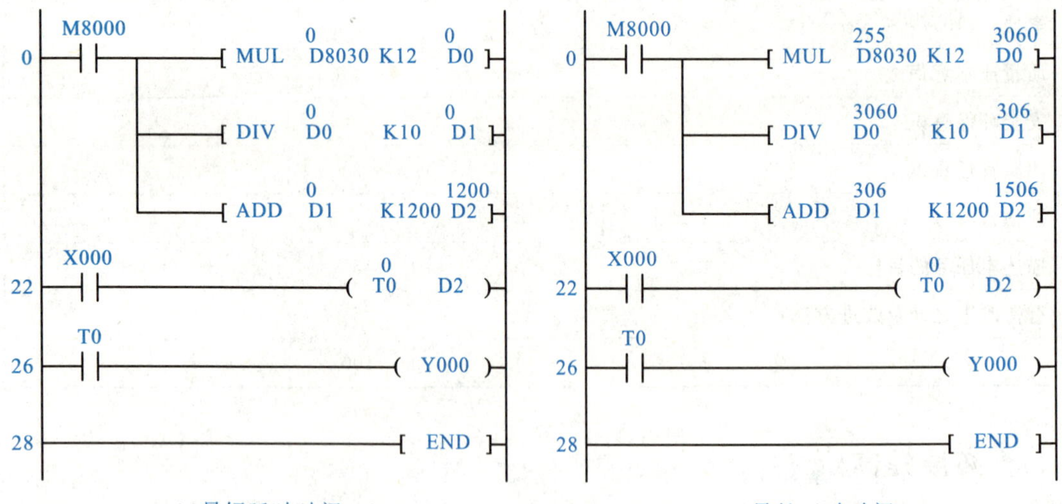

(a)最短延时时间120s　　(b)最长延时时间150s

图 4.2.25 扩大电位器调节范围

二、模拟电位器板和电位器读取指令 VRRD、VRSC

电位器读取指令 VRRD、VRSC 的格式如表 4.2.10 所示。

表 4.2.10　VRRD、VRSC 指令

电位器读取指令		操 作 数	数 值 范 围
P	FNC85　VRRD	源操作数 S：K、H(0～7) 目标操作数 D：KnY、KnM、KnS、T、C、D、V、Z	0～255
P	FNC86　VRSC		0～10

VRRD、VRSC 指令的说明如下。

1)S 为源操作数，0～7 对应 VR0～VR7，D 为存放二进制数据的目标数。

2)VRRD 指令读取数据的范围是 0～255。

3)VRSC 指令读取数据的范围是 0～10。

4)VRRD、VRSC 指令可以脉冲执行。

在图 4.2.26 所示程序中，当 X0 接通时，第 0 个电位器的当前数值存储到 D0 中；当 X1 接通时，第 1 个电位器的当前刻度值存储到 D10 中。

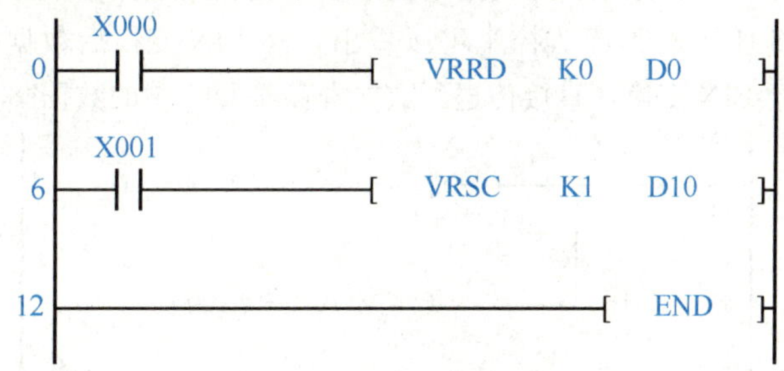

图 4.2.26　VRRD、VRSC 指令应用

三、拨码开关和 BIN 指令

拨码开关的外形与接线如图 4.2.27 所示，图中两位拨码开关显示十进制数据 53。按动拨码开关的按键可以向 PLC 输入十进制数码(0～9)。

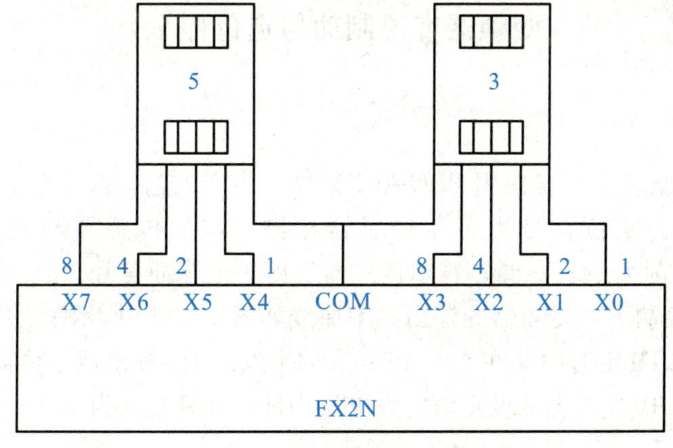

图 4.2.27　两位拨码开关的接线图

拨码开关产生的是 BCD 码，而在 PLC 程序中数据的存储和操作都是二进制形式。因此，在输入拨码开关产生的 BCD 码时要先使用 BIN 指令变换为二进制形式。格式要求 BIN 指令如表 4.2.11 所示。

表 4.2.11　BIN 指令

BIN 变换指令		操　作　数	
D	FNC19 BIN	S	KnX、KnY、KnM、KnS、T、C、D、V、Z
P		D	KnY、KnM、KnS、T、C、D、V、Z

BIN 变换指令的说明如下。

1)S 为要变换的源操作数，D 为存放二进制数据的目标操作数。

2)BIN 指令是将源操作数中的 BCD 码变换成二进制数据，存储在目标操作数中。

3)如果被转换的不是 BCD 码就会出错。

【例 4.3】试解决下面两个问题：

(1)将图 4.2.27 所示的拨码开关数据经 BIN 变换后存储到数据寄存器 D0 中；

(2)将图 4.2.27 所示的拨码开关数据不经 BIN 变换直接存储到数据寄存器 D10 中。

解　在图 4.2.28 所示的程序监控中可以看出，经 BIN 变换后数据寄存器 D0 中的数据“53”是正确的。而不经 BIN 变换，直接传送到数据寄存器 D10 中的数据“83”则是错误的。

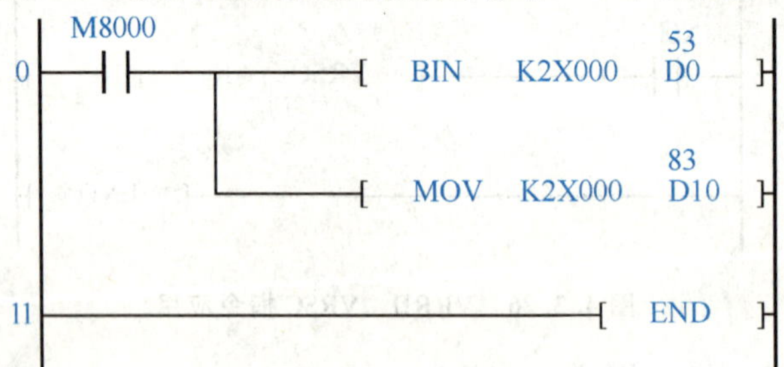

图 4.2.28　拨码开关的数据变换

练习与实训

变频器直流制动与定位停车

1. 控制要求

某纺纱设备电气控制系统使用 PLC 和变频器，生产工艺要求主轴能准确定位停车(停止在一定的角度)。定位信号由霍尔传感器检测，霍尔传感器与主轴的安装示意如图 4.2.22所示，主轴每旋转一圈，霍尔传感器发出一个脉冲信号。

在 PLC 程序控制下，变频器的输出频率曲线如图 4.2.29 所示。

生产工艺要求 T0 定时时间在 10～15 s，本例中使用内置模拟电位器 VR1 的数值作为 T0 的设定基础值，T0 定时器的设定值应为 100～150，计算公式为 100 +(D8030)×2/10。

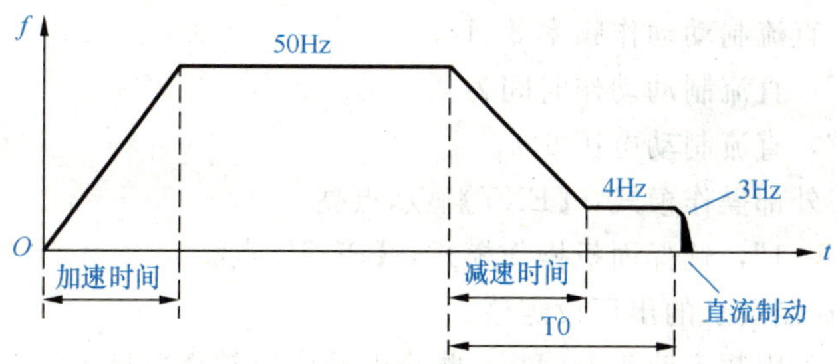

图 4.2.29 变频器的输出频率曲线

2. 控制线路

控制线路如图 4.2.30 所示。

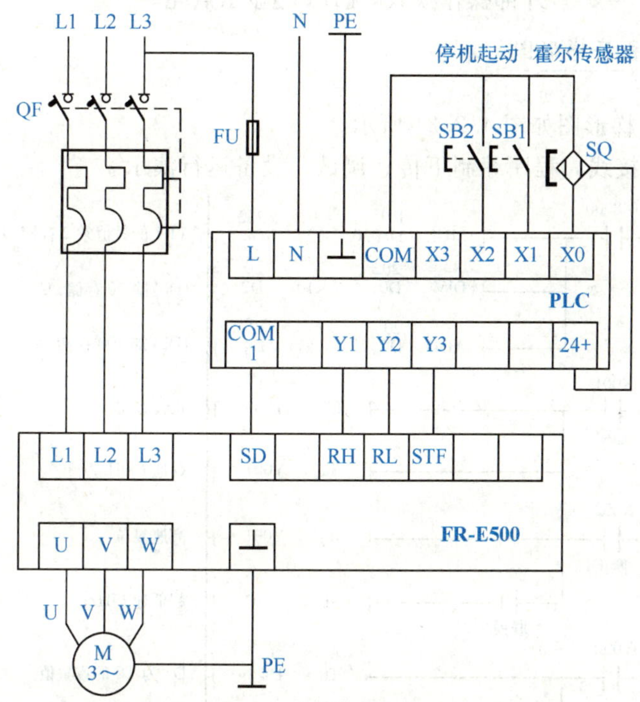

图 4.2.30 变频器直流制动与定位停车控制线路

3. 变频器的参数调节

1)恢复出厂设定值，有关出厂设定值如下。

参数“1=120”，上限频率为 120 Hz。

参数“3=50”，基准频率为 50 Hz。

参数“4=50”，高速频率为 50 Hz。

参数“6=10”，低速频率为 10 Hz。

参数“7=10”，起动加速时间为 10 s。

参数“8=10”，停机减速时间为 10 s。

参数“10=3”，直流制动动作频率 3 Hz。
参数“11=0.5”，直流制动动作时间为 0.5 s。
参数“12=6%”，直流制动电压 6%。
参数“79=0”，外部操作模式，【EXT】显示点亮。
2)修改参数“79=1”，选择面板操作模式，【PU】灯点亮。
3)修改不符合控制要求的出厂设定值。
参数“1=50”，上限频率改为 50 Hz，防止误操作后频率超过 50 Hz。
参数“9=10”，电子过电流保护 10 A，等于电动机额定电流。
参数“4=50”，不修改，高速频率为 50 Hz。
参数“6=4”，低速频率改为 4 Hz。
4)修改参数“79=0”，外部操作模式，【EXT】显示点亮。

4. PLC 控制程序梯形图

PLC 控制程序梯形图如图 4.2.31 所示。
要求进行实物接线，程序编制下传、调试，设备运行演示。

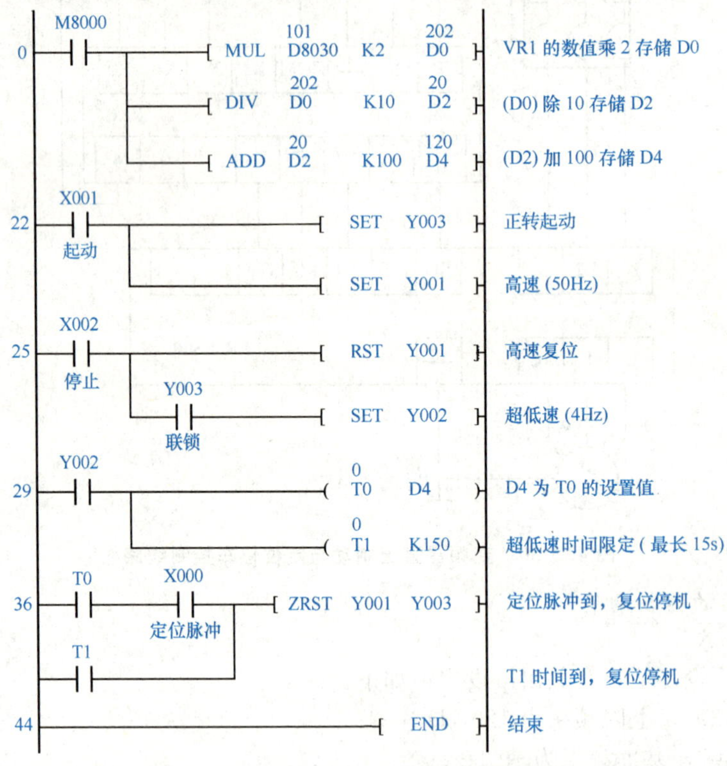

图 4.2.31 直流制动与定位停车的 PLC 控制程序

参考文献

[1]胡学林．可编程控制器应用技术．第 2 版．北京：高等教育出版社，2007.

[2]张伟林．电气控制与 PLC 应用．北京：人民邮电出版社，2007.

[3]三菱电动机株式会社．FX_{2N}/$FX_{2N}C$/FX_{1N}/FX_{1S}编程手册.

[4]三菱电动机株式会社．FX_{1S}系列微型 PLC 使用手册.

[5]三菱电动机株式会社．FX_{2N}系列微型 PLC 使用手册.

[6]三菱电动机株式会社．变频调速器 FR-E500 使用手册.

[7]三菱电动机株式会社．GX Developer 8 操作手册.

[8]胡汉文，丁如春．电气控制与 PLC 应用．北京：人民邮电出版社，2009.

[9]金彦平．PLC 及应用．北京：机械工业出版社，2010.

[10]曹菁．三菱 PLC、触摸屏和变频器应用技术．北京：机械工业出版社，2010.